内蒙古农业大学年鉴 2013

内蒙古农业大学年鉴编委会 编

中国农业科学技术出版社

图书在版编目（CIP）数据

内蒙古农业大学年鉴.2013/《内蒙古农业大学年鉴》编委会编.—北京：中国农业科学技术出版社，2016.6
ISBN 978-7-5116-2441-3

Ⅰ.①内… Ⅱ.①内… Ⅲ.①内蒙古农业大学—2013—年鉴 Ⅳ.①S-40

中国版本图书馆CIP数据核字（2015）第308353号

责任编辑　徐定娜　续维国
责任校对　贾海霞

出　　版	中国农业科学技术出版社
	北京市中关村南大街12号　　邮编：100081
电　　话	（010）82109707　82105169（编辑室）
	（010）82109702（发行部）　（010）82109709（读者服务部）
传　　真	（010）82106650
网　　址	http://www.castp.cn
经　　销	各地新华书店
印　　刷	北京教图印刷有限公司
开　　本	787 mm×1092 mm　1/16
印　　张	23
字　　数	660千字
版　　次	2016年6月第1版　2016年6月第1次印刷
定　　价	98.00元

版权所有·翻印必究

《内蒙古农业大学年鉴(2013)》编纂委员会

主　任	邬建刚　王万义
副主任	郑俊宝　侯晨曦　任　强　李金泉　芒　来　王春光 乔　彪　哈斯巴根　王效亮　葛茂悦
委　员	(各职能部门负责人,各学院部党委(党总支)书记) 修长百　汪建平　郑培亮　王永明　吕清禄　王忠东 赵云虎　靳小平　石钟琴　牟献友　赵柏峰　周欢敏 刘廷玺　杜健民　陈世体　韩瑞平　冀兆荣　张　文 付建军　姜体忠　赵学刚　周忠祥　张　生　额尔敦 包国荣　马　强　吴恒志　秦富仓　那森巴雅尔 陆海平　黄金田　赵国年　张星杰　包革命　林　宝 吴玉红　曹渊清　孟　和　韩铁荣　朱守林　潘海波 席锁柱　赵萌莉　云荣义　史海滨　李俊霞　刘文俊 郝锁柱　高　静　丁雪华　武晓东　李立峰　苏德毕力格

编写人员

主　编	邬建刚　王万义
副主编	王永明　郭松朋　周　浩　安　达
特约编审	续维国　乌恩
组稿人	(按姓氏笔画排序) 于　涛　马书申　马建荣　王　雁　王俊生　王雪鹏 卢满意　邬　磊　刘美英　吕志男　吕学理　孙云霞 巴特尔　阮培刚　佛　力　李一吉　李冬香　李海军 李得宙　李长春　张　多　张卫中　张　鹏　张丽萍 张祺乐　李明哲　杨莲茹　邢晋凌　林晓丽　金宝明 屈丰富　赵国芬　姚占全　赵海萍　赵殿武　赵秋霞 徐　付　徐　峰　郭文瑞　郭政文　萨如拉　麻海雷 黄　华　曹　恪　梁永杰　塔　娜　彭　恩　彭　静 斯日古楞　路冠军　霍　霏　燕　飞

编辑说明

盛世修典,是我国优秀的文化传统。史志修编工作具有存史、资治、教化、宣传、传承的重要功能,是大学文化建设的重要基础性工作。内蒙古农业大学党委高度重视学校史志修编工作,分别于2002年建校50周年和2012年建校60周年之际,先后编纂出版了《内蒙古农业大学校史(1952—2002)》和《内蒙古农业大学校史(1952—2012)》。为提供更加翔实可靠的年度校情信息资料,为未来编纂史志奠定坚实基础,校党委决定从2015年开始编纂《内蒙古农业大学年鉴》(2013卷、2014卷)。2015年6月,学校成立了以现任校党委书邬建刚和校长王万义为主任、现任校级领导干部和职业技术学院党委书记、院长为副主任的年鉴编纂委员会,主持启动《内蒙古农业大学年鉴》编纂工作,旨在体现信息密集、连续出版、材料准确、内容新颖的年鉴编写特点,逐年记述学校基本面貌、发展成就和重大事项,进一步加强学校史志编纂工作。

《内蒙古农业大学年鉴》(2013卷、2014卷)在学校年鉴编纂委员会主持下,由学校年鉴编辑部具体负责,学校党政办公室承担年鉴编纂工作,年鉴的主要撰稿人为校内各单位负责同志和熟悉情况的工作人员。为提高年鉴编纂质量,特聘请续维国(编审、一级作家)和乌恩(研究馆员)为特约编审。

《内蒙古农业大学年鉴》(2013卷、2014卷)选题时间范围,2013卷起止时间:2013年1月1日—12月31日;2014卷起止时间:2014年1月1日—12月31日,年鉴部分内容依据实际情况前后略有延伸。全书共设有15个篇目,分别为学校概况、机构与干部、党建与思想政治工作、教育教学、学科建设、师资与人才队伍建设、科学研究与社会服务、学生工作与招生就业工作、交流与合作、管理与服务、表彰与奖励、毕业生与学位获得者名单、重要媒体报道、大事记、附录等要目。稿件由各单位确定专人负责提供,并经单位负责人审定。

《内蒙古农业大学年鉴》(2013卷、2014卷)的顺利出版离不开全校各有关单位和广大教职工的大力支持,是各部门通力合作的结果。在此,谨表示深深的谢意。由于年鉴涉及面广,时间紧,任务重,内容多,加之编辑人员经验不足,年鉴中错误遗漏之处在所难免,敬请广大读者批评指正。

《内蒙古农业大学年鉴》编辑部

2015年12月

目 录

内蒙古农业大学概况

学校简介	001
学校基本数据情况一览表	003
学院(部)简介	004
动物科学学院	004
兽医学院	006
农学院	009
林学院	011
生态环境学院	013
机电工程学院	015
水利与土木建筑工程学院	017
材料科学与艺术设计学院	019
经济管理学院	021
食品科学与工程学院	022
计算机与信息工程学院	025
生命科学学院	028
人文社会科学学院	031
外国语言学院	033
理学院	037
能源与交通工程学院	038
体育教学部	040
马克思主义教学研究部	043
国际教育学院	045
继续教育学院	047
职业技术学院	050

机构与干部

学校机构设置	052

现任学校党政领导 ·· 053
处级干部任职情况一览表 ··· 054
学校重要委员会 ·· 059
非常设机构（领导小组） ··· 059

党建与思想政治工作

组织工作 ··· 065
  附录：各基层党组织、党员分类情况统计表 ············ 066
    各党支部基本情况统计表 ···························· 068
    各基层党组织年度发展党员情况统计表 ·········· 069
宣传思想工作 ·· 070
统一战线工作 ·· 071
  附录：内蒙古农业大学各级人大代表、政协委员名单 ··· 073
    学校各民主党派负责人名单 ························ 073
    内蒙古农业大学侨联负责人 ························ 074
纪检监察工作 ·· 074
维护稳定和综合治理工作 ··· 074
工会与教代会工作 ··· 075
共青团工作 ·· 076
  附录：2013年五·四红旗先进集体及个人 ················ 078

教育教学

本科生教育教学 ··· 083
  本科生教育教学工作概述 ······································ 083
  本科专业设置 ·· 083
  课程开设及任课教师职称结构 ······························ 086
  教学团队 ·· 086
  教学名师 ·· 087
  品牌专业 ·· 087
  特色专业 ·· 088
  精品课程 ·· 088
  省部级资源共享课程 ··· 088

教材建设 …………………………………………………………………………… 088

　　民族教育 …………………………………………………………………………… 090

　　英汉双语教学 ……………………………………………………………………… 091

　　本科教学质量工程 ………………………………………………………………… 091

　　教学成果 …………………………………………………………………………… 096

研究生教育教学 ………………………………………………………………………… 098

　　学位与研究生教育工作概述 ……………………………………………………… 098

　　博士后科研流动站一览表 ………………………………………………………… 099

　　授予博士学位一级学科目录 ……………………………………………………… 099

　　授予博士学位二级学科目录 ……………………………………………………… 099

　　授予硕士学位一级学科目录 ……………………………………………………… 100

　　授予硕士学位二级学科目录 ……………………………………………………… 100

　　目录外增设学科目录 ……………………………………………………………… 101

　　专业学位授权点目录 ……………………………………………………………… 101

　　博士研究生指导教师名单 ………………………………………………………… 102

　　硕士研究生指导教师名单 ………………………………………………………… 103

　　2013年度增列的研究生指导教师 ………………………………………………… 105

　　2013年度优秀博士学位论文名单 ………………………………………………… 106

　　2013年度优秀硕士学位论文名单 ………………………………………………… 106

　　研究生奖学金汇总表 ……………………………………………………………… 107

职业技术教育 …………………………………………………………………………… 110

继续教育 ………………………………………………………………………………… 117

学科建设

工作概述 ………………………………………………………………………………… 119

国家和省部级重点（培育）学科 ……………………………………………………… 119

国家和省部级重点（培育）学科介绍 ………………………………………………… 121

师资和人才队伍建设

工作概述 ………………………………………………………………………………… 137

教职工基本情况统计 …………………………………………………………………… 137

师资培养 ………………………………………………………………………………… 137

专业技术资格评审 …………………………………………………………………… 138
各类知名专家、人才 ………………………………………………………………… 139
2013年教授名录 ……………………………………………………………………… 148
2013年退休人员名单 ………………………………………………………………… 150
2013年去世人员名单 ………………………………………………………………… 150

科学研究与社会服务

工作概况 ……………………………………………………………………………… 151
国家和省部级重点实验室（工程研究中心、工程实验室、人文社科基地、野外科学观测站及实验站）
　……………………………………………………………………………………… 151
学校发文批准成立的科研机构 ……………………………………………………… 154
学校科技处发文批准成立的研究中心 ……………………………………………… 154
内蒙古农业大学科技创新团队 ……………………………………………………… 155
入选"十二五"国家现代农业产业技术体系专家 …………………………………… 156
内蒙古农业大学科技创新（培育）团队 ……………………………………………… 156
新上各类科技项目经费和项目来源结构比例表 …………………………………… 157
新上国家自然科学基金项目 ………………………………………………………… 157
新上国家社会科学基金项目 ………………………………………………………… 162
农作物新品种 ………………………………………………………………………… 162
授权专利项目 ………………………………………………………………………… 163
在研500万元以上的国家科技计划和公益性行业项目 …………………………… 164

学生工作与招生就业工作

学生工作 ……………………………………………………………………………… 165
招生就业工作 ………………………………………………………………………… 167
研究生人数统计表 …………………………………………………………………… 168
本科生人数统计表 …………………………………………………………………… 169
本科生各类奖、助学金情况统计表 ………………………………………………… 169
各类获奖情况 ………………………………………………………………………… 171
免试攻读硕士研究生从事辅导员工作人员选拔留用情况 ………………………… 177
校友会工作 …………………………………………………………………………… 178
　　附录：学生工作表彰 …………………………………………………………… 182

交流与合作

国际交流与合作工作	187
留学生教育	188
2013 年度入学外国留学生基本情况	188
2013 年度毕业外国留学生基本情况	190
援外培训	191

管理与服务

发展规划工作	193
人事管理	193
财务管理	194
国有资产管理	195
离退休管理工作	198
审计工作	199
网络信息工作	199
图书馆工作	200
档案馆与校史馆工作	202
学报编辑出版工作	204
基础教育	205
科技园区工作	206
后勤管理及各服务中心工作	207

表彰与奖励

2013 年学校获得的国家和省部级科技奖励	215
获自治区级以上表彰奖励的单位	215
获自治区级以上表彰奖励的个人	216
内蒙古农业大学首届"爱岗敬业"劳动奖名单	216
内蒙古农业大学科技推广及社会服务工作先进集体和先进个人表彰名单	217
2013 年自治区"三好学生"名单	218
2013 年自治区"优秀学生干部"名单	220
2013 年自治区"优秀毕业生"名单	222

2012—2013学年度内蒙古农业大学"三好学生"名单 ·················· 225

2012—2013学年度内蒙古农业大学"优秀学生干部"名单 ················ 233

内蒙古农业大学2013届"优秀毕业生"名单 ·················· 238

毕业生、学位获得者名单

年度授予博士学位人员名单 ·················· 243

年度授予硕士学位人员名单 ·················· 244

年度授予专业硕士学位人员名单 ·················· 246

内蒙古农业大学2013届普通高等教育本科毕业生名单(校本部) ·················· 249

重要报道选辑

内蒙古农业大学2013年重要媒体报道选辑 ·················· 277

大 事 记

内蒙古农业大学2013年大事记 ·················· 291

附 录

内蒙古农业大学2013年党政工作总结 ·················· 307

内蒙古农业大学深入开展党的群众路线教育实践活动实施方案 ·················· 314

校党委书记邬建刚在学校党的群众路线教育实践活动工作会议上的讲话 ·················· 319

校党委书记邬建刚内蒙古农业大学党的群众路线教育实践活动总结 ·················· 324

校党委书记邬建刚在中国共产党内蒙古农业大学委员会第二次代表大会上的报告 ·················· 328

校长李畅游在内蒙古农业大学第四届第二次教职工代表大会暨工会会员代表大会上的工作报告
·················· 338

内蒙古农业大学"教学质量管理年"实施方案 ·················· 345

内蒙古农业大学教师教学能力提升计划(试行) ·················· 350

学校制发的管理文件索引 ·················· 353

内蒙古农业大学概况

学校简介

内蒙古农业大学成立于1952年,是内蒙古自治区成立最早的本科高等学校,是一所以农为主,以草原畜牧业为优势和特色,具有农、工、理、经、管、文、法、艺等8个学科门类的多科性大学,具备培养高职高专、学士、硕士及博士的完整高等教育体系。学校现设有动物科学学院等21个院部,下设的职业技术学院是全国高等职业教育示范院校建设单位。2001年学校成为国家西部大开发"一省一校"重点支持建设的大学,2012年成为国家林业局和自治区人民政府"省部共建"高校,2013年进入国家"中西部高等教育振兴计划"支持院校行列。

历史沿革

1952年,经当时的国家政务院批准,由原河北农学院、平原农学院的畜牧、兽医系和山西农学院的兽医专业合并迁至呼和浩特,创办了内蒙古自治区第一所本科高等学校——内蒙古畜牧兽医学院,毛泽东主席签署任命了第一任院长。1958年原内蒙古林学院成立。1959年内蒙古呼和浩特农业学校、内蒙古农业干部学院、内蒙古牧业干部合作学院等3所学校并入内蒙古畜牧兽医学院。1960年内蒙古畜牧兽医学院更名为内蒙古农牧学院。1971年,内蒙古林学院并入内蒙古农牧学院。1978年,内蒙古自治区党委决定,恢复内蒙古林学院,从此,农林两校进入了各自的恢复、发展和振兴期。1999年,经教育部批准,撤销内蒙古农牧学院和内蒙古林学院,合并组建内蒙古农业大学。

办学规模

学校现有全日制在校生34122人,其中硕士研究生2008人,博士研究生429人。学校一校三区,包括呼和浩特校区、萨拉齐校区和海流园科技园区,总占地面积1.5万余亩(15亩=1公顷,全书同),现有建筑面积101.6万平方米;国有资产12.64亿元,教学仪器设备值4.85亿元。

学科专业

学校现有一级学科博士学位授权点11个,一级学科硕士点23个,有国家级重点学科1个、国家重点(培育)学科3个、自治区级重点学科22个、自治区重点(培育)学科4个、农业部重点学科1个,国家林业局重点学科3个,有博士后科研流动站6个。有本科专业76个,其中蒙汉双语授课专业13个,英汉双语授课专业18个。

师资队伍

现有教职工2679人,专任教师1303人,其中具有正高级职称280人,副高级职称468人。硕士以上学位教师占教师总数的70%以上,现有博士生导师128人、硕士生导师423人;获"长江学者"特聘教授和国家杰出青年基金资助1人(张和平),享受国家特殊津贴的专家71人,国家突出贡献的中青年专家3人,自治区有突出贡献的中青年专家39人;入选国家百千万人才工程5人,"333人才引进工程"首席专家3人,自治区"321人才工程"第一、第二层次人选17人,自治区"111人才工程"第一、第二层次人选21人,获教育部新世纪优秀人才支持计划6人、自治区优秀学科带头人支持计划2人。入选自治区草原英才项目25人。

教学工作

2002年和2008年,学校两次接受教育部本科教学工作水平评估,均获得"优秀"。目前,学校建成国家级特色专业7个,获国家级创新实验区试点班和特色优势学科实验室专项资助专业2个,自治区品牌专业40个;获国家精品课程5门,自治区精品课程72门;国家级人才培养模式改革创新实验区1个,国家级实验教学示范中心1个;国家级教学成果二等奖2项,自治区级教学成果20项(一等奖4项、二等奖6项、三等奖10项);国家级教学团队1个,自治区级教学团队8个;"十一五"以来,3部教材获国家级教材奖,有95部教材被列为国家"十一五"规划教材。

科学研究

"十二五"以来,学校获得国家"973""863"、科技支撑计划、自然科学基金等国家及省部级重点重大项目796项,总经费4.1亿余元(500万元以上项目13项);国家自然科学基金206项,总经费1.03亿元,居全国农林院校第6位。获得省部级科技奖31项,作为主要完成单位获得国家科技进步二等奖2项。有1人获得国家杰出青年基金资助、1人入选"长江学者"奖励计划、1个团队入选科技部重点领域创新团队、3个团队列入教育部创新团队、9个创新团队入选自治区"草原英才工程"。

2006年,完成了国内首个乳酸菌全基因组序列图谱绘制。2007年,"成年体细胞克隆绵羊"在国内首次获得成功。2011年,绘制完成了"蒙古高原4个特色物种全基因组序列图谱"和"世界首例蒙古族人全基因组序列图谱"。2012年,世界首例低乳糖转基因奶牛在学校诞生。2013年,世界首例蜘蛛丝细胞羊在我校诞生。2013年英国著名杂志《Nature》(《自然》)评选出2012年度自然出版指数中国前100强单位,我校名列全国高校第52位、农业高校第5位。

学校现有1个国家级野外观测站,2个教育部省部共建重点实验室,1个国家林业局重点实验室,9个自治区重点实验室,2个自治区级工程实验室,3个自治区工程技术中心;2个高校重点实验室,2个自治区人文社科基地,2个自治区高校重点实验室(工程研究中心)培育基地。

开放办学

近年来,学校先后与亚洲基金会、美国自然科学基金委、加拿大农业和农业食品部等50多个国际组织和国家签定了科技合作协议,主办和承办了国际草原/草地大会、国际荒漠化治理大会等各类国际学术研讨会20余次。2007年,学校与加拿大农业与农业食品部成立了"中加可持续农业研究与发展中心",以草业科学、乳品和动物科学等8个学科为重点研究领域,先后承担"中国—内蒙古运动马驯养技术集成与人才培养"、"高产奶马新品系培育及酸马奶的基础应用合作研究"等国际科技合作项目50余项,引进英文原版教材300余部,每年邀请近百名外国专家、教授来校从事教学科研工作,"汉英双语"授课专业达到18个。2010年学校被科技部认定为"国际科技合作基地",2012年经自治区政府批复,同意我校建立中国—加拿大可持续农业科技创新示范基地。2013年,国际著名管理咨询机构马利克管理中心在我校设立了马利克管理中心分中心。

社会荣誉

学校党委先后被授予"全区先进基层党组织"和"全国先进基层党组织";光荣称号,职业技术学院获"全国教育系统先进集体"荣誉称号;动物科学与医学学院被授予"全国'五一'劳动奖章";学校团委被评为"全国五·四红旗团委",并连续20年获"全国高校社会实践活动先进单位"。

学校基本数据情况一览表

在校学生人数 单位:人

普通教育学生						在职攻读硕士学位研究生	成人教育学生	外国留学生	民族预科生
本专科生			研究生						
普通本科	普通专科	合计	博士生	硕士生	合计				
28095	3198	31293（职院6446）	429	2008	2437	1362	13395	131	261

全校教职工人数 单位:人

校本部教职工数										分院教职工数	其他人员	总计
专任教师						管理人员	教辅人员	工勤人员	科研机构人员	合计		
正高级	副高级	中级	初级	无职称	合计							
280	468	472	83	0	1303	363	158	0	383	904	461	11	2679

学科专业情况 单位:人

博士后科研流动站	博士学位授予权一级学科	博士学位授予权二级学科	硕士学位授予权一级学科	硕士学位授予权二级学科	本科专业	省部级以上重点实验室
6	11	2	23	7	76	28

科研情况

国家、省部级科研获奖项目(项)	省部级以上项目验收(项)	鉴定成果(项)	授权专利(项)	审定品种(个)	SCI、EI、SSCI论文(篇)	专著(部)
4	21	5	22	1	89	29

资产情况

固定资产（万元）	校舍面积（平方米）	占地面积（亩）	学校藏书（万册）	教学科研仪器设备（万元）
126402.5（职院26578）	1016650（职院209987）	13617.9（职院3271.9）	178.31（职院22.8）	48510.37（职院4896.25）

学院(部)简介

动物科学学院

【概况】动物科学学院的前身为畜牧系,成立于1952年11月,主要由畜牧学和水产学等2个一级学科组成,设动物科学(国家级特色专业)、动物科学(动物营养与饲料科学方向)、动物生产学(国家教改试点)和水产养殖学等4个本科专业,拥有动物遗传育种与繁殖学、动物营养与饲料科学、动物生产学、农业推广(养殖领域)等4个硕士学位授权点;畜牧学一级学科博士点下设动物遗传育种与繁殖学、动物营养与饲料科学、动物生产学等3个二级学科博士学位授权点;畜牧学一级学科为博士后流动站。拥有国家级重点(培育)学科1个、自治区一级重点学科1个、自治区二级重点学科2个。现有自治区重点实验室1个、重点(培育)实验室1个。《家畜育种学》为国家级精品课程,也是国家级精品视频资源共享课程,《动物营养学》《家畜繁殖学》《禽生产学》《生物统计学附试验设计》《家畜环境卫生学》等5门课程为自治区级精品课程,动物遗传育种教学团队为国家级教学团队。承担国家"973"、"863"、科技支撑、重大专项、国际合作、国家自然科学基金、自治区重大项目等科研课题50项,科研经费4000万元。

学院现有教职工69人,其中专任教师62人。专任教师中,教授16人、副教授(包括高级实验师)27人、博士生导师10人、硕士生导师17人,硕士以上学历教师57人。在校生1056人,其中,研究生181人(博士生44人,硕士生137人),本科生875人。

【党建与思想政治工作】2013年,动物科学学院党委下设9个支部,其中教工党支部4个、学生党支部5个。党员225人,其中教工党员34人,学生党员191人。一年来,举办积极分子和重点培养对象培训班各2期,分别培训学员167名和54名。发展党员54人,转正党员94人。全年紧紧围绕改革、发展、创新的工作大局,把握正确的政治方向,创造性地开展党建和思想政治工作,有力地保障和促进了各项工作的稳健发展。一是以科学发展观为指导,认真贯彻落实党的十八大精神,深入开展党的群众路线教育实践活动,做到了规定动作不走样,自选动作有特色,加强领导班子和党员干部自身建设。始终把遵守党的政治纪律和思想政治建设放在首位,加强理论学习,不断增强领导班子的政治意识、大局意识、为民务实的责任意识和发展意识,提高班子的战斗力、凝聚力和领导学院各项事业科学发展的能力。二是实事求是,从实际出发,充分发挥教工党支部和教职工党员在深化教育教学改革,提高学科建设水平,提升科研及服务社会的能力,优化师资结构、改善办学条件,进一步加强对外合作交流,不断提升社会声誉,进一步理清了科学发展的总体思路,为加强内涵建设,全面提高办学水平,提供了强有力的思想、政治和组织保障。三是严格"三会一课"制度,认真执行学生党建工作"三项联创"的实施方案,切实增强学生党支部的战斗堡垒作用,发挥学生党员的先锋模范作用和入党积极分子的骨干带头作用。四是将思想政治工作与师生的日常行为管理紧密结合,以提高教风、学风为抓手,将师生思想统一到学院的中心工作上,努力搭建各类提高教风、学风的平台,切实成为教师个人进步、学生成长成才以及各项事业稳步发展的强大推动力。五是文化建设有声有色、文体活动丰富多彩。把民族团结教育与开展民族特色文化有机结合,师生喜闻乐道、广泛参与,受到了良好效果。每年一次的"校园那达幕"已经成为学校的品牌活动。

【教学工作】2013年,全面修订本科生人才培养方案,形成了3年完成专业学习,1年完成实践提升的目标。组织212位毕业生参加本科论文答辩工作,评选出院级优秀论文12篇;完成了2013届本科毕业生信息核对和成绩核对等工作,毕业212人,取得学位的学生210人。2013年8月组织193名学生奔赴乌审旗、巴彦淖尔市、内蒙古正大集团、萨拉齐职业技术学院等实习基地开展为期1周的专业认知实习,共完成团体报告14份。取得成绩有:① 基地建设获得教育部的高度认可。动物科学学院与内蒙古正大联合建立的动物科学实践教学基地获批国家级大学生校外实践教育基地建设项目,是我校获得的第一个地方高校"本科教学工程"大学生校外实践教育基地建设项目;获批教育部畜牧兽医职业教育培训点建设基地项目。② 动物遗传育种国家级教学团队获批国家首批精品视频公开课建设支持;家畜环境卫生学荣获自治区精品课程称号。③ 完成本科生教学大纲撰写工作,共完成大纲撰写和修订114份。④ 组织落实1.5倍论文双向选择制度,提高了教师和学生在实习中协同学习工作的自觉性。⑤ 成功举办了第二届动物科学实验技能大赛。⑥ 2013年7月承担省级中职骨干教师培训班。

【学科及师资队伍建设与研究生工作】2013年,建立了5个新的稳定的专业硕士实训实验基地,并从每个基地聘请了一名客座教授,负责专业硕士的实习和实训。2013年我院齐景伟副教授晋升为推广教授,玉荣和徐明(破格)二位讲师晋升为副教授。共引进或公开招聘3名教师或科研人员(动物生产学科1人,遗传育种学科2人),进一步优化了相关学科的梯队结构。完成了2013年度硕士研究生和博士研究生的毕业论文审核、答辩工作;完成了全日制研究生的中期考核工作和开题报告;完成了2011级农业推广硕士的开题报告和专业课授课任务。

【科研工作】申报各类科研项目20项,经费达2534万元,其中获批国家基金6项,经费300多万元;国家863项目1项,经费1235万元。农业部行业公益项目1项,经费100万元;农业部产业体系项目1项,经费50万元;内蒙古重大专项2项,经费400万元;内蒙古科技厅应用项目2项,经费100万元;内蒙古基金2项,经费6万元。有2人获得自治区草原英才,经费65万元;草原英才团队1个,经费100万元;内蒙古教育厅团队1个,经费50万元。8月24日我院与包头市北辰饲料公司签署了"产、学、研"合作协议;12月27日我院与农标普瑞纳(内蒙古)饲料公司签署了校企合作协议;12月1日我院与北京福乐维生物科技股份有限公司签署了院企合作签约仪式并进行了"福乐维"开班仪式。教师在全国各类刊物上发表论文240余篇,其中SCI收录9篇。

【学生工作】2013年,把教书育人、管理育人和服务育人三者有机地结合在一起,坚持把德育教育、素质教育和职业教育三条主线贯穿学生工作始终。以学生党建为龙头、以基础文明教育为核心、以学风建设为重点、以职业规划为导向、以学生的全面成长成才为目标,开展专业思想教育、学生科技创新教育、心理健康教育、职业生涯规划和就业指导教育、法制安全教育、校纪校规教育、民族团结教育等系列活动。顺利完成了2013届毕业生的文明离校和2013级新生的迎新、军训工作,扎实开展了毕业生文明离校教育和新生入学、专业思想教育,精心配备了8位新生班班主任,选拔了11位辅导员充实学生工作队伍。学生活动紧紧围绕学校和学院育人中心工作开展,主题突出、特色鲜明、效果明显,全年获得校级以上表彰的共计10余项。其中,第十二届新星魅力主持人决赛"优秀团体组织奖"、"我的中国梦·第二届青春之歌"蒙语演讲比赛一等奖、第九届心理知识竞赛优秀奖、心理文化活动月优秀奖、"2013年校园辩论赛"蒙语组冠军,成功承办"第七届校园那达慕大会"等。同时注重引进外部优质资源注入到学生工作中,组织优秀企业进校园活动,创办企业班2个。

【招生就业工作】本年度毕业生262人,其中研究生数50人(博士生9人、硕士生41人)、本科生212人。招生299人,其中研究生70人(博士生12人、硕士生58人),本科生229人。在毕业生就业工作方面,以实现毕业生充分就业作为工作重点,加大宣传力度,努力拓宽就业渠道,积极为毕业生搭建就业平台,引进高质量用人单位,在今年就业压力十分困难的情况下,毕业生一次就业率达到了86.79%,受到学校的表彰奖励。

【对外合作交流】2013年,先后有苏格兰农学院2位教授和国际畜牧联盟2位教授来我院进行教学洽谈,共同研讨本科生和研究生教育方面的工作;选派4名教师到中国农业大学、西南交通大学学习和参观,以增强中青年教师积极参与动物科学实践教学改革工作。

【重大事件】2013年,以学院李金泉教授为首席专家的"绒山羊创新团队",主持申报的"羊重要经济性状功能基因组学研究"课题,获得了国家高技术研究发展计划(863计划)立项资助,项目批准号2013AA102506,课题总经费为1235万元,执行期限五年。该课题的成功申报为羊基因组设计育种所需的基因资源和技术手段提供战略性储备,在国家层面建立较为完善的技术创新体系,是学院科研立项工作在高技术研究领域的又一重大进展。该课题由学校主持,中国科学院昆明动物研究所、中国农业大学、内蒙古大学、新疆农垦科学院、新疆维吾尔自治区畜牧科学院、华中农业大学、吉林省农业科学院、山西农业大学、西南民族大学等九个单位参加;《家畜育种学》课程入选首批"国家级精品资源共享课立项项目";《内蒙古农业大学—正大集团农科教合作人才创新培养基地》项目获批;金凤老师荣获校级教学名师荣誉称号;国家和自治区共投入900万元用于国家重点(培育)学科和自治区重点学科的建设,该经费主要用于动物遗传育种与繁殖学科和动物营养与饲料科学学科的仪器设备的配套和更新,并且当年已经完成了招投标工作;申报各类科研项目20项,经费达2534万元;在全区第八届"挑战杯"上获得一等奖。

兽医学院

【概况】兽医学院成立于1952年11月,系内蒙古农业大学创建最早的学院之一,其前身是内蒙古畜牧兽医学院兽医系。学院设有动物医学(五年制)、动物医学(四年制)、动植物检疫(动物检疫方向)、动物药学3个本科专业,其中动物医学和动物药学专业分别用蒙、汉语授课,动植物检疫专业为汉、英双语授课。在兽医学一级学科下拥有基础兽医学、预防兽医学、临床兽医学3个内蒙古自治区重点学科,基础兽医学、预防兽医学、临床兽医学博士和硕士学位及兽医硕士专业学位授予权,建有兽医学科博士后流动站。拥有农业部重点实验室1个,财政部与地方共建高校特色优势学科实验室1个,自治区重点实验室1个,兽用疫苗国家工程实验室—工艺技术研究室1个。学院设有1个实验研究中心及基础兽医学、预防兽医学、临床兽医学3个实验室,其中基础兽医学实验室为自治区重点实验室。附设教学动物医院和实验动物园等校内教学实习基地,内蒙古正大集团、内蒙古赛科星繁育生物技术股份有限公司、天津瑞普生物技术股份有限公司、内蒙古富川饲料科技股份有限公司等7个校外教学实习基地。

2013年,学院在职教职工76人,其中专任教师59人。专任教师中,教授25人,副教授18人,博硕士生导师45人,硕士以上学历教师55人。本年毕业生264人,其中研究生61人(博士生14人、硕士生47人),本科生203人。招生339人,其中研究生88人(博士生14人、硕士生74人),本科生251人。在校生1173人,其中研究生208人(博士生39人、硕士生169人),本科生965人。2013年,学院新开设动物药学专业并招生,与内蒙古自治区金宇集团签署了国家工程疫苗实验室合作协议,承办了全国兽医专业学位研究生教育指导委员会会议,获批承办"生泰尔"杯全国大学生第三届动物医学专业技能大赛。

【党建与思想政治工作】2013年,学院党委共有11个党支部,其中教工党支部4个、学生党支部7个。党员256人,其中教职工党员46人,学生党员210人,入党积极分子600人,发展党员64人。2013年,2人被评为校级优秀党务工作者,7人被评为优秀党员。

学院党委以创建"学习型、服务型、创新型"党组织为核心,紧紧围绕教育教学这个中心任务,实现党建工作与教学、科研、管理等工作的相融共促,在推进教育教学改革、服务社会等工作中成绩显著,被学校评为领导班子业绩突出单位和学生就业先进单位。

加强勤政廉政建设,贯彻领导干部个人重大事项报告、述职述廉、民主评议、民主生活会等党内监督制度,在职称评聘、岗位考核评优、毕业生分配、奖学金发放等涉及教职工和学生切身利益的重大问题上,严格执行相关政策规定,做到公开、公平、公正、透明。

积极开展党的群众路线教育活动,认真组织学习宣传中央"八项"规定,结合学院实际制定了《兽医学院党的群众路线教育活动实施方案》,以问卷调查、召开不同层次座谈会、个别走访等形式广泛征求意见,认真梳理征求的38个主要意见,形成学院领导班子对照材料,提出"四风"方面突出问题,制定了班子及个人的整改任务书。

加强基层组织建设,组织院党委民主生活会,指导各支部开展民主生活会,党日活动。开展了支部牵头,党员带头,创新教学模式和艺术,提升教学能力的活动。临床兽医学党支部组织了教学观摩活动。

坚持党政联席会议及领导班子每两周1次例会制度,学习会与工作会有机结合,针对工作目标任务,确定学习内容。学院"三重一大"事宜,集体讨论决策,分工负责,责任到人。

设立学院党政主要领导接待日,每周有一位党政主要领导接访师生半天,倾听师生所思所想,不断改进工作方式方法。为方便群众办事,院领导办公室门口挂工作状态标示,告示来者不在原因。领导班子成员分工联系统战对象,定期与联系对象谈心,听取意见和建议。

坚持每两周一次全院大会,传达中央、自治区及学校的有关精神,对形势政策及社会影响力较大的网络信息,给予正确解读和引导。

召开学院教代会,调动全院教职工讨论了如何贯彻《内蒙古农业大学教学质量工程》,推进学院教学工作。组织了党的群众路线教育实践活动领导班子专题民主生活会,学校分管校长及组织部负责人参加了会议。领导班子成员秉着端正、严肃、求真务实的态度,剖析了自身思想和工作上的具体问题。

组织学院工会在春节前看望并慰问了离退休教职工。开展了"困难学生大病救助金"和"博爱一日"募捐活动,分别募捐资金10550元、8600元。

【学科建设】学院拥有农学门类兽医学一级学科博士学位授权点1个,兽医学一级学科博士后流动站1个,基础兽医学、预防兽医学、临床兽医学3个二级学科博士和硕士学位授权点及兽医硕士专业学位授权点。拥有内蒙古自治区"草原英才"团队1个,"草原英才"奖获得者4人,内蒙古自治区"321人才工程"第一层次人选1人及第二、第三层次人选4人,内蒙古自治区"青年科技领军人才"1人,有突出贡献中青年专家3人。

2013年,学院学科建设的重点工作是整合研究方向,加强人才培养,完善教师梯队建设,吸收优质博(硕)士生源。

成功申请到内蒙古农业大学"新型兽药研究与开发应用"创新团队(培育),实现了多学科、多方向人员科研合作攻关。

年内选派9人次教师赴英国利物浦大学、法国马会、香港马会学习马兽医诊疗技术。提升了中青教师的兽医临床技能。

完善教师梯队,满足教学要求,从吉林大学引进3名博士,2名教师分别晋升为教授和副教授。

建立了研究生优质生源奖励机制,对211、985院校考入的研究生每人奖励1千元。

承办了全国兽医专业学位研究生教育指导委员会会议。学院教师年内分别参加了14次国际、国内专业学术会议。

【教学工作】2013年,教学工作的基本思路是加强实践教学并提升教师综合能力,重点抓了中青年教师实践能力和业务水平的提高工作。

瞄准社会发展需求,新开设动物药学专业并招生,拓宽了专业领域。

将教学经费优先投向实践教学环节,并自筹经费补贴承担实践课教师的课时费。选派一线教师到国内外的同行或兄弟院校进行了培训。

加强高校间开放合作,学生互换,促进合作办学、合作育人、合作发展。年内与华南农业大学互换了本科毕业实习生。招收4名蒙古国研究生(博士2人、硕士2人)。

保持农业部动物疾病临床诊疗技术重点实验室的优势,继续实验研究中心和实验室的建设,购买了教学仪器设备,国外原版专业书籍等。学院现有仪器设备1887台(套),设备总值5600余万元,其中10万元以上仪器设备69台(套)。

坚持以校内实践教学基地为核心,校内与校外基地有机结合互补的方式开展实践教学基地建设工作。学院为教学兽医院补充了紧缺仪器设备,提高了其服务教学的水平。在加强和巩固原有校外实践教学基地的基础上,新增内蒙古富源牧业有限责任公司、山东泰安澳亚现代牧场有限公司2个校外实践教学基地。年内11个班次在校外实践教学基地完成了实习。组织了教师教学技能大赛,使教师在相互学习中提高教学水平。

【科研工作】2013年,学院获批国家自然科学基金资助项目9项(位居学校第2)、内蒙古自治区自然科学基金资助项目4项、现代农业奶牛产业技术体系和公益性行业专项横向课题2项、内蒙古自治区科技重大专项课题1项、学校科技创新团队(培育)1个,年内学院课题资金总额682万元。

获得国家专利2项,内蒙古自治区科技进步三等奖1项,协助农业部兽医局制定口蹄疫疫苗质量标准1项。发表科技论文96篇,其中被SCI收录8篇,中文核心期刊52篇。

推进校企深层次合作,与内蒙古金宇集团签署了国家工程疫苗实验室合作协议,有5位教师受聘于内蒙古金宇集团国家工程疫苗实验室,承担疫苗工艺改造,研发,质量监控等研究工作。

学院"兽医疫苗国家工程实验室工艺技术研究室"完成了口蹄疫病毒的工业纯化技术,可大幅度降低口蹄疫疫苗的毒副作用。学院以此技术与中牧实业股份有限公司签订了合作协议。中牧实业股份有限公司建立了口蹄疫病毒纯化中试生产线,每年可新增产值1.8亿元。

学院年内完成了与内蒙古硕高生物科技有限责任公司"子宫内膜炎治疗仪在临床上应用"的合作及与伊利集团内蒙古牧泉元兴饲料有限公司"奶牛饲料中呕吐毒素检测"的合作。

【学生工作】2013年,学院学生工作的总体思路是加强学风建设,稳定专业思想。工作重点是提升学生的实践动手能力。

为了加强学风建设政策管理,修订完善了《兽医学院学生党员义务劳动考核制度》《兽医学院教师深入宿舍制度》《兽医学院学生家长联系信制度》、优良学风班集体创建流程、贫困生认定流程、国家奖助学金评选流程、综合测评流程等26个相关制度和工作流程。

学院领导召开研究学生工作的会议12次,深入学生宿舍28次,组织班级座谈会17次,参加学生活动10余场,与补考、违纪和心理危机学生谈话62人次。组织了4次党课培训,2次学生干部培训,1次班主任工作研讨会,2次全院学生诚信考试教育大会。年内志愿者义务劳动140人次,文明督查28人次,交通维护40人次,32个班申请诚信考试,2个班申请免监考班级。

健全激励机制,推动学风建设。争取到3家企业共36万元的企业奖助学金,学院奖助学金总数已达91.5万元。出台了补考率下降奖励办法,即对全院每个年级补考率最低和补考率下降幅度最大的班级奖励1500~2000元,补考率较上年下降30%。

加强学生安全、文明教育和应征入伍宣传。为学生举办了2次安全知识讲座,设立每周三为"文明宿舍卫生清扫日",取得三星级以上宿舍比率达89%,3名学生毕业后应征入伍。

设立了联系家长专员,及时联系家长通报学生在校情况,与家长共同教育学生,并引导受处分的学生通过参加义务劳动、课外竞赛、校园集体活动、创建优良学风等形式申请撤销处分,以点带面,教育所有学生遵守校纪校规。2名学生申请撤销处分已获批。

建立了全院学生QQ群,定期上传就业单位招聘信息。邀请50余家企事业单位来学校召开专场招聘会,提供就业岗位1000余个。截至8月30日,2013届毕业生就业率达87%。

创新新生入学教育,稳定专业思想,明确就业方向。新生开学初给家长下发联系卡,召开新生家长座谈会,举办开学典礼、大学生适应性讲座,进行专业思想、职业病预防、校纪校规教育,邀请3位企业家分别介绍了饲料、养牛、养羊及兽药行业发展状况,提高了新生对所学专业的认识。聘请了1名兽医专业毕业的公司经理担任名誉班主任。

开展了"优良学风班创建"和"不让一名学生掉队"帮学活动。举办了以"勿忘历史,承担使命"为主题的纪念一二·九爱国运动演讲比赛、主持人大赛等民族团结教育活动。组织了书香校园活动、迎新晚会、新生篮球赛、拔河赛、爱国主义演讲比赛、心理健康知识大赛、心理话剧比赛、研究生趣味运动会等丰富多彩的文体活动。开展专题团日活动10余项,内容涉及学习党的十八大文件、知识竞赛、捐款捐物、义务劳动等方面。

为了提升学生的实践动手能力,学院举办了兽医专业技能大赛,所有班级都派代表队参加了"家兔解剖""病原菌检查""绵羊瘤胃手术"三项技能竞赛。指导学生积极参与科技创新,选送多项作品参加学生科技创新基金项目申请,其中1项获批。组建了6支社会实践直属队伍,其中安徽蚌埠社会实践支队被评为校级优秀社会实践直属分队。

组织学生积极参加学校举办的校园文化活动,获"金马杯"文艺汇演三等奖、校园模特大赛优秀组织奖、运动会优秀道德风尚奖、心理健康知识竞赛团体二等奖以及多项个人奖。

农学院

【概况】农学院其前身为1958年成立的内蒙古农牧学院农学系,1999年4月原内蒙古农牧学院农学系、园艺系和原内蒙古林学院植物生理、植物遗传育种、植物保护教研室合并组建而成,是学校组建院(系)早、办学规模大的学院之一。学院现有教职员工100人,其中教授32人,副教授35人,已取得博士学位的61人,有博士生导师14人,硕士生导师56人。本年本科毕业生319人,招生409人。学院现设有农学、园艺、观赏园艺、植物保护、植物科学与技术、种子科学与工程、设施农业科学与工程7个本科专业。设有作物学一级学科博士学位授权点(自治区重点一级学科),作物栽培学与耕作学(自治区重点学科)、作物遗传育种(自治区重点学科)、蔬菜学(自治区重点学科)、植物学(理学)4个二级学科博士学位授权点。设有作物学、园艺学、植物保护学3个一级学科和植物学、作物栽培学与耕作学、作物遗传育种、蔬菜学、果树学、观赏园艺学、植物病理学、农业昆虫与害虫防治(自治区重点培育学科)、农药学9个二级学科硕士学位授权点(种植领域)。学院设有"内蒙古自治区作物栽培与遗传改良重点实验室""内蒙古自治区野生特有蔬菜种质资源与种质创新重点实验室"2个。

【党建与思想政治工作】2013年,学院党建和思想政治工作以邓小平理论、"三个代表"重要思想、科学发展观为指导,深入学习贯彻党的十八届三中全会和习近平总书记一系列重要讲话精神,认真开展党的群众路线教育实践活动,认真学习实践社会主义核心价值观,大力加强党组织建设、加强党员和教师队伍建设,围绕教学工作中心,为学院发展提供坚强的思想、组织和作风保证,推动了学院各项工作的健康发展。2013年,学院党委共有19个党支部,其中教工党支部8个、学生党支部11个。党员356人,其中教职工党员62人,学生党员294人,入党积极分子216人,发展党员100人。

一年来,按照学校党委的统一部署,组织学院班子成员开展了深入细致的党的群众路线教育实践活动,认真执行学院分党委和党政联席会议的集体决议,进行学院重大事务的研究和部署,形成了学习型党组织的良好氛围。注重发挥教职工民主参与、决策和管理的作用,为学院的建设和发展不断注入新动力。组织"双代会"代表积极收集建议,上交提案10个。组织教职工参加学校第二届"乒羽杯"教职工比赛,羽毛球队获得冠军,乒乓球队获得季军,蝉联学校"乒羽杯"冠军。2名教师参加了学校工会组织的教学技能大赛,有1人获得第三名,1人获得优秀奖。学院工会获得学校首届教职工健康知识竞赛第二名的好成绩。组织教师参加学校第十三届田径运动会,获得3项比赛第一名。对患有重病住院职工到医院慰问,对家庭困难的教职工年底组织慰问和补助,春节走访慰问离退休、生病及生活困难教

职工30余人次,送去温暖;组织全体师生开展捐资助学活动,为灾区人民和本学院的特困生献上一份爱心。认真做好综合治理工作,与1个中心、7个教研室、3个办公室及51个学生班级签订责任状,加强对学生思想政治及安全教育,本年度学生安全无事故。

【学科建设】2013年,学院组织讨论完善了新增的种子科学与技术、作物保护学2个二级学科博士点和新增的农药学、观赏园艺学2个二级学科硕士点的培养方案,正式招收了第一届学生。积极开展学院专业硕士研究生校外实践教学基地创建工作,本年度新增校外研究生实践锻炼基地2个。根据国家学科目录调整的要求,初步完成了以一级学科为主的人才培养框架体系构建。组织申报了2014—2016中央地方共建学科平台建设项目(预算1350万元)。完成国家中职教育园艺专业示范基地建设200万元招标。引进果树学教师1名、农药学教师2名、植物生理学教师1名。

【教学工作】2013年,学院根据学校学分制建设的精神和要求,完善了农学院农学、园艺、植保等8个专业及方向的本科培养方案。在此基础上,组织学院各专业任课教师,讨论编订了200余门课程的教学大纲。通过学生代表座谈、实验课观摩、教师问卷调查、学生问卷调查,对学院7个专业1个方向的本科实践教学质量进行了摸底。对农学、观赏园艺2个本科专业的双语教学质量进行了摸底调查。本年度组织选派14名双语教学的教师前往荷兰进行短期教学及实践培训。另外有4名青年教师赴海外学习。本年度还选拔2名优秀本科生赴海外实习。研究制定了"青年教师实践技能提升计划""教学质量考核方案""教学技能竞赛制度""课程组建设及调停课规则"。举办了首次"农学院中青年教师教学技能大赛",进行了2次教学检查,完成了农学院学生评教工作。组织教研室负责人制定了新校区实验室建设规划,同时组织申报了新校区4个实验室的新增仪器设备项目。学院综合实验室开始了试运行。执行完成中央地方共建项目900万元仪器设备的招投标采购工作。

【科研工作】2013年 学院获批"国家自然科学基金项目"12项,经费561万元,项目数位居全校第一;国家科技支撑计划"粮食丰产科技工程"三期(892万元)正式启动;同时积极争取了2014年自治区科技专项、自然科学基金、农业综合开发,总经费400余万元等。全院发表学术论文141篇,其中SCI收录9篇,EI收录21篇。育成登记作物新品种5个。组织各专业老师赴包头、鄂尔多斯、巴彦淖尔、乌海、阿拉善、乌兰察布、锡林郭勒、赤峰、通辽、兴安盟、呼伦贝尔组织推广硕士的招生工作,2013年招生35人,组织完成2010级推广硕士的毕业答辩及2011级开题报告,本年度有29名推广硕士顺利毕业。配合内蒙古农业大学老教授协会对呼和浩特市金河镇舍必崖村、根堡村进行了设施蔬菜、果树的技术指导,协助新城区面铺窑村新上100万元扶贫项目。完成校内实习基地挂藏室、养虫室、田间实验室、库房、晾晒场、储藏窖、内覆盖日光温室、大田管道灌溉、旧温室维修等工程建设工作。完成分院基地今年200亩教学试验地的种植工作。新增中农绿康(北京)生物技术有限公司等5个校外基地。举办专业证书、学业证书、后期本科、农业技术骨干教师培训共80人。组织各教研室有关老师与农牧科学院和农业厅推广站、土肥站、植保站、经济作物工作站、鄂尔多斯杭锦旗等单位以及涉农企业协商合作共同承担各种农业项目;与赤峰和润农业科技产业开发有限责任公司、中国农科院蔬菜花卉所联合成立"中国北方冷凉蔬菜产业科技战略联盟"、与乌兰察布市、中国农科院蔬菜花卉所等几家单位成立院士工作站。学院荣获内蒙古农业大学科技推广与社会服务工作先进集体。

【学生工作】2013年农学院学生工作坚持走以人为本的路线,将全心全意为学生服务作为本年度工作的出发点和落脚点,将促进学风建设作为本年度工作中心,各项工作取得了较好的成绩。共29支队伍参加了"挑战杯课外学术科技作品竞赛",产生24份作品,参与的学生人数为683人。我院选送作品获得国家三等奖以一项,自治区金奖作品1项,自治区银奖作品1项,自治区铜奖作品1项,自治区优秀奖作品1项。参加了第27届大学生校园文化艺术节暨"金马杯"文艺汇演,荣获最高荣誉——金马杯;

组织参加第9届大学生心理文化月活动,在校园心理剧大赛中,农学院选送的参赛节目获得三等奖,心理健康知识竞赛获得优秀奖。荣获优秀组织单位;积极开展支农支教等社会实践活动,荣获"三下乡"社会实践优秀组织单位和优秀暑期社会实践直属队。农学院青年志愿者工作坚持开展20年,每周去看望残疾人叶晓雯,每周去照顾马鹤林教授的爱人,定期去4路、61路公交车服务,看望照顾特校儿童、夕阳红敬老院老人。

2013年我院296名毕业生,签约193人,签约率为65.49%,升学78人,升学率为26.35%。就业率为91.84%。与中农绿康等现代化农业企业签订就业实习基地的协议,建立长期合作关系。荣获就业管理先进单位。

林学院

【概况】林学院于1999年内蒙古林学院与内蒙古农牧学院合并为内蒙古农业大学时成立,前身是原内蒙古林学院林学系,主要培养林学及相关专业的蒙、汉专门人才。经过50多年的建设和发展,学院目前拥有林学一级学科博士学位授权点,涵盖林木遗传育种、森林培育、森林保护学、森林经理学、园林植物与观赏园艺、水土保持与荒漠化防治、野生动植物保护与利用7个二级学科博士点,一个博士后科研流动站;具有风景园林一级学科硕士学位授权点和林木遗传育种、森林培育、森林保护学、森林经理学、园林植物与观赏园艺5个二级学科硕士学位授权点及生态学(森林生态学方向)硕士点。学院目前开设林学、园林、森林保护、城乡规划、消防工程5个本科专业,其中林学专业为国家级特色专业,园林专业为自治区品牌专业。在校本科生1888人,博士、硕士研究生125人。学院面向29个省区招生,毕业生分布在全国各地,许多毕业生已成为政府部门和企、事业单位的主要负责人和技术骨干,受到用人单位的普遍好评。

为满足本科及研究生教学需要,设有森林培育、森林资源管理2个学校级实验中心;有森林培育、森林经理、森林保护、森林生态与气象、林木遗传育种、城乡规划、园林、消防工程8个教研室;还具有大兴安岭森林生态系统国家野外观测研究站和森林培育林木菌根生物技术自治区重点实验室。

学院注重师资队伍建设,目前已经建成一支结构合理、业务素质高、善于协作攻关的师资队伍。现有教职工70人,其中教授16人,副教授17人,具有博士学位的教师28人,具有硕士学位的教师29人,博士生导师5人,硕士生导师19人,自治区"草原英才"资助人才2人,自治区有突出贡献的中青年专家2人。

【党建与思想政治工作】2013年,林学院党委(党总支)共有13个支部,其中教工党支部5个、学生党支部8个。党员264人,其中教职工党员40人,学生党员221人,入党积极分子197人。发展党员120人。

学院党委认真执行《党政联席会议制度》,制定了《林学院严肃工作纪律整顿工作作风工作方案》和《林学院党政领导干部廉洁自律规定》和《林学院贯彻落实中央"八项规定"的具体措施》,签署了严肃工作纪律整顿工作作风承诺书。深入开展了以为民务实清廉为主要内容的党的群众路线教育实践活动,召开调研座谈会21次,回收问卷调查900余份,征求意见梳理汇总36条,编纂活动简报14期。经过反复论证,凝练形成了"选好一条道路,坚持三个精神,实施六大工程,突出五个特色,实现一个目标"的办学思路。一年来,累计开展党日活动38次,其中城乡规划与生态气象教研室党支部开展的"建设美丽基地,谋划学院发展"党日活动和林学专业本科党支部开展的"踏寻革命足迹 传承劳模精神 成就绿色梦想"党日活动分别被评为自治区优秀案例和校级优秀案例。率先在二级学院成立了新闻中心,对学院网站进行了全面改版。院领导、班主任、辅导员深入学生班级、宿舍,开展思想政治教育工作。年底召开总结表彰大会,对师生中涌现出的先进集体和先进个人进行了表彰。

学院获学校万米接力赛B组第2名,校运动会获团体总分第6名,并获体育道德风尚奖。院工会获得学校《先进工会》荣誉称号。

【学科建设】2013年,接受全国林业专业学位研究生教育指导委员会进校调研,圆满完成了全国林业硕士专业学位研究生教育质量调研工作。调研提供材料包括林业硕士培养方案,有关林业硕士和全日制专业学位研究生的管理规章制度、林业硕士课程教学大纲、教材、多媒体课件及案例,学校或学院与实践基地签订的协议,2011级林业硕士的实践总结报告及学位论文和2011、2012级林业硕士的课程成绩登记表。通过调研,总结了近年来学院林业专业学位研究生教育的成绩和存在的不足,为进一步提高林业专业学位研究生教育质量起到了重要的促进作用。

【教学工作】2013年,学院教学工作紧紧围绕"本科教学质量提升工程",进一步落实工程各项工作,注重工程的实施及效果评价。进一步强化教研室在教学管理中的核心作用、教学检查、学风建设、课程考试考核制度改革、教学督查工作、加强实践教学建设、本科教学质量工程项目的建设。2013年,共开出209门课程(含实验实习课程),课程教学效果得到明显的提高。继续实行全院教师听评课制度,全年听评课660人次。通过进行教师听课,青年教师的讲课效果有了明显的提高,任课教师的多媒体制作使用更加规范。

学院教学督查组发挥积极作用,各方面的严格督查全面提高了学院教学工作质量。采取全员听课方式,监控课堂教学各环节;对试卷及作业从试卷质量、卷面质量、试卷评阅、其他材料情况等四个方面进行全面检查,并详细点评后反馈意见。学院从2013年开始进行考核制度改革工作,并出台了《林学院课程考试改革实施方法》,对具备条件的29门专业课程进行了考试改革。

教学质量工程建设取得一定成效。至2013年年底学院拥有自治区级精品课程3门,校级精品课程10门,校级教学团队4个,获批校级教改项目3项,获批大学生创新基金项目1项,校级教学名师1人,教坛新秀1人。

2013年学院克服了种种困难恢复了中断30年的林学专业综合实习,远赴大兴安岭原始林区进行。

【科研工作】2013年学院科学研究成果丰硕。26项科研项目获得批准,总经费达953万元。两个团队获批学校科技创新培育团队。主编出版专著3部,发表科技论文145篇。其中核心期刊论文124篇,SCI论文3篇。

【学生工作】2013年,学院学生工作的总体思路是以学风建设为核心,以精品校园文化活动为载体,以促进学生全面发展为目标,以树立正确的世界观、人生观、价值观为导向,全面加强学生教育、管理和服务工作,努力营造全员育人的氛围。工作重点是绿色课堂创建活动和优良学风班集体创建活动,采取了"不让一名学生掉队"帮学活动,实施了受学业警告学生帮扶措施,开展了遵纪守法教育活动、诚信教育活动,制定了诚信考试实施办法,签订了诚信考试承诺书以及学生工作干部分片包干学生宿舍并在公寓值班,开展思想教育活动等措施,举行了青年马克思主义者培养工程培训班、人文社科知识讲座和励志报告会、学习经验交流会、考研说明会,开展了社会实践活动、民族团结教育活动,"文明督察岗"和典型示范教育活动、星级文明宿舍创建活动以及心理文化活动月活动等,"绿色课堂"深入人心,"诚信考试"蔚然成风,学生上课出勤率明显上升,课堂纪律明显好转。

大学生防火联合会荣获"自治区志愿者服务优秀组织奖",1篇学生论文荣获首届全国植物生产类大学生实践创新论坛三等奖,自治区"挑战杯"竞赛中获三等奖1项,优秀奖1项,一人获"全国林科十佳毕业生"称号、两人获"全国林科优秀毕业生"称号。

【重要事件】2013年学院在各个领域获得了许多可喜的成绩。

一、党建工作成效显著。城乡规划与生态气象教研室党支部开展的"建设美丽基地,谋划学院发展"党日活动和林学专业本科党支部开展的"踏寻革命足迹传承劳模精神 成就绿色梦想"党日活动分别被评为自治区优秀案例和校级优秀案例;深入开展了以为民务实清廉为主要内容的党的群众路线教育实践活动,取得阶段性成果。

二、2013年,经过两年的深入思考、积极探索和反复讨论,学院领导班子凝练提出了学院的办学思路,即"选好一条道路,坚持三个精神,实施六大工程,突出三个特色,实现一个目标"的办学思路,简称"13631"办学思路。

三、实践教学稳步推进。与内蒙古林木良种繁育中心和内蒙古和信园蒙草抗旱绿化股份有限公司签订了实践教学基地协议,与乌海市海渤湾区人民政府签订了产学研合作协议;林学专业综合实习赴根河林业局实习恢复了中断30年的大兴安岭原始林区的实习。

四、学院荣获学校"科技推广与社会服务"先进集体。

五、率先在二级学院成立了新闻中心。对学院网站进行了全面改版,增设了《学生园地》《学术动态》《院务公开》《校友天地》《树木树人》《媒体聚焦》等新栏目。

六、启动"校园文化建设工程"。开展了园林艺术节、防火节、宿舍文化节和绿色课堂创建等活动。开展"绿色课堂"活动,并在《呼和浩特晚报》头版头条进行报道。

七、郭连生教授荣获海峡两岸林业敬业奖。

生态环境学院

【概况】生态环境学院于1999年4月由原内蒙古农牧学院草业科学系和内蒙古林学院沙漠治理系等5个系、所、专业的7个单位合并组建而成。现有草业科学、水土保持与荒漠化防治、农业资源与环境、土地资源管理及人文地理与城乡规划管理5个本科专业,学院下设草地资源、水土保持与荒漠化防治、牧草及药用植物、土壤、土地资源管理、资源环境与城乡规划、植物学7个教研室和草地资源、牧草生产、土壤学、植物学、地理信息系统、水土保持与荒漠化防治6个教学实验室。拥有草学、生态学2个一级学科博士学位授权点和水土保持与荒漠化防治、土壤学、野生动植物保护与利用3个二级学科博士学位授权点;草学、水土保持与荒漠化防治、生态学、土壤学、野生动植物保护与利用、土地资源管理、植物营养学7个硕士学位授权点;有草学一级学科博士后流动站,水土保持与荒漠化防治学建有林学一级学科博士后流动站。拥有草学国家重点学科和水土保持与荒漠化防治重点(培育)学科。

学院现有"草业与草地资源教育部重点实验室"国家林业局重点开放性实验室"沙地生物资源保护和培育实验室""内蒙古自治区沙地(沙漠)生态系统与生态工程重点实验室"、植物学国家级实验教学示范中心。

学院现有教职工120人,其中专任教师92人。专任教师中,教授37人,副教授38人,博硕士生导师61人,硕士以上学历教师60人。本年毕业生566人,其中研究生66人(博士生16人、硕士生50人)、本科生500人。招生584人,其中研究生84人(博士生20人、硕士生64人),本科生500人。在校生2832人,其中,研究生344人(博士生87人、硕士生257人),本科生2488人。

【党建与思想政治工作】2013年,生态环境学院党委共有23个党支部,其中教工党支部9个、学生党支部14个。党员619人,其中教职工党员75人,学生党员544人,入党积极分子1240人。发展党员157人。

2013年,学院以强化支部建设为核心,通过精品党日活动、专题民主生活会等形式加强党支部建设,努力提高党的建设科学化水平,学院重点从组织机构设置科学化、人力资源配置科学化、考核评估体系科学化、培养教育工作科学化、组织生活制度科学化等方面做了大量工作。为了进一步加强学院党支部建设,充分发挥党支部的战斗堡垒作用和党员的先锋模范作用,根据《党章》的有关规定,结合学院实际,制定了"三会一课"制度。定期召开支部委员会、党小组会、支部党员大会,按时上好党课,做好党课笔记,并结合各支部实际研究,制定工作计划和党员教育管理措施,工作有计划、有检查、有总结。

【学科建设】2013年,学科建设方面重点明确建设目标和任务,凝练学科方向和学科特色,积累和培养学科优势,加强导师队伍建设和管理,规范研究生的培养过程。加强研究生的日常行为管理,创造研究生的科研氛围,培养创新性思维,积极申报"生态学"一级学科博士后科研流动站。

【教学工作】2013年是内蒙古农业大学"教学质量管理年",学院全面贯彻落实学校"教学质量管理年"实施方案和要求,围绕加强教学管理,提高教学质量开展了一系列的工作。从教(教师)与学(学生)两个方面加强教学的监督与管理,制定下发了"生态环境学院关于加强教学管理有关事项的规定"等一系列要求、通知,强化日常教学的监管。学院加强了对上课教师的听评课,对教师上课使用PPT提出了具体要求,要求各教研室对每一位上课教师必须进行一次集体听评课。2013年在学生中开展了诚信考试工作,通过宣传和教育,学院共有16班次(全班集体)和467人次(个人)报名参加诚信考试,对转变考风考纪,起到了一定作用。完成了生态环境学院5个本科专业、2个蒙汉双语授课专业、1个英汉双语授课专业学分制人才培养方案修订稿。对原资源环境与城乡规划管理专业进行了论证,确定将其改为新专业目录中的"人文地理与城乡规划",并对人才培养方案、教学大纲和相应的理论教学与实践教学内容进行了修订。完成了学院5个本科专业、2个蒙汉双语授课专业、1个英汉双语授课专业人才培养方案相对应的课程教学大纲编写任务,共编写课程教学大纲235份,实习大纲20份,实验教学大纲29份。

2013年,完成草业科学专业正镶白旗教学实习基地的前期准备工作,已与当地政府签订了合作协议,基地建设工作全面启动。植物学国家级实验教学示范中心顺利通过教育部组织的验收。在全面总结草业科学专业本科生第六学期开始进入毕业实习经验的基础上,对水土保持与荒漠化防治、农业资源与环境两个专业实行了第六学期毕业生选题,进入毕业实习,从而延长了本科生毕业实习时间。

【科研工作】2013年,获批的国家自然科学基金7项,科研经费累计304万元。以第一作者(通信作者)在中文核心期刊上发表论文80余篇,SCI收录论文4篇。组织和协调了第一届内蒙古牧草产业博览会。邀请国外专家作科研研讨会10余次,国内知名专家学术报告会6次,对外作专题报告5次。

【学生工作】2013年,学院学生工作的总体思路是进一步优化和实施"12345工程"。其基本构思是:坚持一个中心,关注两个阵地,优化三个项目,增强四个意识,抓好五个关键。

学院一直遵循着"八个提高、八个减少"的工作目标,深入开展了"优良学风班集体"创建活动,充分发挥各班学生内在的求学欲望和成才动力,强化学生在学风建设中的主体地位和作用,坚持以学风建设为中心。

学院把班级作为思想教育的主阵地,积极开展爱国主义、集体主义和中国特色社会主义教育,弘扬民族精神,培养爱国热情。通过指导学生营造安全、文明、和谐的学习、生活氛围,能够帮助学生养成良好的生活习惯,积极健康地面对生活,做到关注班级、宿舍两个阵地。

优化三个项目,即党建工作科学化、学生活动精品化、日常管理制度化,组织开展了第一届"中国梦 农大梦 我的梦"生态梦想季之专业知识学习技能大赛,开展了"校园心理文化活动月"、生态环境学院第一届风筝节、微博创建评比活动、"还生命一片绿色"主题活动等,在追求活动精品化的同时,学生们能够接触新鲜的思想,发挥自身的主观能动性,意义深远。

在增强忧患意识、创新意识、宗旨意识、使命意识的基础上,抓好新生入学教育、毕业生就业指导、安全与纪律教育、学生党员的教育及其先锋模范作用的发挥、学生干部的培养及其主观能动性的发挥五项关键性工作。

机电工程学院

【概况】机电工程学院成立于1960年9月。学院设有农业机械化及其自动化、机械设计制造及其自动化、工业设计、农业电气化与自动化、电气工程及其自动化、车辆工程6个本科专业,拥有机械工程一级学科硕士学位授权点1个,农业机械化工程、农业电气化与自动化、农业生物环境与能源工程、机械设计及理论、机械电子工程、机械制造及其自动化、车辆工程7个硕士学位授权点。同时,农业工程学科具有工程硕士学位授予权,农业机械化工程学科是农业推广硕士学位和高等学校教师在职攻读硕士学位授予学科。拥有农业工程一级学科博士学位授权点1个,农业机械化工程、农业电气化与自动化、农业生物环境与能源工程3个二级学科博士学位授权点,1个农业工程博士后流动站。拥有农业机械化工程、农业电气化与自动化2个内蒙古自治区重点学科。学院现有农业机械化及其自动化专业、机械设计制造及其自动化、农业电气化与自动化和电气工程及其自动化4个自治区品牌专业。有6门自治区精品课程,2个自治区教学团队,1个自治区产业创新人才团队。学院下设农业机械化、电气化与自动化、机械设计与制图、机械制造、车辆工程5个教研室。学院还下设农业工程成套设备、湖泊与环境工程、新能源技术、畜牧工程4个研究所。

教职工99人,其中专任教师82人。专任教师中,教授21人,副教授28人,博硕士生导师23人,硕士以上学历教师44人。本年毕业生612人,其中研究生数47人(博士生2人、硕士生45人)、本科生565人。招生625人,其中研究生71人(博士生9人、硕士生62人),本科生554人。在校生2126人,其中,研究生171人(博士生28人、硕士生143人),本科生1955人。

【党建与思想政治工作】2013年,机电工程学院党委共有15个党支部,其中教工党支部6个,学生党支部9个。党员237人,其中教职工党员59人,学生党员178人,入党积极分子958人。发展党员88人。

党建工作依托"五个一工程"(一个党支部承担一项专业技能大赛、一个党支部成立一个创新协会、一名党员辅导一项科技创新项目、一个支部承担一个教改项目、每名教师利用课前一分钟进行互动交流)、党员"四个联系"制度(院领导分别联系一个教工党支部、一个问题班级,教工党员分别联系一名非党员教工,教工党员分别联系一名困难学生,高年级学生党员分别联系一名低年级学生党员),加强学科、专业的精细化建设,促进学院内涵发展,努力提升办学质量与水平。

【学科建设】完成新一届学科主任的遴选及聘任工作。以加强现有学科内涵建设为重点,将学院学科主要集中在"草原畜牧业机械""北方干寒地区农业机械"及"农牧业智能化技术与装备"三大研究方向,组织论证了学科实验平台建设方案。完成250万元的农业机械化工程重点学科和248万元的农业工程一级学科建设设备的论证与采购。申报2013—2015年中央支持地方高校发展专项资金项目。

制定"草原畜牧业装备智能化技术实验室"的建设方案,并经过多次广泛研究论证,确定了1200万元设备的购置计划。向内蒙古自治区科技厅申报了"农业工程测试与控制"自治区重点实验室申请,为学科建设和科研提供平台。

加强农业工程一级学科博士点和博士后科研流动站的建设,新进站博士后2名。新招博士生7名,全日制硕士生62名，非全日制硕士生17名。加强导师队伍建设，新增博士生导师2名，硕士生导师3名。

加强研究生教育，与内蒙古嘉利节水灌溉有限责任公司、内蒙古西电电气股份有限公司签订了研究生培养基地建设协议，并举行挂牌仪式，为研究生的培养搭建了实践平台。

【教学工作】组织落实新的学分制下6个本科专业人才培养方案的修订以及课程教学大纲的编写工作，监督落实每门课程的考试改革方法。主编、副主编教材3部，参编2部。组织完成学院2013年度自治区级、校级精品课程、农大教改项目等教学质量与教学改革工程和教学成果奖申报工作。《汽车构造》被批准为自治区级精品课程，获得校级教改项目6项，校级教学成果一等奖1项、二等奖3项。组织实施学院课程建设与教学改革项目、实验室建设和师生科技创新项目的立项与验收工作，本年度结题验收7项，申报20项，审核立项12项。

修订完善学院教学规章制度和管理办法19项。通过组织听评课，进行试卷、毕业论文、实践及双语教学检查，加大教学督促、检查的力度；对项目生、预科生、蒙生以及高年级学生的学习状况跟踪调查，抓教风促学风，进一步提升教学质量。继续加大车辆工程专业汉英双语教学工作力度，在加大引进外籍教师的同时，注重充实具有汉英双语教学能力的青年教师，强化车辆工程专业实验室建设。推进落实教研室周例会制，使听、评、课以及教学法研讨工作常态化。开展教师出题及试卷评阅规范培训工作。利用学院技能大赛、项目验收及评审的机会，组织教学观摩，提升教师业务素质。

分别组织开展学院青年教师课堂教学技能大赛和实践教学技能大赛。在学校教学技能大赛中获得二等奖2名、三等奖1名。在首届全国高校微课教学比赛中，获得自治区理工组一等奖1项，全国决赛理工组三等奖1项。组织了学院首届三维数字化建模大赛和工程实训作品大赛。

组织完成2013年度教学实验设备的申报工作。组织实施实训中心大型设备调试、使用及维护工作，积极建设校内实训基地。做好学院搬迁准备工作，组织开展贵重仪器设备的检查工作以及现有实验室设备的全面清查、整理工作，建立实验室资源共享平台，借助工科大楼搬迁机会，合理配置学院资源，加强各实验室建设。组织2013年度国家级、自治区级"农业机械使用与维护"和"电气运行与控制"专业骨干教师培训工作的开展与落实。申报全国重点建设职教师资培养培训基地专业点建设项目"农业机械使用与维护培训基地建设项目"，获得建设经费200万元。

【科研工作】2013年，获批国家自然科学基金项目5项、内蒙古自然科学基金2项、自治区高等学校科学研究项目2项、全区高校大学生思政教育专题项目1项。组织申报了2014年内蒙古自然科学基金项目、内蒙古科技计划等项目。在核心期刊发表学术论文72篇，其中被SCI收录5篇、EI收录16篇。取得国家发明专利3项，实用新型专利3项，软件著作权3项。

继续开展产、学、研活动，与内蒙古嘉利节水灌溉有限责任公司等多家企业联合开发新产品、开展社会服务、申请专利等活动。全院获得横向课题多项，经费100多万元。机械厂获得学校科技成果推广先进集体，3名教授获得学校科技成果推广先进个人。积极开展学术交流活动，先后组织4名教师为全院教师及研究生做了学术报告。"草原畜牧机械装备"创新（培育）校级科研团队通过学校考核验收，并晋升为2013年校级科技创新团队。

【学生工作】2013年，学生工作的总体思路：以学风建设为重点，把学风建设列入学院五大建设工程之一，进一步强化学院教学督导组在教风建设和学生学风建设中的作用，以教风建设带动学风建设，以学风建设推进教风建设，紧扣青年学生思想发展的主脉络，积极开展丰富多彩的素质教育，鼓励支持科技创新，切实加强科学管理，提高教学质量，促进学生工作和谐、协调发展。

走出去开拓新的社会实践基地和毕业生就业见习基地，挖掘社会实践新的形式，寻求与企业、院校更多的合作方式;组织违纪学生参加保卫处的校园联防,及时为符合撤销处分条件的违纪学生撤销处分;学院对参加科技创新的学生、指导老师进行表彰奖励,鼓励学生参加教师科研项目和自治区级、国家级专业竞赛;据学院的特色开展丰富多彩的校园文化活动:4月校金马杯文艺汇演选送的电光舞《ELECTRIC SHADOW》获得优秀奖,学院获得"优秀组织单位";5月第十三届校运会获得学生组团体总分第三、体育道德风尚奖,校第八届"数学建模"大赛中两组获得三等奖、两组获得优秀奖;6月承办"内蒙古农业大学第三届蒙语演讲比赛",举办"机电工程学院第二届PLC大赛";9月举办第八届师生田径运动会,院级社会实践直属队获得校级暑期社会实践优秀直属队;10月举办"机电工程学院第八届CAD制图大赛",学院草原狼1队、2队在"2013中国机器人大赛暨RoboCup公开赛"中荣获四个组别的三等奖,第八届大学生"挑战杯"全区大学生课外学术科技作品竞赛中各有一件作品获得自治区银奖、铜奖和优秀奖;11月学院"草原雄鹰"车队赴广州参加2013第七届Honda(本田)中国节能竞技大赛成绩突出;12月初举办2013级17个班级参加的"机电院最有魅力班集体"竞赛。

水利与土木建筑工程学院

【概况】水利与土木建筑工程学院始建于1958年,前身是内蒙古农牧学院农田水利系。学院下设水利工程系、资源环境系、土木工程系、测绘工程系等4个教学系和1个实验教学中心(水利土木工程综合实验中心)。水利土木工程综合实验中心下设4个综合实验室,共21个功能实验室。

水利与土木建筑工程学院现有农业水利工程、水文与水资源工程、给排水科学与工程、环境工程、土木工程、测绘工程、农业水利工程(双语)、建筑学、水利水电工程、地质工程等共10个本科专业。其中农业水利工程、水文与水资源工程、给排水科学与工程、环境工程、土木工程和测绘工程共6个专业为自治区品牌专业。农业水利工程专业为国家特色专业建设点、自治区重点建设专业;水文与水资源工程专业为国家特色专业建设点、自治区品牌专业,2009年通过教育部工程教育专业认证,2012年通过延期认证。学院现有9门自治区精品课程和4个自治区教学团队。

学院现有教职工102人,其中专任教师83人。专任教师中,教授27人,副教授32人,博硕士生导师36人。有自治区级教学名师5人,自治区级教坛新秀3人,自治区杰出人才奖获得者1人,新世纪"百千万人才工程"国家级人选1人,教育部新世纪优秀人才支持计划1人,享受政府特殊津贴和自治区有突出贡献的中青年专家12人,自治区培养"草原英才"二、三类人选5人。截至2013年12月,学院在校生2959人。其中本科生2775人,硕士生145人,博士生39人。

水利与土木建筑工程学院现有农业工程博士后科研流动站1个,农业工程一级学科博士学位授权点1个,农业水土工程、农业水资源利用与保护、农业水利工程和农业生物环境与能源工程4个二级学科博士学位授权点;水利工程一级学科以及农业水土工程、水文学及水资源、水工结构工程、水利水电工程、水力学及河流动力学、结构工程、市政工程、水利测绘信息与技术、农业水资源利用与保护、农业水利工程和农业生物环境与能源工程11个二级学科硕士学位授权点;农业工程、水利工程、建筑与土木工程领域3个在职工程硕士学位授权点。

农业水土工程学科为国家重点(培育)学科,农业水土工程和水文学及水资源学科为自治区重点学科,水工结构工程学科为自治区重点(培育)学科;测绘信息实验中心为自治区级实验教学示范中心,水资源保护与利用实验室为自治区重点实验室。现有1个教育部创新团队,3个自治区"草原英才"创新团队。2010年以来共承担1项国际合作项目,1项国家科技支撑项目,40项国家自然科学基金项目,其中1项为重点项目。获省部级科技进步一等奖2项,二等奖1项,大禹水利科学技术二等奖、三等奖各1

项,自治区教学成果二等奖2项。在国内外学术期刊上发表科技论文475篇,编写出版专著和教材35部。

【党建与思想政治工作】截至2013年12月,水利与土木建筑工程学院分党委共有29个党支部,其中教工党支部5个,学生党支部24个。党员549人,其中教职工党员68人,学生党员481人。2013年全年发展党员172人,转正预备党员268人。

2013年,学院分党委在校党委的正确领导下,在全院师生员工的大力支持下,带领全院教职工,认真贯彻学习党的十八届三中全会精神和习近平总书记系列重要讲话精神,不断加强自身和全体党员的政治理论学习,把党建和思政工作落在实处,不断提高领导水平和服务水平,使各项工作高效运行。

2013年,学院分党委按照学校党的群众路线教育实践活动的总体安排,深入开展了党的群众路线教育实践活动,以解放思想、实事求是、群众路线统领学院创新发展、和谐发展、全面发展。同时坚持以人为本,执政为民的原则,廉洁自律,不断转变观念,创新发展模式,坚持有利于学校、学院发展,优质高效地为师生员工做好服务和求真务实的原则,围绕"四风"查摆梳理出21条问题,并提出了具体整改措施,努力做好各项工作。

【教学工作】2013年,继续贯彻落实"教学质量管理年"实施方案。成立由郭历生、王耀强、杨利田、潘和平、马太玲、金淑青和牟献友等7位教师组成的学院第二届教学督导组,全面启动督导员督查、教师听课、学生评教工作。学院资助教学质量工程项目建设,精品课程0.5万元/年/门,品牌专业3.3万元/年/个,教学团队1.0万元/年/个,特色专业3.3万元/年/个,连续资助3年。举办了2013年度青年教师教学技能大赛。共邀请6位外籍教师为学院农业水利工程双语专业本科生授课。修订和制定了《水利与土木建筑工程学院教师教学行为规范及有关管理规定》《水利与土木建筑工程学院领导干部听课制度》《水利与土木建筑工程学院教师阅卷错误的处理办法》《水利与土木建筑工程学院新教师培养与考核实施办法》《关于水建院各系承担本科生课程安排的规定》《水利与土木建筑工程学院教师考核细则》等系列规章制度。

2013年,修订10个专业的本科人才培养计划,完成相应教学大纲撰写与修订。组织毕业答辩,评选出院级优秀论文12篇。组织并完成4320学时的测量实习、认识实习、施工实习、地质实习等实习任务。

《水利水电工程概预算》《水工钢筋混凝土结构学》《建筑材料》《水工建筑物》及《水利工程经济》5门课程获评校级精品课程。《工程水文学》和《工程力学》2门课程获评自治区级精品课程。测绘工程专业获评自治区级品牌专业。力学系列课程教学团队获批自治区级教学团队。王利明的《环境工程微生物学》课程试卷被评为校级优秀试卷。有9位教师主持的教育教学改革研究项目获内蒙古农业大学教学成果奖一等奖2项、二等奖7项。申向东、黄永江和白燕英等3人获批内蒙古农业大学教育教学改革研究项目。1名博士研究生获得自治区优秀博士论文奖,3名硕士研究生获优秀硕士论文奖。

【师资队伍建设】2013年,邹春霞副教授晋升教授职称,卢俊平讲师晋升副教授职称。金淑青、赵秀英、王耀强、杨久和、邰生霞和郝中保等6名教师光荣退休。引进或公开招聘罗艳云和郑永朋等2名教师,逐步优化学科梯队结构。学院邀请国内外知名专家做学术报告9次。李为萍获评内蒙古农业大学"教坛新秀"荣誉称号。李瑞平获评内蒙古自治区"教坛新秀"荣誉称号。李平获评内蒙古自治区"教学名师"荣誉称号。申向东、乌云等12位毕业论文(设计)指导教师获得"优秀毕业论文(设计)指导教师"荣誉称号。

【学科与科研工作】2013年,学院将原有11个二级学科进行整合,并按一级学科设置了水利工程、农业工程、土木工程学科主任、副主任,强化学科统一管理;在农业工程一级学科博士点下新增"农业水资源利用与保护"和"农业水利工程"2个二级学科博士点;在水利工程一级学科硕士点下增设"水力学与河流动力学"和"水利测绘信息与技术"2个二级学科硕士点。2013年,学院共获批各类科研项目29项,经费达1485万元。其中,获批国家自然科学基金8项,经费340万元;内蒙古重大专项1项,经费350万元;内蒙古科技厅应用项目4项,经费45万元;内蒙古自然科学基金6项,经费28万元。有2人获得自治区草原英才项目,经费20万元;教育部创新团队1个,经费290万元;草原英才创新团队1个,经费50万元;内蒙古教育厅创新团队1个,经费50万元。教师在全国各类刊物上发表论文83篇,其中SCI收录8篇。

【学生工作】2013年学院根据校团委、学生处和招生就业处的工作要点及学院党委的工作计划,学生思想政治教育工作始终坚持以服务学生成长成才为主线,进一步加强学风建设,深入开展主题为"中国梦·学子梦"理想信念教育活动、文化素质教育等主题活动,扎实做好了党建带团建、就业以及安全稳定工作,开创学生工作新局面。

2013年,学院荣获自治区测量大赛团体总分第一名、第三届全国水利创新设计大赛优秀组织单位、第二十七届大学生"金马杯"文艺汇演舞蹈优胜奖、学生军训工作先进单位(歌咏比赛优胜奖、会操评比优胜奖、内务评比优胜奖)、心理健康知识竞赛第二名、校园心理剧大赛优秀组织单位、公务员模拟挑战大赛优秀组织单位、第五届"艺·青春"艺术节优秀组织单位、首届广场舞大赛二等奖并获优秀组织单位、田径运动会团体第五名并获得体育道德风尚奖、"正风杯"乒乓球赛男子团体第一名、跳绳比赛团体组第二名、拔河比赛第三名、第十二届"新星魅力秀"校园主持人大赛团体三等奖。

学生参加驻呼高校红十字应急救护技能比赛获得团体第二名;获得全国水利创新设计大赛一等奖1项,二等奖2项;获第八届"挑战杯"全区大学生课外学术科技作品竞赛银奖;获首届大学生办公系统自动化应用技能竞赛一等奖、优秀组织单位奖;获学校"中国梦·农大梦·我的梦"主题图文征集大赛三等奖。

胡建新同学获得全国"水利十佳未来之星"荣誉称号,鲍泽明同学获得全国"水利十佳未来之星"提名奖,塔娜同学荣获内蒙古年度大学生"桃李之星"荣誉称号并获得10000元学习基金。石慧强同学荣获内蒙古年度大学生"桃李之星"提名奖并获得5000元学习基金。

【招生就业工作】2013年,学院招生705人,其中本科生581人,全日制研究生70人(博士生13人,硕士生57人),在职农业推广硕士20人,在职工程硕士34人。学院毕业学生841人,其中本科生799人,研究生数42人(博士生6人、硕士生36人)。学院通过多种方式拓宽就业渠道,毕业生一次就业率达到了67.46%。

【对外合作交流】2013年,先后有葡萄牙里斯本大学路易斯·佩雷拉教授、美国克拉克森大学沈洪道和奚海莉教授、美国南伊利诺州立大学张世光教授、美国欧道明大学王喜喜教授及德国的布仁斯凯勒教授来水利与土木建筑工程学院为农业水利工程双语专业学生及相关专业方向的研究生授课,并为师生做了9场专题讲座;探讨双语授课教师和研究生的联合培养,并与相关教师开展科学研究工作;学院选派李仙岳老师到美国加利福尼亚大学滨河分校学习。

材料科学与艺术设计学院

【概况】材料科学与艺术设计学院成立于2008年1月,主要由林业工程、材料科学与工程和设计学等3个二级学科组成。学院设木材科学与工程、产品设计、环境设计、视觉传达设计、材料科学与工程、服装设计与工程等6个本科专业,拥有木材科学与技术、设计学、材料加工工程、林业工程硕士、林产化学加工工程、材料工程硕士等6个硕士学位授权点,木材科学与技术、林产化学加工工程等2个博士学位授权点。拥有木材科学与技术国家林业局和内蒙古自治区重点学科。学院现有沙生灌木纤维化和能源化利用自治区重点实验室、内蒙古自治区沙生灌木资源开发利用工程技术中心、内蒙古工艺美术研究基地和内蒙古森林文化研究和示范基地等4个研究平台。

教职工72人,其中专任教师67人。专任教师中,教授12人,副教授22人,博、硕士生导师18人,硕士及以上学历教师53人。本年毕业生344人,其中研究生数24人(博士生1人、硕士生23人)、本科生320人。招生329人,其中研究生31人(博士生2人,硕士生29人),本科生298人。在校生1233人,其中,研究生76人(博士生5人,硕士生71人),本科生1157人。

【党建与思想政治工作】2013年,材料科学与艺术设计学院党委共有9个党支部,其中教工党支部3个,学生党支部6个。党员189人,其中教职工党员38人,学生党员151人,入党积极分子150人。发展党员78人。

学院党委领导班子自觉学习中央精神,认真开展群众路线教育实践活动,深刻查摆自身在"四风"中存在的问题,发放调查问卷150份,收到一个班级集体签名意见1份,共查找出23个方面58个问题,实事求是地开展批评和自我批评。

【学科建设】2013年学院优化学科结构,提高学科建设水平,促进学院全面协调可持续发展。

投入学科建设和实验室建设费855万元用于补充完善实验室设备,其中125万元来自中央财政支持地方高校木材科学与技术重点学科建设费,100万元来自内蒙古农业大学学科建设费,80万元来自引进人才实验室建设费,550万元来自本科实验室建设费。

扩建木工实训基地1000平方米;申报的"沙生灌木纤维化和能源化实验室"被批准为内蒙古科技厅重点实验室;"沙生灌木资源综合利用工程技术中心"得到中央财政资助,资助金额达750万元。

【教学工作】2013年,学院以实践教学为突破口,推行"一体化"教学模式,提高学院各专业的教育教学质量;成立学院二级督导组;推行青年教师进入企业实习,以提高实践教学能力,建成校外实习基地1个,有两名教师完成企业实习任务;加大实验室建设力度,"沙生灌木纤维化及能源化利用"实验室被自治区科技厅认定为自治区重点实验室;承接自治区专业技能培训任务,为自治区残联培训的李广金,在2013年韩国首都首尔举办的世界第八届残疾人职业技能比赛中获得木工组金奖。这是迄今为止,我国在职业技能的世界大赛中取得的唯一金奖。

【科研工作】2013年,学院推进科研方法创新,从注重数量到注重质量转变,从单兵作战向团队攻关转变。全年共获得科研经费835万元,其中包括国家科技合作项目1项,国家自然科学基金项目1项,内蒙古创新引导项目2项,内蒙古社会科学专项基金、内蒙古应用技术开发2项、内蒙古自然科学基金3项,内蒙古教育厅项目1项。

学院教师发表SCI收录论文1篇、EI收录11篇、其他23篇,获内蒙古自治区"萨日纳"3项、其他奖和入选19项,出版专著和教材14部,授权发明专利2件。

【学生工作】2013年,学院学生工作紧密结合党的群众路线教育实践活动,紧紧围绕培养合格人才这一中心工作,突出"服务"功能,大力推进素质教育和创新教育,努力提高人才培养质量。

学院通过开展"优良学风班集体"创建活动、辅导员深入班级听课活动和学风建设成果数字化展示活动,加强学院学风建设。2013年,有4个学生科技创新基金项目立项,2个学生科技创新基金项目结题。在中文核心期刊上发表学生管理类论文2篇。邀请国内外知名专家举办专业讲座5次。

承办了"艺·青春"内蒙古农业大学第五届艺术节活动,学院在学校各类文体活动中获奖11项。学院联系用人单位召开专场招聘会9场,为2014届毕业生提供就业岗位228个,完成了学校制定的目标就业率85%,实际就业率85.3%,连续九年获得"就业工作先进单位"。

学生创业意识不断增强,由2010级材料科学与工程专业2位学生牵头的创业团队参加内蒙古自治区第一届大学生创业大赛,获得第28名的成绩。学生工作干部认真开展工作研究,积极撰写、发表相关专题论文2篇。

经济管理学院

【概况】经济管理学院初创于1981年8月,1999年4月由原内蒙古农牧学院经济管理系和原内蒙古林学院经济管理系合并组建。学院下设农林经济管理系、工商管理系、会计统计系、金融贸易系、市场营销系等5个教学系,蒙汉、英汉等2个双语教研室和1个实验教学中心。学院设农林经济管理、工商管理、经济学、金融学、会计学、物流管理、电子商务等7个本科专业和市场营销1个专科专业。拥有农林经济管理、工商管理、管理科学与工程、应用经济学等4个一级学科,有农业经济管理、林业经济管理、区域经济学、产业经济学、金融学、会计学、企业管理、管理科学与工程、技术经济管理等9个学术硕士学位授权点。拥有农林经济管理一级学科博士学位授权点,有农业推广、项目管理等2个专业硕士学位授权点,有农业经济管理和林业经济管理2个博士学位授权点。学院现有农林经济管理专业1个自治区重点学科,农林经济管理专业1个自治区重点实验室,有农林经济管理专业、金融学专业、工商管理专业3个自治区级品牌专业,有农林经济管理、金融学专业2个自治区级教学团队,以及内蒙古畜牧业经济研究基地和内蒙古农村牧区发展所等2个省级人文社科研究中心。

学院共有教职工91人,其中专任教师77人。专任教师中,教授13人,副教授34人,博硕士生导师23人,硕士以上学历教师52人。本年毕业生1156人,其中研究生94人(博士生12人、硕士生82人),本专科生1062人。本年招生1031人,其中研究生86人(博士生8人,硕士生78人),本专科生945人。本年在校生4655人,其中,研究生152人(博士生20人,硕士生132人),本科专生4503人。

【党建与思想政治工作】截至2013年年底,经济管理学院分党委共有32个党支部,其中教工党支部6个,学生党支部26个。党员512人,其中教职工党员60人,学生党员452人。2013年全年发展党员293人,转正预备党员218人。

2013年,学院分党委组织全院师生认真学习领会党的十八大、十八届三中全会精神,深入开展党的群众路线教育实践活动,坚决执行党政联席会议制度。全年共组织教工和学生党支部开展各层次学习交流会24次。召开了严肃工作纪律整顿工作作风专项活动专题会议,开展了"牢记党员责任,重温入党誓词"等党日活动。

2013年,学院坚持民主集中制原则,坚持党务、院务、财务公开制度。召开分党委会14次、党政联席会议32次和全院教职工大会30次。

【学科建设】学院现有2个博士点、9个学术学位硕士点、2个专业学位硕士点和7个本科专业、1个专科专业全面招生。拥有1个自治区草原畜牧业理论与实践创新团队和1个校级青年创新团队。郭晓燕同志晋升为副教授。

学院加大对各学科点的投入,增加软硬件的建设力度。学院的各个专业实验室和两个自治区研究基地全面向研究生开放。外聘了硕士生导师13名,导师队伍力量进一步增强。

【教学工作】2013年,学院全面贯彻落实"教学质量管理年"实施方案,严格教学质量管理,提升教学质量。工商管理专业获评"自治区级品牌专业"。编写统编规划教材6部。董佳宇被评为内蒙古农业大学第二届"教坛新秀"。董佳宇、朵兰承担课程的试卷被评为优秀试卷。

年内,学院开展了本科教学、英汉双语教学、蒙汉双语教学等7场教学质量研讨会。举办了2013年度教职工教学技能大赛。设立了农林经济管理专业实验班,作为提高教学质量的一条重要探索路径。

与蒙古国国立农业大学继续互派 4 批次 48 名师生进行学术交流和实践教学活动。

本年度共邀请了 6 位外籍教师为学院金融学和农业经济管理专业的高年级本科生授课。派 3 名教师参加国际商科认证协会在比利时布鲁塞尔主办的国际课程认证区域年会，了解认证的具体办法和途径。

【科研工作】学院教师赵元凤、句芳、姚凤桐分别获得国家自然科学基金课题 1 项，乔光华获得国家社科基金课题 1 项。学院教师还获得自治区社科规划课题和其他省部级课题 4 项。全年发表各类专业论文 30 篇，其中 CSSCI 论文 6 篇、中文核心期刊论文 7 篇。

【学生工作】2013 年，学院以学习党的十八大、十八届三中全会精神、贯彻党的群众路线教育实践活动为主线，以理想信念及爱国主义教育为核心，以校园文化活动和讲坛论坛为依托，扎实开展思想政治教育和学风建设工作。

全年组织各类形势政策讲座、民族团结及公民道德教育等大型活动 13 项，举办《经管讲坛》10 期，《大学生人生课堂》5 讲。开展新生适应性教育、心理健康教育、诚信教育、就业指导、师生运动会等 16 项活动。开展了"优良学风班集体"创建评比活动和免监考诚信考试动员大会。心理健康教育工作、军训工作、就业工作等均获先进单位。

食品科学与工程学院

【概况】食品科学与工程学院，其前身为内蒙古农牧学院食品工程系，始建于 1988 年。学院下设食品科学与工程系、食品质量与安全系、包装工程系等 3 个教学系和 1 个实验管理中心。拥有"畜产品加工"国家级特色优势学科专项资助实验室、"乳品生物技术与工程"教育部重点实验室、"乳品生物技术"教育部工程研究中心、农业部东北区域农业微生物资源利用科学观测实验站、"乳酸菌与乳品发酵剂"自治区工程实验室、"乳制品研究"自治区重点开放实验室、"畜产品加工"内蒙古工程技术研究中心以及"益得"乳制品实验厂。

学院设有食品科学与工程、食品质量与安全、包装工程 3 个本科专业，其中食品科学与工程专业为一级学科。拥有食品科学与工程一级博（硕）士学位授权点，食品科学、农产品加工及贮藏工程、粮食油脂及植物蛋白工程、水产品加工及贮藏工程等 4 个二级博（硕）士学位授权点。食品科学与工程专业是自治区品牌专业，农产品加工及贮藏工程学科是自治区重点建设学科，内蒙古乳酸菌学会、内蒙古畜产品加工研究会挂靠在本院。

学院现有教职工 81 人（少数民族 34 人），其中专任教师 50 人。专任教师中，教授 20 人、副教授 18 人，博士生导师 9 人、硕士生导师 30 人，有 32 位博士学位获得者，具有博硕士学位教师占专任教师总数的 92.2%。专任教师中有 1 人入选"长江学者奖励计划"特聘教授、1 人入选"百千万人才工程"国家级人选、1 人获得国家杰出青年科学基金、3 人荣获自治区"草原英才"荣誉称号、2 人享受国务院特殊津贴、3 人入选自治区"新世纪 321 人才工程"第一、第二层人选、2 人入选自治区"333 人才引进工程"首席专家。学院现有 1 个教育部科技创新团队、2 个自治区创新创业人才团队、1 个自治区科技创新团队、1 个自治区高等学校科技创新团队和 2 个内蒙古农业大学科技创新团队。

在校生人数为 1958 人，其中，研究生 214 人（博士生 21 人，硕士生 193 人），本科生 1744 人。本年毕业生 522 人，其中研究生 88 人（博士生 6 人，硕士生 82 人）、本科生 434 人，有 48 名学生考上研究生，15 名学生获推荐研究生资格。招生 704 人，其中研究生 147 人（博士生 10 人，硕士生 137 人），本科生 557 人。

【党建与思想政治工作】学院党委共有 18 个党支部，其中教工党支部 4 个、学生党支部 14 个。共有党员352人,其中教工党员50人,学生党员302人。本年度发展党员93人,开展各类培训班6期,培训学员700人次。

按照校党委的部署,深入开展了党的群众路线教育实践活动。成立了教育实践活动领导小组,制定了深入开展党的群众路线教育实践活动实施方案,确定了"一二三四五六"的总体工作思路。分层次召开了七场座谈会,共凝练出9个方面20个突出问题,成功针对问题研究制定了整改落实方案。

调整了党支部机构设置,增设了教工行政支部,修订完善了《食品科学与工程学院学生党支部工作条例》《食品科学与工程学院分党校培训班学员管理制度及考核办法》和开展了"我的中国梦—传承红色精神,放飞青春梦想"系列党日活动和"拥抱绿色、拒绝垃圾"精品党日活动。邀请内蒙古师范大学郝志模教授做了"开展党的群众路线教育实践活动的几个问题"专题讲座。制定并完善了党员理论学习、民主评议、亮牌示范和民主生活会制度,加强了对预备党员和入党积极分子的培养考核力度,加强了分党校的各项工作。

【工会工作】积极组织教职工参加学校的各类比赛,在校田径运动会上,教工组获团体总分第三名。在第二届教职工万米接力赛上,获B组第三名的好成绩。在学校工会组织的首届"红烛杯"庆"七一"教职工文艺汇演中,小合唱《美丽的草原我的家》荣获二等奖,男声独唱《我思念草原》荣获三等奖,学院获得"优秀组织奖"。结合学院实际举办了迎"三八"教职工系列活动,邀请神农中医院院长和留日博士后金花老师分别做了"生命在于平衡"和"营养饮食与健康"等健康主题讲座。有3名教师获校工会表彰,1名教师获校工会教书育人奖。年内总计慰问教职工19人次,为学校大学生大病捐款,共计8500元。

【学科建设】学院重新调整了学科负责人,完善了学科建设发展框架。申报了酿酒工程和乳品工程2个新设专业,最后酿酒工程专业获批,并于2014年开始招生。争取到学科建设经费920万元,重点建设了"畜产品加工"国家级特色优势学科专业实验室和食品安全实验室。"食品科学与工程"一级学科通过了教育部学科评审工作,在全国食品科学与工程学科评估排名位列第16位,进入全国一级学科先进行列。

【教学工作】重新修订了食品科学与工程、食品质量与安全、包装工程三个专业的人才培养方案和教学大纲。资助了16名年轻教师参加国内外学术交流和培训,有6名教师通过了出国考试,获得了出国进修学习的资格。有3名教师获得博士学位,3名教师晋升高级职称。举办了2次学院教学技能大赛。先后邀请3位来自美国和加拿大的外籍教师面向本科授课,承担了《出口农产品质量管理》和《乳品与食品加工技术》2期援外培训,并自编了2部援外培训教材。陈忠军老师、高爱武老师分别被评为自治区教坛新秀,学校教坛新秀。学院荣获校级教学成果一等奖2项,二等奖1项。

与内蒙古蒙伊萨食品有限公司合作建设了"本科教学实习基地"和"专业硕士研究生实习基地",争取和筹措了600万元本科教学建设经费。制定了食品学院硕士生导师职责和研究生管理条例。

研究生工作进一步加强。有3位研究生获得内蒙古自治区科研创新项目资助,资助金额总计1.5万元。新增博士生导师4名,硕士生导师5名,选派2名博士研究生赴加拿大实行联合培养。以研究生为第一作者发表SCI或EI论文6篇,获得"自治区优秀博士学位论文"和"自治区优秀硕士学位论文"各1篇。本学年共有1名博士和4名硕士获国家奖学金,31名研究生获优秀奖学金,8名研究生获其他单项奖学金。

【科研工作】以第一单位或通信单位在国内外学术期刊共发表学术论文100余篇,其中SCI或EI收录21篇,专利授权5项。由张和平教授团队完成的"双歧杆菌V9的创新研究及产业化开发"成果获得内蒙古自治区科技进步一等奖。乳品生物技术与工程教育部重点实验室,获学校科技推广与社会服务工作先进集体,靳烨、张和平获学校科技推广与社会服务工作先进个人。张和平教授荣获"中国农工民主党2009—2012年度全区社会服务工作先进个人"称号。

获批"国家科技支撑计划""内蒙古自治区科技重大专项""国家自然科学基金项目""内蒙古自然科学基金重大项目"等21项,其中国家级项目8项,省部级项目10项,累计科研经费1000余万元。

张和平教授入选"百千万人才工程"国家级人选,同时荣获"有突出贡献中青年专家"和"长江学者"特聘教授称号。"肉品科学与技术"创新团队由学校培育团队晋升为创新团队,并成为自治区草原英才科技产业创新团队。"畜产品加工"中心在自治区科技厅"重点实验室"建设评估工作中评估结果为优秀。吉日木图教授牵头的"双峰驼基因组研究团队"荣获俄罗斯农业部自然科学奖。

交流活动。年内学校合作研究派遣人员总计45人次,其中国内43人次、国际2人次;合作接收38人次,其中国内29人次、国际9人次;出席学术会议总计37人次,其中国内30人次、国际7人次。论文交流总计10篇,其中国内8篇、国际2篇。特邀报告合计7次,其中国内5次、国际2次。

科研基地建设。年内,乳品生物技术与工程教育部重点实验室有工作人员16人,其中高级职称7人,中级职称6人,初级职称1人,其他2人。2013年总计培养研究生71人,2013年经费内部支出398万元,承担项目33项。重点实验室学科建设经费总计700万。

学院同日本新泻大学签订合作协议。协议中确定了包括教师研究人员及职员之间的交流、学生之间的交流、科研合作与交流、举办讲座报告及研讨会。

2013年7月,学院申报的"内蒙古自治区乳酸菌与乳品发酵剂工程实验室"项目获批认定为自治区级工程实验室,其中2013年"内蒙古自治区乳酸菌与乳品发酵剂工程实验室"获得500万元的建设经费资助。

教育部重点实验室结合承担的公益性行业科研专项——传统乳制品现代化生产技术研究与示范项目,在西藏、四川、甘肃等地建立了科技服务社区,并实施了相关工作。举办了传统乳制品现代化加工技术培训。

【学生工作】学生工作先后被评为"共青团工作实绩突出单位""学生工作先进单位"。学院不断完善学生工作各项制度。出台了《关于进一步加强学生课堂纪律管理的规定》《学院与学业警告学生家长联系制度》《学院领导担任学业警告学生导师制》等各项制度。开展了"我与诚信考试"主题团日活动、"文明校园、诚信考试——微电影拍摄"活动。出台了《食品科学与工程学院关于进一步加强学生课堂纪律的规定》,学院党政领导分别与受学业警告的45名学生和3门以上不及格的30多名学生进行一对一座谈。学院实行四级请销假制度,加大了对夜不归宿查处力度,加强了对在外打工同学的教育管理工作。组织开展了"防火、防盗、树立交通安全意识"安全知识竞赛。举办了第12期大学生"挑战论坛"。在自治区第八届"挑战杯"课外学术科技作品竞赛中,有2件作品获得自治区优秀奖。有6个学生科技创新基金立项项目获得学校资助。学院"大学生科技创新中心"被自治区团委评为全国"小平科技创新团队"(自治区仅有3个)。

学院成立了"唐思格大学生艺术团",承办了第五届"心中的旋律"蒙语歌曲大赛、第五届食品饮食文化节,开展了"我的中国梦""青春与诚信同行""绿色自习、成就你我""激情晨练、健康你我"主题教育活动,举办了第二届"食品安全知识竞赛""食品安全知识讲座"等突出专业特点的专业教育活动。举办了"和谐之家,展我风采"宿舍文化艺术节。荣获"金马杯"文艺汇演三等奖、"校园主持人"大赛团体二等奖、"魅力北疆、放飞梦想"第六届模特大赛优秀组织单位,"化学技能"大赛优秀组织单位,荣获学校第九届心理文化活动月心理知识竞赛和心理剧大赛三等奖。第五届艺术节"优秀组织单位"。学生工作干部分别与15名心理排查有问题的新生进行了谈话。举办了"大一新生入学教育""大学生如何适应大学生活"专题讲座及"心语之约"座谈会。

2013年,学院有543人获资助。其中,国家奖学金3人,国家励志奖学金45人,国家助学金441人,其他奖学金54人。2013年,广州凯虹香精香料有限公司在学院设立了"凯虹成长助学金"。建立了"四级联动"就业工作机制,形成就业的"全员化"格局。继续实施《就业工作奖励机制》,先后邀请招生就业处邹爱婕副处长、杨慧老师、优秀毕业生伊利集团总部供应保障部战略采购经理原鹏、兴和县财政局刘雪峰,分别为学生做了"立志成才"主题报告等3场主题报告。召开了2014届毕业生就业形势分析暨动员大会。学院全方位、多渠道地为毕业生就业引荐用人单位。圆满完成了学校下达的85%就业率的任务。专门召开就业工作总结会议,对完成就业率的班主任及为学生联系就业单位的教师进行了表彰奖励。

计算机与信息工程学院

【概况】计算机与信息工程学院成立于1996年1月,主要由计算机科学与技术、软件工程两个一级学科组成。学院设有计算机科学与技术、信息管理与信息系统、软件工程、网络工程四个本科专业,拥有计算机科学与技术、软件工程两个一级学科硕士学位授权点、农业信息化领域专业学位硕士点、农业信息技术二级学科博士学位授权点。学院现有高性能计算中心、软件测试中心、网络与通信技术实验室、图像处理等实验室。教职工61人,其中专任教师49人。专任教师中,教授7人、副教授18人,博士生导师3人,硕士生导师6人,硕士以上学历教师48人。本年毕业生232人,其中研究生数6人(硕士生6人)、本科生226人。招生234人,其中研究生17人(硕士生15人,博士生2人)。

【党建与思想政治工作】2013年,中共内蒙古农业大学计算机与信息工程学院委员会(党总支)共有10个党支部,其中教工党支部6个、学生党支部4个。党员139人,其中教职工党员39人,学生党员100人,入党积极分子212人,发展党员36人。

2013年,学院党委认真组织带领学院全体党员,以促进学院和谐、服务师生为宗旨,以认真贯彻党中央的群众路线实践教育活动为主要活动目标,深入政治理论学习活动,充分发挥基层党组织战斗堡垒作用和广大党员的先锋模范作用,实现推动发展、服务群众、凝心聚力、促进和谐的目的。2013年,学院党委先后开展多次教育学习活动,并积极为各系、中心以及学生党支部发放了宣传材料,各支部通过支部组织生活会、党日活动等形式开展了理论学习,加强了党性修养。

2013年,学生党建工作的新举措,实现了学生党支部战斗堡垒作用的大幅度提升和学生党员模范带头作用发挥情况的切实改善,具体体现在学生迎新、军训、优良学风班级集体创建、班级凝聚力营造、晚自习、安全稳定、科技创新、尊师爱师、志愿服务等工作中,得到同学们一致认可和好评。

紧跟形势发展,聚焦国家政治生活变化,切实将党校分校工作做实,将学生党支部工作稳步推进。2013年学院共举办四次党课,党课课程安排中增加实践教学环节共有189名同学顺利结业。开展了主题为"构建和谐校园我为先"等五次党日活动,并组织学生召开党员宣誓大会、党员承诺大会;组织广大团员观看"十八大"等多个视频;组织学生党员、青年团员参加各类志愿者活动。各学生党支部均开展了民主生活会和学习党的十八大精神座谈会等。

2013年,认真按照校党委、校工会党委的部署,开展了各类活动。在2013年的全校运动会上团体总分60分,是参加校运会以来成绩最好的一次;荣获内蒙古农业大学万米接力赛(B组第五名)、教工羽毛球比赛团体第四名、乒乓球比赛团体第八名以及教职工健康知识竞赛三等奖;在积极参加学校组织的各类活动的同时,积极组织了全院的"三八节"毽子比赛和乒乓球比赛;积极认真地开展了院级教学技能大赛,10多名青年教师踊跃参加比赛,最后推选出的选手参加学校比赛并取得了校级一等奖和三等奖的好成绩。

【学科建设】2013年,获准批复了一个二级学科博士点。计算机与信息工程学院现已形成了1个二级学科博士点、2个一级学科硕士点、1个专业学位硕士点(全日制、在职)的多层次、多类型的研究生培养体系。现有博士生导师3名,硕士生导师6名,教师中具有博士学位的8人;学院注重加强科研平台的建设,2013年完成投资1000多万元的四个学科科研实验室的申请、设计与初步建设工作;进一步加强研究生实践教学培养环节,与呼和浩特华腾科技有限公司合作建立"专业硕士实习基地"。

【教学工作】2013年,教学工作的基本思路:紧紧围绕学校开展的"教学质量管理年"的内容要求,主要以教学质量为中心开展各项工作。

2013年,学院更加注重学术梯队的建设,在科技创新(培育)团队的建设下,不断吸收年轻的骨干教师,特别注重高层次人才的培养,逐步培养出一批学科、专业带头人。现有专任教师47人,其中教授7人,占到总人数的11.5%;副教授18人,占到总人数的36.2%。副高以上职称占到总人数的50%左右,专业教师中获博士学位的教师8人,获硕士学位的教师48人,另外还有4名教师正在攻读博士学位,学院专业教师队伍在学历、职称、年龄等结构逐步趋向合理。学院教师在课程任务繁重的情况下,始终坚持爱岗敬业、教书育人的奉献精神,深得广大师生好评,连续5年学生的教学评价在92%以上。计算机与信息工程学院非常重视中青年教师的培养工作,在各个系及中心组织青年教师教学技能比赛的基础上,于2013年4月28日,组织了"计算机与信息工程学院课堂教学技能大赛",各系及中心积极推荐优秀教师参与,共有12名青年教师参加,学院最终选派了3名选手参加了学校的比赛。其中张立倩老师荣获校级教学技能大赛一等奖,李建荣老师荣获校级教学技能大赛三等奖。

2013年,计算机与信息工程学院严格按照学校的发展,认真贯彻落实《内蒙古农业大学"教学质量管理年"实施方案》的通知,制定了计算机与信息工程学院"教学质量管理年"实施方案;认真组织学习了"内蒙古农业大学教师能力提升"的文件要求,开展了系列活动;学院通过多次召开全院大会、系主任和专业负责人在内的研讨会等,共同谋划教学工作的发展。

2013年度,新增教学改革研究项目5项;

2013年度,倪小钢、白云莉两位教师荣获校级"教坛新秀"称号;

2013年度,获校级以上优秀教学成果奖5项,其中一等奖3项,二等奖2项;

2013年度,新增校级以上教学质量工程项目3项;

2013年度,新增国家(省、部)级规划教材1部;

2013年度,共有5名教师参加了西部计划公派出国;

2013年度,学院共派出4个专业209余名同学赴北京、上海两个实训基地进行为期3周的教学实习,同时顺利完成学院2014届本科毕业生和双学位毕业生的毕业设计准备工作。

【科研工作】2013年度,科研工作迈上新的台阶。学院教职工申报科研项目的积极性大大增强,2013年,共有45人申报各类项目,新增科研项目8项:国家自然科学基金项目1项(总经费:50万元),内蒙古自治区科技计划项目2项(100万元),内蒙古教育厅项目2项(8万元),内蒙古农业大学基础学科研究项目3项(10万元),总计科研经费达168万元,共发表论文26篇,其中SCI检索3篇,EI检索9篇。2013年度,经过一年多的精心筹备,于2013年8月6日至8日组织召开了首届信息技术、计算与应用国际会议,该会议为学院首次组织召开的国际学术会议。2013年度,计算机与信息工程学院继续推进产学研结合,努力为地方经济建设服务,为自治区的农牧业信息化建设和自治区的农牧业信息化服务平台的建设和应用做出贡献,取得较大的经济和社会效益,1人获得学校2013年科技推广和社会服务先进个人奖励。

【学生工作】2013年,学院学生工作的总体思路是以培育人才为核心,以学风建设为主线,以安全稳定为前提,以教育活动为载体,以指导服务为抓手,以行为管理为基础,以促进学生就业能力的提升为基本目标与努力方向。

加强学风建设,实现团学工作与教学科研工作的有效结合,抓学风、促学业,竭力为学生的健康成长和全面成才服务;通过加大奖励、激发动力促学风,出台了《学生科技创新奖励办法》《学生单项奖学金评定办法》等六项奖励办法,2013年11月6日,学院评选表彰了"成绩最突出""学习最刻苦""进步最显著"的"三最学生"以及"科技创新"、"博文阅读达人"等优秀个人160名,获奖比例达20%。极大的调动了全院学生的学习热情和学习积极性,通过推行"学生核心利益阳光工程",实现奖助公开、工作透明促学风。学院将与学生切身利益相关的各类奖、助学金、评定及"三好、优干推优"等工作做到公开、公正、公示,增强透明度,使学生申报的积极性和对此项工作满意度有了很大的提高;通过拓展就业渠道、提高学生就业质量促学风。2013年5月、11月分别举办了专场招聘会,与会企业达80家(已与学院建立了合作联系),为毕业生解决了200多个就业岗位。开展了就业前企业用人专业能力测试,就业礼仪、面试技巧、简历制作等活动,提高了学生的就业素养;通过校园文化活动的改革与创新促学风。根据学生对校园文化活动需求状况的调研结果,积极开展学生喜欢、参与面广的校园文化活动,弱化活动的竞争性,开展了包括师生友谊接力赛、英语美文朗诵大赛等30场丰富多彩活动,同时还鼓励以宿舍、班级等兴趣小组自发组织各类活动,并给与极大人力、物力支持,包括开展"我的地盘、我做主"校园文化活动等;通过创建师生友谊联动机制,构建"学生心怀感恩、教师情系教学"的氛围促学风。一年来,学院扎实地开展了有"黑板我来擦、热水我来添、祝福我来送、提问我来答"的"尊师爱师"工程;开展了"感恩日"活动和每周一沙龙、师生面对面的"相约星期五""IT服务队"等系列活动;通过兴趣驱动、科技创新促学风。学院设立了院级科技创新项目,近两年共设立院级科技创新项目12项,资金支持近两万元。鼓励学生参加各类专业技能比赛,包括参加自治区ACM程序设计竞赛、大学生"挑战杯"大赛、全国计算机设计大赛及应用大赛,并指派专业教师进行指导,在学生中形成了好的学术氛围,引导学生树立专业自豪感,从而进一步激发学习动力;通过细化管理、强化服务促学风。制定了《本科生旷课"1学时至12学时"处理办法》及《本科生上课出勤情况反馈单》制度,形成了任课教师与学生管理团队联动机制,对学习困难学生特别是受学业警告学生实行了导师制,对挂科超过3科学生建立了家长联系制及帮扶工作。在优良学风班集体创建工作中采取分阶段、突出重点、合理化创建。

学院的团学工作越来越务实、专业、有特色、有深度。调查表明,学院学生的学习状态和精神面貌在2013年有了很大的变化,学生对教师、对学院和学校的感情有了明显提高,学生的主人翁意识明显增强,爱校的意识大有进步。

加强学风建设,学生上课出勤、课堂秩序、学习状态和精神风貌明显好转:2013年学生考研录取率达9%,国家英语四级(截至9月)通过率40%,2010级网络二班学生英语四级过关率62.96%,受学业警告学生人数由2012年21人减少到17人,学生中违纪现象明显减少,学生补考率由2012年20.51%减少到18.93%。2013年9月获校学生军训工作先进单位等奖项4项。

注重科技创新。以兴趣驱动,以创新项目为平台,极大地调动了学生积极性,成绩显著。2013年8月获第六届中国大学生计算机设计大赛三等奖;2013年10月获"天翼华为杯"华北五省(市、自治区)及港澳台大学生计算机应用大赛内蒙古自治区分赛一等奖;2013年11月获校首届学生办公系统自动化应用技能竞赛优秀组织单位。在校园活动方面,学院坚持在不影响学生正常教学秩序情况下,开展学生校园文化活动,学生参与率明显提高,活动丰富多彩,成绩突出。2013年5月26日获内蒙古农业大学首届"添青春活力 正学风能量"广场舞大赛优秀组织单位;2013年5月获校第十三届田径运动会学生组体育道德风尚奖;2013年4月获校第二十七届大学生校园文化艺术节暨"金马杯"文艺汇演二等奖;2013年5月获校"五四红旗团委";2013年6月获校第九届大学生心理文化活动月校园心理剧大赛三等奖。2013年10月25日获2013年暑期"三下乡"社会实践活动优秀社会实践分队。

【重要事件】2013年计算机与信息工程学院首次录取博士研究生2名。组织召开了首届信息技术、计算机与应用国际会议,2013年科研经费达168万元,学院倪小钢、白云莉两位教师获"校级教坛新秀"称号。

生命科学学院

【概况】生命科学学院始建于1996年,原名生物工程学院,2009年12月正式更名为生命科学学院,主要由生物学一级学科组成。学院现有生物技术、生物工程、制药工程、生物科学4个本科专业,有生物化学与分子生物学、微生物学、遗传学、发育生物学、细胞生物学和发酵工程6个硕士学位授权点,有生物化学与分子生物学、微生物学、遗传学、发育生物学4个博士学位授权点,生物学博士后流动站1个,有生物化学与分子生物学省级重点学科1个。学院现有"自治区高校生物技术重点实验室"和"自治区生物制造重点实验室"2个、"自治区新型家畜种质创制工程实验室"1个、内蒙古农牧渔业生物实验研究中心1个。

教职工87人,其中专任教师55人。专任教师中,教授18人,副教授18人,博硕士生导师25人,硕士及以上学历教师51人。2013年本年毕业生304人,其中研究生34人(博士生3人、硕士生31人)、本科生270人。招生342人,其中研究生57人(博士生7人、硕士生50人),本科生285人。本年6月,在校生1283人,其中,研究生156人(博士生13人、硕士生138人),本科生1127人。教师学缘结构合理,分别来自国内外知名高校和科研院所,从事18种不同专业。教师队伍中有享受国务院特殊津贴的专家、中国青年女科学家奖获得者、全国三八红旗手、内蒙古十大杰出青年、内蒙古青年五四奖章获得者、内蒙古有突出贡献的中青年专家、内蒙古优秀教师、自治区优秀教育工作者、优秀研究生指导教师等。

【党建与思想政治工作】2013年,生命科学学院党委(党总支)共有16支部,其中教工党支部5个、学生党支部11个。党员216人,其中教职工党员42人,学生党员174人,入党积极分子716人,发展党员74人。

学院党委认真组织教职工党员学习政治理论以及党的路线方针政策,重点学习了党的十八大、十八届三中全会精神,认真学习了《认真开展新形势下群众路线教育活动》《八项规定》《党员领导干部廉洁自律从政若干准则》等一系列材料,采取集中学习和个人自学、深入的调研以及征集意见和建议并进行梳理提出了整改措施等不同形式。为了深化活动效果组织全体教工党员参观了大青山革命根据地纪念馆,邀请全国劳模邢旗给师生员做工作报告,组织召开了班子民主生活会并向全体教师和学生代表作了报告。实行院务公开,院长和工会主席向教代会报告工作和财务运行状况,自觉接受群众监督。坚持民主集中制,严格执行党政联席会议制度,尽量做到在广泛征求意见和建议的基础上集体决策。参加了学校第二届党代会,在学院传达落实了党代会精神。7月5日召开了学院全体青年教工思想动态调研会议。加强学生党建工作,实施了"党员学长制"育人计划。全年共发展学生预备党员74名,转正党员123名。

【学科建设】2013年,紧密围绕抓好研究生入口和出口质量工作,保质完成了研究生免推、招生、毕业、答辩、学位授予、开题、中期考核等日常工作。修订了研究生优秀奖学金和国家奖学金的评审办法,并着手修订生物学一级学科博士点和硕士点的培养方案以及生物工程、轻工技术与工程二个全日制专业硕士研究生的培养方案。积极组织开展研究生活动,9月开展了研究生开学典礼、研究生安全教育、研究生科学素质与诚信教育等活动,已规划开展研究生论坛和生命科学周活动。

1位导师获得自治区优秀研究生指导教师荣誉称号,5名研究生获得国家奖学金、23名研究生获得优秀奖学金、2人获得BIAD奖学金,推荐优秀毕业生5名、三好学生11名、优秀学生干部5名。完成生物学一级学科博士点,4个2级学科博士点、6个2级学科硕士点的学科主任、副主任的聘任工作。

学科仪器设备明显改善,共争取设备经费等1300万元,已经完成招标工作。承办内蒙古自然科学年会分会场1次,学术年会圆满成功,来自全区的50多名代表参加了学术年会,2名外省专家到大会作了专题报告。召开了内蒙古生物工程学会第二届会员代表大会,选举产生了内蒙古生物工程学会第二届理事会,周欢敏教授当选为理事长。学院为内蒙古生物工程学会的挂靠单位。

【教学工作】2013年,以把好本科教学质量关为目标,抓好了本科教学的日常工作。全部教学、实习和实践任务圆满完成,实验开出率100%,完成了新生入学后的选课工作。

组织广大教师积极完成了各类教学文件的学习,全身心投入本科生教学工作,完成了学校教学质量年各项任务,开展了学院本科生教学工作会议,组织了5次本科生、预科生、青年教师等座谈会。组织了生命科学学院青年教师教学技能交流活动,24名青年教师进行了讲授与观摩,并请老教授进行了点评。观摩教学名师魏建民教授的课程1次。对24名教师的教学PPT进行了收集、点评,并进行了反馈。

英汉双语教学扎实开展。2013年共邀请了7位国外专家来学院开展双语教学工作,有美国诺贝基金文江祈(Jiangqi Wen)博士的"分子生物学"、美国林务局张剑伟(Jianwei Zhang)博士的"生命科学前沿"、美国哈佛大学张刚博士的"基因工程"、台湾大学王俊能博士的"基础生物学"、美国新墨西哥州立大学宋明舟博士的"生物信息学"、美国王志明博士的"微生物学"和英国专家Alaster博士的"生态学"。另外,学院15名教师进行英汉、汉蒙双语教学,效果良好。多名教师参加了学校举办的"双语教材展示会",开展了相关的业务活动。

圆满完成了本科生毕业生论文、毕业设计工作,所有毕业生都正常获得了毕业证书。完成了教学检查、毕业论文抽查工作,试卷抽查、毕业论文抽查均为优秀。7月2—12日,学院组织了10个班285名学生进行了实习。在原有6个实习基地的基础上,新建了赤峰市洪恩药业、赤峰市吉太药业、内蒙古民丰薯业、内蒙古赛科星公司4个教学实习基地。

完成新学分制下的四个专业的教学计划和教学大纲的编写工作,修编95门课程的教学大纲。实验室建设力度加大,共申请到设备经费595万元,其中申请中央财政支持省级高校实验室建设项目1项,获批350万元;获得学校本科生教学投入项目1项,245万元;目前都已开始招标。投入维修费10万元,维修损坏设备50余件。完成海关检查设备12台件,完成学校大型设备检查21台件。组织广大教师、实验人员对1万平米的生命大楼实验室进行规划、内部设计、征求意见等工作,为搬迁打好了基础。全年获批学校教学改革项目4项,获得学校优秀教学成果二等奖1项,2人被评为教师新秀。组建教学团队9个,正在进行意见征集。

完善考试制度改革,2012级本科生实现100%诚信考试,2011级以前的学生80%实现诚信考试。35门课程将实验成绩、平时成绩计入考试总成绩。

师资引进和培养工作成效显著,按照学校要求引进美国著名大学博士人才2名。共有7位教师出国访问、学习,1人获得2013年国家留学基金委西部地区人才培养特别项目资助,2人赴美进修归来。

【科研工作】2013年,组织国家基金申报讨论会2次,申报了国家、自治区和校内基金项目50项,获批各类基金资助20项,其中国家自然科学基金项目6项(经费344万元)、国家外专局引智项目2项(经费18万元)、内蒙古自然基金7项(经费61万元)、西部之光匹配项目1项(经费8万元)、农业部行业公益项目1项(经费73万元)、教育部博点专项基金1项(经费12万元)、自治区高校教师科研项目2项(经费4万元),累积经费520万元。

获得国家发明专利5项(第一申请人1项)、实用新型专利1项(第一申请人)。登记自治区科技成果3项。发表各类学术论文101篇,其中发表SCI论文15篇(其中:最高影响因子为3.2,影响因子超过2的SCI论文3篇)、中文核心期刊论文49篇、发表会议及其他学术论文37篇。段开红教授获得"自治区深入生产一线专家"荣誉称号;王瑞刚、李国婧教授入选自治区高等学校"青年科技英才计划"的优秀青年领军人才支持计划;王玉珍教授获得"内蒙古青年科技奖"。在"呼和浩特市—内蒙古农业大学科技合作签约暨成果发布会"上,学院与呼和浩特市3家企业签订了合作协议。

"家畜功能基因组与繁殖生物学技术"科技创新团队获内蒙古产业创新团队,并通过内蒙古农业大学科技创新团队验收;"内蒙古资源植物分子改良"创新团队由培育团队提升为学校科技创新正式团队;"纳米生物医药工程"团队入选学校科技创新培育团队。

学院积极组织教师开展学术交流活动。邀请各地专家举行了专题报告18次,筹备召开了"生物医药高峰论坛",学院教师与研究生一起踊跃参加"内蒙古自然科学学术年会",投稿论文30余篇,获得优秀论文奖励近20项。

【学生工作】2013年,以"喜迎十八大、争创新业绩"为主题,有针对性地开展了时事政策及思想政治教育,并开展了"强学风,放飞中国梦""让青春在团旗下闪光"等主题系列团日活动,举办了由内蒙古红太阳食品有限公司副总经理李亚军为主讲的"创业与梦想"交流会。新生军训及入学教育主要围绕心理适应、党建、校史、安全教育展开,新生军训工作获内蒙古农业大学军训工作先进单位、内务评比优胜奖等5个奖项。加强了毕业生文明离校教育,积极为毕业生联系用人单位,2013年3月学院成功举办了生物类专业专场洽谈会,为学生提供了272个就业岗位,就业率达到86.5%。

为了促进学院优良学风建设,相继开展了绿色课堂、党员学长制、生科好声音、诚信考试、内蒙古农业大学第四届生物化学实验技能大赛、学院领导与学生座谈、生科学子英语等级考试经验交流会和考研经验交流会和"优良学风班集体"创建等类型丰富的活动,取得优异的成绩。本年上半年学生挂科率6.42%,智育平均成绩75.54,四级过级率30.45%,六级过级率6.67%。2013年学院荣获内蒙古农业大学优良学风班集体创建活动"优秀组织单位"。

坚持教育与管理相结合,做好学生管理与安全稳定工作。严格执行工作例会制度,组建了分管领导负责由团委学办、班主任、本科生导师、辅导员、班委、宿舍长、安全信息员构成的学生管理工作队伍,做到了全面开展特殊学生隐患排查工作。同时开通班级QQ群、飞信群、微博和网页,搭建新型网络学生工作管理平台,保证多渠道、及时、准确获取信息,针对不同的安全问题学院建立了学生安全管理平台,重点关注心理问题和特殊家庭的学生,有效预防和杜绝了学生重大安全事故。

2013年,获批学生科技创新基金项目中5个。学生作品在"内蒙古自治区第一届大学生创业大赛"和高校大学生营销挑战赛中取得优异成绩。在社会实践活动中学院荣获了内蒙古农业大学暑期"三下乡"社会实践优秀组织单位。

【社会服务工作】2013年,测试中心完成价值630万的12台件的实验设备购置。为内蒙古农业大学、农牧科学院、草原所、地质环境监察所、内蒙古大学、内蒙古师范大学以及各类企事业45个单位提供了测试服务,完成测试分析项目56种,样品4300份;收入86万余元,比上年增加5万元。为学校各专业开设"仪器分析"实验10个,培训实验人员240余人次。

【工会工作】2013年3月7日选出5位代表参加了学校工会组织的"三八"专题讲座活动。3月16日组织24位老师参加了学校在西区操场举办了教职工万米接力赛,获第6名。3月20日举办了6个工会分会的女教职工跳绳比赛。4月8日选代表参加了内蒙古农业大学第四届第二次教职工代表大会暨工会会员代表大会。4月20日工会和学办联合承办了品牌活动内蒙古农业大学第四届生化技能大赛拉开帷幕,并于5月26日完成。5月的学校运动会有85%的教职员工参加;7月初派1位老师参加了庆祝建党92周年暨首届"红烛杯"教职工文艺汇演选拔赛,并派5位代表参加了正式汇演。11月参加了学校举办的羽毛球、乒乓球比赛。10月10日学院工会会同学院各教工党支部一起组织了"参观大青山革命老区"红色教育活动。11月同食品院、计算机学院联合举办了神农医院专家来学校开展的保健知识讲座。举办的健康知识竞赛获得二等奖。深入了解经济困难教职工家庭情况,给学校上报了2名申请困难补助的教师。学院领导和工会成员探望生病的老师2次,探望生孩子女教工1次。2013年,学院分会获优秀"教职工之家"称号。

人文社会科学学院

【概况】人文社会科学学院(简称"人文院",下同)成立于2001年11月,2009年11月学院一分为二,人文社会科学学院、马克思主义教学研究部(现为马克思主义学院)。主要由公共管理等一个一级学科组成。学院设行政管理、社会工作、法学等三个本科专业,拥有教育经济管理、行政管理等两个硕士学位授权点。

教职工34人,其中专任教师32人。专任教师中,教授5人、副教授11人。博硕士生导师13人。硕士以上学历教师30人。本年毕业生202人,其中研究生数20人(硕士生20人、本科生182人)。招生303人,其中研究生35人(硕士生35人),本科生268人。在校生1026人,其中,研究生63人(硕士生63人),本科生963人。

【党建与思想政治工作】2013年,人文院党委共有8个党支部,其中教职工党支部3个,学生党支部5个。截至12月,党员111人,其中教职工党员23人,学生党员88人,入党积极分子146人。发展党员46人。

认真进行党的群众路线教育实践活动,取得实效。根据《内蒙古农业大学深入开展党的群众路线教育实践活动实施方案》(内农大党发〔2013〕11号)的安排部署,学院党委结合自身实际,切实将教育实践活动和推动工作紧密结合,严抓各项工作落实。抓好学习教育、听取意见;查摆问题、开展批评;整改落实、建章立制三个环节,学院的群众路线教育实践活动收到了良好效果。

加强领导班子建设。学院领导班子在学校党委的领导下,按照十八大精神和习近平总书记的重要思想,继续求真务实,给老师充分创造宽松的环境和更多的时间、精力投入到教学科研社会服务和文化传承上来;继续按照习近平总书记打铁还需自身硬的指示,领导率先垂范,做到公平公正公开,带头形成学院和谐、团结、大气、包容、真诚的氛围,带头在教学、科研、社会服务和传承文化方面做出样子。不断规范程序,健全制度,努力提高党组织建设的科学化、民主化、规范化水平,使学院党政分工合作、共同负责的领导核心作用得到充分发挥。加强基层党的建设和班子建设,形成优势互补和合力。牢固树立班子良好的整体形象,以班子的团结与凝聚带动全院上下的团结和事业的发展。

工会工作实实在在成绩显著。学院工会一年来,先后6次探望生病住院的教师;举办了"三·八"国际妇女节庆祝活动,即"健康与美丽"座谈会;在学校举办的教职工万米接力赛中,学院工会克服了学院教师总人数少的困难,积极组织老师全程参赛,获得了参与奖;举办了"绳采飞扬"跳绳比赛,比赛决出了6位优胜选手,并为参赛选手颁发了参与奖品;协同学院教学管理部门举办了"教学技能大赛";与校工会合办了教职工健康活动月活动"科学用嗓"讲座,获得了好评;3月,学院工会获评"2011—2012年度女教职工先进集体"表彰牌匾,成为全校三个获奖单位之一。

加强综合治理工作确保各项工作顺利进行。综合治理是学院基础性工作,是关乎大局、关乎持续发展的重要因素。学院没发生一起刑事案件、治安案件、火灾、打架斗殴、不和谐等现象,确保各项工作的平稳顺利进行。学院连续四年被学校评为综合治理工作"先进单位"。

【学科建设】2013年6月,首届MPA学员在人文院会议室进行了硕士毕业论文答辩,11位同学获得硕士学位。举行了第七届教育经济与管理硕士研究生毕业答辩,共有7位同学获得硕士学位。新遴选阿茹罕、王利清、杨慧兰、鲍晓艳作为硕士生导师并首次指导研究生。盖志毅教授当选2012年度"草原英才"。在中国领导科学研究会2013年会上,席锁柱再一次当选为常务理事。根据中国内蒙古农业大学和蒙古国国立大学的科研与教学互助协议,学院特邀蒙古国国立大学哲学博士通噶拉噶于2013年4月15至21日进行学术交流。与日本千叶大学人文社会科学研究科初步达成教学合作共识。内蒙古哲学界庆祝"国际哲学节"座谈会成功举办。

【教学工作】2013年，教学工作的基本思路是全面贯彻落实学校教学质量管理年的各项要求，坚持"质量就是生命线"的办学理念，以提高教育教学质量为关键，以学生成长成才为根本，不断提升学院整体办学水平和人才培养质量。重点工作是认真研讨三个专业人才培养方案，按期完成了《行政管理专业人才培养方案》《社会工作专业人才培养方案》《法学专业人才培养方案》和《行政管理专业（蒙汉双语授课）人才培养方案》《社会工作专业（蒙汉双语授课）人才培养方案》《法学专业（英汉双语授课）人才培养方案》共六套本科专业培养方案的拟定，并按照培养方案对113门教学大纲进行了重新修订。教学工作取得的成效包括，长期为短板的教学实践有新的突破，三个专业组织开展了2010级专业实习活动，行政管理专业学生赴察素齐进行了专业实习。法学两个班赴北京、二连浩特实习。社会工作蒙汉两个班在土左旗社区、老干部局、农牧业局进行了专业实习。教学方面的获奖情况有，张美英获得内蒙古自治区微课比赛二等奖。安达代表学校参加了内蒙古自治区高校第八届青年教师课堂教学技能大赛蒙语组的比赛并获奖。法学专业学生代表学校参加了内蒙古高校大学生第四届法律辩论赛并获得亚军。本年度学院组织开展了第四期、第五期教学观摩日活动，并举办了教师教学技能大赛，开展了"期中教学检查与综合教学技能评比月"活动，组织召开2012级专业课考试改革专题会议和外聘教师座谈会，对三个专业毕业论文选题进行了集中审核。法学双语专业首次从北京大学国际法中心聘请外籍教师Eric为本科生授课，取得良好的教学效果。刘显刚参编的法学前沿教材《法学方法论》由厦门大学出版社正式出版，并在全国发行。实习基地建设有新进展，法学专业与呼和浩特市人民检察院联合共建"法学理论与实务研究基地"。社会工作专业与呼和浩特市方舟启智康复服务中心建立了校外实习基地，并在校内成立了"青苗社会工作服务站"。学院电子政务实验室、模拟法庭实验室及社会工作实验室高效运转。

【科研工作】王利清申报的2013年度国家社科基金项目《民族地区乡镇政府公共服务职能重构研究》获得批准立项，鲍晓艳主持的《牧区教育与牧民传统文化研究》项目被列为教育厅十八大重点研究项目，李二桃主持的《法治视野下内蒙古政府执行力问题研究——以内蒙古生态移民为例》课题获得2013年内蒙古哲学社会科学规划项目立项。塔娜申报的2014年度自治区高等学校科学技术研究项目人文社会科学重点项目《刑事诉讼中的少数民族语言文字权研究——以内蒙古地区为例》和乌云高娃申报的2014年度自治区高等学校科学技术研究项目人文社会科学一般项目《蒙古族非正式制度对内蒙古自治区行政管理活动的影响研究》已批准立项。塔娜的专著《刑法与刑事诉讼法交互作用研究》由中国政法大学出版社出版。塔娜的博士学位论文被评选为中国政法大学优秀博士学位论文，并已推荐参评2013年全国优秀博士学位论文。盖志毅的有关边疆少数民族地区经济发展的课题受到清华—腾讯互联网创新技术联合实验室资助，资助金额为20万元人民币。盖志毅主持的国家社会科学基金特别项目应用对策研究类课题《构建我国北方生态屏障研究（以内蒙古为例）——一个文化、政治、经济视角》结项并且鉴定等级为优秀。刘显刚应邀参加《民主与法制》杂志特约撰稿人年会并发表17篇论文。2013年第4期《人民论坛》杂志以"微博公益应入法"为题摘录转载了《民主与法制》上的文章。安达撰写的论文获得全区学生工作专业委员会2013年会优秀论文一等奖。盖志毅主持编撰了《呼伦贝尔市县域经济发展规划（2012—2017）》项目。盖志毅以"十八大"报告宣讲员去内蒙古包头、乌兰察布、巴彦淖尔等地宣讲，还为学校副处以上干部和全校研究生做"十八大"辅导。经内蒙古党委宣传部遴选，盖志毅任学习十八届三中全会精神宣讲骨干。郭宝亮担任内蒙古人民广播电台、电视台特约评论员。王利清当选为内蒙古自治区监察厅特邀监察员。盖志毅为自治区相关单位作多场内蒙古自治区"8337"发展思路的解读报告。

【学生工作】2013年，人文院学生工作的总体思路是在校党委和校学生工作部门的领导下，坚持以邓小平理论和"三个代表"重要思想为指导,坚持以人为本的管理理念,增强全面为学生服务意识,为学生成长成才、全面发展搭建舞台。学院学生工作重点是:抓稳定、促学风,以学院精品活动和依靠专业特色开展活动,以开展丰富多彩的校园文化活动为载体,全面促进学生成长、成才。具体措施:在日常行为管理中始终立足"两个着力点",抓好学风建设和学生宿舍管理;把好"三关",即形势政策教育关,入学教育关,毕业教育关;"五个节点",即奖惩评定环节,重大节假日和纪念日,学生出现困难时,学生有意见和建议时,学生出现思想情绪时。举行了第四届"东鸽e购"杯法学大学生辩论赛并获得了亚军,同时获得了金马杯文艺汇演一等奖、内蒙古农业大学第13届田径运动会体育道德风尚奖、内蒙古农业大学学生军训工作先进单位、校园建筑物、主干道等命名征集活动优秀组织单位、2013年毕业生就业工作先进集体等荣誉。

外国语言学院

【概况】外国语言学院前身为内蒙古农业大学外语教学部,2001年11月成立农业大学外语系,2004年12月改系为院。外国语言学院下设大学英语第一教研室、大学英语第二教研室、双语授课生基础英语教研室、英语专业教研室、日俄教研室、语言实验中心、学院办公室、教学管理办公室和学生工作办公室。外国语言学院面向全校全日制本、硕士生、博士生及英语专业学生授课。

学院现有教职工108人,其中正副教授27人,讲师70人,助教2人。硕士以上学历教师60人,国外留学回国任教22人,在北京航空航天大学等全国重点院校进修硕士课程教师28人,国家级同声传译员2人。此外,学院常年聘用外籍英语教师3人。学院下设英语本科专业。拥有现代化语言实验室、多媒体网络自主学习中心、声像室、图书资料室等。学院与北京航空航天大学、西安外语学院合作办学,每年选派品学兼优的学生到该学校插班学习。

外国语言学院设英语本科专业(学制四年)。现有在校生330人。

【党建与思想政治工作】学院党委共有9个党支部,其中教职工党支部4个,学生党支部5个。截至12月,党员88人,其中教职工党员50人,学生党员38人;发展学生党员19人;学生党员违纪率为0。

学院成立以院党委书记孟和为顾问、党委副书记曹立军为组长的学生党务工作领导小组,加强对学生党支部的指导和监督。根据年级和班级特点设有学生党支部5个,符合高年级支部建在班级上,低年级有支部的要求。2013年分党校共开展入党积极分子培训班2次,结业46人;重点培养对象培训班2次,结业34人;预备党员和党员培训班2次、学生支部书记和支部委员培训班2次,大大提高了学生的思想理论水平和政治觉悟。

学院党委按照"围绕中心抓党建,抓好党建促中心"的工作思路,以"教学质量管理年"活动为契机,结合党的群众路线教育实践活动整改落实阶段的工作任务,进一步加强基层党组织建设,强化学校的教学中心地位,充分发挥党组织的战斗堡垒作用和党员的先锋模范作用,有力推进了学院各项事业的发展。

注重政治理论学习,加强党风廉政建设。学院党委以建设学习型党组织为目标,制定了政治理论学习制度。同时,学院党委落实主体责任,组织班子成员学习廉政新规等制度。每学期对党风廉政建设进行研究部署,督促班子成员认真履行"一岗双责",抓好财务审批、科研经费管理、选人用人等领域的党风廉政建设。

稳步开拓就业市场,不断提升就业质量。在毕业生推荐、就业指导和实习基地等方面,学院不断加大经费投入。

以精品党日活动为载体,服务好教学工作。教工党支部指导学生英语辩论赛、演讲和写作等大赛,成绩优异,尤其是学院学生在第十七届"外研社·当当网杯"全国大学生英语辩论赛东北赛区中获得团体三等奖;学生党支部针对存在学业困难、生活困难和心理问题等的学生,充分发挥关工委、党支部、党员、学生干部和年级辅导员作用,制定帮学方案,建立"帮学学生"档案,深入开展帮扶活动。如,在学院结成的57对帮学对子中,40对完成预期目标,占帮学对子数的70.18%。

同时,积极开展"同在现场,共圆梦想""用青春服务社会,用激情点亮未来""爱国·爱区·爱校"和诚信考试等学生党员主题教育活动,其中"同在现场,共圆梦想"党日活动获学校优秀基层党支部活动创新案例。

以工会活动为依托,营造浓郁文化氛围。学院举办了首届亲子运动会,组织召开了师德师风座谈会和教职工代表大会,开展了"重塑师德、文明先行"师德师风评比活动。同时,把文体活动也作为师德师风建设的一项内容,通过迎新生文艺演出、插花比赛等活动提升师德修养,还组织教职工参加学校的柔力球、万米接力赛、校运会等活动并荣获体育道德风尚奖。

【学科建设】2013年6月,应用语言学与跨文化交流研究中心的教师及学生志愿者为由中国商务部主办,内蒙古农业大学承办的2013发展中国家出口农产品质量安全管理研修班的来自亚非拉地区的20余位外国友人提供口译服务。2013年7月在校、院多位领导的关心与指导下,经过与中国国家留学基金委等多个机构联系多次磋商反复甄选,最终确定选派学院20位未有海外留学经历的教师到美国拉文大学进行为期4周的教学艺术与技术方面的学习培训与交流。9月学院中心的教师及学生志愿者为由中国商务部主办,内蒙古农业大学承办的2013发展中国家乳品与食品技术培训班的十几位外国友人提供口译服务。

农业英语翻译研究所承担了内蒙古农业大学援外培训项目的翻译工作。对本年度两期培训班发展中国家乳品与食品加工技术培训班和发展中国家出口农产品质量安全培训班的学员名单、学员须知、项目简介、日程安排和结业典礼等进行了翻译。

【教学工作】按照学校教学质量年的要求和工作部署,学院就全面展开了教学检查工作,首先制定了领导班子听课时间表,按照《内蒙古农业大学外国语言学院关于进一步加强教学管理、提高教学质量的实施意见》,逐项进行常规教学检查。

实行领导小组听课制。学院本学年授课教师包括本院教师100名,外聘教师大英一14名,大英二3名。由于教学班级多,所以采取抽样听课的方式,选择不同层次的学生,分期分批地进行听课,并与受听教师交换意见。

举行青年教学技能大赛。

补考人数统计。针对学校补考人数逐年递增状况,学院对学生补考人数进行了统计,调查了解不及格学生类别、特点并分析原因,以找到可行性解决对策。

毕业论文写作实行"一对一"导师制。吸纳学历层次高,有一定学术水平的青年教师加入了现有导师队伍,年轻教师积极上进,爱岗敬业,提高了学院毕业生论文指导水平,实现了对学生的全程跟踪。2009级本科毕业论文指导论文工作已圆满结束,2010级毕业论文正在进行,学院布置各教研室主任负责监督各位指导教师,检查指导教师是否都能按学院的时间表、指导方案及相关规定进行指导工作。指导教师由原来40人增加至76名。

学院设计制定了《外国语言学院教师授课情况调查表》,旨在实证调查学生对授课教师的满意度,此评价表有助于学院具体了解教师教学情况,掌握一手资料、更好地服务学生。自4月以来,分别调查了经管、林学、生态、食品及外语学院。

2013级新生实施分级教学。在大量查阅和全面了解区内外高校,特别是农科院校大学英语分级教学实施办法的基础上,与相关教师充分座谈交流,根据学校实际特点,完成了学院的《内蒙古农业大学外语学院2013级新生大学英语分级教学实施方案》并实现了2013级新生的分级教学。

英语专业培养方案和课程教学大纲。基于学校层面的要求,结合课程理论,完成了学分制下新的培养方案的制定。按照新的培养方案,完成了全部课程教学大纲的撰写和与之相适应的新的考试模式的制定。

与相关人员密切配合,积极筹备组织和参加了学校和自治区2013"外研社杯"全国英语演讲和写作大赛、任瑞娟同学荣获自治区写作大赛一等奖。

双语教研室完成经济、计算机、生态、食品等四门学科的英语专业词汇整理编写工作。申报自治区科研项目《双语大学生英语词汇学习认知研究》,《双语(汉英)教学模式改革与实践》获校级教学成果一等奖。出版专著《大学英语词汇学习——基于语素认知理论》。出版《影视文学视听》。获批学校教育教学改革项目共计4项。获批学校哲学社会科学项目2项。参与自治区科研项目三项。参与学校两类项目多项。成功申报学校教学教改项目4项。成功申报学校哲学社会科学项目2项。出版教材《旅游英语》(刘海红)。参编教材《新视野大学英语阅读教程》。刘海红老师申报自治区科研项目《大学英语》考试改革之探索——"全语言"测试下考试"反拨效应"的实证研究。

日俄教研室完成全校公共日语、俄语;英语专业第二外语;.通识教育人文拓展课:俄罗斯文学赏析,基础俄语、俄罗斯电影赏析、俄罗斯民俗、日语视听说、日语入门;研究生日语俄语课。

专业教研室在整个学分制改革过程中,不断完善对教学培养方案,教学大纲的完善工作,完成了教学培养方案,教学大纲的编写工作。孙月娥老师深刻地总结了从2002年到2012年走过的十年的"综合英语"课堂上关于当今语言教育理念、教学模式、教材、考试改革、教书育人等方面的感悟,在"综合英语"课程上的付出得到了学校的认可,获得了内蒙古农业大学2013年教学成果二等奖。

大学英语第一、第二教研室对公共外语教学实行分级教学。

【科研工作】

专著、教材、工具书、论文

序号	姓名	专著、教材、工具书、论文	出版单位	时间
1	张晓华	论素质教育环境下英美文学教学中的现代意识与主体识	内蒙古师范大学学报(教育科学版)	2013年5月
2	张晓华	戏谑·操控·探寻:约翰·福尔斯作品女性人物研究	内蒙古大学出版社	2013年4月
3	常云	弗莱文学原型批评视野下的《何西阿书》	芒种	2013年第1期
4	常云	元语言意识对第二语言的读写能力的作用:来自训练研究的证据	内蒙古师范大学学报(教育科学版)	2013年第4期
5	常云	认知视角下的英语词汇学习	内蒙古师范大学学报(教育科学版)	2013年第12期
6	刘波涛	基于建构主义教学观的大学英语口语教学	内蒙古农业大学学报(社科版)	2013年第2期
7	李春兰	英语教学中的语境创设	内蒙古农业大学学报	2013年第3期
8	陈金凤	大学英语选修课的问题与对策	内蒙古农业大学学报(社科版)	2013年第3期

研究项目

序号	姓名	研究项目	来源	研究类别	批准时间
1	吴中文	构建一体化智能化外语教学环境的探究	内蒙古社科规划项目	应用性	2013年7月
2	张晓华	内蒙古农牧区外语教育调查	内蒙古高等学校教学科研项目	英语教育	2013年1月
3	张晓华	约翰·福尔斯作品中的乌托邦思想的现代启示	内蒙古农业大学博士科研启动基金项目	文学社会学	2013年7月
4	常云	双语大学生英语词汇习得研究	内蒙古自治区高等学校科学研究项目	心理语言学	2013年4月
5	刘海红	将图式理论应用于《新标准大学英语—读写教程》教学的实证研究	内蒙古农业大学教务处教改项目	应用性	2013年6月
6	李冰玉	学分制下的分级教学探讨	内蒙古自治区教育厅	应用性	2013年6月
7	刘波涛	课外监督机制在双语生英语泛读"零课时"中的应用研究	内蒙古农业大学教务处教改项目	应用性	2013年6月
8	金光宇	蒙英、汉英语码转换在蒙古族学生英语教学中的成效对比研究	内蒙古农业大学哲学社会科学基金项目	基础研究	2013年3月
9	娜仁花	双语班英语教学与双语教学的接口研究	内蒙古农业大学哲学社会科学基金项目	应用性	2013年3月
10	邢冠英	对帕特里克·怀特的小说中若干特点的研究	内蒙古农业大学	基础研究	2012年12月20日
11	李剑	英汉双语专业学生视听说语言应用能力培养及提高的研究与实践	内蒙古农业大学	应用性	2013年7月
12	李剑	加拿大语言中心ESL英语教学模式的借鉴与应用研究	内蒙古自治区	应用性	2013年7月

【学生工作】学院学生工作紧紧围绕学校的中心工作,以素质教育为核心,以学校教学质量管理年为契机,坚持教育为先,管理从严,服务到位的原则,抓学风,促学业,深入推进学院双"一二三"目标管理学习机制,不断提高学生的教育管理水平,为学生的健康成长和全面成才创造条件、提供保障,做了大量富有成效的工作,学生工作取得了可喜的成绩。

一年来,学院学生工作获集体奖23项,其中国家级奖项2项、自治区级奖项3项、校级奖项18项;学生获奖502人次,其中国家级15人次、自治区级120人次、校级367人次;承办校级及其以上大型活动6项,其中自治区级2项、校级4项。

由学院学生赵香田、马彩云组成的代表队代表学校参加包括东北大学、哈尔滨工业大学和大连外国语大学等"985"和"211"工程高校以及著名语言大学在内的49所东北赛区高校比赛获得团体三等奖。学院在校内选拔赛和赛区比赛中组织工作有特色、有亮点;赛场上选手的精彩发挥和良好的精神风貌,也赢得了大赛组委会的一致认可,被大赛组委会授予第十七届"外研社·当当网杯"全国大学生英语辩论赛"全国优秀组织奖",这是学校连续第二年获得获此殊荣。

学院承办了学校2013"外研社杯"全国英语演讲和写作大赛内蒙古农业大学赛区选拔赛,学院杨希桐等4名同学在校内选拔赛中脱颖而出,其中杨希桐、马彩云、任瑞娟、郭昊四名同学分获演讲大赛和写作大赛一等和二等奖,杨希桐、郭昊和任瑞娟三名同学将代表学校参加自治区复赛分别获得二等奖和三等奖。学院承办了由内蒙古教育厅、自治区教育学会素质教育专业委员会和英语周报社主办的内蒙古自治区第七届"英语周报杯"英语作文大赛,学校共征集稿件178篇,获奖139篇;其中,学院学生取得了可喜的成绩,共投稿116篇,获奖90篇(一等奖3篇、二等奖10篇、三等奖21篇、优秀奖56篇),学院连续六年被大赛组委会评为"最佳集体组织单位"。

学院积极开展社会实践与就业见习相结合,在做好寒暑假社会实践工作的同时,以社会重大活动为契机,践行"奉献、友爱、互助、进步"的志愿精神,与时俱进、开拓创新,切实做好青年志愿者服务工作。如学院选拔品学兼优的学生参加"两节一会"(即第十四届呼和浩特昭君文化节、第三届中国呼和浩特少数民族文化旅游艺术节、第七届中国民族商品交易会)、2013呼和浩特全球华人首届羽毛球混合团体邀请赛和2013中国呼和浩特驭马文化节等志愿者活动,特别是学院选拔由40名品学兼优学生组成的赴"两节一会"志愿服务队被学校评为"优秀社会实践分队"。

学院在暑期社会实践工作中,积极动员各班级以不同形式开展社会实践活动,其中组建"我的中国梦——追寻红色足迹"等四支院级直属队。因活动开展的扎实有效,成效显著,被学校评为"优秀社会实践组织单位"。值得一提的是,学院2010级学生李春春以全国前30名(共评选30名)的总成绩获得全国2013年社会实践"优秀个人"称号,是自治区普通高校唯一获此殊荣的学生。

学院马彩云、同际名和刘璐三名学生代表学校参加自治区第二届安全知识竞赛经过层层选拔进入决赛以总分第三名的成绩获得团体二等奖,加之选手的优秀表现和组织工作有亮点、有特色被评为"优秀组织单位"。

学院毕业学生91人、就业率为86.81%,招生93人(含专升本11人)。

【重要事件】外国语言学院2013年大事记

外语学院20名教师暑期赴美国拉文大学进行了为期35天的培训。

毕业论文写作实行"一对一"导师制。

学院首次设计制定了《外国语言学院教师授课情况调查表》。

学院制定了《内蒙古农业大学外语学院2013级新生大学英语分级教学实施方案》并实现了2013级新生的分级教学。

任瑞娟同学荣获自治区写作大赛一等奖。

理学院

【概况】理学院组建于2004年11月,下设数学与统计学系、物理与电子科学系、化学化工系和一个实验中心。有教职工125人,其中专任教师109人。专任教师中,教授16人,副教授42人,博士生导师1人,硕士生导师13人,自治区有突出贡献中青年专家1名,硕士以上学历教师81人。现有应用统计学、应用化学、电子科学与技术、化学工程与工艺4个本科专业;有生物物理学、农业资源应用化学、经济数学3个硕士点。本年本科毕业生130人,其中校级优秀毕业生10人,自治区优秀毕业生9人。本年招生149人,其中硕士研究生8人,本科生141人。在校生564人,其中,硕士研究生14人,本科生550人。

【党建与思想政治工作】2013年,理学院党委(党总支)共有6个支部,其中教工党支部4个、学生党支部2个。党员159人,其中教职工党员66人,学生党员93人,入党积极分子381人。发展党员32人。

【学科建设】2013年在经管院"应用经济学"一级学科硕士点下增设目录外二级硕士点"经济数

学",制定培养方案,编制了教学大纲。

【教学工作】2013年度,学院"有机化学"(主持人:孙景琦)成为自治区级精品课程。应用统计学专业被评为校级品牌专业。新增校级教学名师2名(敖特根巴雅尔、孙景琦),自治区级教学名师2名(苏金梅、许辉),校级教坛新秀1名(丁立军)。内蒙古农业大学第八届教师教学技能竞赛理科组二等奖白海平,三等奖刘菊红。

2013年6月7日晚,理学院数学与统计学系承办的学校第四届数学建模竞赛在西区旧报告厅举行颁奖典礼。校团委、教务处和理学院有关负责人出席,300余名师生参加了颁奖典礼。本届竞赛于2013年5月10日至13日举办,经过后期专家评审,共有54名同学获奖,其中一等奖6名、二等奖9名、三等奖15名、优秀奖24名。本次获奖的部分优秀学生将在同年九月份代表学校参加全国数学建模竞赛。

2013—2014年度内蒙古自治区高等学校公共课教学改革科学研究立项评审结果公布,吕雄主持的《概率论与数理统计》教学改革与教学资源建设研究(数学类)批准为重点项目;吕雄主持申报的高等学校公共课教学改革重点课程精品课教学资源(《概率论与数理统计》)被作为与包头师范学院等五所高校共同承担的合作项目立项;吴国荣主持申报的高等学校公共课教学改革重点课程精品课教学资源(《线性代数》)被作为与包头师范学院等七所高校共同承担的合作项目立项。

【科研工作】2013年,理学院获批国家自然科学基金一项,共5万元;内蒙古自治区自然科学基金面上项目三项,共11万元;内蒙古自治区自然科学基金重大项目一项,40万元;内蒙古自治区草原英才项目一项,10万元;引进人才科研启动金三项,共30万元;学校基础学科启动基金四项,共12万元;教育厅高校研究项目四项,共4万元;教育厅教学研究项目一项,1万元。共计各类项目18项,总经费113万元。理学院闫祖威教授被评为内蒙古自治区草原英才培育计划三类人才。

2013年7月31日,应理学院诚邀,美国新墨西哥州立大学数学科学系教授王通会博士来学院为数学与统计学系全体教师作学术报告。题目为"Skew Normal Distributions—Properties and Applications"。报告结束后参会教师与王通会教授就统计学科研以及国内和美国的大学教育方面进行了座谈交流。

2013年11月8日,中国科学院上海硅酸盐研究所研究员刘建军博士应邀来理学院作学术报告。题目为"能量储存材料的结构—性能关系分析与微观设计"。报告结束后参会教师与刘建军博士就化学科研以及国内和美国的大学教育方面进行了座谈交流。

2013年12月27日,澳大利亚昆士兰理工大学留学回来的理学院化学化工系盛显良教授,作学术报告,并介绍了澳大利亚的大学教育。

【学生工作】2013年,学院学生工作的总体思路是"关注学生成长成才,落实教育管理方针",工作重点一是完善充实学院学生工作的规章制度,二是加强学生思想政治教育,三是抓学风、促学业,四是深入宿舍,注重学生日常管理,五是公平、公正、公开开展学生资助,六是以学风建设为中心,开展丰富多彩的课余活动,采取了加强组织建设、强化学生思想阵地建设、采取多种促进学风的方法等措施,举行了"我的中国梦"主题活动、"一帮一"帮学活动、数学建模竞赛、"我是一面旗帜——大学生党员在行动"主题教育活动等活动,通过一系列的活动,在学生的思想政治建设、优良学风建设、招生就业等工作上均取得了良好的效果,得到了学院师生的一致好评。

能源与交通工程学院

【概况】能源与交通工程学院成立于2008年11月,主要由交通运输工程、林业工程2个一级学科组成。学院设森林工程(工程机械方向)、新能源科学与工程、道路桥梁与渡河工程、交通工程、交通运输5个本科专业,其中,森林工程专业和交通运输专业为内蒙古自治区品牌专业。拥有森林工程、林业工程硕士学位授权点、森林工程博士学位授权点、林业工程博士后流动站。学院现有相关专业30个实验室。

教职工37人,其中专任教师29人。专任教师中,教授7人、副教授9人,博硕士生导师8人,硕士以上学历教师27人。本年毕业生160人,其中研究生6人(均为硕士生)、本科生154人。招生345人,其中研究生14人(博士生1人,硕士生13人),本科生331。在校生1199人,其中,研究生42人(博士生5人,硕士生37人),本科生1157人。

【党建与思想政治工作】2013年,能源与交通工程学院党委共有6个党支部,其中教工党支部2个、学生党支部4个。党员133人,其中教职工党员27人,学生党员106人,入党积极分子508人。发展党员63人。

能源与交通工程学院紧紧围绕人才培养这一中心工作,以"围绕教学抓党建,抓好党建促教学"的指导思想来开展学院的党建工作。各党支部定期举行组织生活会,开展了党员跟班上自习、党史知识竞赛、学习雷锋精神等活动。积极组织开展党的群众路线教育实践活动,为了贯彻"六个一"活动精神,学院党委组织了学生和教工党员到革命圣地延安接受了一次革命传统教育和爱国主义教育,并在全体学生党员中开展了党的群众路线教育实践活动辅导会。

加强基层党组织建设,组织了两期入党积极分子培训班,邀请了校党委副书记郑俊宝等多位老师担任党课授课教师,对180名入党积极分子进行了入党培训,2013年共发展学生党员63名。

先后开展了跳绳比赛、"三八"妇女节座谈会、羽毛球比赛、青年教职工教学技能大赛等活动。在2013年校运动会中,学院获得体育道德风尚奖。

【学科建设】明确学科建设目标和任务,继续凝练学科方向和学科特色,积累和培养学科优势,积极改善研究生培养条件,加强导师队伍建设和管理,规范研究生的全过程培养。通过努力使整体学科水平和研究生培养质量都有了一定程度的提高。

针对学院新专业多,教师队伍以年青教师为主体的实际状况,制定出较为完备的师资队伍建设计划,逐步提高教师的学历层次、教学能力和科研水平。目前有4名教师正在攻读博士学位,专职教师中硕士及以上学历达100%。注重专业学科带头人的培养,逐步调整和优化学院教师队伍的结构。注重年青教师的培养。对2008年以后工作的教师实行导师制,培养和提高青年教师的教学能力和水平。学院有三位青年教师在学校组织的青年教师技能大赛中取得了较好的成绩。

【教学工作】2013年,能源与交通工程学院以抓教风促学风作为教学工作重点。注重教学改革研究,鼓励和支持教师申报和参加相关教改研究项目。本年度立项校级及以上教学改革研究项目3项,发表教学管理论文2篇。

为了适应市场及本科人才培养需要,结合专业特点,强化综合实习,旨在提高学生的实践能力,进行了交通工程、交通运输专业培养方案调整工作,并在2010级和2012级相关专业开始实施。严格执行培养方案,规范教学运行管理,按照学校相关规定进行调(停)课。

在原有实习基地建设的基础上,进一步开拓新的实习基地,以适应学生实践教学的需要。特别是加强了交通运输、森林工程(公路工程机械方向)2个专业的实习基地建设,目前已与利丰汽车销售公司、日强机械公司达成初步合作办学协议。

鼓励和支持教师参与教学质量工程。本年度学院"交通工程设施设计"课程被评为自治区精品课程,新增校级及以上"教学质量工程"项目4项。

【科研工作】以纵向课题为核心,以横向课题为重点,支持和鼓励教师积极申报各类纵向课题。2013年争取到国家自然科学基金1项(47万元)、内蒙自然科学基金2项(40万元)、教育厅课题1项(3万元)、内蒙交通厅课题1项(40万元),其他横向课题(10万元)累计140万元。人均科研经费5万元,比上年度(2.9万元)增加42%。重视学术交流和学术研究。举办学术报告会、学术讲座等各类会议6次。参加全国学会、行业标准委员会、学术会议、农林院校交通类院长论坛等会议8次。发表和录用论文21篇,出版教材2部。

【学生工作】2013年,能源与交通工程学院学生工作的总体思路是:深入贯彻《中央宣传部、教育部、共青团中央关于五年多来大学生思想政治教育工作情况和下一步工作意见》精神,以《内蒙古农业大学大学生日常思想教育管理工作实施大纲》为工作主线,牢牢把握稳中求进的工作总基调,以促进学生全面发展为目标,以服务学生健康成才为核心,加强队伍建设,狠抓学风建设,不断增强教育实效、提高管理水平、提升服务质量。

重视制度建设,出台了《能源与交通工程学院关于加强学生课堂纪律的规定》,实行了《上课考勤周汇报制度》,加大对学生上课秩序和纪律的监督与管理。开展了"心灵驿站"微博话题讨论、体验式心理咨询、心理健康教育讲座等心理健康教育活动。开展了"我的中国梦"等主题团日活动,举办了微博写作比赛、迎新晚会、"能人"挑战赛、"音为梦想"歌手联赛、赴敬老院开展志愿服务等活动。举办了能源与交通工程学院第一届新能源创意设计大赛,承办了内蒙古农业大学以及全区第四届大学生交通科技大赛。学院2名学生代表学校参加全国第八届大学生交通科技大赛获得优秀奖。

邀请了福建省交建集团、厦门合诚工程技术有限公司等用人单位来学院举办了7次专场就业洽谈会。本年度学院有154名本科生顺利毕业,一次性就业率达87.58%。

【重要事件】

2013年1月5日,制定了能源与交通工程学院关于"诚信考试"工作补充规定。经学院讨论决定,成立"诚信考试"工作组,同时提出了"诚信考试"细则。

2013年3月20日,制定了《能源与交通工程学院关于加强学风建设的措施》。

2013年5月7日,能源与交通工程学院举办"青年教师教学技能大赛",10人参加,占学院专职教师1/3。

2013年5月8日,由道桥教研室白建光针对所讲授的"工程地质"课程进行了"说课"。学院领导及教研室成员参加了此次活动,并对该教师"说课"进行了评价和讨论。

2013年5月,能源与交通工程学院2010级交工2班董瑞、张世站同学的参赛作品《关于提高交叉口通行效率的渠化设计》,获得了第八届全国大学生交通科技大赛优秀奖。

2013年11月,能源与交通工程学院承办"第四届全区大学生交通科技大赛"。张景舜、杨春宇、张钰乐的作品"基于TRIZ理论对雨雪天气桥梁路面防滑系统的创新"获得一等奖;张青云、敖日其冷、吴文华的作品"具有草原旅游特色的路置标牌"获得二等奖。

2013年12月,能源与交通工程学院张雁主持的教改项目"高速公路课程双语教学实践研究"获内蒙古农业大学教学成果二等奖。

2013年,3名优秀教师作为观摩对象,14人次青年教师参加了观摩课。

2013年,能源与交通工程学院教师屈冉参加学校教学技能大赛,获得一等奖。

2013年,"能源与交通工程技术实验教学中心"获得中央财政支持地方高校发展专项资金项目(教学实验平台建设项目)580万元支持。

2013年,能源与交通工程学院交通运输专业被评为内蒙古自治区品牌专业。

2013年,能源与交通工程学院厚福祥主持的"汽车电子技术"、梁鸿主持的"道路工程"被评为内蒙古自治区精品课程。

2013年,"森林工程学科建设项目"获学校立项,投入经费500万元。

2013年,主编中国林业出版社"十二五"规划教材5部,副主编中国水利水电出版社"十二五"规划教材1部。副主编清华大学出版社"十二五"规划教材1部。

2013年,召开了内蒙古可再生能源学会会议,能源与交通工程学院塔娜被选举为学会理事长,韩巧丽为学会秘书长。

2013年,能源与交通工程学院张雁被学校评为"教坛新秀"。

体育教学部

【概况】体育教学部是学校直属教学单位。下设办公室、教研室、竞训管理中心、康体中心、场馆科六个科级部门。共有教职工50人,其中教师40人(具有正高级职称的4人,副高级职称20人,中级职称13人,初级职称3人),行政和教辅人员10人。体育教学部承担着全校本、专科和成人教育的体育教学、课外体育活动、群体竞赛、健康指导以及高水平运动队的建设等工作。

体育教学部始终坚持"以科研为先导,以教学为中心,以群体竞赛为基础"的工作方针。在深化体育教学改革的过程中,坚持贯彻"健康第一"的教育理念,积极鼓励教师进行科学研究。我校的群众性体育活动开展得有声有色,定期举办各类比赛,吸引了广大师生参与到体育活动当中,极大丰富了校园体育文化氛围。

【党政与思想政治工作】2013年体育教学部共有2个党支部,均为教师党支部,共有教师党员24人。一年来,体育教学部坚持民主集中制原则,坚持党务、院务、财务公开制度。每周五例行召开党总支会及党政联席会议,全年共召开党政联席会议40次,党总支会10次和全部教职工大会42次。

本年度,体育教学部党总支组织全部教职工认真学习领会党的十八大、十八届三中全会精神,深入开展党的群众路线教育实践活动,坚决执行党政联席会议制度。全年共组织两个党支部开展各层次学习交流会8次。召开了严肃工作纪律整顿工作作风专项活动专题会议,开展了"牢记党员责任,重温入党誓词"等党日活动。

2013年7月,体育教学部工会女教职工排练舞蹈,参加学校庆"七一""红烛杯"教职工舞蹈大赛,获得二等奖及优秀组织奖。

【教学工作】学校以《全国普通高校体育课程指导纲要》和《高等学校体育工作基本标准》为指导,以体育精品课程和专项教学团队为切入点,不断深化体育教学改革,优化课程结构,提高教学质量,提升体育科研水平,构建了包括健体课、太极拳和体育选项课等15个科目的体育课程体系,经过调研,我校开设的体育选项课得到全校95%以上学生的喜爱。

2013年,体育教学部圆满完成849个课程班,共计27200学时的教学任务,体育课程学生出勤率在99%以上,受到学生的普遍好评,使体育课成为我校培养身心健康、体魄强健、全面发展的优秀人才,实施素质教育的重要突破口。

本年度,体育教学部篮球教学团队获批,杨静老师带领的健美操精品课程申报的教改项目课题获得校级教学成果一等奖,张秀莲老师结题的教改项目课题获得二等奖。

【科研工作】2013年,体育教学部申报课题8项,其中自治区级课题2项、校级社科课题2项、校级教改课题4项,其中王青春老师的"我区速度赛马项目发展现状及影响因素的研究"为省部级课题,并被评为优秀项目。全年在核心期刊发表论文2篇,省级期刊发表论文3篇,完成教材1部。

【群体工作】在群众性体育活动的工作方面,体育教学部每年举办一次全校最盛大的群体活动——校运会,并根据大学生年龄特征和兴趣爱好开展了7项大学生群体竞赛活动,主要包括:学生阳光长跑万米接力赛、大学生趣味运动会、排球赛、篮球赛、乒乓球赛、羽毛球赛、跳绳比赛、毽球比赛等,大大丰富了学生的课余文化生活。

【体质健康测试工作】《国家学生体质健康标准》测试是国家学校教育工作的基础性指导文件和教育质量基本标准,是评价学生综合素质、评估学校工作和衡量各地教育发展的重要依据。2013年体育教学部共完成全校24416人的体质健康测试工作。

【竞训工作】2013年,学校设有8个项目的运动队,分别为田径、篮球、足球、排球、网球、毽球、搏克、乒乓球,其中田径、篮球具备国家高水平运动员招生资格。2013年学校运动队完成运动训练的总课时数为4880学时,取得的竞赛成绩如下表所示:

2013年内蒙古农业大学体育运动竞赛成绩汇总表

竞赛名称	获奖级别	成绩	取得时间
2013年内蒙古自治区大学生田径运动会	省级	获得超级甲组团体总分第一名、女子团体总分第一名和男子团体总分第二名；校园甲组团体总分第一名、男子团体总分第一名和女子团体总分第五名的骄人成绩。在比赛中勇夺31枚金牌、16枚银牌、8枚铜牌，共打破2项内蒙古自治区大学生田径运动会最高纪录。这是我校自参加内蒙古自治区大学生田径运动会以来历史上的最好成绩	6月
2013年第十三届全国大学生田径锦标赛	国家级	男子乙组团体总分第二名，乙组团体总分第七名，获得了3银、3铜、五个第四名、三个第五名、三个第六名、二个第七名、二个第八名。	8月
2013梅赛德斯—奔驰"青春网球校园行"包头站	全国分站赛	获得团体第一名	5月
中国龙全国业余网球团体赛	全国	获得呼和浩特站团体季军	6月
第十八届全国大学生网球锦标赛	全国	取得女子团体第四名，女子双打第三名，女子单打第八名	7月
2013梅赛德斯—奔驰"青春网球校园行"全国总决赛	全国	获得男子单打亚军、女子单打亚军、混合双打亚军和团体亚军	8月
内蒙古自治区高校网球锦标赛	全区	取得了五个第一名（女子单打、女子双打、女子团体、混合双打和男双打第一名），三个第二名（女子双打、混合双和女子单打第二名），两个第三名（男团和女子单打第三名），女子单打第五名，男子单打第六名和男子单打第七名	11月
华北区高等农业院校乒乓球争霸赛	省级	取得男子团体和女子团体第二名	9月
2013年内蒙古自治区大学生CUBA篮球赛预选赛	省级	取得女子组第一名	11月
第三届全国大学生毽球锦标赛	全国	获得了女子三人赛和混合双人平推赛第三名，推球三人赛第四名、男子三人赛的第五名、女子单人赛第七名、女子双人赛和混合双人赛第八名的佳绩。另外，我校健儿韩滨阳和孟繁旭喜获"体育道德风尚奖"，为学校赢得了荣誉	12月

【体育场馆】学校现有体育场馆面积为103949.16平方米,其中体育馆的面积为9271平方米,体育场面积为94678.16平方米。我校现有本科生人数为24420人,参加体育课程的学生有12880人,人均占有体育场馆面积为4.25平方米,从数量上来讲勉强能够满足学生体育锻炼的需求。

2013年,体育教学部承接了全区的毕业生洽谈会、各种形式的文艺演出、开学典礼、毕业典礼、表彰会、报告会、军训、体育赛事等全年达到60次,占用场馆达127天。在场馆全体工作人员共同努力下,安全、顺利、圆满地完成了各项任务。本年度体育教学部重点加强了文体馆的消防管理工作,确保2013年体育场馆运营安全无事故,同时体育馆自主创收额比上一年度增加15%。

马克思主义教学研究部

【概况】马克思主义教学研究部成立于2009年12月,有马克思主义基本原理、思想政治教育2个二级学科。拥有马克思主义基本原理、思想政治教育2个硕士学位授权点。教学部现有马克思主义原理教研室、当代马克思主义教研室、中国近现代史教研室、德育教研室、文化素质教育中心等教学实体和学科实验室、研究生综合实验室等。

教职工39人,其中专任教师35人。专任教师中,教授6人,副教授17人,博硕士生导师5人,硕士以上学历教师20人。本年毕业硕士研究生19人。招研究生10人。在校研究生36人。

【党建与思想政治工作】2013年,马克思主义教学研究部党总支共有7个支部,其中教工党支部5个、学生党支部2个。党员59人,其中教职工党员30人,学生党员29人,入党积极分子2人。发展党员4人。

深入开展党的群众路线教育实践活动。7月19日,召开教研部动员大会,学习了有关文件精神,做了动员报告,按照《内蒙古农业大学深入开展党的群众路线教育实践活动实施方案》制定了教研部的实施方案。在"学习教育,听取意见"环节,组织了6次教职工集中学习,3次班子集体学习,各支部利用支部生活会组织了学习,完成了规定动作,在全体教职工和研究生中进行了专题调研。在"查摆问题,开展批评"环节,领导班子聚焦"四风"查摆出12条突出问题,剖析了产生这些问题的思想根源。在认真学习、相互谈心的基础上,撰写了班子和班子成员的对照检查材料。12月5日,召开了领导班子专题民主生活会,班子及成员均做了对照检查,实事求是地开展了批评与自我批评。12月24日,召开了领导班子专题民主生活会情况通报会,全体教职工及学生代表参加,会后进行了民主测评。在"整改落实,建章立制"环节,领导班子针对"四风"方面存在的突出问题,研究制定了整改方案,将整改项目逐项分解,责任落实到人,制定了整改任务书,规定了整改时限。即知即改,立行立改事项。建立了部领导联系教研室、党总支委员参加支部组织生活并联系党支部制度;落实学校教学质量管理年有关精神,制定了《马克思主义教学研究部教学质量管理实施方案》,建立了听评课制度,制定了《教师同行听课评价细则》《学生思想政治理论课课程调查问卷》,采取听课后即时评课、学生随堂填写问卷等形式,从教师和学生两个方面,对授课教师进行评价,以促进教师教学能力提升;建立了青年教师导师制,为11位年龄在40岁以下的教师一对一地配备了教学经验丰富的老教师,指导其教学实践,提升教学能力。

加强领导班子建设。坚持民主集中制原则,能够按照党政共同负责的要求开展工作,认真执行《党政联席会议制度》,凡属重大事项均召开党政联席会议商讨,形成一致意见,然后实施。领导班子成员自觉维护班子团结,形成了坚强的领导核心。班子成员带头进行听课、评教、考场监督、试卷检查等工作,发现问题,及时解决。班子成员在各方面能够率先垂范,特别是在荣誉和利益面前,始终把教职工和学生的利益放在首位。班子成员能够认真学习并执行中央、自治区和学校的有关廉政建设规定,在各自分管的工作中能够秉持公开、公平、公正的原则,廉洁自律,坚持部务公开,利用各种会议通报学校和教研部的各项工作进展情况,班子成员未发生违规违纪现象。

加强基层党组织建设。结合教育实践活动,规范了支部组织生活,在学习的基础上,每位党员教师均撰写了群众路线教育实践活动心得体会,各教研室党支部围绕"在教学质量管理工作中当先锋"为主题召开了组织生活会。年内培养发展了2名教师和2名研究生入党。

注重教职工思想政治,利用全体教师政治理论学习时间,传达、学习学校及上级部门下发的文件精神,学习党的路线方针政策。为教研部全体教师及研究生发放了《党的十八届三中全会学习资料》,组织学习了党的十八大及十八届三中全会精神,结合教研部教学实际,要求教师以十八大和十八届三中全会精神进课堂、进头脑为目标,在思想政治理论课中切实宣传贯彻其精神实质。

9月12日,组织全体教师开展了集中学习活动,专题讲座分两部分:党的优良传统与作风以及民族理论与民族政策。9月18日,组织全体教职工党员开展了集中学习活动,学习《论群众路线——重要论述摘编》,重点学习了习近平重要论述。同时观看了党风廉政建设警示教育片。9月26日,组织全体教师集中学习了中共中央宣传部理论局发行的学习材料解读专题讲座。12月24日,组织全体教职工及学生代表,召开处级领导班子专题民主生活会通报会,并进行了民主评议。

教研部分会以"教工之家"为平台,积极组织集体活动,丰富教职工的业余生活。部党总支支持工会教代会参与部重大问题和涉及教职工利益问题的决策,关心教职工生活,为他们排忧解难。2013年12月30日,召开了教职工全体大会,

综合治理工作能够严格落实学校工作部署,与学校和各教研室签订了责任状,落实假期值班制度,年内,综合治理、防火、计划生育以及学生工作未出现任何问题。

【学科建设】包庆丰教授及张玲卡教授主编,围绕"马克思主义基本原理与生态文明建设研究"、"马克思主义中国化的实践形态方面的纵深研究"两项研究课题取得研究成果,分别出版了《马克思主义整体性视野下内蒙古生态文明建设研究》及《马克思主义中国化的理论与实践探讨》两部专著。

2010年招收的两个专业19位研究生毕业。在研究生论文质量、培养环节等方面从严把关,为研究生管理、教学研究工作及学科发展打下了良好的基础。两个专业共招收了10名研究生,在校研究生36人。

【教学工作】工作思路:以提高教学效果、教学技能为核心,以加强师德建设为保障,进一步加强课程建设,建设优秀教学团队。

为了进一步加强学校马克思主义理论教育教学工作,根据学校干部大会和校长办公会关于教学质量管理年的有关要求和指示精神,启动"教师教学能力提升计划",组织开展了"教师教学能力提升计划"系列活动。

3月19日召开领导班子和行政人员会议,专题研究提高教学质量问题,提出了实施"教师教学能力提升计划"以加强课程建设、实践教学、网络教学、教学团队建设、教学技能、教学研讨、科研学术水平的提高及加强教学管理秩序的具体措施。

4月25日至4月27日间,当代马克思主义教研室、德育教研室、近现代史纲要教研室等三个教研室相继组织开展了师生座谈会、专兼职教师研讨会、外聘教师研讨会等系列活动。通过以上座谈会,关于青年学生对思想政治理论课的认识、理论与实践教学相结合、实践教学的加强、思想政治理论课兼职教师队伍建设、外聘教师管理、教师教学能力提升计划、考试改革等方面进行了深入研讨。

6月6日,组织召开了部务委员会教学研讨会。会议围绕知识更新、精力投入、课堂互动、视频放映比例及实践教学、学习考察、思政理论课资料库建设、可视化教学、案例教学、实践教学、访谈式教学、开展读书活动月、教学实效性提高等相关"教师教学能力提升计划"方案展开了研讨。

加强教学改革。总结了《思想道德修养与法律基础》课考试改革,并对原有考试改革方案做了完善。制定了《中国近现代史纲要》和《马克思主义基本原理》课程实践大纲和实践学习材料。编撰完成思想政治理论课、跨专业必修课、人文素质选修课的教学大纲。组织召开了《思想道德修养与法律基础》专兼职教师备课会。并着力提升教师技能,由法理学专业教师为《思想道德修养与法律基础》课程组专兼职教师做了法理学专题讲座。组织召开了《毛泽东思想与中国特色社会主义理论体系概论》课程学生座谈会。每学期各教研室积极开展了集体备课活动及开学、期中和期末教学检查活动。在2012—2013学年学校第二学期期中教学检查中获得了文科组第二名。

组织参加了青年教师教学技能大赛评比活动,有 2 名教师获校级教坛新秀荣誉称号,1 名教师在校青年教师技能大赛中获得文科组 1 等奖,1 名教师获得文科组 3 等奖。

组织申报学校教学成果奖 2 项,其中《思想道德修养与法律基础》课情景化教学模式研究获一等奖。近现代史纲要教研室钱萍老师参加了"首届全国高校微课教学比赛",并获得自治区文史组二等奖。

3 月 15 日观摩了嘎布拉老师的《毛泽东思想和中国特色社会主义理论体系概论》课,老师阐述问题重点突出、简练准确、联系实际、能有效地调动学生的关注力。3 月 22 日观摩了苏娅老师的《公文写作》课,整堂课内容充实娴熟、思路清晰、深入浅出、紧贴现实、与学生的互动良好。组织开展教学研讨。10 月 24 日至 11 月 6 日开展了全体教师的听评课活动。听评课对象主要是 40 岁以下青年教师。11 月 14 日开展了听评课研讨会。研讨会上老师们对目前思想政治理论课教学现状总结为以下方面:第一,普遍肯定的是:老师们讲课、备课认真;知识量大,材料丰富。第二,存在问题有:与学生互动不够积极,没有给学生足够的思考和发挥的机会;课堂多以灌输知识为主,而不是引导思维方式;部分内容还是不够切近大学生的实际生活。第三,面临困难是:学生学习主动性下降,仅通过课堂环节很难调动学习积极性;同时课时量的缩减和内容量的庞杂形成矛盾,对教师如何高质量完成教学任务提出了严峻挑战。根据思想政治理论课课程实际,制定了"学生评价表"和"同行听评课表"。

加强教学管理。实行青年教师导师制。为 11 名 40 岁及以下青年教师配备了导师。通过对全体教师一周授课情况的全面检查,收集翔实的教学数据,强化教师的课堂教学质量意识和课堂管理意识。通过分管教学领导和教学秘书的听课和查课,加强外聘教师的责任意识。试卷检查。对 2012 年度试卷进行了检查,聘请学校教学工作督导员分析试卷中存在的实际问题,提高各门课程试卷质量。加强素质教育课程建设。开展《文化讲堂》学术讲座活动 5 期,参加人数 1200 余人。

【科研工作】2013 年 6 月,包羽副教授的论文《论鄂温克族传统医药文化及其创新发展——兼论草原医药文化的创新发展问题》,在第十届中国·内蒙古草原文化主题论坛优秀论文评选中荣获三等奖。

【学生工作】学生工作的总体思路:积极研究新形势下学生思想政治工作的新情况、新特点,不断探索思想政治工作的新途径、新形式和新方法。

两个专业现有研究生 36 名,有两个党支部。为了做好研究生的思想政治工作,配备了一名专任研究生班主任,加强和引导研究生学习、工作及日常生活。2013 级研究生入学之际,在 9 月组织召开了研究生新生与导师见面会。通过新生与导师见面会,加强了研究生与导师的交流,也为日后研究生的学习工作打下良好的基础。

加强了研究生党员的教育和管理,在发展党员工作中,研究生辅导员及各党支部书记负责积极分子和重点培养对象的各个环节的教育培养工作,今年发展了 2 名研究生党员。

【重要事件】教师教学能力提升计划。2013 年 3 月 19 日,召开领导班子和行政人员会议,专题研究提高教学质量问题,提出了实施"教师教学能力提升计划"以加强课程建设、实践教学、网络教学、教学团队建设、教学技能、教学研讨、科研学术水平的提高及加强教学管理秩序的具体措施。此项工作先于学校一个月提出并实施。

实行青年教师导师制。为 11 名 40 岁及以下青年教师配备了导师。此项工作在党的群众路线教育实践活动中,由内蒙古电视台在新闻联播中进行了报道。

2013 年 5 月,包庆丰教授被内蒙古自治区人才工作协调小组授予"草原英才"称号。

学术交流与社会考察。2013 年,有 41 人次参加了国家和自治区组织的培训与学习研讨活动。4 位教师接受进修培训。外出学习的教师分别对全体教职工及研究生进行了专题宣讲。在党的群众路线教育实践活动中,为了了解自治区"8337"发展思路在基层的落实情况,丰富思政理论课教学素材,2013 年 10 月 20 日组织全体教师赴托县工业园区,学习考察了县域经济发展状况。参观了托县现代农业示范园、新农村建设示范工程、国电蒙电太阳能发电工程项目、大唐托电公司及云中酒业集团。

国际教育学院

【概况】国际教育学院成立于2004年,主要负责学校的中外合作办学出国项目和留学生教育。2005年开始招收中外合作办学出国项目学生,截至目前已有179名学生赴 University of Alberta、University of Manitoba、University of Saskatchewan 和 Massey University 完成后两年的学业,87名学生已顺利毕业,获得双方大学的毕业证和学位证,其中16名学生继续在加拿大、美国和澳大利亚的大学攻读硕士和博士学位。学院自2006年"内蒙古自治区政府奖学金"项目实施起,开始招收来华留学生。目前,学院有131名留学生,其中33名博士,71名硕士,27名本科生,其中104名外国留学生获得中国政府奖学金,27名蒙古留学生获得内蒙古政府奖学金。正式在编教职工5人,2+2学生辅导员1人。

【教学工作】教学工作以提高中外合作办学出国项目质量为主,重点抓英语教学工作,保证托福教学师资质量,帮助学生在短期内达到国外大学要求的语言水平,为完成国外的学业打下坚实的基础。2012年开始尝试采用英语分级教学模式,通过英语水平测试,结合学生的实际情况,进行分班分级教学。2013年和2014年继续完善和强化托福教学分级模式,成立托福教学团队,由分管教学的副院长负责,聘请有多年托福教学经验的校聘外教 David Morris 做托福课程设计,聘请了6位自治区多年从事英语教学的知名教师,分别负责托福听、说、读、写四个部分的教学。托福团队定期开会讨论教学中存在的问题以及解决问题的办法,根据实际情况及时调整教学内容及教学进度。在学生参加正式的托福开始前2周安排了托福模拟考试,让学生熟悉考试形式和环境,并提前适应长达4小时的考试强度。通过学院和师生的共同努力,托福教学取得了一定的成效。

学生托福考试成绩显著提高。2011级23名学生中,有5名同学在托福考试中成绩突破了90分,达到了加拿大阿尔伯塔大学直接入学的要求,其中1名同学考了105分,是国教院成立以来的最高成绩。

3名2011级学生以优异的托福成绩和学业成绩获得国家留学基金委优秀本科生项目奖学金,在加拿大阿尔伯塔大学留学一年。

聘请加拿大阿尔伯塔大学和麦吉尔大学的两位教授来学院给学生讲授《学术交流理论与实践》和《农业科学概论》,把授课时间分别安排在第四学期中期和末期,作为学生出国留学前的一个很好的过渡,不仅让学生提前了解国外的教育模式和理念,而且还可以把这两门课程学分转到国外大学。

【学生工作】国际教育学院学生工作紧紧围绕学校的中心工作,在校党委的关怀下,在校团委、学生处的指导下,学院的学生工作坚持教育领先,管理从严,服务到位的原则,大力推进素质教育和创新教育,努力提高人才培养质量。工作重点除了学院常规性工作外,开展特色学生活动是学生工作的一项重要内容。例如:为了做好与海外学子的联络工作,搭建海内外校友交流的平台便成为学院学生工作中一项重要内容。学院在此项工作中实行"联络员"负责制,指定学院负责学生工作的辅导员为专门责任人,并且在加拿大每届学生中委任一名学生为联络员,利用专用QQ、MSN等途径进行定期交流、节日问候等形式,达到互通信息,及时掌握海外学子动态的目的。在2014级学生中实行导师制,聘请4位有海外留学经历的老师做导师,每位负责指导4名学生,要求导师定期与学生见面,了解学生的思想动态和学习情况,督促学生完成各自的学习任务。

2013年主要学生活动,组织学生参加了由学校外国语言学院主办的"外研社杯"全国英语演讲比赛初赛;主办了第十七届"外研社·当当网杯"全国大学生英语辩论赛内蒙古农业大学选拔赛国际教育学院初赛;组织学生参加了第九届内蒙古农业大学大学生心理文化活动月心理健康知识竞赛;5月份组织学校留学生参加了由教育部主办的"留动中国"华北赛区比赛;9月组织留学生参加了由教育部主办的全区高校留学生"汉语桥"大赛。

【重要事件】

1. 教育部3月初启动了中外合作办学项目评估。在校领导的直接领导和指导下,学院与教务处、生态院和食品院等部门密切配合,准备了中外合作办学项目评估所需的所有材料,顺利完成了教育部对学校中外合作办学项目的评估工作,并获得了教育部国际司对学校中外合作办学项目的一致好评。

合格通过。

2. 为了进一步规范国际教育学院的中外合作办学项目,6月学院邀请与加拿大合作的阿尔伯塔大学的相关负责人详细讨论了合作办学的相关事宜,从培养模式上进行了详细讨论,合作方式除了原来的"2+2"模式,逐渐增加开展"3+1"和"4+0"等模式。即学校发出邀请,加方选派老师来学校上课,加方承认课程学分,修够双方规定的学分,发双方文凭。

3. 在学院和招生就业处的大力宣传下,学院招收了46名"2+2"合作办学项目生。

4. 23名2011级学生到加拿大阿尔伯塔大学、曼尼托巴大学和新西兰梅西大学出国留学。

5. 受内蒙古教育厅的委托,成功地完成了2013年西部人才出国项目英语培训任务。

6. 国际教育学院2013级留学生招收和毕业基本情况。2013年我校招收来华留学生35名,其中博士9名、硕士22名、本科生4名。俄罗斯籍留学生2名(博士),蒙古国籍学生33名。

2013届来华留学毕业生共20名,其中博士研究生6名、硕士研究生7名、本科生7名,均为蒙古国籍。

继续教育学院
(中央农业干部教育培训中心内蒙古农业大学分院)

内蒙古农业大学继续教育学院(干部分院)是2012年12月由原继续教育学院和中央农业干部教育培训中心内蒙古农业大学分院合并而成立的,一个机构,两个牌子。学院下设办公室、教学管理科、培训部、学生工作办公室(兼团总支)4个科室。既是学校成人高等教育招生计划申报、教学管理和学籍管理的一个职能部门和办学机构,又是从事在职人员教育培训的实体型学院,是服务社会的重要桥梁,是构建终身教育体系和建设学习型社会的重要渠道,是提高干部、科技人员素质的重要平台。

学院开设植物生产类、动物生产类、工程技术类、经济管理类、计算机类等成人教育本、专科专业34个,有函授、业余两种学习形式。为方便学生就近学习,在区内各盟市设置了6个教学点,在籍学生1万余人,本、专科毕业生2万多人,为社会培养了大批生产、技术和管理方面的人才。还承担高等教育自学考试主考院校的任务,主考专业本科7个,专科4个,毕业生近万人。

学院自创办以来,依托学校良好的师资力量、科研成果、学校品牌等优质教育资源,本着"团结、协作、求实、创新"的学院精神,理顺关系,加强管理,积极改革,创新发展,履行管理职能,拓展办学领域,稳定学历教育规模,大力发展非学历继续教育。相继成立了"全国重点建设职教师资培养培训基地""内蒙古自治区职教师资培养培训基地""科技部科技特派员培训基地""自治区干部自主选学培训基地""自治区农牧业厅基层农技推广人员培训基地""甘肃省甘南藏族自治州干部培训基地""国家职业技能统一鉴定报名培训机构"和"职业技能鉴定所"等。学院始终以草原畜牧业可持续发展、农牧业产业化和生态保护建设为主题,结合国家和自治区经济社会发展需要,积极探索和开展各级农牧业系统领导干部、中等职业学校专业骨干教师(国家级和省级)及管理人员、基层农技推广人员、职业技能鉴定、农村牧区致富带头人、科技特派员以及自治区党委组织部干部自主选学等培训工作,积极为自治区经济社会发展培养培训"留得住,用得上"的各类科技人才。共培训学员12003人次。学院已发展成集成人学历教育和职教师资培训、农牧业系统干部培训、农技人员培训、农村牧区后备干部、科技致富带头人培训等非学历教育为一体的较为完整的成人教育体系。得到了上级教育行政部门和学校党政领导的好评和肯定。实现了社会效益和经济效益的双丰收。

为适应国家构建全民学习、终身学习的学习型社会,加快建设小康社会的步伐,学院秉承"团结、求实、博学、创新"的校训精神,以"教育服务社会"为宗旨,坚持"多层次、多形式、高质量、高效益"的办学思想,全面提升办学理念,突出继续教育办学特色,依托校内外优质教育资源,借助现代教育技术手段,抢抓机遇,加快发展,努力为社会提供多层次、高质量的教育培训服务,以饱满的工作热情和昂扬的拼搏精神开创继续教育工作的新局面。

【培训工作】先后承办职教师资国家级和省级培训、自治区党委组织部干部自主选学培训、自治区农牧业厅基层农技推广体系改革与建设补助项目信息员培训、甘南州州委组织部乡村干部培训和青海大通县人事局畜牧、兽医专业技术人员培训、新巴尔虎左旗和陈巴尔虎旗苏木镇、嘎查两级党组织书记培训。并针对在校学生举办四个工种的职业资格鉴定培训。承办高职教师省级培训,培训类型层次不断延伸。在传统培训领域基础上,青海大通县、陈旗等培训业务进一步开展,培训区域范围不断扩展。全年共举办各类培训班11期27个班次,培训学员880人,培训质量效果受到选送部门的肯定。

【教学管理】为提高成人高等教育函授教学质量,针对校外教学(函授)点"重招生、轻教学"的现象、历时半年对20个校外教学点进行教学检查。检查组人员深入各教学点采取实地检查、听取汇报、查阅资料、现场评估、召开座谈会等形式,对生源组织、面授、考试、考勤、成绩登记、毕业论文(设计)等教学环节进行了全方位的检查、评估,提出整改意见。

根据成人教育特点,普遍征求教学专家的意见,修订了《内蒙古农业大学成人高等教育教学计划》,修订后的教学计划突出了实践和应用的内容,涵盖了28个专科、34个专升本和12个高起本专业。

录取新生7593人,并按期办理了入学资格审查、报到和注册手续;完成了4060毕业生登记、审核和证书发放以及100名本科毕业生学位申报、信息录入和学位证书发放等工作。

完成一年两次75科25712份自考评卷以及本科生的论文答辩等工作。

【后勤服务工作】完成学院布置的相关工作任务,认真执行规章制度深入调查研究,理顺机制,协调管理,工作运转有序,服务到位。围绕学院中心工作加强建设,加强组织协调,优化人员结构,加强队伍建设,为学院各项工作发挥了积极作用。

按照自治区食品药品监督局和教育厅要求,对所属大小餐厅进行自查,依照餐饮经营规范进行整改,成立了监管领导小组,加强监督管理,组织员工进行食品安全、卫生等相关知识学习,提高员工整体素质,增强服务意识,确保食品卫生安全,为学员提供良好的就餐环境。改善培训楼教室、学员宿舍、会议室、工作人员办公室条件,保证了培训工作的顺利进行。

【学生工作】根据成人教育的特点,按照"安全、成人、成才"的工作理念,强化学风建设,推进素质教育,严抓学生安全、心理健康教育,不断提高成人教育办学质量。注重学风建设,优化育人环境。开展学习经验交流会、"一帮一"结对活动;加强普法安全教育,提高学生安全防范意识。通过校园宣传、主题班会、普法安全知识问卷、安全知识问卷等形式,不断增强学生安全防范意识;关注学生身心健康,注重学生心理健康教育。认真开展学生心理危机排查,准确掌握学生的思想、心理动态。对问题生,给予科学有效的心理咨询和辅导,培养学生健全的人格和良好的心理品质;开展丰富多彩的校园文体活动。丰富学生的课余文化生活,激发学生学习热情,保证了学业的如期完成。

2013年各类培训班举办情况表

培训班名称	委托办班部门	培训对象	人数	开班时间	结束时间	天数
高职教师省级培训班(计算机应用、计算机网络技术、电气运行与控制提升、会计技术四个专业)	内蒙古教育厅	全区高职教师	80	2013-1-11	2013-2-2	23
中职教师国家级培训班(畜牧兽医、电气运行与控制、设施农业生产技术、农业机械使用与维护)	教育部	全国中职教师	100	2013-3-17	2013-6-8	84
中职教师省级培训班(畜牧兽医、计算机网络技术、会计、农业机械使用与维护)	内蒙古教育厅	全区中职教师	75	2013-6-30	2013-7-21	22
基层农技推广体系改革与建设补助项目信息员培训	内蒙古农牧业厅	全区农业信息员	110	2013-4-22	2013-4-23	2

续表

培训班名称	委托办班部门	培训对象	人数	开班时间	结束时间	天数
干部自主选学—农业可持续发展专题	内蒙古党委组织部	全区干部	48	2013-10-11	2013-10-13	3
干部自主选学—项目管理专题	内蒙古党委组织部	全区干部	88	2013-10-14	2013-10-15	2
干部自主选学—农村牧区区域经济发展专题	内蒙古党委组织部	全区干部	78	2013-10-16	2013-10-19	4
干部自主选学—农牧经济专题	内蒙古党委组织部	全区干部	56	2013-10-23	2013-10-26	4
干部自主选学—畜牧业可持续发展专题	内蒙古党委组织部	全区干部	37	2013-10-19	2013-10-21	3
甘南州新牧区建设与畜牧业可持续发展培训班(1)	甘南州委组织部	乡村干部	42	2013-6-1	2013-6-7	7
甘南州新牧区建设与畜牧业可持续发展培训班(2)	甘南州委组织部	乡村干部	49	2013-6-11	2013-6-17	7
青海省大通县规模养殖专题培训	大通县人社局	畜牧兽医科技人员	40	2013-6-20	2013-6-26	7
陈巴尔虎旗苏木镇、嘎查两级党组织书记培训班	陈巴尔虎旗	苏木嘎查书记	40	2013-7-3	2013-7-9	7
新巴尔虎左旗苏木镇组宣委员、嘎查两委干部培训班	新巴尔虎左旗	苏木嘎查干部	46	2013-12-2	2013-12-8	7
职业资格培训（公共营养师、食品检验员、饲料检验化验员、动物检验检疫员）		本校学生	104			

成人本科专业设置

层次	专业名称	科类名称	学制	学习形式
高起专	林业技术、畜牧兽医、水利工程、建筑工程技术、机电一体化技术、计算机应用技术、食品加工技术	理工类	二年半	函授
高起专	会计、工商企业管理、行政管理、人力资源管理	文史类	二年半	函授
高起本	土木工程、工商管理	理工类	五年	函授
专升本	经济学、金融学、工商管理、财务管理、行政管理、人力资源管理、会计学	经济管理类	二年半	函授
专升本	电气工程及其自动化、计算机科学与技术、土木工程、测绘工程、环境工程、食品科学与工程、农业水利工程	理工类	二年半	函授
专升本	农学、草业科学、林学、园林、动物科学	农学类	二年半	函授

职业技术学院

【概况】 职业技术学院成立于1985年5月,设14个本科专业,42个专科专业。学院现有14个功能齐全、规模较大的校内实训基地,50个相对稳定的校外实训基地。有教职工461人,其中专任教师266人。专任教师中,教授9人,副教授39人,硕士生导师7人,硕士以上学历教师171人。2013年毕业生1853人,其中本科生840人,专科生1013人;招生1874人(本科生803人,专科生1071人)。与联办院校合作招收五年制高职学生486人。在校生6446人,其中本科生3406人,专科生3040人。

学院以质量提升为核心,走内涵式发展道路,各项工作取得了长足进展。2013年,学院被确定为"自治区级示范性高等职业院校立项建设单位",被批准为"自治区园艺、畜牧职教师资培养基地""内蒙古农畜产品质量安全教育培训示范基地"。

【党建与思想政治工作】 学院党委设38个党支部,其中教师党支部21,学生党支部17个。截至2013年年底学院有学生党员668名,其中正式党员376名,预备党员292名;教工党员272名。2013年,共发展学生党员303名,教职工党员2名。

2013年,学院党委以开展党的群众路线教育实践活动为契机,全面加强党的建设和思想政治工作。深入学习贯彻党的十八大、十八届三中全会、习近平总书记系列重要讲话精神,以及自治区"8337"发展思路和全区党建工作会、教育工作会议精神,研究部署具体工作,完善学院的发展战略。制定实施了《内蒙古农业大学职业技术学院贯彻落实中央"八项规定"的实施办法》,着力改进工作作风。成功召开了学院第一次党代会,全面总结了五年来学院建设发展取得的成绩和经验,明确了工作的总体思路、奋斗目标和主要任务;选举产生了新一届学院党委、纪委领导班子。加大基层党组织建设力度,持续推进党风廉政建设,充分发挥教代会、工会、共青团、学生会和党外人士参与学院管理的积极性,认真办理了院三届一次教代会提案。

【专业建设】 加强专业建设,优化专业结构布局。会计专业被批准为自治区级品牌专业,学院自治区级品牌专业达到10个,校级品牌专业达到17个。新增视觉传达设计本科专业1个和物流管理、汽车电子技术专科专业2个。

【教学工作】 学院坚持以教育教学改革创新为先导,根据学校教学质量管理年要求,实施"教学质量提升行动计划",强化师德师风建设。开展了"师德师风建设年"系列活动和青年教师课堂教学技能竞赛、实践教学技能大赛。完善了学院《学分制改革实施方案》,研讨确立了学分制学籍管理细则、学分奖励制度、导师制度和选课方案。组织制订了各专业学分制人才培养方案。确立院级教改项目9项,其中4项被批准为校级教改项目,1项被批准为自治区级教改项目,对2010—2012年立项的38个教改项目进行结题检查验收。组织各教学单位推荐申报2013年校级教学成果,获一等奖4项、二等奖3项。申报的5项自治区级教学质量工程项目全部通过审批,园艺技术专业教学团队被评为自治区级教学团队,会计专业被评为自治区级品牌专业,《材料力学》被评为自治区级精品课程,1名教师被评为自治区级教学名师,1名教师被评为自治区级教坛新秀。逐步建立对在各级教学质量工程、教学成果、教学实践以及教学技能竞赛等活动中取得优异成绩的集体和个人予以表彰奖励的激励机制。新增校外实训基地8个,总数达到50个。2013年800元以上教学仪器设备总值达到53566209.79元,比2012年增加6977814.00元。

【科研工作】 学院获批各级各类科研项目13项,其中国家自然科学基金项目1项,第五十四批中国博士后科学基金面上项目1项,内蒙古自治区科技计划项目2项,内蒙古自治区自然科学基金项目1项,内蒙古自治区高等学校科学研究项目1项,"党的十八大精神研究"重点专项课题1项,内蒙古自治区高等学校大学生思想政治教育专题研究项目1项,内蒙古自治区哲学社会科学后期规划项目1项,内蒙古农业大学人文社科基金项目4项,经费总额103.8万元。"一种新型汽车尾气后处理净化系统"和"住宅绿地用桥式泊车位"获国家实用新型专利,培育甜菜新品种"农大甜研6号"通过审定。5项科研项目经自治区自然科学基金委员会组织专家评议准予结题。举办了"关于科学研究方向建立的思考"和《2014年内蒙古自然科学基金项目申报指南》《项目申报与结题事项》解读科技讲座。

【学生工作】学院以中央16号等文件精神为指导,以培养学生创新创业能力为重点,以服务学生成长成才为宗旨,不断加强学生工作。组织了"我的中国梦"主题演讲比赛、学习党的十八大精神报告会、"青春·祖国"纪念"五·四"运动94周年合唱等活动。以"优良学风班集体"创建活动为主要形式,加强学风建设;完善"以专业技能竞赛、社会实践和创业实践活动"为主的职业素质教育体系,举办了第四届"挑战杯"学生课外学术科技作品竞赛,发挥心理健康教育五级网络的育人功能,加强对学生的心理健康教育和引导。评选2025名学生获国家奖助学金,新增2项奖助学金,36名学生获得资助,协助银行为1820名同学办理生源地助学贷款。选派4名辅导员参加全区普通高等学校专职辅导员上岗培训班、12名学生工作人员参加区内外培训会。学院2件作品在自治区第八届"挑战杯"大学生课外学术科技作品竞赛中获银奖,1件作品获铜奖。学院在全区第二届普通高等学校大学生心理健康知识竞赛中获优秀奖。

【基础建设】加大基础建设力度,新建2栋教工公寓,面积为5322平方米,修建教学楼广场,面积约32000平方米,维修改造沥青混凝土路面及篮球场、排球场共19600平方米,新建木器加工实训室645平方米,新建南校门及其附属设施。配合土右旗阿拉坦大街建设,修建了校园南围墙800米。

【图书馆工作】加强文献资源建设,采购纸质图书11170册、电子图书7万册、期刊606种、报纸54种,下架修补图书4170册。做好书刊借阅服务工作,全书借阅服务工作,全年借阅图书量12091册,接待师生读者98867人次。在学院2个系(部)8个班级开设《数字资源检索与应用》课程。

【科技园区工作】加强以内蒙古农牧业科技园区为主体的校内实训基地建设。园艺园林实践教学基地引进自动化监测、补光、微循环、二氧化碳施肥等先进技术和设备,提升实训教学水平。教学果园改造荒地100亩,定植酒用葡萄20亩,定植山桃、樟子松等共37000余株,加强了基地建设,完善了相关专业的教学实训内容。获批科技厅星火科技项目1项,获自治区科技厅、财政厅2013年立项支持项目1项,获内蒙古党委社科规划领导小组审批立项项目1项,资助经费共73万元。通过承担项目,探索完成园艺应用生产技术12项。校内实训基地承担完成了学院学生教学实训15000人次、学校园艺等10个专业学生实习实训960人次,为38个科研项目提供了基础研究条件。2013年,学院为土右旗水利局的农业节水灌溉示范推广项目提供技术支持和依托,在土右旗推广农业节水灌溉种植面积1.2万亩;与土右旗农牧局鉴定协议,承担并完成了土右旗粮食高产创建活动的技术培训、指导、服务工作,同时承担土右旗玉米超高产试验示范工作;与土右旗明沙淖乡杨家圪堵村建立科技扶贫定点帮扶关系,在玉米高产种植、设施建造、肉羊养殖等方面培训村民450人次,资助资金3万元用于农牧业科技开发。2013年学院对外科技培训人员达2650人次。学院被学校评为"科技推广及社会服务工作先进集体"。科技园区被自治区总工会授予"内蒙古自治区工人先锋号"荣誉称号,被中国农学会农业科技园区分会评为"2012—2013年度先进单位"。

【对外交流合作】积极推进开放办学战略,加快开放办学步伐,大力拓展对外交流与合作。与加拿大北阿尔伯特理工学院签署了合作办学谅解备忘录,启动"3+2"专升本项目。与欧中农业交流基金会就学生海外带薪实习达成合作意向,对75名学生进行语言培训。与香港田家炳基金会建立联系,争取师资培训方面的支持。深化与香港赛马会在师资培训、专业建设、课程建设等方面的合作。参加2013年国际马业博览会,与国外育马企业和国外马术学校在联合办学等方面建立了合作意向。与蒙古国肯题省温都尔汗职业学院在实训基地建设、农牧业专业人才培养、产学研结合方面达成合作意向。

机构与干部

学校机构设置

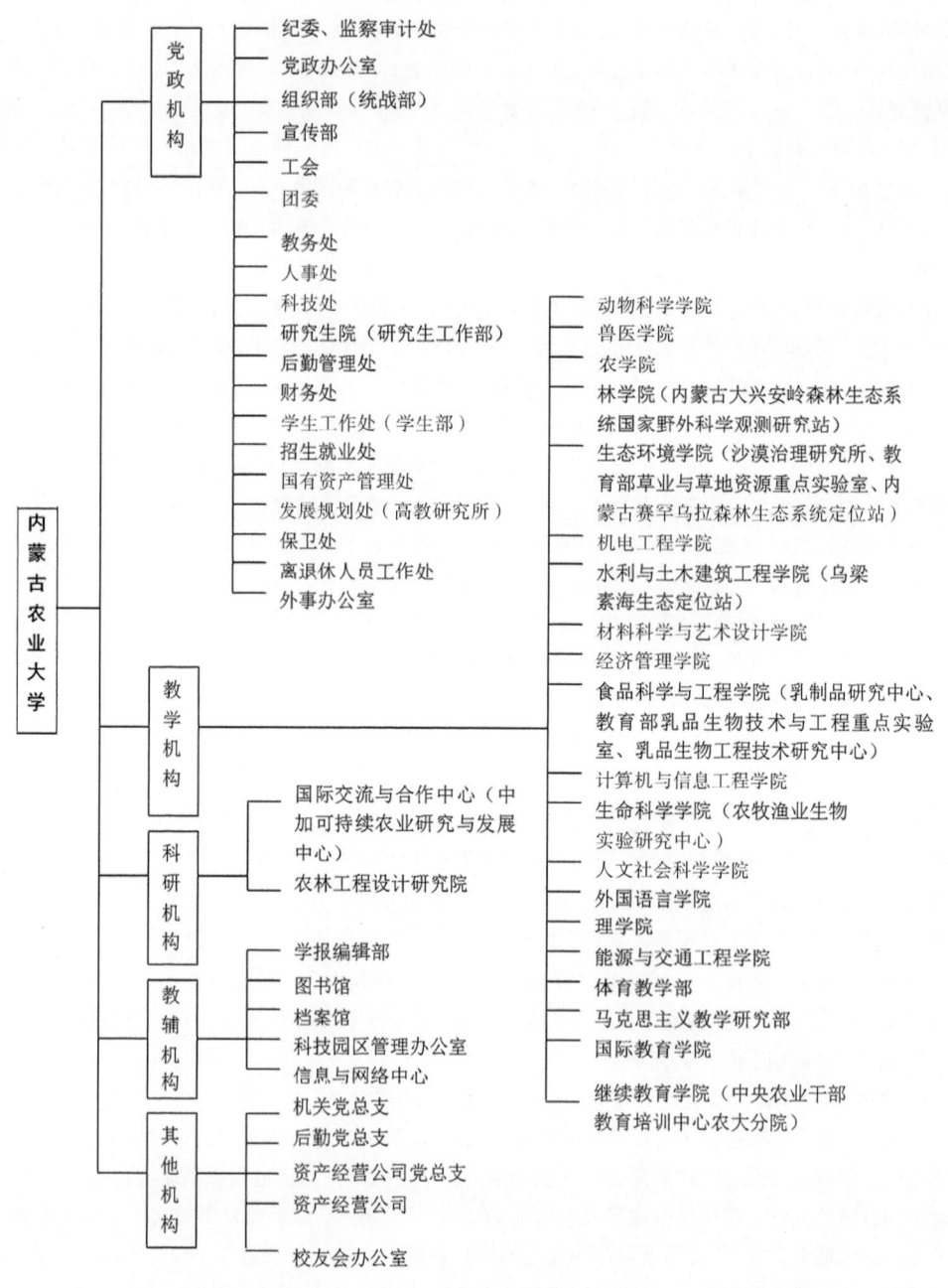

现任学校党政领导

姓名	职务	分管工作、部门	联系学院
特木尔	党委书记 （—2013.04）	主持学校党委工作,分管党政办公室、组织部	材料科学与艺术设计学院
邬建刚	党委书记 （2013.04—）	主持学校党委工作,分管党政办公室、组织部	材料科学与艺术设计学院
李畅游	党委副书记 校长	主持学校行政工作,分管人事处、财务处、监察审计处、农林工程设计研究院	计算机与信息工程学院
郑俊宝	党委副书记	协助党委书记工作,分管统战部、党校、工会、国有资产管理处、离退休人员工作处、校友会办公室、校内管理体制和人事分配制度改革	职业技术学院 林学院
侯晨曦	党委委员 副校长 （—2013.06） 党委副书记 （2013.06—）	协助党委书记工作,分管宣传部、团委、学生工作处（部）、招生就业处、马克思主义教学研究部、科技园区管理办公室	人文社会科学学院
任 强	党委委员 副校长	协助校长工作,分管后勤管理处、保卫处和后勤党总支	动物科学学院 理学院
李金泉	党委委员 副校长	协助校长工作,分管研究生院（研究生工作部）、发展规划处（高等教育研究所）、继续教育学院（中央农业干部教育培训中心内蒙古农业大学分院）、信息与网络中心	农学院 食品科学与工程学院
刘淑芬	党委委员 纪委书记	主持纪律检查委员会工作,分管监察审计处、档案馆和机关党总支	经济管理学院 生命科学学院
芒 来	党委委员 副校长	协助校长工作,分管科技处、学报编辑部、图书馆	机电工程学院 水利与土木建筑工程学院
王春光	党委委员 副校长	协助校长工作,分管教务处、外事办公室、国际教育学院、体育教学部、国际交流与合作中心	兽医学院 生态环境学院
乔 彪	党委委员 副校长 （2013.07—）	协助校长工作,分管资产经营党总支和资产经营公司、基建办（筹）	外国语言学院 能源与交通工程学院
特木尔	巡视员 （2013.04—）		
高晓英	党委副书记 （—2013.07） 副巡视员 （2013.07—）		

处级干部任职情况一览表
(2013.01.01—2013.12.31)

一、党政管理机构				
序号	单位名称	职务	姓名	备注
1	纪委、监察审计处	副书记兼处长	郑培亮	正处级
		副处长	赵云虎	副处级
		副处长	刘玉春	副处级
2	党政办公室	主任	乔彪	正处级
		副主任	王忠东	副处级
3	组织部(统战部)	部长	李秀良	正处级
		统战部部长兼组织部副部长	王永明	正处级
		副部长兼党校教务长	史晴	正处级
		组织员	王雁	副处级
4	宣传部	部长	包革命	正处级
		副部长	米继伟	副处级
5	工会	主席	靳小平	正处级
		副主席	傲日布	正处级
		调研员	陈国祯	副处级
6	团委	书记	那森巴雅尔	正处级
		副书记	石钟琴	副处级
		副书记	李伟威	副处级
7	教务处	处长	杜健民	正处级
		副处长(兼)	张生	正处级
		副处长	金宝明	副处级
		副处长	张旭	副处级
8	人事处	处长	张诚	正处级
		副处长	陈世体	正处级
		副处长	王彩云	副处级
9	科技处	处长	周欢敏	正处级
		副处长	王俊生	正处级
		副处长	黄金田	副处级
10	研究生院(研究生工作部)	院长(兼)	李金泉	副厅级
		常务副院长兼部长	丁雪华	正处级
		副院长	闫素梅	正处级
		副院长兼副部长	郭文瑞	副处级
11	后勤管理处	处长	王永康	正处级
		副处长	吴恒志	正处级
		副处长	王平平	副处级
		副处长	李立峰	副处级 (2013.02.05—)
12	财务处	处长	赵柏峰	正处级
		副处长	哈斯图雅	副处级
		副处长	张心灵	副处级

续表

序号	单位名称	职务	姓名	备注
13	学生工作处（学生工作部）	处长兼部长	张 文	正处级
		副处长兼副部长	乌力吉	副处级
		副处长	李立峰	副处级（2013.02.05）
		副处长	孟 斌	副处级
		副处长兼副部长	郭政文	副处级
		副部长（兼）	那森巴雅尔	正处级
14	招生就业处	处 长	冀兆荣	正处级
		副处长	杨红蕾	副处级
		副处长	邹爱婕	副处级
15	国有资产管理处	处 长	米 拉	正处级
		副处长	姜体忠	副处级
16	发展规划处（高等教育研究所）	处 长	武晓东	正处级
		副处长	李正元	副处级
		副处长	周 浩	副处级
17	保卫处	处 长	赵学刚	正处级
		副处长	云 彪	正处级
		副处长	白海林	副处级
18	离退休人员工作处	书 记	周忠祥	正处级
		处 长	马 强	正处级
		副处长	李淑玲	副处级
19	外事办公室	主 任	张 生	正处级
		副主任（兼）	刘翠兰	副处级

二、教学机构

序号	单位名称	职务	姓名	备注
1	动物科学学院	书 记	额尔敦	正处级
		院 长	敖长金	正处级
		副书记	王 锐	副处级
		副院长	张文广	副处级
		组织员	张大鹏	正处级
2	兽医学院	书 记	包国荣	正处级
		院长（特聘）	贾幼陵	
		副书记	王智广	副处级
		副院长	曹金山	副处级
		副院长	刘大程	副处级
		副院长	额尔敦木图	副处级
3	农学院	书 记	于 卓	正处级
		院 长	高聚林	正处级
		副书记	曹立军	副处级
		副院长	崔世茂	副处级
		副院长	樊明寿	副处级

续表

序号	单位名称	职务	姓名	备注
4	林学院 （内蒙古大兴安岭森林生态系统国家野外科学观测研究站）	书　记	秦富仓	正处级
		院　长	铁　牛	正处级
		副书记	陆海平	副处级
		副院长	李钢铁	副处级
		站　长	张秋良	正处级
		组织员	何金花	副处级
5	生态环境学院 （沙漠治理研究所、教育部草业与草地资源重点实验室、内蒙古赛罕乌拉森林生态系统定位站）	书　记	汪　季	正处级
		院　长	王明玖	正处级
		副书记	李　崇	副处级
		副院长兼站长	周　梅	副处级
		副院长	张武文	副处级
		所　长	李青丰	正处级
		实验室主任（兼）	韩国栋	正处级
		组织员	王瑞梅	副处级
6	机电工程学院	书　记	陈　智	正处级
		院长（兼）	陈　智	正处级
		副书记	韩铁荣	正处级
		副院长	武　佩	副处级
		副院长	郁志宏	副处级
7	水利与土木建筑工程学院 （乌梁素海生态定位站）	书　记	杨利田	正处级
		院　长	刘廷玺	正处级
		副书记	韩瑞平	副处级
		副院长	史海滨	副处级
		副院长	牟献友	副处级
		站　长	史小红	副处级
		组织员	陈爱和	副处级
8	材料科学与艺术设计学院	书　记	厚福祥	正处级
		院　长	王喜明	正处级
		副书记	郝向宏	副处级
		副院长	薛振华	副处级
		副院长	毕力格巴图	副处级
9	经济管理学院	书　记	高　潮	正处级
		校长助理、院长	修长百	正处级
		副书记	赵国年	副处级
		副院长	乔光华	副处级
		副院长	曹建民	副处级
		组织员	孟昭武	副处级

续表

序号	单位名称	职务	姓名	备注
10	食品科学与工程学院（乳制品研究中心、教育部乳品生物技术与工程重点实验室、乳品生物工程技术研究中心）	书记	张星杰	正处级
		院长兼乳制品研究主心主任	靳烨	正处级
		副书记	屈丰富	副处级
		副院长	范贵生	副处级
		实验室主任、乳品生物工程技术研究中心主任兼副院长	张和平	副处级
		副院长	双全	副处级
		组织员	郝润明	正处级
11	计算机与信息工程学院	书记	关绥安	正处级
		院长	薛河儒	正处级
		副书记	侯振虎	副处级
		副院长	付学良	副处级
		副院长	高静	副处级
12	生命科学学院（农牧渔业生物实验研究中心）	书记	李俊霞	正处级
		院长	韩国栋	正处级
		副书记	任燕刚	副处级
		副院长兼中心主任	曹贵方	副处级
		副院长	王瑞刚	副处级
13	人文社会科学学院	书记	席锁柱	正处级
		院长	盖志毅	正处级
		副书记	燕飞	副处级
		副院长	张银花	副处级
14	外国语言学院	书记	孟和	正处级
		院长	付建军	正处级
		副书记	李金华	副处级
		副院长	徐莉林	副处级
		副院长	吴中文	副处级
15	理学院	书记	赵树林	正处级
		院长	闫祖威	正处级
		副书记	王静泉	副处级
		副院长	敖特根巴雅尔	副处级
		副院长	吴国荣	副处级
16	能源与交通工程学院	书记	朱守林	正处级
		院长	塔娜	正处级
		副书记	吴玉红	副处级
		副院长	王国忠	副处级
17	体育教学部	书记	潘海波	正处级
		主任（兼）	汪建平	正处级
		副主任	彭恩	副处级
18	马克思主义教学研究部	书记	曹渊清	正处级
		主任	包庆丰	正处级
		副主任	高丽萍	副处级

续表

序号	单位名称	职务	姓名	备注
19	国际教育学院	院　长	赵萌莉	正处级
		副院长	刘翠兰	副处级
20	继续教育学院（中央农业干部教育培训中心内蒙古农业大学分院）	院　长	云荣义	正处级
		副院长	张　玉	副处级
		副院长	吕学理	副处级

三、科研机构

序号	单位名称	职务	姓名	备注
1	国际交流与合作中心（中加可持续农业研究与发展中心）	主任（兼）	修长百	正处级
		副主任（兼）	贾克力	正处级
		副主任（兼）	赵萌莉	正处级
2	农林工程设计研究院	院长（兼）	李畅游	正厅级
		副院长	姬宝霖	副处级
		副院长	马　凯	副处级

四、教辅机构

序号	单位名称	职务	姓名	备注
1	学报编辑部	主任	苏德毕力格	正处级
		副主任	苏双平	副处级
2	图书馆	书记	周根宝	正处级
		馆长	乌恩	正处级
		副馆长	刘文俊	副处级
		副馆长	范长岭	副处级
3	档案馆	馆长（兼）	王忠东	副处级
4	科技园区管理办公室	主任	郝锁柱	正处级
		副主任	胡宁宝	副处级
		副主任	秦海英	副处级
5	信息与网络中心	主任	王小智	正处级
		副主任	王　健	副处级

五、其他机构

序号	单位名称	职务	姓名	备注
1	机关党总支	书记	孙小平	正处级
2	后勤党总支	书记	江平	副厅级
3	资产经营公司党总支	书记	林　宝	正处级
4	资产经营公司	校长助理、总经理	汪建平	正处级
		副总经理	李永胜	副处级
		副总经理	石建荣	副处级
		调研员	辛存仁	正处级
5	校友会办公室（挂靠党政办公室）	主任	刘恩贵	正处级
		副主任	曹恪	副处级

学校重要委员会

序号	机构名称	组长（主任）	副组长（副主任）	成员	办公室	办公室主任（秘书长）
1	学术委员会	李畅游	李金泉 芒 来（常务） 王春光	丁雪华 王明玖 王林和 王春光 王喜明 付建军 包庆丰 史海滨 刘廷玺 芒 来 闫祖威 张和平 李畅游 李金泉 李培锋 杜健民 陈 智 周欢敏 侯先志 修长百 敖长金 铁 牛 高聚林 曹金山 盖志毅 塔 娜 葛茂悦 韩国栋 靳 烨 薛河儒	科技处	周欢敏
2	学位评定委员会	李畅游	高晓英 李金泉 芒 来 王春光（常务）	丁雪华 云荣义 王明玖 王林和 王春光 王喜明 付建军 包庆丰 刘廷玺 芒 来 闫 伟 闫祖威 张 文 张 诚 李畅游 李金泉 杜健民 周欢敏 侯先志 修长百 赵萌莉 敖长金 高罕斌 高晓英 高聚林 曹金山 盖志毅 塔 娜 葛茂悦 韩国栋 靳 烨 冀兆荣 薛河儒	教务处	杜健民

非常设机构（领导小组）

序号	机构名称	组长（主任）	副组长（副主任）	成员	办公室	办公室主任（秘书长）
1	党务公开工作领导小组	特木尔	李畅游 刘淑芬	郑俊宝 高晓英 任 强 李金泉 侯晨曦 芒 来 王效亮 葛茂悦 李秀良 张 诚 郑培亮 乔 彪 包革命 靳小平 张 文	纪委	刘淑芬
2	精神文明建设委员会	特木尔	高晓英	王效亮 李秀良 张 诚 郑培亮 乔 彪 包革命 靳小平 那 森 杜健民 丁雪华 王永康 赵柏峰 张 文 赵学刚 周忠祥 张 生 孙小平 米继伟	宣传部	包革命
3	维护稳定工作领导小组	特木尔	郑俊宝 任 强 侯晨曦	王效亮 李秀良 张 诚 郑培亮 乔 彪 王永明 包革命 靳小平 那 森 杜健民 丁雪华 王永康 赵柏峰 张 文 冀兆荣 赵学刚 马 强 张 生 王小智	保卫处	赵学刚
4	党校校务委员会	特木尔	郑俊宝（常务） 高晓英 刘淑芬	李秀良 吴兴梅 郑培亮 乔 彪 王永明 史 晴 包革命 那 森 丁雪华 张 文	组织部	史 晴
5	思想政治理论课建设工作领导小组	高晓英	王春光	张 诚 吴兴梅 包革命 那 森 杜健民 周欢敏 丁雪华 赵柏峰 张 文 曹渊清 包庆丰 续维国	马克思主义教学研究部	包庆丰

续表

序号	机构名称	组长（主任）	副组长（副主任）	成员	办公室	办公室主任（秘书长）
6	保密工作委员会	特木尔	刘淑芬	王效亮 李秀良 张 诚 郑培亮 乔 彪 包革命 杜健民 周欢敏 丁雪华 冀兆荣 赵学刚 张 生 王小智 樊文斌 王忠东 张祺乐	党政办公室	乔 彪
7	人才工作领导小组	特木尔	李畅游	王效亮 李秀良 张 诚 王永明 包革命 杜健民 周欢敏 丁雪华 王永康 赵柏峰 米 拉 武晓东 张 生	组织部	李秀良
8	党风廉政建设工作领导小组	特木尔	李畅游 刘淑芬	王效亮 李秀良 郑培亮 乔 彪 包革命	监察审计处	郑培亮
9	老龄工作委员会	郑俊宝	李秀良 张 诚	吴兴梅 乔 彪 靳小平 王永康 赵柏峰 周忠祥 马 强 李淑玲 孟 斌	离退休人员工作处	马 强
10	内部管理体制改革工作组	郑俊宝	任 强 侯晨曦 刘淑芬 王春光 王效亮	李秀良 张 诚 郑培亮 乔 彪 包革命 靳小平 杜健民 周欢敏 丁雪华 王永康 赵柏峰 张 文 武晓东 陈世体 胡 敏	人事处	张 诚
11	关心下一代工作委员会	郑俊宝	于绍祥 谭培桢 廖永三	李秀良 包革命 那 森 张 文 周忠祥 齐海光 林 宝 王浩夫 云月华 乌 兰 冯林达 兰 刘佩恒 吕凤山 孙长仁 张海升 张德绵 李业喜 李宗信 杨耿玺 林仁材 武生辉 晁玉庆 郭历生 康长志 董 英 塔 娜（理学院）		马 强
12	法制宣传教育（普法依法治理）领导小组	高晓英	任 强 刘淑芬	吴兴梅 郑培亮 乔 彪 包革命 史 晴 靳小平 那 森 杜健民 张 文 赵学刚 盖志毅 包庆丰 米继伟	宣传部	包革命
13	校园文化建设领导小组	高晓英	任 强 王春光	张 诚 吴兴梅 郑培亮 乔 彪 包革命 靳小平 那 森 杜健民 周欢敏 丁雪华 王永康 赵柏峰 张 文 赵学刚 盖志毅 包庆丰 高罕斌	宣传部	包革命
14	网络与信息安全工作领导小组	高晓英	李金泉	郝拉柱 乔 彪 包革命 靳小平 那 森 杜健民 周欢敏 丁雪华 王永康 赵柏峰 张 文 冀兆荣 米 拉 赵学刚 王小智 王 健 乌 恩	信息与网络中心	王小智

续表

序号	机构名称	组长（主任）	副组长（副主任）	成员	办公室	办公室主任（秘书长）
15	学生工作委员会	郑俊宝	侯晨曦	吴兴梅 包革命 史 晴 那 森 杜健民 丁雪华 王永康 赵柏峰 张 文 冀兆荣 赵学刚 杜立峰 乌力吉 李立峰 孟 斌 郭政文	学生处	张 文
16	奖学金管理委员会（勤工助学活动管理委员会）	高晓英	张 文 赵柏峰	吴兴梅 郑培亮 那 森 杜健民 丁雪华 王永康 冀兆荣 李立峰 郭政文 郭文瑞	学生处	张 文
17	助学贷款工作领导小组	高晓英	张 文 赵柏峰	吴兴梅 那 森 丁雪华 冀兆荣 杜立峰 李立峰 郭政文 郭文瑞	学生处	张 文
18	学生公寓管理工作委员会	高晓英	任 强	吴兴梅 包革命 那 森 杜健民 丁雪华 王永康 吴恒志 张 文 乌力吉 李立峰 车艳秋	学生处	张 文
19	大学生社会实践和科技创新活动领导小组	郑俊宝	侯晨曦 王春光	吴兴梅 包革命 那 森 杜健民 周欢敏 丁雪华 王永康 赵柏峰 张 文 冀兆荣 石钟琴 李伟威	团委	那 森
20	征兵工作领导小组	高晓英	侯晨曦	吴兴梅 包革命 那 森 杜健民 赵柏峰 张 文 冀兆荣 乌力吉 杜立锋 孟 斌	学生处	张 文
21	档案工作委员会	刘淑芬	王忠东	李秀良 张 诚 郑培亮 乔 彪 包革命 靳小平 那 森 杜健民 周欢敏 丁雪华 王永康 赵柏峰 张 文 冀兆荣 米 拉 武晓东 赵学刚 马 强 张 生 王小智 樊文斌 王忠东	档案馆	王忠东
22	学生申诉委员会	刘淑芬	郑培亮 那 森	刘淑芬 郑培亮 那 森 杜健民 宁国强 学生代表3人	监察审计处	郑培亮
23	教学工作委员会	李畅游	任 强 李金泉 侯晨曦 芒 来 王春光（常务）	葛茂悦 张 诚 郑培亮 乔 彪 那 森 杜健民 周欢敏 丁雪华 王永康 赵柏峰 张 文 冀兆荣 米 拉 武晓东 张 生 王小智 郝锁柱 金宝明 张 旭	教务处	杜健民

续表

序号	机构名称	组长（主任）	副组长（副主任）	成员	办公室	办公室主任（秘书长）
24	科技工作领导小组	李畅游	李金泉 侯晨曦 芒来（常务）	葛茂悦 张诚 修长百 郑培亮 乔彪 那森 杜健民 周欢敏 丁雪华 王永康 赵柏峰 武晓东 王小智 郝锁柱 王俊生 黄金田	科技处	周欢敏
25	招生工作委员会	李畅游	高晓英 侯晨曦（常务） 刘淑芬 王春光	葛茂悦 郑培亮 乔彪 杜健民 丁雪华 王永康 赵柏峰 张文 冀兆荣 武晓东 赵学刚 王小智 杨红蕾	招生就业处	冀兆荣
26	毕业生就业工作领导小组	李畅游	高晓英 侯晨曦（常务） 刘淑芬 王春光	葛茂悦 张诚 乔彪 包革命 那森 杜健民 丁雪华 王永康 赵柏峰 张文 冀兆荣 武晓东 赵学刚 邹爱婕	招生就业处	冀兆荣
27	校园治安综合治理委员会	李畅游	高晓英 任强（常务）	葛茂悦 李秀良 张诚 郑培亮 乔彪 包革命 靳小平 那森 杜健民 周欢敏 丁雪华 王永康 赵柏峰 张文 冀兆荣 米拉 赵学刚 马强 张生 王小智 云彪 白海林	保卫处	赵学刚
28	校园网与信息化建设管理委员会	李畅游	高晓英 任强 李金泉（常务） 侯晨曦	葛茂悦 李秀良 张诚 郑培亮 乔彪 包革命 那森 杜健民 丁雪华 周欢敏 王永康 赵柏峰 张文 冀兆荣 米拉 武晓东 赵学刚 薛河儒 乌恩 王小智 王健	信息与网络中心	王小智
29	外聘工管理委员会	李畅游	郑俊宝（常务） 任强 侯晨曦 刘淑芬	葛茂悦 张诚 汪建平 郑培亮 乔彪 王永康 赵柏峰 林宝 陈世体 吴恒志	人事处	张诚
30	外事工作领导小组	李畅游	王春光 修长百	葛茂悦 李秀良 张诚 郑培亮 杜健民 周欢敏 丁雪华 赵柏峰 张生 赵萌莉	外事办公室	张生
31	引进国外优质教育资源工作领导小组	李畅游	李金泉 芒来 王春光（常务）	葛茂悦 张诚 修长百 乔彪 杜健民 周欢敏 丁雪华 王永康 赵柏峰 张文 冀兆荣 武晓东 张生 赵萌莉 刘翠兰 贾克力		修长百

续表

序号	机构名称	组长（主任）	副组长（副主任）	成员	办公室	办公室主任（秘书长）
32	校务公开工作领导小组	李畅游	郑俊宝 刘淑芬（常务）	葛茂悦 李秀良 张 诚 郑培亮 乔 彪 包革命 靳小平 杜健民 周欢敏 丁雪华 王永康 赵柏峰 张 文 冀兆荣	监察审计处	郑培亮
33	信访工作领导小组	李畅游	郑俊宝 刘淑芬（常务）	葛茂悦 李秀良 张 诚 汪建平 郑培亮 乔 彪 靳小平 王永康 张 文 赵学刚 马 强 赵福顺	监察审计处	郑培亮
34	计划生育工作委员会	李畅游	任 强	葛茂悦 张 诚 乔 彪 包革命 靳小平 赵柏峰 张 文 陈世体 孟 斌	党政办公室	乔 彪
35	防范和处理邪教问题工作领导小组	任 强	赵学刚	李秀良 张 诚 郝拉柱 乔 彪 包革命 靳小平 那 森 王永康 张 文 周忠祥 王小智 云 彪 白海林	保卫处	赵学刚
36	消防安全委员会	任 强	赵学刚	张 诚 汪建平 郭奇斌 乔 彪 包革命 那 森 杜健民 丁雪华 王永康 赵柏峰 张 文 米 拉 马 强 吴恒志 郝锁柱 王小智 乌 恩 王忠东 云 彪 白海林	保卫处	赵学刚
37	节约型校园建设工作领导小组	任 强	王永康	汪建平 郭奇斌 郑培亮 包革命 靳小平 周欢敏 赵柏峰 张 文 米 拉 武晓东 姬宝林 吴恒志 王平平	后勤管理处	王永康
38	食品卫生安全工作领导小组	任 强	王永康	汪建平 郭奇斌 那 森 张 文 赵学刚 吴恒志 李立峰 孟 斌 张 明 张斌晓	后勤管理处	王永康
39	安全生产工作领导小组	任 强	侯晨曦	汪建平 郭奇斌 杜健民 王永康 赵学刚 吴恒志 郝锁柱 陈 智 李立峰 孟 斌 邢和平 张 明 侯云厚 张斌晓 周春生	后勤管理处	王永康
40	爱国卫生绿化工作委员会	任 强	王永康	郭奇斌 包革命 那 森 张 文 赵学刚 吴恒志 李立峰 孟 斌 张 明 张斌晓	后勤管理处	王永康
41	红十字会理事会	任 强	靳小平 那 森	任 强 包革命 靳小平 那 森 赵柏峰 张 文 杜立锋 孟 斌 冯文进	校医院	孟 斌

续表

序号	机构名称	组长（主任）	副组长（副主任）	成员	办公室	办公室主任（秘书长）
42	科技园区建设领导小组	侯晨曦	任 强 芒 来 葛茂悦	汪建平 郑培亮 乔 彪 杜健民 周欢敏 丁雪华 王永康 赵柏峰 米 拉 武晓东 郝锁柱 胡宁宝 秦海英	科技园区办公室	郝锁柱
43	政府采购工作领导小组	侯晨曦	刘淑芬	郑培亮 乔 彪 靳小平 杜健民 周欢敏 王永康 赵柏峰 米 拉 姜体忠	国有资产管理处	米 拉
44	图书馆工作委员会	芒 来	乌 恩	冯贵宗 那 森 杜健民 周欢敏 丁雪华 赵柏峰 张 文 冀兆荣 米 拉 武晓东 王小智 周根宝 刘文俊 范长岭	图书馆	乌 恩
45	蒙古语言文字工作委员会	芒 来	王春光	李秀良 冯贵宗 包革命 那 森 杜健民 丁雪华 张 文 王小智 包庆丰 铁 牛 金宝明 苏德毕力格	教务处	金宝明
46	教学基本建设委员会	王春光	李金泉 芒 来	葛茂悦 张 诚 郑培亮 乔 彪 那 森 杜健民 周欢敏 丁雪华 王永康 赵柏峰 张 文 冀兆荣 米 拉 武晓东 张 生 王小智 金宝明 张 旭	教务处	杜健民
47	文化素质教育领导小组	王春光	高晓英	李秀良 张 诚 吴兴梅 乔 彪 包革命 靳小平 那 森 杜健民 周欢敏 丁雪华 王永康 赵柏峰 张 文 冀兆荣 赵学刚 王小智 盖志毅 包庆丰	教务处	杜健民
48	实践教学工作委员会	王春光	侯晨曦 芒 来	冯贵宗 杜健民 周欢敏 丁雪华 王永康 赵柏峰 米 拉 郝锁柱 张 旭	教务处	杜健民
49	教材建设委员会委员名单	王春光	杜健民	冯贵宗 郑培亮 周欢敏 丁雪华 赵柏峰 冀兆荣 乌 恩	教务处	杜健民
50	体育运动委员会	王春光	高晓英 任 强	张 诚 冯贵宗 乔 彪 包革命 靳小平 那 森 杜健民 丁雪华 王永康 赵柏峰 张 文 冀兆荣 赵学刚 潘海波 高罕斌 彭 恩	体育教学部	高罕斌

党建与思想政治工作

组织工作

【党的群众路线教育实践活动】 根据中央和自治区党委安排部署,2013年7月上旬至12月底,组织开展了以"为民、务实、清廉"为主要内容的党的群众路线教育实践活动。学校成立了教育实践活动领导小组,制定了实施方案。活动期间,内蒙古电视台等媒体对学校教育实践活动相继进行了报道。《内蒙古日报》以"把论文写在大地上"为题,整版报道了学校科技推广转化和服务自治区经济社会发展情况。

活动中,学校领导班子认真开展学习教育,广泛征求意见,依托理论学习中心组,先后举办各类专题学习、辅导报告13次,召开教师、学生、离退休和党外代表人士等不同层次座谈会29次,收集各类意见建议195条。深入查找问题,认真开展批评和自我批评,严格按要求撰写对照检查材料,召开了专题民主生活会,制定了整改方案和2项专项整改方案。坚持立行立改,研究制定了关于改进文风会风、精简会议文件的实施细则等文件6份,修订文件21份。

【干部队伍建设】 自12月下旬至2014年1月中旬,组织完成了新一轮处级干部聘任工作,共聘任处级干部233人(职院52人),新提拔83人(职院18人),轮岗交流72人(职院12人),调整后干部队伍结构进一步优化,一批年富力强、充满活力和朝气的年轻干部走上领导岗位。加强处级干部培训,全年共选派75名处级以上干部参加各级各类培训班,4名同志到中国农大挂职学习,1名同志到内蒙古信访局挂职,3名同志到阿盟左旗塔本套勒盖嘎查开展"党员干部下基层办实事转作风"活动。推荐4名自治区"西部之光"访问学者和3名"草原之光"硕士行动计划人选。协助自治区党委组织部完成了2012年度学校领导班子和领导干部实绩考核工作、1名校级领导的推荐和考察工作以及14名校级领导个人重大事项报告工作。

加强干部制度化信息化建设,制定了《处级干部请销假制度》,建立干部人事管理信息系统和干部任免管理信息系统,完成了处级干部基本信息采集工作。

【基层党组织建设】 创新基层党组织设置,近98%的教职工党支部建在了教研室。按照"低年级有党员,高年级有党支部"的学生党建目标要求,有87个学生党支部建在了班级。严把发展党员质量关,认真贯彻落实中央《关于加强新形势下发展党员和党员管理工作的意见》精神,按照"控制总量、优化结构、提高质量、发挥作用"的要求,2013年共发展教工党员11名,按期转正教工18名;发展学生党员1828名,按期转正2048名,延长预备期32名,延长预备期转正32名,取消预备党员资格16名。完成3000多名党员的党组织关系转出和转入工作。

加强党员教育管理,出台了《关于做好新生党员组织关系转接及教育管理工作的意见》,制定了《关于建立党支部晋位升级和党员承诺践诺长效机制实施意见》。

探索总结新形势下基层党组织活动的新形式、新方法,开展了基层党支部活动创新案例征集和评选活动,在全校党支部中组织开展了精品党日活动策划、实施和评选工作。共评选表彰了精品党日活动一等奖1个,二等奖、三等奖各5个,优秀组织奖6个。

加强了党建理论的研究。由组织部课题组撰写的《内蒙古农业大学学生党支部和党员发挥作用状况调研报告》被自治区党委组织部评为"2012年度全区组织工作重点调研课题一等奖",学校是此次评比中唯一获奖的高校。

【党校工作】结合学校干部培训、党员发展和教育的实际,认真抓好各项教育培训及相关工作。统一编印了《党的十八届三中全会学习资料》等学习材料;订购了《党支部书记培训教程》《入党培训教材》《理性办 齐心看——理论热点面对面2013专题学习讲座》等图书音像学习材料。

结合学校实际,积极探索加强和改进党课教学的方式方法,努力提高党校教学工作水平。培训采取理论教学与实践活动相结合的方式进行。理论教学聘请有丰富教学经验的有关领导、专家讲课,也选取了一些优秀的影像资料进行补充教学;实践活动根据实际情况,以参观考察、讨论交流等形式开展。如组织新生党员参观武川大青山抗日根据地革命展馆,重温入党誓词。

根据学校党委的要求和党校工作的实际,举办有关培训班。举办了新生党员培训班等专题培训班,培训150余人次。

加强分党校规范化建设,扎实推进教育培训工作。各分党校举办学生党员、入党积极分子、支部委员等各类培训班128期,共培训1.2万余人次。

作为全国高校党校教育研究分会的理事单位,承办了2013年华北地区高校党校教育研究分会年会暨工作研讨会,北京大学、清华大学等30多所院校参加了研讨会,促进了各高校党校工作的交流与合作。

附录:

各基层党组织、党员分类情况统计表

截至2013年12月31日

序号	基层党组织	合计	党员人数(人)					党员比例(%)			
			教工党员			学生党员		在岗职工党员比例	学生党员比例	研究生党员比例	本专科学生党员比例
			小计	在职	离退休	小计	研究生	本专科生				
	合 计	7474	1972	1514	458	5502	1304	4198	51.82	16.35	60.15	13.33
1	动物科学学院党委	264	49	38	11	215	113	102	60.32	20.71	73.86	11.53
2	兽医学院党委	242	49	45	4	193	88	105	62.50	17.89	55.70	11.40
3	农学院党委	374	62	62	0	312	150	162	63.27	19.77	57.03	12.32
4	林学院党委	375	39	39	0	336	95	241	59.09	17.00	62.50	13.21
5	生态环境学院党委	661	72	72	0	589	180	409	62.07	21.43	54.38	16.91
6	机电工程学院党委	350	59	59	0	291	78	213	60.20	13.56	52.70	10.66
7	水利与土木建筑工程学院党委	738	71	71	0	667	120	547	67.62	20.97	75.00	18.11
8	材料科学与艺术设计学院党委	246	38	35	3	208	30	178	50.72	15.71	35.29	14.37

续表

序号	基层党组织	党员人数(人)						党员比例(％)			
		合计	教工党员			学生党员		在岗职工党员比例	学生党员比例	研究生党员比例	本专科学生党员比例
			小计	在职	离退休	小计	研究生	本专科生				
9	经济管理学院党委	648	58	57	1	590	126	464	65.52	12.27	60.87	10.09
10	食品科学与工程学院党委	467	50	44	6	417	140	277	56.41	22.76	67.31	17.06
11	生命科学学院党委	298	46	45	1	252	75	177	55.56	19.67	49.02	15.69
12	计算机与信息工程学院党委	188	41	40	1	147	24	123	65.57	17.33	70.59	15.11
13	人文社会科学学院党委	152	25	23	2	127	17	110	67.65	14.11	56.67	12.64
14	外国语言学院党委	104	50	50	0	54	0	54	45.45	16.51	0.00	16.51
15	理学院党委	164	63	63	0	101	4	97	52.07	18.30	66.67	17.77
16	能源与交通工程学院党委	151	25	24	1	126	23	103	68.57	12.35	69.70	10.44
17	职业技术学院党委	1095	272	272	0	823	0	823	60.58	12.72	0	0
18	体育教学部党总支	24	24	24	0	0	0	0	45.28	0	0	0
19	马克思主义教学研究部党总支	854	31	31	0	41	41	0	79.49	12.72	0	12.72
20	图书馆党总支	37	37	37	0	0	0	0	44.58	0	0	0
21	机关党总支	196	183	179	4	13	0	13	47.73	2.58	0	2.58
22	后勤党总支	120	120	114	6	0	0	0	50.22	0	0	0
23	资产经营公司党总支	84	84	84	0	0	0	0	18.17	0	0	0
24	离退休人员工作处党总支	424	424	6	418	0	0	0	66.67	0	0	0

各党支部基本情况统计表

截至 2013 年 12 月 31 日

序号	基层党组织	党支部总数	学生党支部数			教职工党支部数	
			总数	研究生	本专科生	在岗职工党支部数	离退休党支部数
	合　　计	341	178	44	134	146	17
1	动物科学学院党委	12	7	3	4	5	0
2	兽医学院党委	11	7	3	4	4	0
3	农学院党委	20	12	6	6	8	0
4	林学院党委	11	6	3	3	5	0
5	生态环境学院党委	21	13	6	7	8	0
6	机电工程学院党委	15	9	2	7	6	0
7	水利与土木建筑工程学院党委	29	24	3	21	5	0
8	材料科学与艺术设计学院党委	11	6	1	5	5	0
9	经济管理学院党委	33	27	5	22	6	0
10	食品科学与工程学院党委	18	14	5	9	4	0
11	生命科学学院党委	16	11	3	8	5	0
12	计算机与信息工程学院党委	10	4	1	3	6	0
13	人文社会科学学院党委	8	5	1	4	3	0
14	外国语言学院党委	9	5	0	5	4	0
15	理学院党委	9	5	0	5	4	0
16	能源与交通工程学院党委	6	4	1	3	2	0
17	职业技术学院党委	37	17	0	17	20	0
18	体育教学部党总支	2	0	0	0	2	0
19	马克思主义教学研究部党总支	6	1	1	0	5	0
20	图书馆党总支	6	0	0	0	6	0
21	机关党总支	20	1	0	1	19	0
22	后勤党总支	8	0	0	0	8	0
23	资产经营公司党总支	5	0	0	0	5	0
24	离退休人员工作处党总支	18	0	0	0	1	17

各基层党组织年度发展党员情况统计表

截至 2013 年 12 月 31 日

序号	基层党组织	总计	其中		在岗职工	学生			其他
			女	少数民族		合计	研究生	本科生	
	合　　计	1835	1178	439	11	1828	119	1709	0
1	动物科学学院党委	54	32	25	0	54	6	48	0
2	兽医学院党委	66	47	21	0	66	11	55	0
3	农学院党委	99	49	19	0	99	21	78	0
4	林学院党委	120	86	44	0	120	6	114	0
5	生态环境学院党委	157	109	46	0	157	14	143	0
6	机电工程学院党委	88	20	24	0	88	16	72	0
7	水利与土木建筑工程学院党委	179	62	35	0	179	8	171	0
8	材料科学与艺术设计学院党委	75	49	18	0	75	6	69	0
9	经济管理学院党委	293	212	73	0	293	13	280	0
10	食品科学与工程学院党委	105	88	35	0	105	5	100	0
11	生命科学学院党委	74	55	12	1	74	5	69	0
12	计算机与信息工程学院党委	48	26	5	0	48	2	46	0
13	人文社会科学学院党委	44	36	17	0	44	2	42	0
14	外国语言学院党委	19	19	2	0	19	0	19	0
15	理学院党委	34	23	2	4	33	0	33	0
16	能源与交通工程学院党委	63	19	13	0	63	2	61	0
17	职业技术学院党委	303	240	43	0	303	0	303	0
18	体育教学部党总支	0	0	0	0	0	0	0	0
19	马克思主义教学研究部党总支	4	3	3	2	2	2	0	0
20	图书馆党总支	0	0	0	0	0	0	0	0
21	机关党总支	9	3	2	3	6	0	6	0
22	后勤党总支	1	0	0	1	0	0	0	0
23	资产经营公司党总支	0	0	0	0	0	0	0	0
24	离退休人员工作处党总支	0	0	0	0	0	0	0	0

宣传思想工作

【概况】学校宣传思想工作以邓小平理论、"三个代表"重要思想、科学发展观为指导,学习宣传贯彻党的十八大精神,坚持围绕中心、服务大局,与时俱进、开拓创新,贴近实际、贴近生活、贴近广大师生员工开展工作,弘扬主旋律,促进科学发展,重点开展"五项重点工作"(即深入开展贯彻落实党的十八大精神,理论武装教育工作;思想道德建设工作;精神文明创建工作;校园文化建设工作;宣传队伍建设工作),为建设特色鲜明的教学研究型大学和西部高水平大学,营造良好的思想舆论氛围和提供强大的精神动力。

【理论学习】紧紧围绕宣传贯彻党的十八大和十八届三中全会精神这条主线,狠抓校院两级中心组学习,制定了年度学习计划,从学习时间、学习内容、学习方式、学习制度、学习效果等方面提出了明确要求。印发了学习贯彻党的十八届三中全会精神的通知,组织举办了校党委中心组专题学习扩大会议5次,组织师生员工集体学习、及时收看收听会议实况,先后为全校处级干部印发了《党的十八届三中全会〈决定〉学习辅导百问》等4种自学材料,购买、刻录了14套网络视频学习材料,内蒙古日报和内蒙古电视台对我校的学习活动进行了专题报道。

【教育实践活动主题宣传】制定印发了学校《认真做好党的群众路线教育实践活动学习教育环节工作的通知》,开设了"深入开展党的群众路线教育活动"专题网页,设置了5个专栏,累计发布信息240余条;编印了共7万多字的《内蒙古农业大学党委党的群众路线教育实践活动学习资料汇编》,发放有关教育实践活动学习书籍和材料17种,学习视频光盘5套2000余张;编印教育实践活动简报23期;组织了校中心组、校领导班子、分党委(党总支)书记、全校副处以上干部等各层次学习会、报告会共19次;制定了学校党委关于贯彻落实自治区党委开展的"四大行动",推进"六大工程"的意见;积极协调自治区主流媒体,先后10次从各个层面专题报道我校教育实践活动成效和贯彻自治区"8337"发展思路具体做法。

【学校第二次党代会主题宣传】以学校二次党代会为契机,营造"热爱农大、建设农大、发展农大"的良好氛围。制定了学校《第二次党代会宣传工作方案》,明确了宣传主题、形式、内容、载体和具体要求。开设了党代会专题网页,推出"内蒙古农业大学建设巡礼"系列报道,全面展示学校第一次党代会以来取得的成就,共上传发布党建知识、工作动态、文件报告等信息60余条,第二次党代会宣传口号32条。校报开辟了"党代会专栏",集中刊载学校建设发展成就的文章,加强深度报道。宣传橱窗增设了教学科研党建思政等方面内容,烘托迎接党代会氛围。深入开展"媒体看农大"主题活动,从媒体视角反映农大的建设、发展成就,《实践》杂志专题报道了《强化内涵建设 促进科学发展 努力建设特色鲜明的西部高水平大学——内蒙古农业大学建设巡礼》。

【围绕中心工作主题宣传】紧紧围绕学校中心工作,以学校实施的"教学质量管理年"活动为契机,大力做好宣传引导和氛围营造工作。在校园网主页创建了"全面启动教学质量管理年"专栏,广泛宣传中央、教育部、自治区和学校相关教学质量管理的文件精神,累计上传了190余条内容和信息。制定了学校"教学质量管理年"的蒙汉语宣传口号,并在校园网、电子显示屏、LED彩屏等进行广泛宣传。组织了"教学质量管理年"专访,先后采访报道了自治区和我校教学名师、教坛新秀15位,优秀班集体和优秀学子20个。组织举办了校党委中心组学习扩大会议,开展了教学质量管理年的交流研讨。精选师德学风方面的名言警句,制作校园灯杆旗蒙汉文版共计50个。开辟《根植沃土》专栏,遴选《校庆纪念丛书——校园书简》中师德典范文章进行电子网络宣传。

【思想政治工作】在全校师生范围内开展"中国梦、农大梦、我的梦"主题图文征集,深化中国梦的宣传教育,展现高尚的师德师风和优良的班风学风。利用国庆节和新学期开学的时间节点,组织2013级学生和新入职教师参观我校校史展览馆——内蒙古大学生德育基地,开展以"爱党·爱国·爱校·爱家乡"和"师德师风"为主题的思想政治教育。通过加强校院两级网站建设,提高师生思想道德建设的针对性和实效性,推荐学校主页参选全国百佳网站评选活动,各二级网站建设良好。弘扬主旋律,积极选树在人格塑造和精神文明创建活动中涌现出的先进典型,用身边人和身边事教育师生,营造学习先进、赶超先进的良好氛围。组织推荐的水利与土木建筑工程学院塔娜荣获"2012内蒙古年度大学生'桃李之星'"称号,水利与土木建筑工程学院石慧强获得"桃李之星"提名奖,物业中心教职工杜三女荣获赛罕区大学西路街道"最美劳动者"称号。

围绕贯彻落实中央《关于加强和改进高校青年教师思想政治工作的若干意见》,由宣传部牵头,组织部、人事处、教务处、工会等部门共同参与,通过调查问卷、召开座谈会等形式,组织开展了我校青年教师思想状况调研工作,形成了调研报告,为制定学校的贯彻实施方案奠定了基础。

【校园文化建设】研究制定《内蒙古农业大学关于进一步加强校园文化的意见》(征求意见稿),并发至有关部门、教师征求意见。积极筹备和落实校园中建设反映"12·14"英雄集体、郝龙彪烈士和李莹先进事迹的雕塑安置地址。充分发挥两个LED彩色电子显示屏和学校原有七块电子显示屏的作用,充分利用阅报栏、宣传橱窗等,发布宣传口号、宣传片等,推动校园文化建设。广泛开展了"六五"普法教育活动,接受自治区依法治区领导小组对我校"六五"普法的中期检查,得到检查组的好评。组织了全校副处以上干部的法律知识考试。

【宣传阵地和队伍建设】始终坚持以教学、科研为宣传工作重点,充分发挥"校园网、报纸、广播、橱窗、电子显示屏"五位一体的宣传网络作用,深入宣传、生动反映学校坚持科学发展,推动内涵建设的成功实践。校园网全年采写刊发各类新闻1000多篇,学校蒙古文网刊发了500多篇文章。全年编辑出版发行汉文版校报13期,蒙文版校报10期。制作展出东西区宣传橱窗240块。充分利用电子显示屏,每天发布天气预报、国内外新闻、校园动态、名言警句以及需要大力宣传的重要事项和口号。

注重加强机关自身建设,机关同志之间都能够互相学习、互相帮助、和谐相处,形成了心齐、气顺、劲足的良好氛围。按照自治区党委宣传部的各项规章制度,进一步规范了有关工作程序,提高了工作效率。进一步加大了对学生记者、校史馆解说员、校报编辑人员的选拔、培训力度,对先进工作者进行了表彰奖励,对带好队伍、提高工作质量,起到了很好的促进作用。

统一战线工作

【概况】围绕学校开展的群众路线教育实践活动,以认真学习贯彻中央4号文件为主线,在党外知识分子工作特别是党外代表性人士队伍建设、民主党派、宗教以及归国留学人员等方面开展工作,组织召开学习贯彻十八届三中全会等座谈会,建立健全相关规章制度,积极推动联系交友,注重发挥党外人士参政议政、建言献策的作用。

【党外人士学习贯彻"两会"精神座谈会】2013年3月26日下午在图书馆书仲会议室召开党外人士学习贯彻"两会"精神座谈会。学校全国政协委员、自治区各级政协委员代表、各民主党派代表、无党派代表和统战部负责人等40余人出席会议。全国政协委员、科技处处长周欢敏同志传达了全国"两会"精神，自治区政协委员张润生简要传达了自治区"两会"精神。参加座谈会的各位党外人士围绕"两会"，结合"教学质量管理年"活动，围绕加强学风建设、提高教学管理水平、提升人才培养质量等议题建言献策。校党委副书记郑俊宝作了总结发言。

【贯彻落实中央4号文件】学习贯彻《中共中央关于进一步加强新形势下党外代表人士队伍建设的意见》精神，做好党外代表人士工作。一是制定了《我校贯彻落实〈中共中央关于进一步加强新形势下党外代表人士队伍建设的意见〉的实施办法。二是制定了《中共内蒙古农业大学委员会关于建立党员领导干部联系党外人士制度的意见》，进一步完善了校领导联系党外代表人士制度，结合校领导班子调整，重新确立了校领导与党外代表人士联系名单。三是通过选拔，初步建立了学校党外优秀干部队伍。组织党外代表人士参加各种培训学习，推荐1人参加了自治区党外代表人士培训班。四是配合群众路线教育实践活动的开展，组织部分统战干部和党外代表人士赴乌审旗毛乌素沙地自然保护区调研，为当地毛乌素沙地治理提供技术服务。

【加强各民主党派搞好自身建设】引导、支持和帮助各民主党派加强基层组织建设、队伍建设和相关制度建设，规范民主党派组织发展工作。2013年，农工党支部吸收1名党员，民建支部吸收1名成员，民盟吸收1名盟员，九三学社新吸收4名社员，协助完成这些成员的综合政治审查工作。

【做好民族宗教工作】贯彻落实《关于做好抵御境外利用宗教对高校进行渗透和防范校园传教工作的意见》（中办发〔2011〕18号）等文件精神，与学生工作部门协调配合，继续落实《三级宗教工作网络建设实施方案》，建立《宗教工作例会制度》《宗教工作兼职委员职责》《宗教工作兼职联络员职责》等制度，12月中旬参加了全区宗教工作研讨班。

【归侨侨眷会议座谈会】推荐1名侨属参加全国第九次归侨侨眷代表大会，开展侨情调查统计工作，并组织了学校归侨侨眷学习第九次全国归侨侨眷会议座谈会，由出席全国侨代会的史晴代表对会议精神做了传达。

【党外人士学习贯彻党的十八届三中全会座谈会】为全体民主党派成员和无党派代表人士编印发放了《十八届三中全会学习材料》，并于12月25日上午组织举办全校党外人士学习贯彻中共十八届三中全会精神报告会。邀请自治区政府参事、原内蒙古社会主义学院副院长钱灵犀教授做了题为《从邓小平到习近平——中国改革再出发》的学习十八届三中全会精神专题辅导报告。校党委副书记郑俊宝出席并主持了报告会，学校党委统战部负责人、学校各级政协委员、各民主党派负责人、无党派代表人士等40余人参加了报告会。

【加强自身建设】结合工作实际，撰写并公开发表了"少数民族地区高等学校防宗教渗透是党的统一战线工作的重要任务"和"新时期加强大学生宗教工作的几点思考"研究论文。组织申报了校内社科项目"内蒙古高校大学生宗教信仰问题研究"。

附录：

内蒙古农业大学各级人大代表政协委员名单

名　称	姓　名	备　注
第十二届全国政协委员	周欢敏	
第十一届内蒙古自治区政协委员	邬建刚	中共党员
	闫　伟	常委
	呼和巴特尔	常委
	张和平	常委
	刘　静	
	张润生	
内蒙古自治区第十二届人大常委委员	特木尔	中共党员
呼和浩特市第十二届政协委员	张润生	常委
	张伟华	
	许　辉	
	赵文礼	
呼和浩特市第十三届人大代表	张和平	
呼和浩特市赛罕区第三届政协委员	任文明	
	王建光	
	杨　军	
	赵远玢	
呼和浩特市赛罕区第三届人大代表	张少英	常委
	任　强	中共党员

学校各民主党派负责人名单

序号	姓名	单位	党派	所在党内职务	职称	备注
1	张伟华	生态院	民革	民革呼市副主委	副教授	呼市政协委员
2	侯先志	动科院	民盟	民盟十届中央委员、民盟自治区常委、民盟农大总支主委	教授	
3	王利清	人文学院	民盟	总支委员、一支部主委	副教授	
4	董占源	生态院	民盟	总支委员、二支部主委	高级实验师	
5	吕学理	继教院	民建	民建内蒙古区委直属工委副主委	副教授	
6	杜文亮	机电院	民建	民建区委工委高校支部主任委员	教授	
7	张润生	农学院	民进	支部主委	副教授	自治区政协委员、呼市政协常委
8	任文明	食品院	农工党	支部主委	副教授	赛罕区政协常委
9	刘　静	生态院	九三学社	区委常委、区委教育委员会主任、高教二支社主委	教授	自治区政协委员

内蒙古农业大学侨联负责人

序号	姓 名	党派	职务	职称	单位	备注
1	魏江生	无	侨联主席	教授	生态院	自治区党外知识分子联谊会理事
2	赵远玢	无	侨联副主席	副研究馆员	图书馆	赛罕区政协委员

纪检监察工作

【概况】2013年,校纪委按照上级纪委的要求和校党委的总体部署,坚持标本兼治、综合治理、惩防并举、注重预防的方针,紧紧围绕学校中心工作,突出重点,求真务实,深入开展反腐倡廉建设,较好地完成了全年工作任务。

【监督检查】制定下发了《关于贯彻落实中央"八项规定"的具体措施》,从七个方面对厉行勤俭节约、改进工作作风做了明确规定;加大开展党的群众路线实践教育活动的监督检查力度,下发了《内蒙古农业大学党的群众路线教育实践活动督查指导工作方案》,采取审阅对照检查材料、参加领导班子专题民主生活会等方式,全面督查指导学校教育实践活动。

转发了《全区党政机关开展会员卡和商业预付卡清退工作实施方案》,全校各单位按照《方案》确定的清退范围、清退方法和时限认真组织实施,科级以上干部均填写了零持有报告;根据国家监察部、人力资源和社会保障部、财政部、审计署《违规发放津贴补贴行为处分规定》(以下简称《规定》),学校下发了《关于认真贯彻执行〈规定〉的通知》,要求各单位全面贯彻落实,违反本《规定》要追究负有责任的领导人员和直接责任人员的违纪责任;印发了《关于严禁元旦春节期间用公款相互宴请大吃大喝和进行高消费娱乐健身等活动的通知》,强化监督检查,严格按照国家有关规定,追究违纪人员的责任。

对学校教学仪器设备、教学用品采购和大型基建维修项目招投标过程,对学校招生录取工作,高级职称的评聘、公开选拔录用学生工作专职干部等进行了监督检查。公开党务校务14期,受理群众上访9件。

【廉政教育】召开2013年党风廉政建设会议、纪委全委会,学习传达了上级纪委全会和2013年全国、全区教育系统党风廉政建设工作会议主要精神,研究部署了2013年纪检监察工作任务,开展了警示教育活动。组织观看《笑脸背后的罪恶》《堂堂外表下的真相》等警示教育片4部。

【制度建设】严格执行《关于实行党风廉政建设责任制的规定》,年初与各处级单位签订了党风廉政建设责任状,将党风廉政建设责任制的执行情况作为对领导班子总体评价和领导干部业绩评定、奖惩、选拔任用的重要依据。建立健全了廉政风险防控机制,完善综合监督机制。认真抓好述职述廉、民主评议、诫勉谈话、民主生活会等党内监督制度,进一步促进领导干部廉洁自律,也规范了领导干部的从政行为。

【行风建设】制定下发了《内蒙古农业大学集中开展严肃工作纪律整顿工作作风专项活动实施方案》,成立监督检查组,督促各单位在加强思想教育、规范履职行为、提高工作效率、转变工作作风、严格考核奖惩等方面认真进行自查自纠。

根据自治区政府纠风办、高校纪工委要求,按照校党委总体工作安排,印发了《内蒙古农业大学关于2013年民主评议行风工作方案》,对全校行风建设工作进行了部署。

维护稳定和综合治理工作

【概况】为加强对维护稳定与综合治理工作的领导,分别设立了内蒙古农业大学维护稳定工作领导小组、校园治安综合治理委员会、防火工作委员会、防范和处理邪教问题领导小组等四个安全稳定工作机构,办公室均设在学校保卫处。学校保卫部门现有专职保卫干部49人,从事门卫和校园巡逻工作的外聘工56人,设有6个科、队、中心,配备三辆制式警车和20辆电动警用单车,与驻校公安警务室、交警中队密切配合并有效开展工作,确保了校园的安全与稳定。学校被自治区评为"2012年度维护稳定工作实绩突出单位"。

【安全教育】3月和9月,组织开展了综合治理和平安建设宣传月活动。在"12.4"全国法制宣传日,开展了以"崇尚科学,关爱家庭,珍惜生命,反对邪教"为主题的系列活动。加强了对学生公寓晚归、夜不归宿、喝酒闹事、出租床铺、使用酒精炉、电热锅等违规行为的检查力度,共收缴违章使用电器910个(件)。

【平安校园创建】根据校园安全管理工作需要,新成立了保卫处校园110联动中心和校卫大队两个科级机构,保卫干部增加28人。聘用20名外聘工经集中培训后统一着制式服装上岗,投入5万元资金购置20辆警用电动巡逻单车,对各校区实行24小时全天候不间断治安巡逻。全年累计行程30000公里,接出警52次,共抓获偷盗现行5起,接到师生赠送锦旗1面,表扬信11封。加强校园技防系统建设,投入360万元,更新了安防监控设备。

【制度建设】不断健全各项规章制度,制定了学校《预防和处置突发事件预案》《校园秩序管理若干规定》《保卫处关于敏感节点的应急处置专项预案》等有关文件,完善了学校《维护稳定应急方案及措施》。

工会与教代会工作

【概况】内蒙古农业大学教代会日常工作机构是教代会执行委员会和工会委员会。专职工会干部8人,基层分会26个,工会小组157个,分会兼职干部169人,会员2555人。加强工会和教代会工作,学校被自治区总工会授予"五一劳动奖",学校工会被自治区教科文卫工会授予"2012年度目标考核实绩突出单位"称号。

【四届二次双代会】4月18—19日在新教学楼报告厅举行内蒙古农业大学四届二次教职工代表大会暨工会会员代表大会,会议主题是以十八大精神为指导,贯彻落实四届一次教代会精神,围绕学校"启动教学质量管理年,全面提高教育教学水平和人才培养质量"的工作主题,进一步深化我校教育教学改革,提升人才培养质量,统一思想,振奋精神,为进一步提升学校的综合实力和办学水平而努力奋斗。参加本次大会的有代表286人、列席代表112人、特邀代表13人、党外人士代表11人。

大会的主要议题是:听取校长工作报告;学校财务工作报告;教代会、工会工作报告;工会经费使用情况报告;审议四届一次提案办理和四届二次提案征集情况报告。本次教代会共收到代表议案54件,确定为提案的议案24件,建议30件,会后按《内蒙古农业大学教职工代表大会提案办理规程》党发〔2013〕6号办理。

【二级教代会工作】按照《内蒙古农业大学二级教代会实施办法》考核各教学单位二级教代会落实情况。职业技术学院、生命科学学院、机电工程学院、食品科学与工程学院、材料科学与艺术设计学院、动物科学学院、人文社会科学学院、兽医学院、马克思主义学院在年内召开二级教代会。

【职工素质提升】7月,360名教师参加教学技能竞赛的初赛和决赛,高宏宇等7人分别获第八届教师教学技能竞赛文科组一、二、三等奖,屈冉等12人分别获理科组一、二、三等奖。组织优秀选手参加了全区高校青年教师教学技能大赛,两名教师分别获得三等奖和优秀奖。9月,开展"教书育人、管理育人、服务育人"的"三育人"创优活动,那仁巴图等85人获首届"爱岗敬业"劳动者称号。

【校园文化建设】3月,开展"增强自身素质,做靓丽女性"纪念"三八"系列活动。3月7日,表彰

2011—2012年度孟翠萍等41名优秀女教职工和理学院分会、人文社会科学学院分会、图书馆分会女教职工先进集体。

7月3日晚,在西区文体馆举行庆祝中国共产党建党92周年暨首届"红烛杯"教职工文艺汇演。1500名师生、26个分会、16个节目参加汇演,生态院分会舞蹈《盛世鸿姿》摘得首届"红烛杯"教职工文艺汇演桂冠,党群分会歌伴舞《十送红军》获一等奖,经管院分会等6个单位获优秀组织奖。

3月16日,在西区操场24个分会800名教工参加第二届教职工万米接力赛,生态院分会等13个分会分别获第一、二、三、四、五、六名,其余11个单位获优秀奖。

11月15-25日,举办了第二届"乒羽杯"团体赛,25个分会450名教职工参加,生态环境学院分会夺得乒乓球赛团体冠军,水利与土木建筑工程学院分会夺得羽毛球赛团体冠军,农学院捧得"乒羽杯"。

【安康工程】为970名女职工办了"女教职工大病保险",5位女教工得到了及时治疗和大病保险赔付。5月和9月,组织35岁以上职工进行体检工作。开办了网上《教工健康生活指导》栏目和《健康生活月讲坛》。10月和11月举办"职工健康文化活动月"系列活动,邀请专家到各分会上门讲座6场。12月5日举办"健康知识竞赛"。改善东区教工活动室,成为"教工之家"活动场所之一。为每个基层分会办理一张体育馆消费卡。完善困难职工档案,慰问困难职工60户,安抚关照困难遗属40户,慰问生病住院职工和职工遗属35人,发放慰问金8.3万元。

【工会自身建设】开展"教工之家"创建活动,根据《内蒙古农业大学建设"教工之家"考核指标体系》对校本部25个基层分会考核验收,生命科学学院分会获模范创建单位;机电工程学院、食品科学与工程学院、材料科学与艺术设计学院、理学院分会获先进创建单位;人文社会科学学院、经济管理学院、兽医学院、图书馆分会、动物科学学院、基础教育、林学院、生态环境学院分会获达标创建单位。

基层分会班子健全,分工明确,制度健全。6月,组织工会干部28人赴广东中山大学、华南农业大学学习考察;6月18日在书仲会议室26个分会干部交流工作经验;按月下发《中国教工》学习材料;成立女职工发展委员会。

【工作制度完善】完善了学校《教职工代表大会提案办理规程》;建立了《执行委员会委员联系代表制度》;分会主席月例会制度;工会专职干部周例会制度;工会专职干部下基层"1+n"联系分会制度。设立权益部,开通"教职工电子信箱",多渠道听取教职工对学校和工会工作的意见和建议。做好日常来访登记、访谈记录、批办转办工作。

共青团工作

【概况】2013年,共青团内蒙古农业大学委员会(以下简称"校团委"),紧密围绕学校党政中心工作,全面履行组织青年、引导青年、服务青年和维护青少年合法权益的工作职能,有力地推动学校共青团事业的进一步发展。在组织建设、思想教育、科技创新、社会实践、志愿者工作及校园文化建设等方面取得了优异的成绩。

【组织建设】继续实施共青团组织建设"1111工程",即创建1个"五·四红旗团委"、创建10个"五·四红旗分团委"、创建100个"五·四红旗团支部"、创建1000个"五·四红旗团小组",不断加强基层团组织建设的力度和凝聚力,扩大基层团组织的覆盖面。加强共青团干部队伍建设,规范团组织生活制度,加强对学生会组织和社团的指导力度。

【思想教育】校团委抓住重大节点,邀请校内外知名度较高的专家学者作了关于理想信念教育、爱国主义教育、宗旨意识教育、党的基本路线教育和团史团情教育等一系列讲座、报告。坚持用先进的科学理论武装大学生头脑,大力推进实施"青年马克思主义者培养工程"。开辟准格尔旗为内蒙古农业大学"青年马克思主义者培养工程培训基地",定期对大学生骨干展开培训。大学生理论学习与实践管理委员会牵头举办了科学理论研讨会、学习经验座谈会、辅导讲座43场。依托各学院团校,开设"理论热点"答疑课堂,结合学生关注的理论和实际的"热点、难点、疑点"问题开展答疑活动。深化"精彩四年、成就一生"主题教育活动,加强民族团结教育,增强民族凝聚力。紧紧抓住"12·14"英雄群体、英雄郝龙彪、"光明天使"李莹、"全区道德模范"杜威和"感动2010"年度网络人物的双胞胎兄弟庄洪泉、庄汇泉这些生动鲜活的典型事迹进行思想教育,并进一步挖掘思想道德教育的典型事迹,积极培育思想道德教育新的增长点。开辟新渠道,注重网络思想政治教育新平台的建设。

【科技创新】以大学生科技创新实验室为基础阵地,坚持"继承与创新并举、普及与提高并重"的原则,不断推进学生科技创新活动日常化、普及化、社会化和多样化。鼓励和吸引学生积极参加科技创新活动,不断提高学生的创新精神和创新能力。以"挑战杯"课外学术科技作品竞赛和创业计划竞赛为龙头,带动和影响更多的学生参与科技创新活动。学校连续14年举办了全校"挑战杯"大学生科技竞赛活动。2013年,学校在第八届"挑战杯"全区大学生课外学术科技作品竞赛中和第十三届"挑战杯"全国大学生课外学术科技作品竞赛中本科组获国家级三等奖作品1件,自治区级金奖作品2件,自治区级银奖作品7件,自治区级铜奖作品6件,自治区级优秀奖作品8件。另外,职业技术学院获得自治区级银奖作品2件,自治区级铜奖作品1件,自治区级优秀奖作品2件。

【社会实践】2013年大学生暑期"三下乡"社会实践活动的主题是"实践激扬青春志,奋斗成就中国梦"。内蒙古农业大学团委始终以坚持"全面部署与重点组织相结合、社会实践与社会观察相结合、项目实施与有效传播相结合"以及"按需设项、据项组团、双向受益"的原则,以科技支农为重点,广泛动员学生开展了政策宣讲、国情区情考察、科技支农支牧、文化宣传、教育帮扶、环境保护、法律援助等各种形式和内容的实践服务活动。2013年"圆梦中国 公益我先行"第一届全国大学生微公益大赛中学校团委与社会实践队分别获得"圆梦中国"优秀组织奖和先进团队奖。今年的暑期社会实践同样是以个人、班级、学院为单位分3个层次全面开展,要求每人有调研报告和实践论文及社会实践情况调查登记表、每班有不少于10人的实践小组、每院有不少于3支社会实践分队,并形成完善的社会实践记录、总结和经验交流材料。在突出活动机制的规范化和科学性的同时,不断提高服务层次,丰富活动内容,进一步完善社会实践活动项目化运作机制,不断巩固和拓展社会实践活动基地。

【青年志愿者工作】2013年通过"七彩课堂""交通文明月"等志愿服务活动在实践中加强了对志愿者素质心态、公共服务、紧急情况处理等方面的训练。今年内蒙古农业大学还首次选拔了5名同学参与到研究生支教团的志愿服务工作中。在2013年的大学生志愿服务西部计划招募工作中共有37人被正式录取。内蒙古农业大学共有120多支大学生志愿者服务队开展以法律援助行动、健康使者行动、科技在线行动、绿舟环保行动、爱心接力行动、公益服务行动为主要内容的志愿者服务活动,参与学生达1万余人次。12月,举办了防控艾滋病志愿者宣传活动,活动培养了大学生志愿服务精神,提高了学校志愿者的整体服务水平。

【校园文化】2013年,校团委开展了"十大校园文化品牌"和"一院一品"的评选活动。研究决定将"金马杯"文艺汇演等十个校园文化活动确立为内蒙古农业大学"十大校园文化品牌"活动;经济管理学院的金融英语风采大赛等十八个活动确立为内蒙古农业大学"一院一品"活动。举办了第二十七届校园文化艺术节开幕式暨"金马杯"文艺汇演;11月至12月,举办了第十二届"新星魅力秀"校园主持人大赛,为热爱主持的同学搭建了实现梦想的舞台。校园模特大赛、十佳歌手大赛等活动的广泛开展,为广大学生搭建了施展才华的平台。鼓励各学院和学生社团组织开展有吸引力、品位高、参与性强的校园文化活动,形成"大型活动届次化、中型活动学院化、小型活动社团化"的校园文化活动格局,强化校园文化活动的文化育人功能。

附录：

2013年五·四红旗先进集体及个人

五·四红旗团委(共8个)

农学院分团委　生态环境学院分团委　机电工程学院分团委　水利与土木建筑工程学院分团委
能源与交通工程学院分团委　食品科学与工程学院分团委　计算机与信息工程学院分团委
职业技术学院分团委

五·四红旗团支部(共40个)

动科院:2010级动科蒙一班、2011级动科汉一班

兽医院:2011级动物医学项目1班、2011级动物医学项目2班

农学院:2011级农学二班、2011级设农一班

生态院:2012级水土保持与荒漠化防治一班、2011级土地管理一班

机电院:2011级车辆班、2011级农机二班

林学院:2011级林学汉班、2012级园林项目二班

水建院:2011级土木工程六班、2012级水文与水资源一班

材艺院:2012级环境艺术设计二班、2011级木材双语班

能源院:2010级交工1班、2011级道桥2班

经管院:2011级工商 项目班、2012级会计X7、2012级会计X4、2012经济预科一班

食品院:2012级安项三班、2012级食项一班

计算机院:2011级网络工程一班、2012级信息管理一班

生科院:2011级生物技术二班、2012级生物科学S1班

人文院:2011级法学2班、2010级行政管理蒙一班

外语院:2012级1班、2011级3班

理学院:2010级化工2班、2011级统计2班

国教院:2011级出国项目班

继教院:2011级工商本科班、2011级会计本科班、2010级会计本科班

职　院:2012级种子生产与经营班、2011级食品生物技术班

五·四优秀团干部(共205个)

动科院:白丹丹　孙布尔巴图　吕艳慧　白　敬　张凌会

兽医院:王文蕊　吴胡日查　乌达木　白春阳　白硕萌　高　峰　班　云

农学院:李志明　段东宏　李　业　朱　星　徐忠山　冯智超　朱柏江

生态院:汤　哲　杨婧娜　乌云嘎　宋佳奇　王淑娟　马　丽　胡　琴　贺新春　萨其尔玛
　　　　侯鑫狄　李　鑫　李　菲

机电院:董天龙　贾祥浩　文　全　林田勇　陈　哲　孙　利　吴　昊　魏鹏达　刘　静
　　　　蔚美清　黄允楠

林学院：	刘　璐　王　莹　张文娟　王玉霞　马　箐　庆　军　孟飞轮　吴小红　巩胤辰　张　荣　徐梓维　贾　晨　李宗达　张大鹏　郝思文　张鹏飞
水建院：	张　宾　蔚　虹　任　飞　袁博文　鲍泽明　张　良　郭　垚　马占峰　张皓宇　傅　饶　韩秀艳　刘　杰　张　磊　张　超　黄廷宇　贾腾月　王　勇　郑　博　张　伟　段　志　胡建新　张　良　高　杨　王冠乔
材艺院：	杨文斌　陈　楠　慈晓英　路　婧　王　旭　郭艳年　葛凯园　乌云其其格　刘克斌　张玉虎　张　超
能源院：	宋国强　谭和发　胡亚光　杨小龙　那拉苏　兰天睿
经管院：	王　皓　范嘉倩　隋思涵　郝士榕　陈　磊　彭健闻　张雨微　王　祉　李美萱　常明宇　韩　鹏　崔巍志　刘佳鑫　刘建永　亢云龙　王超伟　王小戈　闫海云　闫智宇　杨笑桐　陈树伟　韩乔玲　梁宇荣　孔　颖　段鑫乐　邓亚娜　范馨乐　贾　影　赵世娜　任　婧　陈洋洋　张　晶
食品院：	刘　园　张建丽　王　凌　顾志华　李　彤　刘秀芳　鄂晶晶　敖日格乐　张佳楠
计算机院：	齐潇行　高庆峰　刘建新　刘增辉　谢凌云　邱允证　姜界磊　于洪江
生科院：	樊艺楠　刘瑞阳　舒立明　张乐融　武恺妍　王叶青　鲁　姗　杨金霖
人文院：	白明星　呼秦琴　赵晓娜　郝凌峰　杨日旺
外语院：	冯姝芮　闫雪峰　郭　媛　李思琪　刘红艳
理学院：	邵永巨　李钦鑫　刘云川
国教院：	白　杨
继教院：	郭子龙　魏　娟　张　睿　孟　和
职　院：	郝陆敏　陈宏竞　穆晓楠　陆永亮　包永亮　叶桂敏　李永鑫　韩秀琴　娄宏旭　任冬雪　李红君　高佳丽　吴学敏　和叶强　杨　然　寇志强　白建国　贺胜男　吴　佟　付忠明　王银平　包和平　高　强　乌兰塔娜　王燕妮　冯学敏　孙亚宁　柴文秀　张　磊　冯玉华　史晓雨　张文杰

五·四优秀共青团员（共360个）

动科院：	张　浩　彩丽干　布鲁根　纳日嘎　陈圣阳　恩克孟都　乌日力嘎　恩克阿木尔　张清月
兽医院：	娜木娅　青克尔　乌吉木吉　刘　伟　敖日其楞　哈斯格日乐　范　维　白德日根　李薛强　吕金宝
农学院：	陈延庆　白　鹏　曲竞优　倪国静　王天耀　陈晓晶　牟英男　赵　娟　黄　颖　乌日力格　于德利　孙伟涛　陈　重　赵春龙
生态院：	尤思涵　木其尔　陈　光　乌仁花　娜黑娅　郭　娜　肖一纯　高培馨　周凌峰　赵苑孜　特日格勒　乌力亚树　刘亚威　王祯仪　周美超　陈玲玲　赵光顺　齐炬墨　范泽泽　刘晶晶　温都苏　杨心如　张晓伟　刘宁波　李婉娇
机电院：	章嘉庆　张音清　高　帅　郭　航　刘亚坤　李　进　布仁满都拉　张　磊　杜晓雪　李博文　苏伊兰　李　昱　石　鑫　刘　璇　李树森　刘云凤

　　　　　　曹　杰　　孙　伟　　张学松　　赵芯乐　段宝磊
林学院：孔　畅　　蒋永华　何志中　　郭雅楠　李成杰　史金玲　苏日拉嘎　李　建
　　　　张　丽　　徐丹阳　毛虹禹　　赵家明　吴　凌　王　萍　王　佩　　王一正
　　　　张宇航　　李　婷　王　娜　　张轶铭　马中骥　苏　蕾　赵佳琪
水建院：巴音呼　　朝鲁门　刘建华　　周　禹　李　河　杭　盖　王振环　　那木白嘎拉
　　　　冯浩楠　　白艳春　弓　磊　　邵璐娜　郑　欢　刘亚东　要煜东　　马晓凯
　　　　席嘉琦　　施雅楠　赵　洁　　刘昕蕊　叶　扬　范雷雷　沈建成　　胡　琦　　高信楠
　　　　赵越龙　　张享年　孙海蛟　　姜利田　贾政轩　魏　彤　许　超　　刘　畅　　孙立哲
　　　　田　彤　　吴乾坤　庞立志　　李　宁　王　飞　刘子龙
材艺院：王庆贺　　王　杰　张雨朦　　张振新　张轩睿　贾晓磊　扈佳琪　　周　博　　张　昆
　　　　王庆贺　　苏敏慧　程旭亚　　于童瑶　张沙沙　闫美琪　姜　萌
能源院：吉雅泰　　殷　叕　姚　路　　道日娜　王耀新　高　楠　任嘉英　　红　蕊　　杨　雯
　　　　刘　强　　孙少佳
经管院：王　厅　　赵思诚　陈　昊　　温雪波　蔡　磊　白如意　娜和雅　　贾　颖　　高瑞芮
　　　　包代钦　　龚泽睿　姜界磊　　王爱伦　魏克静　汪　蕾　邸允证　　底　旺　　刘馨月
　　　　聂　宇　　刘　超　郭　宇　　马跃腾　安梦瑶　孙雯然　赵芸莹　　张星星　　朱泽旭
　　　　王普召　　刘　磊　王星月　　沙如拉　马玲玉　刘星铭　耿子妍　　陈新明　　王君彦
　　　　朱　玲　　祁顺昱　王佳音　　青格乐　张韵峰　李金瑞　左琛琰　　刘昱辰　　朱　伟
　　　　冯　帅　　王　琼　樊诗洁　　马翰博　钟师聪　杜嘉欣　贾　悦　　徐　青　　杨杰惠
　　　　那日苏　　杜银龙　张凌通　　常靓文
食品院：乔苑敏　　孙梦圆　王金玉　　李宇铮　郭　旭　陈美瑄　王　萌　　柴诗语　　包建华
　　　　王文宁　　张洪波　刘云山　　杜　宝　姚慧琳　宋　薇　陆浩然　　何阿日格乐
　　　　狄寅祎　　高　莹
计算机院：姜玉洋　郭　娇　曹　宁　　曹　蕊　宋定艳　李文强　李双娜　　王　钦
　　　　刘成利　　赵　芳
生科院：付　豪　　赵燕妮　王玄炳　　刘　妍　李殊瑶　孟庆丽　李明月　　马　壮　　张圣男
　　　　吴映彤　　李　哲　李茂胜
人文院：来　英　　戴圆圆　巴拉吉尼玛　呼斯楞　白国徽　塔　娜　刘　磊　王惠明
　　　　娜　仁　　李丹阳
外语院：杜　燕　　丁彦宁　纪媛媛　　塔　娜　梁　敏
理学院：王　鑫　　薛予菲　曹玉莹　　贾炜娇　吴海英　张　爽
国教院：苏冠宇
继教院：高守宏　　奇爱娜　张世宇　　南　丁　苏德毕力格
职　院：陈　卓　　刘艳龙　石　霞　　张景莲　陈小芳　郭　雨　杨小强　　敖特根其其格
　　　　赵　娜　　刘　韦　陈小霞　　宋　峰　刘文波　高　岩　赵艳芝　　梁艳敏　　司晓慧
　　　　丁　丽　　邵雪莹　郑　慧　　魏春苗　谷艳芬　蔡玲玲　李　波　　陶格苏　　姜　波

孙海婷　张　文　林东淼　张　博　李　娜　曾　敬　郭云霞　李　晶　陈　旭
郝运利　田　润　张永强　王　琛　李　威　姚　明　王　雪　渠文星　慈元语
张丹妮　卞小敏　程慧如　王惠超　杨海龙　谢宇航　陈瑞文　赵　冉　胡丹丹
程学丽　张志远　马丽云　刘　璐　夏恩爽　杜艳如　雷红霞　格日勒其木格
道日娜　乌日格木勒　乌力吉

五·四优秀学生社团(共10个)

校　级:爱心社、圣炎动漫社、创业协会、尚礼国学社

生态院:生态环境学院环保协会

林学院:林学院青年志愿者服务大队

能源院:能源与交通工程学院"素雅勒"蒙古文化交流协会

计算机院:计算机与信息工程学院IT服务团队

理学院:理学院数学建模协会

职　院:职业技术学院军乐团

学雷锋先进班集体表彰名单(共33个)

动科院:2011级动科汉一班、2011级动科双语班

兽医院:2011级动植物检疫二班、2011级动物医学汉二班

农学院:2010级农学一班、2011级植物科学与技术班

生态院:2012级水保一班、2012级草业双语班

机电院:2009级农电二班、2011级农机蒙一班

林学院:2010林学蒙一、2012园林项目二班

水建院:2010级水利一班

材艺院:2010级广告设计、2012级环境艺术二班

能源院:2011级交通运输、2012级交通工程二班

经管院:2010级农经蒙一、2011级会计项目三班

食品院:2011安项三班、2012级安项一班

计算机院:2011级计科二班、2011级计科一班

生科院:2010生科一班、2011级生工二班

人文院:2012级行政管理汉三班、2012级行政管理蒙二班

外语院:2011级一班、2012级三班

理学院:2011级统计一班、2012级电科专业

职　院:2011级会计乙班、2011级计教乙班

学雷锋先进个人表彰名单(共36个)

动科院:乌亚罕　纳日嘎

兽医院:安　冬　王柳苏

农学院:李　业　朱　星

生态院:马　丽　杨秀鹏

机电院：张向阳　王　刚
林学院：张晓平　杜　威
水建院：张利强　李　河　李凌坤　刘　杰
材艺院：樊　颖　刘东旭
能源院：马兆坤　马丽斌
经管院：闫海云　崔巍志
食品院：张　静　乔苑敏
计算机院：张　昱
生科院：吴　一　万安琪
人文院：樊艳良　张　挺
外语院：刘　颖　乔　羽　孙永梅
理学院：严明旭　李　瑜
职　院：和叶强　王银平

教育教学

本科生教育教学

【本科生教育教学工作概述】 本科教育教学工作坚持以人才培养为根本,以质量和内涵为核心,深入推进"教学质量管理年",加强教学基本建设,强化学生创新意识和实践能力培养,不断提高人才培养质量。

实施教学管理质量年。制定学校《教学质量管理年实施方案》,实施《教师教学能力提升计划》和《抓学风促学业工作方案》,开展"严肃上课纪律""杜绝上课使用手机"和"规范多媒体使用"等专项治理工作,学校教风学风状况明显好转。完善"因材施教"多样化的人才培养模式,组织修订了本科人才培养方案和教学大纲。

加强教学基本建设。积极组织教学质量工程项目的申报和建设工作,《家畜育种学》入选首批"国家级精品资源共享课立项项目",《牧草及饲料作物育种学》入选第三批"国家级精品资源共享课立项项目",《动物医学》专业获批地方高校第一批本科专业综合改革试点项目,全年获批自治区级精品课程8门、自治区级教学团队3个、自治区品牌专业4个。开展公共课教学改革科学研究,获内蒙古自治区高等学校公共课教改立项8项。

加强实践教学。全年获批中央财政支持地方高校发展专项资金本科教学建设项目2项(实验教学中心),共1340万元。加强实践教学基地建设,首次遴选确定校外重点(示范)实习基地17个,"内蒙古农业大学—内蒙古正大有限公司人才培养基地"入选"国家级大学生校外实践教学基地"。启动了虚拟仿真实验教学中心建设。

【本科专业设置】 2013年,为了适应社会需求,新增酿酒工程专业(2014年开始招生)。至此,学校有本科专业77个,其中农学类17个、工学类37个、理学类5个、经济学类2个、管理学类9个、法学类2个、文学类1个、艺术类4个。

内蒙古农业大学普通高等教育本科专业设置情况一览表(2013)

序号	专业代码	专业名称	年限	授予学位门类	专业设置	所在院系名称
1	130502	视觉传达设计	4	艺术学	1998	材料科学与艺术设计学院
2	130503	环境设计	4	艺术学	1998	材料科学与艺术设计学院
3	130504	产品设计	4	艺术学	1998	材料科学与艺术设计学院
4	082402	木材科学与工程	4	工学	1958	材料科学与艺术设计学院
5	080401	材料科学与工程	4	工学	2004	材料科学与艺术设计学院
6	081602	服装设计与工程	4	工学	2007	材料科学与艺术设计学院
7	082803	风景园林	4	艺术学	2012	材料科学与艺术设计学院
8	090301	动物科学	4	农学	1952	动物科学学院
9	090601	水产养殖学	4	农学	2000	动物科学学院

续表

序号	专业代码	专业名称	年限	授予学位门类	专业设置	所在院系名称
10	080202	机械设计制造及其自动化	4	工学	1994	机电工程学院
11	080205	工业设计	4	工学	2000	机电工程学院
12	080601	电气工程及其自动化	4	工学	2003	机电工程学院
13	082302	农业机械化及其自动化	4	工学	1960	机电工程学院
14	082303	农业电气化	4	工学	1960	机电工程学院
15	080207	车辆工程	4	工学	2006	机电工程学院
16	080901	计算机科学与技术	4	工学	1996	计算机与信息工程学院
17	080902	软件工程	4	工学	2006	计算机与信息工程学院
18	080903	网络工程	4	工学	2009	计算机与信息工程学院
19	120102	信息管理与信息系统	4	管理学	2000	计算机与信息工程学院
20	120201K	工商管理	4	管理学	1994	经济管理学院
21	120801	电子商务	4	管理学	2001	经济管理学院
22	120301	农林经济管理	4	管理学	1981	经济管理学院
23	120204	财务管理	4	管理学	2005	经济管理学院
24	120601	物流管理	4	管理学	2006	经济管理学院
25	120203K	会计学	4	管理学	2008	经济管理学院
26	020101	经济学	4	经济学	1993	经济管理学院
27	020301K	金融学	4	经济学	2002	经济管理学院
28	080702	电子科学与技术	4	工学	2006	理学院
29	081301	化学工程与工艺	4	工学	2006	理学院
30	071202	应用统计学	4	理学	2003	理学院
31	070302	应用化学	4	理学	2004	理学院
32	083102K	消防工程	4	工学	2005	林学院
33	082802	城乡规划	4	工学	2007	林学院
34	090501	林学	4	农学	1958	林学院
35	090503	森林保护	4	农学	1999	林学院
36	090502	园林	4	农学	1996	林学院
37	081801	交通运输	4	工学	1999	能源与交通工程学院
38	082401	森林工程	4	工学	1958	能源与交通工程学院
39	081802	交通工程	4	工学	2005	能源与交通工程学院
40	080503T	新能源科学与工程	4	工学	2010	能源与交通工程学院
41	081006T	道路桥梁与渡河工程	4	工学	2010	能源与交通工程学院
42	090101	农学	4	农学	1958	农学院
43	090102	园艺	4	农学	1993	农学院

续表

序号	专业代码	专业名称	年限	授予学位门类	专业设置	所在院系名称
44	090106	设施农业科学与工程	4	农学	2004	农学院
45	090103	植物保护	4	农学	1959	农学院
46	090104	植物科学与技术	4	农学	2003	农学院
47	090105	种子科学与工程	4	农学	2003	农学院
48	030101K	法学	4	法学	2004	人文社会科学学院
49	030302	社会工作	4	法学	2003	人文社会科学学院
50	120402	行政管理	4	管理学	1999	人文社会科学学院
51	083001	生物工程	4	工学	1998	生命科学学院
52	081302	制药工程	4	工学	2006	生命科学学院
53	071002	生物技术	4	理学	1996	生命科学学院
54	071001	生物科学	4	理学	2003	生命科学学院
55	120404	土地资源管理	4	管理学	1999	生态环境学院
56	070503	人文地理与城乡规划	4	管理学	2000	生态环境学院
57	090701	草业科学	4	农学	1958	生态环境学院
58	090203	水土保持与荒漠化防治	4	农学	1960	生态环境学院
59	090201	农业资源与环境	4	农学	1995	生态环境学院
60	082701	食品科学与工程	4	工学	1993	食品科学与工程学院
61	081702	包装工程	4	工学	1999	食品科学与工程学院
62	082702	食品质量与安全	4	工学	2003	食品科学与工程学院
63	082705	酿酒工程	4	工学	2013	食品科学与工程学院
64	090403T	动植物检疫	4	农学	2005	兽医学院
65	090401	动物医学	4或5	农学	1952	兽医学院
66	090402	动物药学	4	农学	2012	兽医学院
67	081001	土木工程	4	工学	2001	水利与土木建筑工程学院
68	081003	给排水科学与工程	4	工学	1994	水利与土木建筑工程学院
69	081102	水文与水资源工程	4	工学	1978	水利与土木建筑工程学院
70	082502	环境工程	4	工学	1995	水利与土木建筑工程学院
71	082305	农业水利工程	4	工学	1958	水利与土木建筑工程学院
72	081201	测绘工程	4	工学	2005	水利与土木建筑工程学院
73	082801	建筑学	5	工学	2008	水利与土木建筑工程学院
74	081101	水利水电工程	4	工学	2009	水利与土木建筑工程学院
75	081401	地质工程	4	工学	2010	水利与土木建筑工程学院
76	120105	工程造价	4	工学	2012	水利与土木建筑工程学院
77	050201	英语	4	文学	2001	外国语言学院
本科合计			77个			

【课程开设及任课教师职称结构】

任课教师职称结构如下表所示：

内蒙古农业大学2013年任课教师职称结构统计表

学年度 项目	总人数	教授（或相当职称）		副教授（或相当职称）		讲师（或相当职称）		助教（或相当职称）	
		人数	比例（%）	人数	比例（%）	人数	比例（%）	人数	比例（%）
2013	1303	280	21.49	468	35.92	472	36.22	83	6.37

加强课堂教学。2013年，学校科学合理地配置教学资源，适度控制课堂规模，采取中、小班教学课程占总课程的85%。全校共开出课程2870门，7850门次。其中，核心课程1700门，5794门次；拓展课程1014门，1692门次。

加强实践教学。在《2012版本科人才培养方案》中，构建了"四层次"（基本技能训练、专业基础训练、专业综合能力训练、综合素质训练）、"两课堂"（课堂教学、课外实践）立体式实践教学架构，形成层次分明，前后衔接，循序渐进，由单一到综合，贯穿全学程的有利于培养学生创新精神和实践能力的完善的实践教学体系。通过压缩理论课学时，增加实践教学环节比重达到总学分的30%以上。在教学安排上，达到0.5学分的实验课都要单独设课与考核，与理论教学科学搭配，或集中或分散安排相应的实践环节，避免与理论课程的冲突和脱节，并通过完善规章制度，加强实验、实习、实训、社会实践、课程论文（设计）、毕业论文（设计）、科研训练等环节的管理，有效地保证了实践教学质量。

严格毕业论文（设计）管理。学校制定了《关于本科生毕业论文（设计）工作的若干规定》和《本科生毕业论文（设计）撰写规范》，进一步明确了毕业论文（设计）质量标准和要求，各学院还根据专业特点，针对毕业论文（设计）的选题、开题、撰写、评阅、答辩和成绩评定等各个环节制定了相应的补充要求。毕业生论文（设计）选题广泛，覆盖面宽，难易适中，反映了本科毕业生综合运用所学专业知识分析问题、解决问题的能力和创新意识。毕业论文（设计）质量逐年提高，有的研究成果申请了专利并运用到了企业产品生产。

【教学团队】学校以教学团队建设作为教学队伍建设的抓手，并要求校级教学团队要建立有效的团队合作机制，积极改革教学内容和方法，开发教学资源，促进教学研讨和教学经验交流，推进教学工作的传、帮、带，建立老中青相结合的教学梯队，不断提高教师的教学水平，有效提高教育教学质量。

内蒙古农业大学2013年校级"教学团队"建设项目一览表

序号	团队名称	教学单位	团队带头人
1	家畜解剖学教学团队	兽医学院	额尔敦木图
2	环境工程教学团队	水利与土木建筑工程学院	张 生
3	水利类双语课程教学团队	水利与土木建筑工程学院	屈忠义
4	面向对象程序设计教学团队	计算机与信息工程学院	倪小钢
5	篮球教学团队	体育教学部	张进才
6	计算机信息管理专业教学团队	职业技术学院	王立中
7	会计专业教学团队	职业技术学院	郭海清

内蒙古农业大学2013年推荐自治区级"教学团队"建设项目汇总表

排序	团队名称	带头人	类别	一级学科	二级学科
1	力学系列课程教学团队	申向东	本科	工学	工程力学类
2	水土保持与荒漠化防治教学团队	高 永	本科	农学	环境生态类
3	森林资源经营管理教学团队	铁 牛	本科	农学	森林资源类
4	园艺技术专业教学团队	葛茂悦	高职	农林牧渔大类	农业技术类

【教学名师】

内蒙古农业大学2013年校级教学名师和教坛新秀

序号	年度	类别	学院	姓名
1	2013	校级教学名师	动物科学学院	金 凤
2	2013	校级教学名师	兽医学院	王纯洁
3	2013	校级教学名师	外国语言学院	李冰玉
4	2013	校级教学名师	理学院	敖特根巴雅尔
5	2013	校级教学名师	理学院	孙景琦
6	2013	校级教学名师	职业技术学院	郝拉柱
7	2013	校级教坛新秀	生态环境学院	格根图
8	2013	校级教坛新秀	水利与土木建筑工程学院	李为萍
9	2013	校级教坛新秀	经济管理学院	董佳宇
10	2013	校级教坛新秀	食品科学与工程学院	高爱武
11	2013	校级教坛新秀	计算机与信息工程学院	白云莉
12	2013	校级教坛新秀	计算机与信息工程学院	倪小钢
13	2013	校级教坛新秀	生命科学学院	韩 冰
14	2013	校级教坛新秀	生命科学学院	白 薇
15	2013	校级教坛新秀	马克思主义教学研究部	段兴华
16	2013	校级教坛新秀	马克思主义教学研究部	王 莉
17	2013	校级教坛新秀	外国语言学院	陈金凤
18	2013	校级教坛新秀	理学院	丁立军
19	2013	校级教坛新秀	体育教学部	青 春
20	2013	校级教坛新秀	职业技术学院	栗丽萍
21	2013	校级教坛新秀	职业技术学院	艾云辉
22	2013	校级教坛新秀	生命科学学院	王玉珍
23	2013	校级教坛新秀	材料科学与艺术设计学院	张明辉

内蒙古农业大学2013年自治区级教学名师和教坛新秀

序号	年度	类别	学院	姓名
1	2013	自治区教学名师	理学院	苏金梅
2	2013	自治区教学名师	理学院	许 辉
3	2013	自治区教学名师	水利与土木建筑工程学院	李 平
4	2013	自治区教学名师	职业技术学院	冯贵宗
5	2013	自治区教坛新秀	农学院	霍秀文
6	2013	自治区教坛新秀	食品科学与工程学院	陈忠军
7	2013	自治区教坛新秀	水利与土木建筑工程学院	李瑞平
8	2013	自治区教坛新秀	职业技术学院	郭艳光

【品牌专业】学校按照"准确定位、注重内涵、突出优势、强化特色"的原则,坚持以人才培养模式的改革与创新为核心,进一步明确专业培养目标和建设重点,通过进行培养模式、教学内容、教学方式、教学管理、考试管理等方面一系列建设与改革,形成了一批教育观念先进、改革成效显著、特色更加鲜明的专业群,建立了符合时代特征和大众化教育及学分制管理要求的人才培养模式,优化了专业教育课程体系,提升了学生创新能力、创业能力和实践能力的培养能力。

2013年,申报1个普通本科专业;评定2个校级品牌专业;获批4个自治区级品牌专业;获批1个"本科教学工程"地方高校第一批国家级专业综合改革试点项目(《动物医学专业》)。

内蒙古农业大学2013年推荐自治区品牌专业汇总表

排序	专业名称	专业负责人	类别	一级学科	二级学科
1	测绘工程	王耀强	本科	工学	测绘类
2	工商管理	乔光华	本科	管理学	工商管理类
3	交通运输	戚春华	本科	工学	交通运输类
4	会计	郭海清	高职	财经大类	财务会计类

截至2013年年底，学校现有40个自治区品牌专业。这对优势专业群的形成、科学研究的推动、创新人才的培养发挥了重要作用，有效保护和加强了基础学科专业，促进了相关学科专业的发展。

【特色专业】学校现有7个国家级特色专业建设点，1个国家级"人才培养模式创新试验区"，1个国家"专业综合改革试点"项目。

【精品课程】学校注重理论联系实际，力求更新教学内容，优化知识结构，提高学生动手能力，课程建设取得显著成效。2013年，评定立项校级精品课程建设项目11门；获批自治区级精品课程8门。

内蒙古农业大学2013年校级"精品课程"建设项目一览表

序号	课程名称	教学单位	课程负责人
1	电力电子技术	机电工程学院	宗哲英
2	机械制造工艺学	机电工程学院	李旭英
3	水利水电工程概预算	水利与土木建筑工程学院	杨树青
4	水工钢筋混凝土结构学	水利与土木建筑工程学院	魏占民
5	建筑材料	水利与土木建筑工程学院	李东方
6	水工建筑物	水利与土木建筑工程学院	牟献友
7	水利工程经济	水利与土木建筑工程学院	王永康
8	编译方法	计算机与信息工程学院	董改芳
9	网络操作系统与管理	计算机与信息工程学院	白戈力
10	植物病虫害防治	职业技术学院	张富荣
11	3DMAX	职业技术学院	吴珊丹

内蒙古农业大学2013年推荐自治区级"精品课程"建设项目汇总表

排序	课程名称	负责人	类别	一级学科	二级学科
1	汽车构造	王春光	本科	工学	机械类
2	家畜环境卫生学	史彬林	本科	农学	动物生产类
3	汽车电子技术	厚福祥	本科	工学	机械类
4	工程力学	白英	本科	工学	工程力学类
5	工程水文学	朱仲元	本科	工学	水利类
6	有机化学	孙景琦	本科	理学	化学类
7	道路工程	梁鸿	本科	工学	交通运输类
8	材料力学	胡敏	高职	土建大类	土建施工类

截至2013年年底，学校共有校级精品课程208门，自治区级精品课程72门，国家级精品课程5门；2门课入选"国家级精品资源共享课立项项目"。

【省部级资源共享课程】学校现有2门课入选"国家级精品资源共享课立项项目"，《家畜育种学》已在教育部"爱课程网"上线。

【教材建设】学校始终重视编写和使用高质量教材。迄今，共获优秀教材奖32项，其中国家级一等奖3项(蒙2)、国家级二等奖7项(蒙7)、国家级三等奖1项(蒙1)、国家级精品教材奖1项，中华科教基金奖7项；自治区级一等奖4项(蒙2)、自治区级二等奖5项、自治区级三等奖4项。2013年，主编省部级"十二五"规划教材15种;选用近三年出版规划教材达90%,使用优秀教材100余种;引进原版教材37种,共3570册;发放教材357398册,生均15册。

2013年度内蒙古农业大学教师编写教材目录

序号	教材名称	主编	参编	文字	出版社	出版时间	版次	千字数	备注
1	结构力学	申向东		汉	中国水利水电出版社	2013.1	1	544	十二五规划
2	VB程序设计学习辅导与上机实验	刘霞		汉	中国农业出版社	2013.8	1	270	十二五规划
3	道路工程检测技术	张雁		汉	中国林业出版社	2013.2	1	416	十二五规划
4	管理学原理	赵元凤		汉	中国农业出版社	2013.8	1	378	十二五规划
5	有机化学	孙景琦		汉	中国农业出版社	2013.7	1	462	十二五规划
6	大学物理学	闫祖威		汉	中国农业出版社	2013.12	1	493	十二五规划
7	大学物理实验(二)	姚虹		汉	中国农业出版社	2013.4	2	355	十二五规划
8	金融学基础	孟凡杰		汉	中国农业出版社	2013.7	1	450	十二五规划
9	概率论与数理统计学习指导	苏金梅		汉	中国农业出版社	2013.12	2	235	十二五规划
10	荒漠化监测	高永		汉	气象出版社	2013.6	1	301	十二五规划
11	经济动物生产学		张玉	汉	中国农业出版社	2013	1	493	十二五规划
12	广告学		冯静蕾(副主编)	汉	清华大学出版社	2013.4	1	462	十二五规划
13	土力学与地基基础		李为萍(副主编)	汉	中国农业出版社	2013.8	1	485	
14	社会工作概论	康俊英		汉	内蒙古大学出版社	2013.9	1	425	
15	农牧业合作经济学	根锁		蒙	内蒙古大学出版社	2013.9	1	156	
16	线性代数	王勋		蒙	内蒙古大学出版社	2013.9	1	206	
17	新编高校军事理论教程	侯晨曦		汉	国家行政学院出版社	2013.8	1	200	
18	计量经济学实验指导	苏金梅		汉	自编	2013.5	1	168	
19	桥梁工程课程设计指导书	周海龙		汉	自编	2013.9	1	96	
20	造林工程质量管理	韩胜利		汉	自编	2013.7	2	235	
21	专业英语选编	动科院		英	自编	2013.6	1	130	

续表

序号	教材名称	主编	参编	文字	出版社	出版时间	版次	千字数	备注
22	饲料配方设计	王海荣		汉	自编	2013.4	1	310	
23	饲料质量管理与控制	闫素梅		汉	自编	2013.4	1	436	
24	电路原理实验指导书	葛延		汉	自编	2013.4	2	84.5	
25	新标准俄语	薛世彪		俄	自编	2013.3	1	420	
26	车辆工程专业实验指导	张忱		汉	自编	2013.1	1	96	
27	电子线路EDA设计实验指导	宣传忠		汉	自编	2013.1	1	114	
28	遥感与土地资源监测实验指导	包亮		汉	自编	2013.1	1	154	
29	公路工程施工招投标	张雁		汉	自编	2013.12	1	180	
30	试验设计	苏金梅		汉	自编	2013.12	1	312	
31	现代马业科学	芒来		汉	自编	2013.12	1	429	

【民族教育】2013年，校本部在33个专业开展民族教育，其中有14个本科专业开设蒙汉双语授课班，20个专业开设民族预科班并进行后续本科教育。共有蒙古语授课在校生2863人（含民族预科生261人），占在校生的10.34%。

对于蒙古语授课少数民族学生，学校采取了"单独编班，蒙汉双语授课，配发蒙汉两种文字教材，加大10%的授课学时，实施外语、计算机、汉语文长线教育"等措施，教育教学过程充分体现了"以人为本，因材施教"的教育理念，实现了"蒙汉兼通专业人才"的培养目标。学校教改项目《草原畜牧业蒙汉兼通专业人才培养模式的探索与实践》获第六届国家级教学成果二等奖。

内蒙古农业大学蒙汉双语授课专业一览表

专业代码	专业名称	学科门类	所在学院
090301	动物科学	农学	动物科学学院
090401	动物医学	农学	兽医学院
090402	动物药学	农学	兽医学院
090501	林学	农学	林学院
090502	园林	农学	林学院
090503	森林保护	农学	林学院
090701	草业科学	农学	生态环境学院
090201	农业资源与环境	农学	生态环境学院
082302	农业机械化及其自动化	工学	机电工程学院
110401	农林经济管理	管理学	经济管理学院
082701	食品科学与工程	工学	食品科学与工程学院
110301	行政管理	管理学	人文社会科学学院
030302	社会工作	法学	人文社会科学学院

【英汉双语教学】学校以"英汉"双语教学为教学改革的重点,积极探索和实践新的教学体系。2013年,全校18个双语专业31个班共招收"英汉"双语授课学生873人,使"英汉"双语授课专业、班级及在校生分别达14个、125个和3181名。近几年来,学校聘请202名外教授课的同时,选派91名教师到国外交流,学习先进教育理念和教学方法。目前,已有75名教师获得双语授课资格认定。通过"英汉"双语教学,加强了学生外语交流能力,开阔了学生的视野。

内蒙古农业大学英汉双语授课专业一览表

代码	专业名称	学科门类	所属院系
130504S	产品设计S	艺术学	材料科学与艺术设计学院
082402S	木材科学与工程S	工学	材料科学与艺术设计学院
090301S	动物科学S	农学	动物科学学院
080207S	车辆工程S	工学	机电工程学院
080901S	计算机科学与技术S	工学	计算机与信息工程学院
080902S	软件工程S	工学	计算机与信息工程学院
080903S	网络工程S	工学	计算机与信息工程学院
020301KS	金融学S	经济学	经济管理学院
120301S	农林经济管理S	管理学	经济管理学院
090502S	园林S	农学	林学院
090101S	农学S	农学	农学院
090102S	园艺S	农学	农学院
030101KS	法学S	法学	人文社会科学学院
071002S	生物技术S	理学	生命科学学院
071001S	生物科学S	理学	生命科学学院
090701S	草业科学S	农学	生态环境学院
082701S	食品科学与工程S	工学	食品科学与工程学院
090403TS	动植物检疫S	农学	兽医学院
082305S	农业水利工程S	工学	水利与土木建筑工程学院

【本科教学质量工程】2013年4月19日,为贯彻落实《教育部财政部关于"十二五"期间实施"高等学校本科教学质量与教学改革工程"的意见》(教高〔2011〕6号)文件精神,加强教学质量工程项目的各项建设,深化教育教学改革,有的放矢地解决问题,有效提高人才培养质量,学校印发《关于申报2013年校级精品课程、教学团队、品牌专业和教育教学改革研究项目的通知》(内农大教字〔2013〕9号),继续组织开展了精品课程、教学团队、品牌专业和教育教学改革研究选题申报工作,收到显著效果。

2013年7月1日,学校下发《关于批准2013年校级教育教学改革研究项目的通知》(内农大教字〔2013〕25号),批准了《羊生产学》蒙语授课传统教学与多媒体教学效果研究"等54个教育教学改革与研究项目立项,并资助经费15万元,给予了有力的支撑;获批内蒙古高等学校公共课教学改革科学研究项目8项;实践教学改革研究项目"适应现代教育的植物分类学实践教学模式的探索"获批自治区级立项。

内蒙古农业大学2013年教育教学改革研究项目一览表

项目编号	项目名称	主持人	所在单位	经费(元)
JG-201301	《羊生产学》蒙语授课传统教学与多媒体教学效果研究	满达	动物科学学院	3000
JG-201302	学分制模式下兽医药理学实验教学的改进与实践	关红	兽医学院	3000
JG-201303	学分制模式下《兽医药理学》课程的教学改革探索	何秀玲	兽医学院	3000
JG-201304	动物组织学实践教学方法改革研究	王秀梅	兽医学院	3000
JG-201305	蒙古文兽医专业名词术语的统一和规范化研究与实践	都格尔斯仁	兽医学院	3000
JG-201306	内蒙古农业大学实施二级教学督导制的探索与实践	李培锋	兽医学院	3000
JG-201307	基于果园模拟承包管理模式下以实践、创新和创业能力培养为核心的园艺专业实践教学模式初探	刘艳	农学院	3000
JG-201308	内蒙古植物病害菌种资源平台的建设	周洪友	农学院	3000
JG-201309	林木遗传育种实验室开放及管理模式的探讨	张胜利	林学院	3000
JG-201310	城市生态学课程双语教学与改革研究	马秀枝	林学院	3000
JG-201311	学分制教学模式下林学专业实践教学改革的研究	岳永杰	林学院	3000
JG-201312	学分制教学模式下利用项目式教学法进行工业产品设计类课程的改革与实践	孙芊芊	机电工程学院	3000
JG-201313	基于校园网的毕业设计信息化管理系统研究	张海军	机电工程学院	3000
JG-201314	《汽车设计》课程教学方法改革的研究与实践	薛晶	机电工程学院	3000
JG-201315	《汽车故障检测与诊断技术》课程项目式教学方法的探究	闫建国	机电工程学院	3000
JG-201316	学分制下机械类专业中自动化类课程体系及教学内容的研究	李海军	机电工程学院	3000
JG-201317	《自动控制原理》双语教学改革的研究与实践	张春慧	机电工程学院	3000
JG-201318	地方农林院校工程力学教学内容与方法的改革与实践	申向东	水利与土木建筑工程学院	3000

续表

项目编号	项目名称	主持人	所在单位	经费(元)
JG-201319	学分制教学管理制度下的农业水利工程人才培养模式的研究与实践	黄永江	水利与土木建筑工程学院	3000
JG-201320	地理信息系统课程实践教学模式研究	白燕英	水利与土木建筑工程学院	3000
JG-201321	关于加强校企合作"联合共建"家具设计专业人才培养实践基地的研究与探索	王瑞浩	材料科学与艺术设计学院	3000
JG-201322	《畜牧业经济管理》课程考试改革探索	宝音都仍	经济管理学院	3000
JG-201323	基于创新能力培养的工商管理专业实践教学研究	侯国庆	经济管理学院	3000
JG-201324	基于学分制的《包装结构设计》课程教学改革的探索与实践	成培芳	食品科学与工程学院	3000
JG-201325	学分制教学模式下课程平台的构建	刘江平	计算机与信息工程学院	3000
JG-201326	《编译方法》双语教学方法的研究与实践	董改芳	计算机与信息工程学院	3000
JG-201327	基于移动学习模式的教学信息反馈系统的研究与实践	倪小钢	计算机与信息工程学院	3000
JG-201328	学分制教学模式下动物生理学教学改革的研究	孟凡华	生命科学学院	3000
JG-201329	基因工程课程双语教学的探索与实践	郭慧琴	生命科学学院	3000
JG-201330	生物化学双语授课教学内容、方法及手段的研究探索	丛靖宇	生命科学学院	3000
JG-201331	学分制下制药工程(生物)专业实践教学方案改革研究	巩 培	生命科学学院	3000
JG-201332	课外监督机制在双语生英语泛读"零课时"中的应用研究	刘波涛	外国语言学院	3000
JG-201333	英汉双语专业学生视听说语言应用能力培养及提高的研究与实践	李 剑	外国语言学院	3000
JG-201334	将图式理论应用于《新标准大学英语——读写教程》教学的实证研究	刘海红	外国语言学院	3000
JG-201335	学分制教学模式下电子科学与技术专业实践教学体制改革的研究与实践	白海平	理学院	3000

续表

项目编号	项目名称	主持人	所在单位	经费(元)
JG-201336	学分制下物理化学实验课程改革的研究	高学艺	理学院	3000
JG-201337	基于双教务系统下学院大课表的制作与管理	吕世杰	理学院	3000
JG-201338	学分制模式下《普通物理学》课程教学体系改革的研究与实践	王 焕	理学院	3000
JG-201339	学分制教学改革后实验室开放的研究与探索	杨秋林	理学院	3000
JG-201340	内蒙古农业大学普通化学双语教学的改革探索	赵智宏	理学院	3000
JG-201341	完全学分制对学生创新能力培养的研究	张 捷	能源与交通工程学院	3000
JG-201342	学分制下对我校体育教学改革的研究	杨 静	体育教学部	3000
JG-201343	学分制下内蒙古农业大学体育选项课教学管理模式改革的研究	刘向应	体育教学部	3000
JG-201344	学分制教学模式下内蒙古农业大学体育教学质量评价指标体系的构建研究	张海茹	体育教学部	3000
JG-201345	关于在内蒙古农业大学开展健身气功课的可行性研究	郭 河	体育教学部	3000
JG-201346	音乐审美教育在大学生人文素质教育中的地位和作用研究	高宏宇	马克思主义教学研究部	3000
JG-201347	提高中外合作办学项目学生英语听说能力之研究与实践	刘翠兰	国际教育学院	3000
JG-201348	内蒙古农业大学实施学分制改革学生学习情况调查研究	王治国	教务处	3000
JG-201349	优质教育资源整合与共享机制研究	田 军	教务处	3000
JG-201350	网络时代区域图书馆信息资源共享创新研究	左 卉	图书馆	3000
JG-201351	"基于工作过程"专业课程教学模式的研究与探索——以《种子检验与储藏加工》课程为例	黄修梅	职业技术学院	3000
JG-201352	"案例—理论—概念"法在数据库系统原理中的应用	闫 凤	职业技术学院	3000
JG-201353	学分制教学模式下经济数学课程整合的研究与实践	梁显丽	职业技术学院	3000
JG-201354	项目驱动下《市场调查与预测》教学资源整合问题研究	张美艳	职业技术学院	3000

【质量监控】通过校院领导深入课堂一线听课和学生评教,加强了教学过程的监控;学校教学质量评价部门及时反馈评价结果,督促教师重视课堂教学,努力提高教学水平和教学质量。2013年,对全校19个院(部)组织开展了期初、期中教学检查,保证了教学整体平稳有序进行;组织教学督导组累计听课318人次;抽查试卷39套,评选优秀试卷18套,抽查毕业论文(设计)49套;组织安排了2次大学英语四六级考试巡查和组织2次期末考试督导组巡考,巡考3200余场次;组织召开教学督导组会议20次,对督导工作做了及时总结和反馈;组织学生网上评教工作,对两个学期学生评教的40余万条数据进行了及时的分析、处理和发布;评价办采编教学质量工程信息,印发了教学督导简报4期。

【状态分析】2013年,学校对本科教学基本状态数据采集,并根据数据及日常工作进行本科教学质量分析。主要包括:师资队伍中青年教师导师制执行情况,新教师岗前培训及上岗情况,外聘教师授课情况;教学研究活动中教研室发挥作用情况,开展教学研讨及集体备课情况,开展互相观摩听课情况,质量工程项目建设进展情况,教学改革与研究成果的应用情况;专业建设中人才培养目标与定位符合度,课程体系设置的合理性,通识教育课程与专业教育课程的设置情况;课程建设中教学大纲和教学内容的更新情况,课程体系中课程之间内容和知识点的衔接情况;教学计划的执行和日常教学工作运行情况;实践教学环节的实施情况,毕业实习的组织及毕业论文(设计)的管理情况,实习、社会实践质量及校内外实习、实践基地使用情况;教室、实验室满足教学情况;教风学风方面教师师德与敬业精神及其课堂教学效果,班主任或班级导师作用发挥情况,学生自我约束能力及其表现情况等。

【质量改进】学校党委决定2013年为"教学质量管理年",并以学分制改革为突破口,以教学过程管理为基础,以课堂教学为基本环节,以提高教师教学能力和提升学生学习动力为重点,以提高教育教学水平和人才培养质量为目标,通过制定和实施《内蒙古农业大学"教学质量管理年"实施方案》,组织各教学单位密切结合本单位的实际,开展了"严肃上课纪律""杜绝上课使用手机""规范多媒体使用"和"提高课堂教学质量"等专项治理。从而,使教风和学风大有好转,遏制了学生大面积不及格的现象。

学校以课堂教学能力和实践教学能力为重点,在对全校中青年教师的教学能力进行了一次分门别类的摸底,找准薄弱环节和薄弱群体的基础上,制定了《内蒙古农业大学教师教学能力提升计划》,并以院(部)为单位实施了教师课堂教学能力提升措施和教师实践教学能力提升措施,各学院以教研室为单位组织开展了"观摩教学""说课"和"互评"等活动,在全校营造了中青年教师努力提高教训能力的氛围。

学校组织了与"2012版人才培养方案"相配套的"2013版课程教学大纲"的修订工作。坚持"优化教学内容,强化专业技能,创新培养模式"的原则,以"突出实践教学环节、两课也要实践,学科基础课要为专业服务、宽窄深浅要适度,专业基础课要宽厚实,专业课要内涵丰富、外延拓展"等思想为指导,以"适应和满足多类型、多层次、多规格培养人才"为总的要求,对全校各类课程教学大纲进行了全面的修订,对课程教学内容进行了科学选择和逻辑组合,对专业教育课程体系、教学内容、授课学时、授课方式及考核方式等进行了整体的优化,达到了优化教学内容、强化专业技能、创新培养模式的目的。

学校组织实施了考试制度改革和诚信考试、诚信教育,在2012、2013级全面实施,高年级班级有选择地实施。考试制度的改革,对于调动学生的学习主动性发挥了积极的作用。诚信考试和诚信教育的实施,在全校学生中引起了强烈反响,每学期都有上万名学生自愿签订诚信考试协议,考风考纪,面貌一新,成效显著。

学校组织进行了学年学业审查和学籍处理,对1377名学生进行了学业警告,37名退学学生试读处理及19名学生进行了退学处理。

【质量成效】学校以校级质量项目建设为基础,构建了学校、自治区、国家三级的质量工程建设体系,开展质量工程项目建设工作扎实有效。各级"质量工程"项目建设,通过全程监控管理,已形成了有效的工作机制和管理规范,保证了质量工程的实施效果。

截至2013年,共获得国家级"质量工程"项目19项,自治区"质量工程"项目161项,位居全区高校前列。立项建设校级"质量工程"项目339项。

内蒙古农业大学"质量工程"项目汇总表

项目类型	自治区级(省部级)		国家级	
	总数	2013年新增数	总数	2013年新增数
教学团队	16	2	1	
教学名师奖	21	2	1	
教坛新秀奖	12	1		
精品课程	72	6	5	
实验教学示范中心	8	1		
品牌专业	40			
专业综合改革试点	1	1		
特色专业建设点			7	
获奖教材	13		19	
人才培养模式创新实验区			1	
大学生校外实践教育基地建设项目				
农科教合作人才培养基地			1	
优质精品课程	4			
国家精品资源共享课程			2	1
自治区重点建设专业	3	3		
国家规划教材			95	
国家级重点教材			7	
教育部面向21世纪课程教材			42	
国家百门精品课程教材			1	
中华科教基金奖			2	
教学成果奖	59	12	8	
国家级野外观测站			1	
教育部省部共建重点实验室			2	
国家林业局重点实验室			1	
自治区重点实验室	8			
自治区工程技术中心	3			
高校重点实验室	2			
自治区人文社科基地	2			
自治区高校重点实验室(工程研究中心)培育基地	2			
教育部科技创新团队			1	
自治区候选科技创新团队	7			
大学生文化素质教育基地			1	
教育部教学工作水平评估优秀			2	
全国普通高等学校优秀教务处			2	

【教学成果】2013年,为鼓励广大教师开展教育教学研究、改革与创新,奖励在教育教学工作中重大成就者,学校组织开展了四年一届的教学成果评奖工作,通过积极组织申报和遴选评审,评选出校级教学成果奖一等奖27项,二等奖35项。根据《关于做好2013年高等教育自治区级教学成果奖励工作的预通知》(内教高函〔2013〕78号)精神,2013年12月18日,学校向内蒙古自治区教育厅打了《关于推荐2013年高等教育自治区级教学成果奖励的报告》(内农大教字〔2013〕45号),择优推荐本科教学成果11项、高职教学成果2项,参加内蒙古自治区教学成果奖励评审(见附表)。

内蒙古农业大学2013年高等教育自治区级教学成果奖推荐排序（本科）

排序	推荐成果名称	成果主要完成人	成果科类
1	以引进国外优质教育资源为动力,促进本科教育质量的提高	李畅游　王春光　修长百　张　生　赵萌莉　刘翠兰	管理学
2	创新实习基地建设途径,稳步提高实践教学水平	杜健民　王春光　张　旭　金宝明　高聚林　郝锁柱	农学
3	动物遗传育种教学内容与课程体系的改革与实践	李金泉　赵艳红　张文广　张燕军　苏　蕊	农学
4	农业推广硕士专业学位研究生教育质量保障体系的构建	丁雪华　郭文瑞　王翠兰　孙美霞　张传强	农学
5	大学生幸福感整合教育干预模式创新与实践	侯振虎　侯晨曦　张　文　王永江　庄　霞	思想政治教育
6	创新植物学实验教学体系,构建多元化实验教学模式	燕　玲　贺　晓　李　红　赵淑文　段淳清	农学
7	发挥质量工程作用,助推教育教学水平的提高	王治国　孔令强　李东红　刘汉成　李　艳　田　军	教学管理
8	基于农林类高等学校的计算机基础教学基本要求的研究和实践	薛河儒　付学良　石瑞峰　刘　霞　白云莉　王　健　李燕华　王德刚	工学
9	突出创新能力培养的水利类专业实验教学仪器研发运行机制及其模式研究	刘廷玺　霍　星　朱仲元　郝中保　田春元　牟献友　杜丹丹	工学
10	高等农林院校数理化教学质量工程之建设与实践	敖特根　闫祖威　吕　雄　许　辉　李凤敏　苏金梅　布和额日敦　米智勇　吕世杰	理学
11	运用"实战模拟"的实践教学方法强化艺术设计专业创新人才培养的研究	王瑞浩　毕力格巴图　李　政　魏汉夫　王俊峰	艺术学

内蒙古农业大学2013年高等教育自治区级教学成果奖推荐排序（高职）

排序	推荐成果名称	成果主要完成人	成果科类
1	高职院校教学质量提升关键要素集成的研究与实践	冯贵宗　王　耀　刘金泉　郭海清　冯雪彬	综合研究
2	高职教育"实践导向、阶梯培养"双师型教师队伍建设模式的创新与实践	王　耀　张玉香　王寿东　鲁富宽　程显生	综合研究

研究生教育教学

【学位与研究生教育工作概述】内蒙古农业大学研究生教育始于20世纪60年代,1979年恢复研究生招生,1981年被国务院学位委员会批准为首批硕士学位授予权,1993年获得博士学位授予单位。学校的研究生德育培养目标是"保障学生身心健康,促进学生德、智、体、美全面发展"。硕士研究生学术培养目标是在本门学科领域掌握坚实的基础理论和系统的专门知识,具有从事科学研究工作或独立担负专门技术工作的能力;博士研究生学术培养目标是在本门学科领域掌握坚实的基础理论和系统深入的专门知识,具有独立从事科学研究工作的能力,能够在科学或专门技术上做出创造性的成果。

2013年在校博士研究生和硕士研究生人数共计3799人。其中,博士研究生429人,硕士研究生3370人。硕士研究生中,全日制学术型硕士研究生1482人,全日制专业学位硕士研究生526人,非全日制专业学位研究生1362人。

2013年学校共招收博士研究生和硕士研究生1307人。其中,博士研究生109人,硕士研究生1198人。录取的硕士研究生中,全日制学术型硕士研究生497人,全日制专业学位硕士研究生278人;非全日制专业学位研究生423人。

2013年学校共有研究生导师431人,其中博士生导师126人(含联合培养导师10人),硕士生导师429人(含联合培养导师27人)。2013年学校博士研究生和硕士研究生的生师比分别是3.4∶1和4.7∶1。

研究生导师中,具有国家专家称谓的导师有88人。其中,有"新世纪百千万人才工程"国家级人选6人,全国教学名师、全国师德标兵、长江学者特聘教授、国家杰青及中国青年女科学家各1人,教育部新世纪优秀人才资助计划6人,教育部科技创新团队2个,教育部教学团队3个。享受国务院特殊津贴68人,全国"优秀科技工作者"3人,自治区五一劳动奖章获得者1人。获得自治区专家称谓和省部级及其以上级别荣誉称号的导师有177人。其中,自治区"333人才引进工程"首席专家3人,自治区"321人才工程"第一、第二、三层次人选21人,自治区"111人才工程"第一、第二、第三层次人选87人,自治区优秀研究生导师7人,自治区级教学名师17人,自治区级优秀教师11人,自治区优秀科技工作者5人,自治区深入生产第一线做出突出贡献的科技人员15人,列入自治区优秀学科带头人支持计划2人,入选自治区草原英才工程人选51人,自治区有突出贡献的中青年专家40人,自治区产业创新创业团队16个。

学校研究生的规定学制为:博士研究生3年,最长期限为6年;学术型硕士研究生3年,最长期限为5年;全日制专业硕士学位研究生2年,最长期限为3年。2013年学校毕业博士95名,授予博士学位98名;毕业硕士542名,授予硕士学位790名,学术型硕士学位369名,授予全日制型专业硕士学位178名,在职全日制专业学位研究生,2013年授予学位243人。

学校实行博士学位论文校外专家盲审制度,盲审通过率为88.6%;全日制硕士学位论文校内与校外盲审通过率是99.7%,非全日制专业学位论文外校盲审通过率为84%。学校12篇校级优秀博士学位论文和35篇校级优秀硕士学位论文参加自治区优秀学位论文评选,其中,入选自治区优秀博士学位论文3篇,自治区优秀硕士学位论文17篇。推荐了2篇博士学位论文参加全国优秀博士论文评选。2013年国家教育部抽查的11篇博士学位论文全部合格。

2013年学校有62名研究生获得了国家奖学金。

内蒙古农业大学博士后科研流动站一览表

序号	名称	批准时间
1	畜牧学	2001 年
2	农业工程	2003 年
3	林学	2007 年
4	兽医学	2009 年
5	草学	2012 年
6	生物学	2012 年

内蒙古农业大学授予博士学位一级学科目录

序号	一级学科代码	一级学科名称	批准时间
1	0710	生物学	2011 年
2	0713	生态学	2011 年
3	0828	农业工程	2003 年
4	0829	林业工程	2006 年
5	0832	食品科学与工程	2011 年
6	0901	作物学	2006 年
7	0905	畜牧学	2000 年
8	0906	兽医学	2003 年
9	0907	林学	2006 年
10	0909	草学	2011 年
11	1203	农林经济管理	2011 年

内蒙古农业大学授予博士学位二级学科目录

序号	一级学科代码	一级学科名称	二级学科代码	二级学科名称	批准时间
1	0902	园艺学	090202	蔬菜学	2006 年
2	0903	农业资源与环境	090301	土壤学	2006 年

内蒙古农业大学授予硕士学位一级学科目录

序号	一级学科代码	一级学科名称	批准时间
1	0202	应用经济学	2011 年
2	0710	生物学	2006 年
3	0713	生态学	2011 年
4	0802	机械工程	2011 年
5	0812	计算机科学与技术	2011 年
6	0815	水利工程	2011 年
7	0828	农业工程	2003 年
8	0829	林业工程	2006 年
9	0832	食品科学与工程	2006 年
10	0834	风景园林学	2011 年
11	0835	软件工程	2011 年
12	0901	作物学	2006 年
13	0902	园艺学	2006 年
14	0903	农业资源与环境	2006 年
15	0904	植物保护	2011 年
16	0905	畜牧学	2000 年
17	0906	兽医学	2003 年
18	0907	林学	2006 年
19	0909	草学	2011 年
20	1201	管理科学与工程	2006 年
21	1202	工商管理	2011 年
22	1203	农林经济管理	2006 年
23	1204	公共管理	2011 年

内蒙古农业大学授予硕士学位二级学科目录

序号	一级学科代码	一级学科名称	二级学科代码	二级学科名称	批准时间
1	0305	马克思主义理论	030501	马克思主义基本原理	2006 年
2	0305	马克思主义理论	030505	思想政治教育	2006 年
3	0805	材料科学与工程	080503	材料加工工程	2003 年
4	0814	土木工程	081402	结构工程	2006 年
5	0814	土木工程	081403	市政工程	2006 年
6	0822	轻工技术与工程	082203	发酵工程	2003 年
7	1305	设计学	1305L1	设计艺术学	2006 年

内蒙古农业大学目录外增设学科目录

序号	学科门类	一级学科名称	增设学科名称	授权点类别
1	经济学	应用经济学	经济数学	硕士点
2	工学	水利工程	水利信息与测绘技术	硕士点
3	工学	农业工程	农业信息技术	博士硕士点
4	工学	农业工程	农业水资源利用与保护	博士硕士点
5	工学	农业工程	农业水利工程	博士硕士点
6	农学	作物学	种子科学与技术	博士硕士点
7	农学	作物学	作物保护学	博士硕士点
8	农学	园艺学	观赏园艺	硕士点
9	农学	畜牧学	动物生产学	博士硕士点

内蒙古农业大学专业学位授权点目录

序号	学位类别（代码）	专业领域（代码）	批准时间
1	工程硕士（0852）	机械工程	2010 年
2		材料工程	2010 年
3		水利工程	2009 年
4		轻工技术与工程	2009 年
5		农业工程	2004 年
6		林业工程	2005 年
7		食品工程	2005 年
8		生物工程	2009 年
9		项目管理	2010 年
10	农业硕士（0951）	作物	2000 年
11		园艺	2001 年
12		农业资源利用	2001 年
13		植物保护	2001 年
14		养殖	2000 年
15		草业	2005 年
16		林业	2002 年
17		种业	2010 年
18		农村与区域发展	2004 年
19		农业科技组织与服务	2006 年
20		农业信息化	2006 年
21		渔业	2011 年
22		设施农业	2010 年
23		食品加工与安全	2006 年
24	兽医硕士	兽医	2000 年
25	风景园林硕士	风景园林	2010 年
26	林业硕士	林业	2010 年
27	公共管理硕士	公共管理	2010 年

博士研究生指导教师名单

学科名称	博士研究生指导教师
生物学	周欢敏、张焱如、韩　冰、李国婧、刘惠荣、万　方、张　峰、王瑞刚、冯福应、王茅雁、张少英、樊明寿、闫祖威
生态学	周　梅、邬建国、沃特威尔斯、韩国栋、赵萌莉
农业工程	武　佩、王春光、张　强、杜文亮、赵满全、杜健民、姬宝霖、陈　智、史海滨、申向东、魏占民、屈忠义、高占义、李畅游、刘廷玺、朱仲元、裴国霞、薛河儒、付学良、高　静
林业工程	王喜明、安　珍、黄金田、朱守林、戚春华
食品科学与工程	张和平、张美莉、贺银凤、董同力嘎、靳　烨、格日勒图、孙天松、孟和毕力格、吉日木图
作物学	陈　勤、庞保平、赵　君、康　乐、逯晓萍、侯建华、于　卓、高聚林、官春云、蒙美莲、张永平、刘景辉
畜牧学	敖日格乐、史彬林、李金泉、芒　来、娜仁花、张家新、张文广、侯先志、敖长金、闫素梅、王加启
兽医学	李培锋、曹贵方、王凤龙、王纯洁、刘淑英、曹金山、杨银凤、李云章、杨　英、巴音吉日嘎拉、贾幼陵、杨晓野、郝永清、夏威柱、呼和巴特尔、韩润林
林学	白淑兰、张国盛、段立清、张秋良、安慧君、闫　伟、王林和、姚云峰、高　永、汪　季、刘　静、李钢铁、刘果厚、周材权
草学	李青丰、卫智军、米富贵、武晓东、贾玉山、王明玖、石凤翎、宛　涛
农林经济管理	包庆丰、盖志毅、修长百、张心灵、乔光华、李主其、赵元凤
蔬菜学	云兴福、郝丽珍、崔世茂、李连国
土壤学	李跃进、索全义

硕士研究生指导教师名单

指导学科	硕士研究生指导教师
应用经济学	赵益平、张建成、刘亚钊、黄先俊、根　锁、张　立、姚凤桐、杜富林、张彩琴、苏金梅
生物学	周欢敏、张焱如、张　立、刘迎春、曹俊伟、张子义、张　峰、魏建民、王玉珍、王瑞刚、王桂花、万　方、刘惠荣、李国婧、丛靖宇、闫祖威、李凤敏、冯永娥、包　锦、宝力德、赵国芬、姚庆智、冯福应、韩　冰、尹　俊、杨　燕、王茅雁、白　薇、张少英、张力君、田自华、史树德、樊明寿、阿木古楞、
生态学	周　梅、赵萌莉、张　昊、岳永杰、邹建国、王明玖、蒙　荣、马秀枝、刘瑞香、李青丰、高润宏、沃特·威尔斯
机械工程	张　永、郁志宏、张　云、塔　娜、高　雄、杜文亮、杜健民、卜乐平
计算机科学与技术	薛河儒、付学良、潘　新、周根宝
水利工程	邹春霞、申向东、李晓丽、李　平、刘全明、李瑞平、张志澍、牟献友、郝拉柱、张圣微、张　生、贾德彬、马　龙、刘小燕、贾克力、郭中小、魏永富、朱仲元、刘廷玺、李畅游、冀鸿兰、高瑞忠
农业工程	钱珊珠、李海军、郭　永、毕玉革、武　佩、赵士杰、赵满全、张　强、吴桂芳、王　芳、王春光、田海清、刘伟峰、李　林、李旭英、姬宝霖、韩巧丽、杨树清、魏占民、史海滨、屈忠义、吕志远、李仙岳、李和平、何京丽、郭克贞、高占义、陈　智
林业工程	王　丽、盛显良、张明辉、张桂兰、于建芳、王雅梅、王　欣、冯利群、多化琼、安　珍、王喜明、朱守林、张　雁、王国忠、戚春华、梁　鸿、高明星
食品科学与工程	张美莉、包小兰、赵丽芹、赵丽华、张和平、张凤梅、杨晓清、杨　军、孙文秀、萨丽娜、李正英、吉日木图、白英、贺银凤、韩育梅、范贵生、董同力嘎、张智武、高爱武、殷文政、邢黎明、吴　敬、王俊国、双　全、陈霞、乌云达来、孟和毕力格、李少英、靳　烨、郭　军、格日勒图、云占友
风景园林学	张秀卿、韩　轶、张鸿翎、段广德
软件工程	李美安、高　静
作物学	武俊英、盛晋华、陈　勤、康　乐、张　辉、王树彦、齐冰洁、马艳红、马　庆、逯晓萍、侯建华、何丽君、白　晨、于　卓、郭世华、赵沛义、张永平、张　胜、张润生、王志刚、孙继颖、蒙美莲、李立军、高聚林、官春云、刘景辉
园艺学	李晓燕、贺学勤、郭金丽、白瑞琴、马　强、刘志华、刘　艳、李连国、樊　丽、云兴福、王　萍、石　岭、霍秀文、郝丽珍、崔世茂
农业资源与环境	钟志梅、许　辉、王克冰、代红光、安丽平、张伟华、魏江生、李跃进、红　梅、包　翔、郑海春、乌　恩、李　斐、索全义、妥德宝、敖特根巴雅尔
植物保护	郑红丽、李海萍、赵建兴、史　丽、孟瑞霞、郝树光、白全江、段立清、庞保平、景　岚、胡　俊、陈立红、周洪友、赵　君

续表

指导学科	硕士研究生指导教师
畜牧学	张志刚、张　玉、张润厚、双　金、史彬林、齐景伟、娜仁花(小)、高爱琴、敖日格乐、安玉君、刘海涛、郑云胜、赵艳红、张燕军、张文广、张家新、娜仁花(大)、李玉荣、赖双英、金　凤、菊林花、芒　来、李金泉、闫素梅、敖长金、王海荣、吐日根白乙拉、李大彪、金　海、霍鲜鲜、胡　明、王加启、侯先志、高　民、高　峰、孙海洲
兽医学	杨银凤、徐晓静、王凤龙、王纯洁、苏布登格日乐、刘淑英、李培锋、李海军、么宏强、曹金山、杜晨光、额尔敦木图、哈斯苏荣、曹贵方、杨　英、吴树清、莫　内、刘俊平、李云章、呼格吉乐图、巴音吉日嘎拉、周雨霞、周伟光、张七斤、杨晓野、杨莲茹、夏威柱、希尼尼根、王晓钧、王　瑞、申之义、刘大程、金山、呼和巴特尔、韩润林、郝永清、关平原、杜雅楠、格日勒图
林学	张文波、张国盛、白玉娥、白淑兰、姜海燕、张　韬、张秋良、张明铁、铁　牛、格日乐、安慧君、叶冬梅、闫　伟、田有亮、方　亮、德永军、左和君、姚云峰、许　丽、王林和、汪　季、罗于洋、刘　静、李钢铁、高　永、崔向新、周材权、燕　玲、刘果厚、李造哲、蓝登明、金　洪、贺　晓、付和平、秦富仓
草学	张　众、占布拉、云　岚、武晓东、卫智军、王俊杰、王建光、王成杰、宛　涛、石凤翎、米福贵、贾玉山、海　棠、格根图、白永飞、敖特根
管理科学与工程	郑喜喜、赵元凤
工商管理	董佳宇、张心灵、刘秀梅、段　跃、乔光华、田　洁、胡尔查
农林经济管理	张　微、孙志宏、包庆丰、修长百、乌云花、刘　英、姜冬梅、宝音都仍
公共管理	张建新、杨慧兰、席锁柱、王利清、郭宝亮、阿茹罕、格日勒图、苏双平、丁雪华、鲍晓艳、盖志毅、张武文、孙紫英、包　亮、阿如旱、孙　旭
马克思主义基本原理	张银花、高丽萍、包　羽
思想政治教育	霍如涛、段兴华
材料加工工程	黄金田、薛振华、李　奇
结构工程	姚占全、王海龙、李红云、韩克平、白　英
市政工程	裴国霞
发酵工程	田瑞华、孙天松、段开红、陈忠军、陈有君
设计艺术学	张欣宏、吴日哲、庞大伟、宁国强、高晓霞、毕力格巴图

2013 年增列的研究生指导教师

博士研究生指导教师：

基础兽医学学科	杨银凤
临床兽医学学科	巴音吉日嘎拉
作物栽培学与耕作学学科	张永平
林木遗传育种学科	张国盛
土壤学学科	索全义
农业生物环境与能源工程学科	陈　智
农业机械化工程学科	赵满全
农产品加工及贮藏工程学科	贺银凤　董同力嘎
食品科学学科	孟和毕力格　吉日木图
农业信息技术学科	薛河儒　付学良　高　静
发育生物学学科	韩　冰
微生物学学科	冯福应
生物化学与分子生物学学科	刘惠荣　张　峰
森林工程学科	戚春华

硕士研究生指导教师：

动物遗传育种与繁殖学科	张燕军
基础兽医学学科	杜晨光
作物栽培学与耕作学学科	王志刚
种子科学与技术学科	武俊英
森林保护学学科	姜海燕
植物营养学学科	李　斐
农业电气化与自动化学科	李海军　毕玉革
农业机械化工程学科	吴桂芳
农业水土工程学科	李仙岳
木材科学与技术学科	王雅梅　于建芳
食品科学学科	王俊国　乌云达来
农产品加工及贮藏工程学科	赵丽华　孙文秀
粮食,油脂及植物蛋白工程学科	包小兰
农业经济管理学科	宝音都仍
生物化学与分子生物学学科	丛靖宇　张子义
发育生物学学科	曹俊伟
农业资源应用化学学科	敖特根巴雅尔　许　辉　王克冰　安丽平　代红光
森林工程学科	高明星
行政管理学科	阿茹罕　王利清　杨慧兰
教育经济与管理学科	鲍晓艳

2013年度优秀博士学位论文名单

序号	学生姓名	专业	导师姓名	奖励类别
1	斯木吉德	090502 动物营养与饲料科学	敖日格乐	校级
2	赵鹏伟	090601 基础兽医学	曹贵方	校级
3	杨 帆	090703 森林保护学	段立清	校级
4	张玉芹	090101 作物栽培学与耕作学	高聚林	校级
5	朱宏登	120301 农业经济管理	李主其	校级
6	郝一男	082902 木材科学与技术	王喜明	校级
7	李立峰	082804 农业电气化与自动化	武 佩	校级
8	姜丽娜	090707 水土保持与荒漠化防治	姚云峰	校级
9	张 东	071008 发育生物学	周欢敏	校级
10	郑和祥	082802 农业水土工程	史海滨	自治区级
11	李慧英	090502 动物营养与饲料科学	闫素梅	自治区级
12	陈永福	083203 农产品加工及贮藏工程	张和平	自治区级

2013年度优秀硕士学位论文名单

序号	学生姓名	专业	导师姓名	奖励类别
1	杨 莹	090704 森林经理学	安慧君	校级
2	韩 慧	090603 临床兽医学	巴音吉日嘎啦	校级
3	王海燕	090101 作物栽培学与耕作学	高聚林	校级
4	叶 君	090101 作物栽培学与耕作学	高聚林	校级
5	于 涛	071010 生物化学与分子生物学	韩 冰	校级
6	刘俊峰	090601 基础兽医学	李培锋	校级
7	周天平	082901 森林工程	梁 鸿	校级
8	张慧芳	120301 农业经济管理	乔光华	校级
9	贾尚华	81402 结构工程	申向东	校级
10	曹雅娴	81402 结构工程	申向东	校级
11	赵育国	090522 动物生产与管理	史彬林	校级
12	刘晓静	090522 动物生产与管理	史彬林	校级
13	斯日古冷	083201 食品科学	孙天松	校级
14	李 伟	082801 农业机械化工程	王春光	校级
15	鲍宏云	090502 动物营养与饲料科学	闫素梅	校级
16	杨朋飞	090502 动物营养与饲料科学	闫素梅	校级
17	王玉杰	090401 植物病理学	赵 君	校级
18	李赛男	120100 管理科学与工程	赵元凤	校级
19	闫 伟	090701 林木遗传育种	白淑兰	自治区级
20	付改玲	090601 基础兽医学	曹金山	自治区级
21	杨志刚	090202 蔬菜学	崔世茂	自治区级
22	陈 伟	080203 机械设计及理论	杜文亮	自治区级
23	李 利	071001 植物学	樊明寿	自治区级
24	高君亮	090707 水土保持与荒漠化防治	高 永	自治区级
25	包文君	030501 马克思主义基本原理	格日勒图	自治区级

续表

序号	学生姓名	专业	导师姓名	奖励类别
26	刘宝玉	090401 植物病理学	胡 俊	自治区级
27	赵宏宇	081203 计算机应用技术	李燕华	自治区级
28	王成龙	090707 水土保持与荒漠化防治	刘 静	自治区级
29	张永亮	090707 水土保持与荒漠化防治	刘 静	自治区级
30	叶俊道	120405 土地资源管理	秦富仓	自治区级
31	高 艳	090503 草业科学	石凤翎	自治区级
32	卿蔓君	083201 食品科学	孙天松	自治区级
33	刘 鑫	082802 农业水土工程	魏占民	自治区级
34	塔 拉	050404 设计艺术学	郑宏奎	自治区级
35	王利利	130500 艺术学	郑宏奎	自治区级

研究生奖学金汇总表
2013年"蒙草抗旱"励志奖学金名单

序号	学院	专业	学号	姓名	性别
1	食品院	食品科学	2011209012	韦 婉	女
2	兽医学院	基础兽医学	2011316003	李 磊	男
3	水建院	水文学及水资源	2011206012	段超宇	女
4	动物科学学院	动物营养与饲料科学	2011301013	生 冉	女
5	动物科学学院	动物营养与饲料科学	2011301008	金 鹿	女
6	动物科学学院	动物遗传育种与繁殖	2011301007	张春强	男
7	经济管理学院	农业经济管理	2013308003	张旭光	男
8	林学院	森林经理学	2011203012	王希平	男
9	机电院	农业电气化与自动化	2011205029	张彩霞	女
10	生态环境学院	草学	2012204054	张颖超	女

2013年BIAD奖学金名单

序号	学院	专业	学号	姓名	性别
1	林学院	风景园林学	2012203057	王硕韬	女
2	林学院	风景园林	2012203021	车晓雨	女
3	动科院	动物生产与管理	2011201039	韦福鑫	男
4	动科院	动物营养与饲料科学	2012301005	陈玉洁	女
5	马克思主义教学研究部	思想政治教育	2011225008	包玉芳	女
6	能源院	森林工程	2011215001	李东彪	男
7	农学院	作物栽培学与耕作学	2011202021	萨如拉	女
8	农学院	蔬菜学	2011202053	苗慧琴	女
9	农学院	农业昆虫与害虫防治	2011202074	李 娜	女
10	农学院	植物病理学	2012202059	张 贵	男
11	生态环境	生态学	2011204006	黄 琛	女

续表

序号	学院	专业	学号	姓名	性别
12	生态环境	土壤学	2011204018	李寅龙	男
13	生态环境	水土保持	2011204052	吕新丰	男
14	生态环境	水土保持	2011204050	胡宁	女
15	食品院	食品科学	2011209003	郭霄	女
16	食品院	农产品加工与贮藏工程	2011209034	任艳	女
17	食品院	食品科学	2011209008	宋晓彬	女
18	生命科学学院	动物发育生物学与生物技术	2011311005	赵瑞媛	女
19	生命科学学院	生物工程	2012211052	武燕	女
20	计算机与信息工程学院	软件工程	2012210009	孟明	女
21	机电工程学院	农业生物环境与能源工程	2011205024	张小志	男
22	机电工程学院	农业机械化工程	2011205020	张德虎	男
23	材料科学与艺术设计学院	材料加工工程	2011207012	赵胜利	女
24	人文社会科学学院	教育经济管理	2011202002	崔雅斌	男
25	水建院	农业水工建筑物	2012306010	王萧萧	女
26	水建院	水工结构工程	2011206025	林艳杰	女
27	水建院	市政工程	2011206005	郭琦	男
28	经济管理学院	农业经济管理	2011308003	胡海川	男
29	经济管理学院	农业经济管理	2011208078	李春梅	女
30	经济管理学院	农业经济管理	2011308005	闫晔	女
31	兽医学院	兽医硕士	2012216062	王专家	男
32	兽医学院	兽医硕士	2012216051	吕天星	男
33	兽医学院	预防兽医学	2011216019	郭东清	女

2013年研究生国家奖学金发放名单

序号	学号	姓名	性别	基层单位
1	2011207008	马淑玲	女	材料科学与艺术设计学院
2	2011207015	苗雅文	女	材料科学与艺术设计学院
3	2010201022	张冬梅	女	动物科学学院
4	2011201003	蔡婷	女	动物科学学院
5	2011201036	任科润	男	动物科学学院
6	2011301009	李俊良	男	动物科学学院
7	2012301003	王志英	女	动物科学学院
8	2011205015	黄炎	男	机电工程学院
9	2011205021	张宁	男	机电工程学院
10	2011205028	温丽萍	女	机电工程学院
11	2012305001	刘海洋	男	机电工程学院
12	2012210010	王芳	女	计算机与信息工程学院
13	2011208005	杨威	男	经济管理学院
14	2011208074	杜培珍	女	经济管理学院
15	2011208076	哈斯	女	经济管理学院
16	2011308002	柴智慧	男	经济管理学院
17	2012208020	韩畅阳	女	经济管理学院

续表

序号	学号	姓名	性别	基层单位
18	2011203007	张 莹	女	林学院
19	2011203013	王晓宏	女	林学院
20	2011203015	张 璐	男	林学院
21	2012303001	王琚钢	男	林学院
22	2011225001	阿拉腾哈斯	女	马克思主义教学研究部
23	2012215014	杨晓蕴	女	能源工程与交通学院
24	2011202026	魏翠果	女	农学院
25	2011202042	于志贤	女	农学院
26	2011202043	张志成	男	农学院
27	2011202049	高兴颖	女	农学院
28	2011202051	刘 微	女	农学院
29	2011302005	于 静	女	农学院
30	2012302003	白健慧	女	农学院
31	2012212009	徐鸿侠	女	人文社会科学学院
32	2012212013	史晓玲	女	人文社会科学学院
33	2011211008	董 博	男	生命科学学院
34	2011211023	王海涛	男	生命科学学院
35	2011211046	张 伟	女	生命科学学院
36	2012211040	孙 琳	女	生命科学学院
37	2012311005	韩晓敏	男	生命科学学院
38	2011204012	于海春	女	生态环境学院
39	2011204029	刘 燕	女	生态环境学院
40	2011204034	王 璐	女	生态环境学院
41	2011204057	肖 芳	女	生态环境学院
42	2011204077	康文慧	女	生态环境学院
43	2011304006	冯骁骋	男	生态环境学院
44	2011304010	孙世贤	男	生态环境学院
45	2011304015	李 攀	男	生态环境学院
46	2012204030	李 龙	男	生态环境学院
47	2010309003	张家超	男	食品科学与工程学院
48	2011209030	刘彩虹	女	食品科学与工程学院
49	2011209039	王爽爽	女	食品科学与工程学院
50	2011209046	张 腾	男	食品科学与工程学院
51	2012209036	云雪艳	女	食品科学与工程学院
52	2011216005	孟庆刚	男	兽医学院
53	2011216014	朱福余	男	兽医学院
54	2011216020	郭纪珂	男	兽医学院
55	2011316004	刘 畅	女	兽医学院
56	2011316006	尹景峰	男	兽医学院
57	2012216033	张 伟	男	兽医学院
58	2011206027	秦淑芳	女	水利与土木建筑工程学院
59	2011206028	陈艳梅	女	水利与土木建筑工程学院
60	2011306003	李建茹	女	水利与土木建筑工程学院
61	2011306006	吴 尧	女	水利与土木建筑工程学院
62	2012206036	王志超	男	水利与土木建筑工程学院

职业技术教育

【概述】2013年，学校大力加强职业技术教育，以提高教育教学质量为核心，以教育教学改革创新为先导，实施"教学质量提升行动计划"，巩固提升教学内涵建设，高职人才培养质量和综合办学实力稳步提升，高职专业2013届毕业生就业率为97.19%，其中本科生就业率为97.38%，专科生就业率为97.04%。学校职业技术学院被确定为"自治区级示范性高等职业院校立项建设单位"，被批准为"自治区园艺、畜牧职教师资培养基地""内蒙古农畜产品质量安全教育培训示范基地"。

【教育教学改革】以教育教学改革为先导，深化人才培养模式改革。积极发挥专业建设指导委员会作用，认真总结办学成果，提炼高职办学思路和理念，准确定位人才培养目标、培养规格和素质要求。完善了学分制改革实施方案，组织制订了各专业学分制教学计划，积极探索考试模式改革。召开五年制高职转段教学研讨会，修订了5年制高职专科段教学计划。引导广大教职工积极参与教育教学改革工作，精心培育教学成果，确立校级教改项目4项，获批自治区级教改项目1项。组织开展了教学成果奖遴选工作，获校级教学成果一等奖4项、二等奖3项，推荐2个项目申报自治区级教学成果奖。

内蒙古农业大学2013年教育教学改革研究项目一览表（高职）

项目编号	项目名称	主持人	所在单位
JG-201351	"基于工作过程"专业课程教学模式的研究与探索——以《种子检验与储藏加工》课程为例	黄修梅	职业技术学院
JG-201352	"案例—理论—概念"法在数据库系统原理中的应用	闫凤	职业技术学院
JG-201353	学分制教学模式下经济数学课程整合的研究与实践	梁显丽	职业技术学院
JG-201354	项目驱动下《市场调查与预测》教学资源整合问题研究	张美艳	职业技术学院

内蒙古农业大学2013年自治区级教育教学改革研究项目（高职）

项目名称	主持人	所在单位
增强高职院校体育教学职业针对性的研究——以运动马驯养与管理专业为例	张殿福	职业技术学院

内蒙古农业大学2013年高等教育教学成果奖一览表（高职）

序号	项目名称	主持人	所在单位	等级
1	高职院校教学质量提升关键要素集成的研究与实践	冯贵宗	职业技术学院	一等
2	高职教育"实践导向、阶梯培养"双师型教师队伍建设模式的创新与实践	王耀	职业技术学院	一等
3	高职高专经济管理类专业以创新能力为核心的人才培养模式研究与实践	郭海清	职业技术学院	一等
4	《园艺植物实用生物技术》精品课程改革与建设	刘金泉	职业技术学院	一等
5	"递进转换式"设计素描教学体系的建构与实践	武建林	职业技术学院	二等
6	"一个主线、二个改变、三个结合"photoshop课程教学改革实践	郝拉柱	职业技术学院	二等
7	高职旅游管理专业"体验式"实践教学模式探索与实践	张玉香	职业技术学院	二等

内蒙古农业大学2013年高等教育自治区级教学成果奖推荐排序（高职）

排序	推荐成果名称	成果主要完成人
1	高职院校教学质量提升关键要素集成的研究与实践	冯贵宗 王 耀 刘金泉 郭海清 冯雪彬
2	高职教育"实践导向、阶梯培养"双师型教师队伍建设模式的创新与实践	王 耀 张玉香 王寿东 鲁富宽 程显生

【师资队伍】注重教师能力培养，加强师资队伍建设。通过举办教师课堂教学技能竞赛、实践教学技能竞赛等活动，提高教师教学能力水平。选派2名教师攻读硕士学位，3名教师赴加拿大培训，2名教师赴法国培训，2名教师赴美国培训；推荐2名教师参加"西部地区人才培养特别项目"培训。聘请2名加拿大籍客座教授。积极邀请国外专家、学者举办教学管理等专题讲座。加强教学团队建设，扎实开展"师德师风建设年"活动，确立2个校级教学团队，1个教学团队被评为自治区级教学团队，1人被评为校级教学名师，2人被评为校级教坛新秀；1人被评为自治区级教学名师，1人被评为自治区级教坛新秀。截至2013年年底，学校职业技术学院有自治区级教学团队2个、校级教学团队9个，有自治区级教学名师2人，自治区教坛新秀3人。有计划、有重点聘用人员21人，15人晋升职称。

内蒙古农业大学2013年校级和自治区级"教学团队"建设项目一览表（高职）

序号	团队名称	团队带头人	所在单位	级别
1	园艺技术专业教学团队	葛茂悦	职业技术学院	自治区级
2	计算机信息管理专业教学团队	王立中	职业技术学院	校级
3	会计专业教学团队	郭海清	职业技术学院	校级

内蒙古农业大学2013年校级和自治区级教学名师、教坛新秀名单（高职）

序号	类别	姓名	所在单位
1	自治区教学名师	冯贵宗	职业技术学院
2	校级教学名师	郝拉柱	职业技术学院
3	自治区教坛新秀	郭艳光	职业技术学院
4	校级教坛新秀	栗丽萍	职业技术学院
5	校级教坛新秀	艾云辉	职业技术学院

【专业建设】加强专业建设，优化专业结构布局。2013年新增校级、自治区级品牌专业各1个，学校职业技术学院校级品牌专业达到17个，自治区级品牌专业达到10个。新增视觉传达设计高职本科专业1个和物流管理、汽车电子技术高职专科专业2个，专业总数达到56个，其中本科专业14个，专科专业42个，以农牧为主，工、经、管、文等专业协调发展的专业结构体系不断完善。

内蒙古农业大学2013年本科专业设置情况一览表（高职）

序号	专业代码	专业名称	年限	授予学位门类	所在单位
1	090102	园艺	4	农学	职业技术学院
2	090502	园林	4	农学	职业技术学院
3	090109T	应用生物科学	4	理学	职业技术学院
4	090301	动物科学	4	农学	职业技术学院

续表

序号	专业代码	专业名称	年限	授予学位门类	所在单位
5	082701	食品科学与工程	4	工学	职业技术学院
6	082707T	食品营养与检验教育	4	理学	职业技术学院
7	081001	土木工程	4	工学	职业技术学院
8	120213T	财务会计教育	4	管理学	职业技术学院
9	120214T	市场营销教育	4	管理学	职业技术学院
10	120201K	工商管理	4	管理学	职业技术学院
11	080901	计算机科学与技术	4	工学	职业技术学院
12	130503	环境设计	4	艺术学	职业技术学院
13	120904T	旅游管理与服务教育	4	管理学	职业技术学院
14	670103	视觉传达设计	4	艺术学	职业技术学院
本科合计			14		

内蒙古农业大学2013年专科专业设置情况一览表(高职)

序号	专业代码	专业名称	年限	所在单位
1	520110	工程机械运用与维护	3	职业技术学院
2	580402	汽车检测与维修技术	3	职业技术学院
3	580403	汽车电子技术	3	职业技术学院
4	580405	汽车技术服务与营销	3	职业技术学院
5	590102	计算机网络技术	3	职业技术学院
6	590103	计算机多媒体技术	3	职业技术学院
7	590104	计算机系统维护	3	职业技术学院
8	590106	计算机信息管理	3	职业技术学院
9	590108	软件技术	3	职业技术学院
10	560301	建筑工程技术	3	职业技术学院
11	560403	建筑电气工程技术	3	职业技术学院
12	560501	建筑工程管理	3	职业技术学院
13	560502	工程造价	3	职业技术学院
14	560603	给排水工程技术	3	职业技术学院
15	620203	会计	3	职业技术学院
16	620305	国际商务	3	职业技术学院
17	620401	市场营销	3	职业技术学院
18	620405	电子商务	3	职业技术学院
19	620501	工商企业管理	3	职业技术学院
20	620505	物流管理	3	职业技术学院
21	640101	旅游管理	3	职业技术学院
22	640102	涉外旅游	3	职业技术学院

续表

序号	专业代码	专业名称	年限	所在单位
23	640106	酒店管理	3	职业技术学院
24	640107	会展策划与管理	3	职业技术学院
25	660108	商务英语	3	职业技术学院
26	660112	文秘	3	职业技术学院
27	610301	食品加工技术	3	职业技术学院
28	610302	食品营养与检测	3	职业技术学院
29	610303	食品贮运与营销	3	职业技术学院
30	610305	食品生物技术	3	职业技术学院
31	510301	畜牧兽医	3	职业技术学院
32	510303	饲料与动物营养	3	职业技术学院
33	510308	兽药生产与营销	3	职业技术学院
34	510353	运动马驯养与管理	3	职业技术学院
35	560105	环境艺术设计	3	职业技术学院
36	670101	艺术设计	3	职业技术学院
37	670110	雕刻艺术与家具设计	3	职业技术学院
38	670112	广告设计与制作	3	职业技术学院
39	510102	种子生产与经营	3	职业技术学院
40	510105	园艺技术	3	职业技术学院
41	510202	园林技术	3	职业技术学院
42	510206	自然保护区建设与管理	3	职业技术学院
专科合计			42	

内蒙古农业大学2013年校级和自治区级品牌专业一览表(高职)

序号	专业名称	专业负责人	所在单位	级别
1	会计	郭海清	职业技术学院	自治区级
2	汽车检测与维修技术	赵永来	职业技术学院	校级

【课程建设】加大课程建设力度,提高教学质量。以精品课程为基础,以教学名师、教坛新秀和教学团队为依托,以教材建设为支撑,加强课程整体设计、教学资源整合、教学方法与手段改革和理论教学与实践教学模式改革研究,形成了一批以学生为主体、以教师为主导、以培养学生技能为核心、体现"教学做合一"的优秀课程。新增校级精品课程2门、自治区级精品课程1门。教师编写教材24部,其中主编教材2部,副主编编写教材10部,参编教材12部。

内蒙古农业大学2013年校级和自治区级精品课程一览表(高职)

序号	课程名称	课程负责人	所在单位	级别
1	植物病虫害防治	张富荣	职业技术学院	校级
2	3DMAX	吴珊丹	职业技术学院	校级
3	材料力学	胡　敏	职业技术学院	自治区级

内蒙古农业大学2013年教师编写教材目录(高职)

序号	教材名称	主编	副主编	参编	出版社
1	高等职业技术学院体育教程	张殿福			新华出版社
2	ACCESS实用教程第三版	王立中 王俊			中国农业出版社
3	建筑施工技术		张俊友		华中科技大学出版社
4	酒水基础知识与酒吧管理		姜海涛		广东旅游出版社
5	Visual Basic.net程序设计		周艳秋	郭彬 阮福	上海交通大学出版社
6	园艺设施使用与维护		刘金泉		中国农业大学出版社
7	种子贮藏与加工技术		胡云		中国农业大学出版社
8	绒山羊安全生产技术指南		刘燕		中国农业出版社
9	肉羊快速繁殖与繁殖障碍病防治技术		郭志凯 李国俊		中国农业出版社
10	大学生就业指导		雷雨澎		北京邮电大学出版社
11	设计导论		李晓飞		湖北科学技术出版社
12	艺术设计理论及发展研究		王锋		吉林大学出版社
13	种子检验技术			胡云	中国农业大学出版社
14	设施园艺生产实用技术手册			崔文芳	内蒙古人民出版社
15	植物功能基因组学			李发虎	吉林大学出版社
16	食品营养与卫生			杨俊峰	中国轻工业出版社
17	食品微生物检测技术			胡海霞	重庆大学出版社
18	生物工程基础单元操作技术			王燕荣	中国轻工业出版社
19	动物解剖生理			沈向华	华中科技大学出版社
20	汽车机械基础			王新	哈尔滨工业大学出版社
21	电子商务概论			秦烨	教育科学出版社
22	电子商务概论(拓展·互动教学资源库)			秦烨	教育科学出版社
23	钢筋混凝土与砌体结构			武芳	华中科技大学出版社
24	秘书实务			孙萃	教育科学出版社

【实训基地】2013年,学校职业技术学院有功能齐全、规模较大的校内实训基地14个,实验实训室17个,新增校外实训基地8个,相对稳定的校外实训基地达到50个。2013年800元以上教学仪器设备总值53 566 209.79元,比2012年增加6 977 814.00元。

内蒙古农业大学2013年校内实训基地汇总表(高职)

序号	基地名称	所在单位
1	园艺实训基地	职业技术学院
2	园林实训基地	职业技术学院
3	综合养殖实训基地	职业技术学院
4	运动马驯养与管理专业实训基地	职业技术学院
5	食品加工实训基地	职业技术学院
6	食品检测实训基地	职业技术学院
7	建筑工程综合实训基地	职业技术学院

续表

序号	基地名称	所在单位
8	计算机实验实训基地	职业技术学院
9	经济管理综合实训基地	职业技术学院
10	车辆工程实训基地	职业技术学院
11	机动车驾驶实训基地	职业技术学院
12	艺术设计综合实训基地	职业技术学院
13	旅游与酒店管理实训基地	职业技术学院
14	商务英语情景模拟实训基地	职业技术学院

内蒙古农业大学2013年实验实训室汇总表(高职)

序号	实验实训室名称	所在单位
1	园艺作物栽培实验室	职业技术学院
2	植物保护实验室	职业技术学院
3	微生物实验室	职业技术学院
4	植物生物学实验室	职业技术学院
5	综合分析实验室	职业技术学院
6	兽医基础实验室	职业技术学院
7	家畜解剖实验室	职业技术学院
8	动物繁育实验室	职业技术学院
9	农畜产品加工实验室	职业技术学院
10	食品营养与分析实验室	职业技术学院
11	食品微生物实验室	职业技术学院
12	电子电工实验室	职业技术学院
13	计算机中心实验室	职业技术学院
14	机械原理陈列室	职业技术学院
15	有机化学实验室	职业技术学院
16	无机及分析化学实验室	职业技术学院
17	物理实验室	职业技术学院

内蒙古农业大学2013年新增校外实训基地一览表(高职)

序号	合作单位	所在单位
1	内蒙古宝亮信息技术股份有限公司	职业技术学院
2	太原艾逊汽车教具有限公司	职业技术学院
3	五原县北元装饰有限责任公司	职业技术学院
4	内蒙古正大有限公司	职业技术学院
5	内蒙古四季春饲料有限公司	职业技术学院
6	全国汽车维修专项技能认证培训机构	职业技术学院
7	内蒙古敕勒川国际大酒店	职业技术学院
8	内蒙古巴彦淖尔市海龙农林科技有限公司	职业技术学院

【招生工作】2013年,学校高职类本专科专业计划招生1880人,其中本科800人,专科1080人。本科实际录取804人,专科实际录取1071人,录取率为99.7%,报到注册1819人,报到率为97.1%。专升本录取92人,报到率为100%。学校职业技术学院与自治区10所中职院校合作招收五年制高职学生,共录取学生507人,实际报到486人,报到率为95.9%。

【海外实习】学校职业技术学院与加拿大北阿尔伯特理工学院签署了合作办学谅解备忘录,启动"3+2"专升本项目,对8名学生进行了英语强化培训。与欧中农业交流基金会就学生海外带薪实习达成合作意向,对75名学生进行了语言培训。

【继续教育】强化专业技能训练,认真做好"双证制"人才培养工作,完成了802人次学生的培训鉴定任务。拓宽职业培训渠道,启动了成人招生工作和短期培训工作。通过争取,学校职业技术学院获批单独建立普通话培训测试站。组织完成了自治区高技能人才培养基地、奥鹏远程教育培训中心等申报工作。

内蒙古农业大学2013年职业资格培训与鉴定基本情况一览表(高职)

序号	培训工种或类别	主考单位	类别	报名人数	获证人数	获证率(%)
1	企业人力资源管理师	自治区人力资源和社会保障厅	职业资格证书	132	111	84.1
2	电子商务师	自治区人力资源和社会保障厅	职业资格证书	24	12	50
3	理财规划师	自治区人力资源和社会保障厅	职业资格证书	31	26	83.9
4	秘书	自治区人力资源和社会保障厅	职业资格证书	66	48	72.7
5	营销师	自治区人力资源和社会保障厅	职业资格证书	1	1	100
6	景观设计师	自治区人力资源和社会保障厅	职业资格证书	92	90	97.8
7	会展策划师	自治区人力资源和社会保障厅	职业资格证书	29	25	86.2
8	公共营养师	自治区人力资源和社会保障厅	职业资格证书	146	110	75.3
9	农艺工	自治区人力资源和社会保障厅	职业资格证书	62	62	100
10	花卉园艺师	自治区人力资源和社会保障厅	职业资格证书	35	35	100
11	动物疫病防治员	自治区人力资源和社会保障厅	职业资格证书	19	14	73.7
12	汽车维修工	自治区人力资源和社会保障厅	职业资格证书	60	36	60
13	乳品检验工	自治区人力资源和社会保障厅	职业资格证书	183	173	94.5
14	饲料检验工	自治区人力资源和社会保障厅	职业资格证书	22	19	86.4

【教学管理】加强教学管理,提高科学化、精细化管理水平。开展教研室、实验实训室和教学单位评估以及多媒体教学检查、精品课程中期检查、期中教学检查等专项教学检查,细化课程表编排、教材征订、教务系统维护等日常教学管理工作。注重发挥教研室在教学建设与改革中的作用,对教研室主任(副主任)进行了集中业务培训。

【学籍管理】完成2072名新生(包括本科、专科、专升本及五年制高职转段入学学生)入学报到、网上学籍注册和学生证办理工作。对42名学生休学,62名学生退学,13名学生转学,8名学生复学进行审核备案。对1806名本专科学生进行了毕业资格审核,其中828名学生获得学士学位。组织完成1841名2014届毕业生信息初审、信息采集工作。

继续教育

【培训工作】 先后承办了职教师资国家级和省级培训、自治区党委组织部干部自主选学培训、自治区农牧业厅基层农技推广体系改革与建设补助项目信息员培训、甘南州州委组织部乡村干部培训和青海大通县人事局畜牧、兽医专业技术人员培训、新巴尔虎左旗和陈巴尔虎旗苏木镇、嘎查两级党组织书记培训。并针对在校学生举办了四个工种的职业资格鉴定培训。承办高职教师省级培训,培训类型层次不断延伸。在传统培训领域基础上,青海大通县、陈旗等培训业务进一步开展,培训区域范围不断扩展。全年共举办各类培训班11期27个班次,培训学员880人,培训质量效果受到委托部门的肯定。

【教学管理】 为提高成人高等教育函授教学质量,针对校外教学(函授)点"重招生、轻教学"的现象、历时半年对20个校外教学点进行教学检查。检查组人员深入各教学点实地检查、听取汇报、查阅资料,现场评估、召开座谈会等形式,对生源组织、面授、考试、考勤、成绩登记、毕业论文(设计)等教学环节进行了全方位的检查、评估并提出了整改意见。

根据成人教育特点,普遍征求教学专家的意见,修订了《内蒙古农业大学成人高等教育教学计划》,修订后的教学计划突出了实践和应用的内容,涵盖了28个专科、34个专升本和12个高起本专业。录取新生7593人,并按期入学资格审查、报到和注册;完成4060毕业生登记、审核和证书发放以及100名本科毕业生学位申报、信息录入和学位证书发放等工作。

完成了一年两次75科25712份自考评卷和本科生的论文答辩等工作。

【学生工作】 根据成人教育的特点,按照"安全、成人、成才"的工作理念,强化学风建设,推进素质教育,严抓学生安全、心理健康教育,不断提高成人教育办学质量。

注重学风建设,优化育人环境。开展学习经验交流会、"一帮一"结对活动;加强普法安全教育,提高学生安全防范意识。通过校园宣传、主题班会、普法安全知识问卷、安全知识问卷等形式,不断增强学生安全防范意识;关注学生身心健康,注重学生心理健康教育。认真开展学生心理危机排查,准确掌握学生的思想、心理动态。对问题生,给予科学有效的心理咨询和辅导,培养学生健全的人格和良好的心理品质;开展丰富多彩的校园文体活动。丰富学生的课余文化生活,激发学生学习热情,保证了学业的如期完成。

2013年各类培训班举办情况表

培训班名称	委托办班部门	培训对象	人数	开班时间	结束时间	天数
高职教师省级培训班（计算机应用、计算机网络技术、电气运行与控制提升、会计技术四个专业）	内蒙古教育厅	全区高职教师	80	2013-1-11	2013-2-2	23
中职教师国家级培训班（畜牧兽医、电气运行与控制、设施农业生产技术、农业机械使用与维护）	教育部	全国中职教师	100	2013-3-17	2013-6-8	84
中职教师省级培训班（畜牧兽医、计算机网络技术、会计、农业机械使用与维护）	内蒙古教育厅	全区中职教师	75	2013-6-30	2013-7-21	22
基层农技推广体系改革与建设补助项目信息员培训	内蒙古农牧业厅	全区农业信息员	110	2013-4-22	2013-4-23	2
干部自主选学——农业可持续发展专题	内蒙古党委组织部	全区干部	48	2013-10-11	2013-10-13	3
干部自主选学——项目管理专题	内蒙古党委组织部	全区干部	88	2013-10-14	2013-10-15	2
干部自主选学——农村牧区区域经济发展专题	内蒙古党委组织部	全区干部	78	2013-10-16	2013-10-19	4
干部自主选学——农牧经济专题	内蒙古党委组织部	全区干部	56	2013-10-23	2013-10-26	4
干部自主选学——畜牧业可持续发展专题	内蒙古党委组织部	全区干部	37	2013-10-19	2013-10-21	3
甘南州新牧区建设与畜牧业可持续发展培训班(1)	甘南州委组织部	乡村干部	42	2013-6-1	2013-6-7	7
甘南州新牧区建设与畜牧业可持续发展培训班(2)	甘南州委组织部	乡村干部	49	2013-6-11	2013-6-17	7
青海省大通县规模养殖专题培训	大通县人社局	畜牧兽医科技人员	40	2013-6-20	2013-6-26	7
陈巴尔虎旗苏木镇、嘎查两级党组织书记培训班	陈巴尔虎旗	苏木嘎查书记	40	2013-7-3	2013-7-9	7
新巴尔虎左旗苏木镇组宣委员、嘎查两委干部培训班	新巴尔虎左旗	苏木嘎查干部	46	2013-12-2	2013-12-8	7
职业资格培训（公共营养师、食品检验员、饲料检验化验员、动物检验检疫员）		本校学生	104			

学 科 建 设

【工作概述】学校坚持为地方经济建设和社会发展服务的学科建设方向,抓住国家西部大开发以及实施生态建设工程等机遇,突出学科的特色和优势,重点围绕草地畜牧业、荒漠化治理与生态环境保护、乳业等进行学科方向调整和建设,形成了具有明显特色的学科群。使得农、林、牧学科优势得以加强,学科层次不断提高;新兴和交叉学科快速成长;学科特色更加鲜明,学科整体水平和科技创新能力明显提升。学校现有1个国家重点学科、3个国家重点(培育)学科、1个农业部重点学科、3个国家林业总局重点学科、5个自治区重点一级学科、22个自治区重点学科、4个自治区重点(培育)学科。

【国家和省部级重点(培育)学科】

国家重点学科

序号	名称	批准时间
1	草业科学	2002年

国家重点(培育)学科

序号	名称	批准时间
1	农业水土工程	2007年
2	动物遗传育种与繁殖	2007年
3	水土保持与荒漠化防治	2007年

农业部重点学科

序号	名称	批准时间
1	草业科学	2007年

国家林业局重点学科

序号	名称	批准时间
1	木材科学与技术	2006年
2	森林培育	2006年
3	水土保持与荒漠化防治	2006年

自治区级一级重点学科

序号	名称	批准时间
1	畜牧学	2008年
2	兽医学	2008年
3	林学	2008年
4	作物学	2008年
5	农业工程	2008年

内蒙古自治区重点学科

序号	名称	批准时间
1	农业机械化工程	1998年
2	农业水土工程	1994年
3	动物遗传育种与繁殖	1998年
4	动物营养与饲料科学	1984年
5	草业科学	1994年
6	基础兽医学	1984年
7	森林培育	1994年
8	水土保持与荒漠化防治	1984年
9	农业电气化与自动化	2008年
10	作物栽培学与耕作学	2008年
11	作物遗传育种	2008年
12	预防兽医学	2008年
13	临床兽医学	2008年
14	森林保护学	2008年
15	森林经理学	2008年
16	生物化学与分子生物学	2008年
17	水文学及水资源	2008年
18	木材科学与技术	2008年
19	农产品加工及贮藏工程	2008年
20	果树学	2008年
21	蔬菜学	2008年
22	农业经济管理	2008年

自治区级重点(培育)学科

序号	名称	批准时间
1	野生动植物保护与利用	2008年
2	园林植物与观赏园艺	2008年
3	农业昆虫与害虫防治	2008年
4	水工结构工程	2008年

【国家和省部级重点(培育)学科介绍】

草学

草学学科创建于1958年,是在我校首创的全国第一个草原本科专业的基础上发展起来的,为国家重点学科,国家特色重点建设学科,农业部和自治区重点学科。1966年开始招收国外留学生,1979年开始招收研究生,1981年获得硕士授予权,1993年获得博士授予权,2011年成为一级学科博士授权点,2012年设一级学科博士后流动站,形成了完备的学科教育培养体系。2013年4月,由教育部学位与研究生教育发展中心提供的第三轮学科评估"学科分析报告"表明,草学学科整体水平在自治区参评高校中位列第一,在全国同类有博士授权学科中位列第五。学科的发展,具有得天独厚的区位优势,彰显出明显的地方特色、民族特色和文化特色。

学科现有专任教师33人。其中,教授17人,博士生导师10人,具有博士学位28人。主要研究方向包括草地资源、生态与管理;牧草及药用植物;草坪与植被恢复;草原保护与环境;草类种质资源与遗传育种等,每个方向都形成稳定的团队。建有国家级"植物学实验教学示范中心"、教育部"草地资源重点实验室"、自治区"内蒙古草品种育繁工程技术研究中心",萨拉齐研究实习基地等。正在锡林郭勒草原正镶白旗建设的永久性教学研究基地也取得积极进展。通过国家特色重点学科建设项目及学校学科建设经费的支持,更新和添置实验室仪器设备1500余万元,使研究条件日趋完备。依托这些条件,承担了大量国家和自治区科研项目,取得丰富的研究成果,使学科在教学、科研、社会服务、文化传承、对外交流等方面,均走在了全国的前列。

农业水土工程

农业水土工程学科于1986年获得硕士学位授予权,1990年被批准为校级重点学科,1995年被批准为内蒙古自治区重点学科,1998年获得博士学位授予权,2003年获批设博士后科研流动站,2007年被批准为国家重点培育学科。农业水土工程学科是内蒙古自治区第一个工学博士学位授权点,也是国内该学科第二个博士学位授权点,截至2013年已招收博士研究生12届,硕士研究生25届,博士研究生毕业人数累计66名,硕士研究生毕业人数累计122名,在校博士后研究人员4名。

农业水土工程学科目前有专任教师47人,其中:博士生导师9人,硕士生导师15人。教师中具有博士学位19人,硕士学位11人。副高级以上职称教师占74.5%,45岁以下年轻教师占45%;拥有国家级教学名师1人,自治区级教学名师5人。享受政府特殊津贴和自治区有突出贡献的中青年专家5人,自治区"草原英才"4人,自治区"青年科技英才计划"2人。

经过50多年的建设,特别是国家重点培育学科、自治区重点学科、重点实验室和教育部教学工作水平评估建设,农业水土工程学科已具有先进、完备的办学条件。实验室面积达3131m^2,各类仪器设备1590台(套),设备资金总额3100余万元。目前有1个自治区级实验教学示范中心。

本学科面向干旱、半干旱区农业,以改善农业水土环境,提高农业用水效率,应对水资源缺乏,保持农业可持续发展为目标。主要研究方向节水灌溉理论与新技术研究,灌溉排水原理与管理决策,农业水土资源利用与水土环境调控等。学科教师主持国家自然基金项目18项,其中重点项目1项,国家"十

一五""十二五"科技支撑重点课题、农业部、水利部行业专项、国家成果转化项目、国家重大专项(水专项)子课题及省部级科研项目80余项。获省部级科技进步一等奖2项,二等奖4项。

动物遗传育种与繁殖

内蒙古农业大学的动物遗传育种与繁殖学科于1986年和2000年分别被国务院批准为硕士和博士学位授权点,1998年被批准为自治区重点学科,1999年和2003年学科所属的动物遗传育种与繁殖实验室分别被批准为自治区教育厅重点实验室和自治区重点实验室,2007年学科被评为国家级重点(培育)学科。

学科始终密切结合内蒙古自治区的畜牧业生产实际,立足我区草原特色家畜开展相关科学研究,以应用基础研究为主开展了许多创新性研究,在乳肉兼用三河牛、内蒙古细毛羊、锡林郭勒马、草原红牛、乌珠穆沁羊、内蒙古白绒山羊、苏尼特肉羊和巴美肉羊等新品种培育和本品种选育等重大项目研究中获得多项科技成果,在草原家畜品种遗传育种原理与方法研究领域形成了自己的特色。

本学科现有教师21人,其中教授8人,副教授4人,讲师7人,高级实验师2人。具有博士学位者10人,具硕士学位者6人,2人入选国家"百千万人才工程"。学科为国家和自治区培养了大批优秀创新型人才,截至目前,共培养博士研究生28人,硕士研究生158人。近5年来,主持承担了国家"863"计划、国家自然科学基金、内蒙古自治区科技项目、内蒙古自然科学基金、内蒙古"十二五"攻关项目共25项,总经费3000万元;获国家科技进步二等奖1项、自治区科技进步一等奖2项、自治区教学成果一等奖1项,国家级教学成果二等奖2项;发表学术论文380多篇,其中核心期刊270余篇,SCI收录10篇,国际会议收录16篇;主编或参编出版教材10部,专著12部。

水土保持与荒漠化防治

水土保持与荒漠化防治学科的前身是原内蒙古林学院沙漠治理专业和水土保持专业。沙漠治理专业设立于1960年,在国内具有明显的学科优势,在国际上具有一定的影响力。经过50多年的建设、发展和积淀,学科整体水平明显提升,特色和优势进一步显现,在国内、国际上的影响日益扩大,为地区经济、社会发展和我国的防沙治沙事业做出了突出贡献。

本学科是内蒙古自治区重点学科、国家林业局重点学科、国家重点(培育)学科。1984年开始招收硕士研究生,2000年12月被国务院学术委员会批准为具有博士学位授予权学科;2005年被评为自治区品牌专业;2007年本学科的骨干课程"治沙原理与技术"被评为国家级精品课程;2013年被评为自治区级教学团队。

水土保持与荒漠化防治学科目前拥有沙漠治理和水土保持2个本科方向,1个硕士点和1个博士点;研究方面形成荒漠化防治、沙地植物资源保护与利用、水土保持与水土资源利用、工矿废弃地植被恢复、地表供沙供尘机制与植被阻沙滞尘过程5个稳定研究方向。

本学科的学术队伍是一支在国内有一定学术影响的稳定的研究队伍,在职人员全部为中、高级以上职称,其中教授9名、副教授8名、讲师2名和实验师1名;具有博士学位的成员15名、硕士学位3名,其中博士生导师6人,硕士生导师13人;1位成员为联合国荒漠化防治公约科学技术委员会独立专家,全国优秀教师1人,享受国务院特殊津贴1人。当选全国水土保持与荒漠化防治学科教学指导委员会副主任委员,全国水土保持与荒漠化防治学科教材编审委员会委员,全国防沙治沙标准委员会委员,中国治沙暨沙业学会常务理事,中国水土保持学会风蚀防治委员会主任,内蒙古防沙治沙学会副理事长,内蒙古自治区突出贡献专家1人。"水土保持与荒漠化防治教学团队"入选自治区级教学团队。

近五年来学科成员获得国家和省部级科技纵向课题共35项,经费总计2100多万元,其中国家自然基金5项、自治区重大项目1项、自治区自然基金6项,国家科技支撑、行业公益专项等21项;横向课题22项,合计经费600多万元。科研成果获得内蒙古科学技术进步一等奖2项、三等奖2项。在核心期刊上发表论文133篇,其中SCI收录6篇,EI收录9篇;主编出版教材2部,专著7部,副主编出版3部,参编7部。颁布国家林业行业标准1项;获得国家发明专利5项,实用新型专利2项。学科五年来共培养博士23名,硕士119名,目前在读博士11名,硕士52名。

本学科的3个实验室"沙地生物资源保护与培育实验室"于1995年被批准为国家林业局重点实验室;"内蒙古自治区风沙物理与防沙治沙工程重点实验室"于2003年被评为内蒙古自治区重点实验室;"风沙物理实验室"于2008年被批准为中央与地方共建优势特色学科重点实验室;并且于2006年在乌兰布和沙漠建立固定的实践教学基地。目前3个实验室的实验仪器共计3400多台(套),总值1240多万元。

近五年学科成员参加国内外学术交流30多次,其中出国讲学、交流7次;2013年本学科从加拿大农业部引进研究员一名。

本学科不光在科学研究领域发挥着重要作用,同时很好地与教学结合,并为教学服务,使我校的水土保持与荒漠化防治专业教学能力大幅提升,同时本学科的研究成果为国家西部大开发和内蒙古区域经济的发展及全国荒漠化防治进步起到了不可替代的作用,是内蒙古实施的生态治理工程、京津沙源治理工程、退耕还草工程、退牧还草工程等重大工程的重要科技支撑力量。

木材科学与技术

木材科学与技术学科是林业工程一级学科下设的二级学科博士点,为国家林业局重点学科、内蒙古自治区重点学科。本学科专业1958年开始招生。现有教授10人,副教授16人;博士导师6人,硕士生导师9人;现有博士学位20人,有从美国普渡大学、日本名古屋大学、中国科学院等知名院校引进优秀博士生;培养博士研究生15名,硕士研究生80余人。承担科技部、国家自然基金等各级各类科研课题60余项,累计科研经费1500多万元。主要研究领域为木材物理学与干燥理论、木质材料加工技术及装备、生物质能源与材料、家具设计与工程等方面的基础理论与应用技术。现有6个功能实验室,1个中央与地方共建高校特色优势学科实验室,1个加工中心,1个内蒙古自治区沙生灌木资源开发利用工程技术研究中心,1个内蒙古自治区沙生灌木资源纤维化和能源化开发利用重点实验室;现有核磁共振、傅立叶红外光谱仪、动态热机械分析仪、原子力显微镜、红外线光谱仪、x射线衍射仪、微力学测试仪等世界一流实验仪器。学科与加拿大国家林产品研究院、加拿大阿尔伯特研究院、加拿大阿尔伯特大学、美国艾洲大学、美国农业部南方实验站、美国路易斯安那州立大学、美国佛吉尼亚大学、美国普都大学、日本鸟取大学、日本京都府立大学、日本名古屋大学、澳大利亚墨尔本大学等国际知名院校有着长期的技术合作与学术交流。本学科主要特色是针对我国西部干旱和半干旱地区沙生灌木资源进行开发利用及其产业化开展学科建设,在沙生灌木微观构造及其产业化利用和木材干燥理论方面取得重要成果,曾多次主办全国性木材科学学术会议,已形成完整的学科体系,彰显出明显的区域特色。

森林培育

森林培育学科成立于1958年。1994年成为内蒙古自治区重点学科,1995年获硕士学位授予权,2003年获博士学位授予权,2005年成为国家林业局重点学科,2006年依托林学一级学科成为博士后科研流动站。

本学科具有合理结构的师资队伍,其中:教授4人,副教授(含高级实验师)3人,讲师(含实验师)3人;具有博士学位6人,硕士学位2人;研究生导师5人。学科有内蒙古森林培育林木菌根生物技术重点实验室和林木组织培养、林木种苗、树木生理生态等实验室和先进的仪器设备。学科承担国家科技计划课题、国家自然科学基金项目、948项目、国家林业局科研项目、内蒙古重大项目等科研课题。在读的30余名博士和硕士研究生是科学研究的有生力量。

本学科针对内蒙古和我国西部地区自然条件和林业生态与环境保护的要求,与国家六大林业重点工程建设,西部大开发,生态和环境保护、修复、改善,特别是国家"双增长"和民生林业战略紧密结合,坚持基础研究与应用研究并重,解决林业生产中的理论与技术问题,并根据学科实际,在全面发展过程中,有所侧重、强化优势、突出特色。学科以干旱半干旱地区森林培育理论与技术为重点,研究干旱半干旱地区树木对干旱缺水的反应和适应,选择抗旱树种,研究土壤蓄水保墒、节水技术;研究林草复合系统营建和经营理论与技术;探讨林木菌根基础理论及应用技术。学科立足于提高科技水平,恢复和发展森林资源,优化环境,促进社会经济发展,形成国内先进或地方特色鲜明的3个稳定的研究方向:森林培育理论与技术,林木菌根生物技术,城市林业。

畜牧学

畜牧学一级学科成立于1952年,由动物遗传育种与繁殖学、动物营养与饲料科学、动物生产学等3个二级学科组成。1963年开始招收硕士研究生,1993年开始招收博士研究生,2000年被批准为一级学科博士学位授权点,2001年设立博士后科研流动站,2008年动物遗传育种与繁殖学科被批准为国家重点(培育)学科,2013年被批准为自治区优势特色和一级重点学科。

学科拥有国家级教学团队1个、国家级精品课程1门、自治区级精品课程6门、自治区级教学团队1个、自治区重点实验室1个、自治区重点(培育)实验室1个。现有教授16名,博士生导师13名,硕士生导师21名,具有博士学位的教师40人,1人获得"全国师德标兵"称号,2人入选国家"百千万人才工程";已培养博士研究生116名、硕士研究生770名,1篇博士学位论文获教育部"百篇优秀博士学位论文"。

畜牧学一级学科有8个稳定的研究方向,研究的内容涉及学科的前沿,已初步建成在国内有重要影响、独具特色的产学研相结合的科研基地和畜牧业人才培养基地,并形成了一套完整的"学士—硕士—博士—博士后"人才培养体系。目前承担着国家"973""863"、科技支撑、重大专项、国际合作、国家自然科学基金、自治区重点等项目80余项,立项科研经费近5000万元。曾获自治区教学成果一等奖3项、国家教学成果二等奖2项;省部级科技进步一等奖12项、国家科技进步二等奖1项、国家科技进步三等奖1项、自治区科技进步二等奖21项。

兽医学

兽医学学科创建于1952年,是建校时最早建立起来的一级学科之一。该学科初建时期汇聚了全国著名的兽医病理学、解剖学、药理学、微生物及免疫学、传染病学、寄生虫学及临床兽医学等各方面的专家,经过60余年、几代人的共同努力和长期研究工作的积累,该学科已形成了15个以草食动物为研究对象的、具有鲜明的地区和民族特色的研究方向。

本一级学科拥有基础兽医学、预防兽医学科和临床兽医学科三个二级学科,均为内蒙古自治区重点学科。1998年基础兽医学科被批准为博士学位授权点,2002年兽医学被批准为一级学科博士学位授权点。2007年基础兽医学科所属实验室被批准为内蒙古自治区重点实验室。2009年兽医学科被国家人事部批准为博士后流动站。现每年平均招收博士研究生11名,硕士研究生70名。

本学科现有教职员工81人。其中教授25人,副教授26人,讲师9人;高级实验师4人,实验师6人,助理实验师1人;博士生导师15人(其中内蒙古优秀博士生导师1人),硕士生导师35位。专任教师中具有博士或硕士学位的教师66位,占专任教师的91.7%。享受国务院政府特殊津贴人员2名,有突出贡献的中青年专家3名,内蒙古草原英才4人。

迄今为止,已培养博士研究生90余名,硕士研究生800余名,培养的人才已遍布全国各地、各行各业。

目前,正在承担的科研项目中,国家基金项目33项;教育部博士点基金1项;农业部支撑项目1项,科技部支撑项目参加2项,内蒙古科技攻关项目1项;内蒙古自然科学基金项目14项;横向联合项目3项。总金额达1900余万元。发表科研论文中被SCI和EI收录20余篇。

自1952年建校以来,取得了大量科研成果,获得内蒙古自治区科技进步奖一等奖3项、二等奖5项、三等奖7项,取得农业部新兽药证书2个,国家发明专利3项。为内蒙古及周边地区解决了大量的畜牧业生产中出现的重大关键问题,创造了巨大的社会及经济效益。

林学

林学学科创办于1958年,包含林木遗传育种、森林培育、森林保护学、森林经理学、野生动植物保护与利用、园林植物与观赏园艺、水土保持与荒漠化防治七个二级学科。从1984年开始陆续招收硕士研究生,2000年开始招收博士研究生;2006年获得林学一级学科博士学位授予权,2006年获批林学学科博士后流动站。

现有1个国家级野外观测站,3个省部级重点实验室。1个国家重点(培育)学科,5个省级重点学科,2个国家林业局重点学科。近5年发表学术论文700余篇,有20篇论文被SCI收录。主编、参编教材和专著60部。先后获得多项国家和自治区教学和科研奖励。近5年已毕业研究生386人,在校研究生165人。目前有教授31名,博士生导师12名,硕士生导师46名。

作物学

作物学一级学科创建于1958年,是以内蒙古自治区特色优势作物研究为主攻方向的学科。从

1979年开始招收研究生，1982年开始招收硕士研究生，2004年开始招收博士研究生，2006年被国务院学位委员会批准为一级学科博士学位授权点，2007年成为是内蒙古自治区重点学科。作物学一级学科现包含作物栽培学与耕作学、作物遗传育种学、种子科学与技术和作物保护学4个二级学科，各学科研究方向稳定，科研经费充足。

作物学一级学科多年来一直重视师资队伍建设，现已形成一支年龄、职称和学历结构合理的师资队伍，现有教授15人、副教授16人、讲师9人、中级实验师2人、博士生导师10人。入选内蒙古"草原英才"工程3人、新世纪"321"人才工程第二层次3人。先后有7名教师赴美国、加拿大、日本、荷兰等国留学深造或进行合作研究。

加强科学研究，本年度承担国家自然科学基金7项、自治区自然科学基金8项、国家973计划子课题1项，主编出版学术专著6部，审定作物新品种3个，在国内外核心期刊上发表研究论文91篇，其中SCI收录论文12篇，，获得自治区科技进步奖二等奖1项、内蒙古农业大学优秀教学成果奖一等奖1项、内蒙古农牧业丰收奖一等奖2项。完成科研项目鉴定或结题16项。

本年度招收博士研究生11人、毕业博士研究生12人，招收硕士研究生29人、毕业硕士研究生25人。随着学科研究研条件的改善和指导教师的严格要求，毕业生的质量明显提高。

注重学术交流，成功举办了内蒙古自治区遗传学年会，年内累计参加大型学术会议12人次，交流学术论文5篇，邀请国内外专家作学术交流报告6次。

农业工程

农业工程学科已初步建成在国内有重要影响、独具特色的产学研相结合的科研基地和人才培养基地。并形成了一套完整的"学士—硕士—博士—博士后"人才培养体系。农业工程学科业务范围涉及水利与土木建筑工程学院、机电工程学院、林业工程学院3个学院。由农业机械化工程、农业水土工程、农业电气化与自动化、农业生物环境与能源工程、农业水资源利用与保护(自设)、农业信息技术(自设)和农业水利工程(自设)7个二级学科博士点组成，农业工程学科师资力量雄厚，学术梯队组成结构合理，现有教授33名，博士导师18名，硕士导师28名。

农业水土工程为国家重点(培育)学科，农业机械化工程、农业电气化与自动化和农业水土工程学科均为内蒙古自治区重点学科，农业工程一级学科有7个稳定的研究方向，研究的内容涉及学科的前沿，主要有节水灌溉原理及水盐空间变异理论，农业水土资源评价体系及承载力研究，干旱寒冷地区农牧业机械化与自动化，牧区能源，农业机械测试与控制，农业信息技术等。近五年主持完成了多项国家、自治区自然科学基金项目和重大项目。其中国家及国务院各部门项目10项，国家自然科学重点基金3项，面上基金13项，横向联合大型项目22项。获省部级奖共10项，其中国家科学技术进步二等奖1项，省级科学技术进步一等奖2项。省级优秀教学成果奖7项。

该一级学科已形成学科配套、年龄和职称以及学历结构等合理的学术队伍，培养出博士、硕士生正在为自治区、国家农业工程的教学、科研和生产做出贡献。

农业机械化工程

农业机械化工程学科创建于1960年，1986年开始招收硕士研究生，分别于1990年、2000年获得硕士、博士学位授予权,1998年被确定为自治区重点学科。本学科现有教授8人,博士研究生指导教师5人,具有博士学位的教师6人。

学科坚持以草原畜牧业机械化和北方干旱寒冷地区农牧业机械化为研究特色,坚持"产、学、研"相结合,对农牧业机械的工作机理、设计理论、工作性能等进行探索和研究。学科的研究范围包括:农牧业机械新技术研究,农牧业机械性能设计与试验研究,农业装备及工作过程的计算机辅助分析和虚拟样机分析,农业物料机械特性和流变特性研究,农牧业机械工作过程的仿真分析,保护性耕作机械化技术研究等。

学科下设农业工程成套设备、畜牧工程两个研究所,并设有"农业机械化工程""工程测试与控制"及"草原畜牧业装备智能技术"学科实验平台,拥有2000余万元的设备。主持、参加的项目获国家科技进步二等奖1项、三等奖1项,内蒙古自治区科技进步二等奖2项,开发研制了20余种适于农牧林业生产的新机具,有的设备畅销华北五省区,取得了良好的经济效益和社会效益。主持和完成国家自然科学基金项目14项。

与国内外开展了广泛的学术交流,有外聘院士1人,国外外聘导师1人,每年以访问学者、公派交流博士等身份出国交流平均5人次以上。

动物营养与饲料科学

动物营养与饲料科学学科于1983年和1993年分别被国务院批准为硕士、博士学位授权点,1984年被批准为内蒙古自治区重点学科。

学科立足于我国北方牧区草原畜牧业特色和饲料资源优势,始终以反刍动物的营养调控、饲料资源利用和畜产品品质研究为主攻目标,并兼顾单胃动物的营养与饲料研究,在长期的教学科学研究实践中形成了明确而具有地区特点和民族特色的稳定的研究方向。研究方向主要有:反刍动物营养生理与瘤胃微生态、反刍动物营养与畜产品品质、反刍动物的矿物质与维生素营养、动物营养与免疫及粗饲料研究和开发应用等。

学科师资力量雄厚,学术梯队的年龄、职称、学历结构合理,学科现有教师19人,其中教授3人、副教授8人、高级实验师1人、讲师5人、实验师2人;博士生导师3人,硕士生导师7人;具有博士学位的教师13人,具有硕士学位者2人。学科为国家和自治区培养了大批优秀创新型人才,截至目前,共培养博士研究生72名,硕士研究生288名,其中1篇博士学位论文被评为"全国百篇优秀论文"、2篇博士学位论文和2篇硕士学位论文分别被评为"自治区优秀硕、博士学位论文"。近5年来主持承担多项国家和自治区科研项目,其中主持973项目1项,国家公益性行业项目1项,国家自然科学基金项目8项,现代农业产业技术体系项目2项,总经费1632万元。发表学术论文170余篇,其中SCI论文18篇,中文核心期刊论文100篇,国内外学术会议论文26篇。

基础兽医学

基础兽医学科始建于1952年,历经了60多年的发展建设,是我校最早的硕士授权点和早期的博士授权点。基础兽医学科于1963年开始招收研究生,从此开创了内蒙古自治区研究生教育的先河。1981年获全国首批硕士学位授予权,1998年获博士学位授予权,从1999年开始招收博士研究生。1984年12

月获批至今基础兽医学科一直为自治区重点学科,2007年学科所属的基础兽医学实验室被批准为内蒙古自治区重点实验室,2009年家畜病理学获批国家级精品课程,2012年和2013年动物生理学和家畜解剖学分别获批自治区级精品课程。

目前基础兽医学科包括家畜病理学、家畜解剖学、家畜组织胚胎与发育生物学、家畜生理学、兽医药理学与毒理学。学科培养出的各类人才,在教学、科研和生产实践中发挥着重要的作用。基础兽医学科现有专任教师30名,其中博士生导师7人,硕士生导师15人(含7名博士生导师)。本学科正在进行的国家自然科学基金、自治区自然科学基金等课题20余项,各类科研课题经费合计500多万元。本学科教师和研究生近3年来在国内重要期刊上发表论文100余篇,其中SCI收录论文10篇。

在几代人的不懈努力下,基础兽医学科在全国同类院校中享有较高的学术声誉和影响,基础兽医实验室设备齐全,实验条件好,并以教材建设成绩卓著、教学实物标本丰富、专业人才辈出、教学质量好、科研水平高、积极服务于畜牧业生产等特色而享誉全国。

农业电气化与自动化

农业电气化与自动化学科创建于1993年,2003年获博士学位授予权,2004年开始招收博士和硕士研究生,2007年被确定为自治区重点学科。本学科现有教授6人、博士研究生指导教师2人,具有博士学位的教师5人。培养博士8名,科学硕士60人,有在读博士研究生10人、硕士研究生12人。

学科以电工电子、测试与控制、计算机及信号处理等技术为基础,研究农牧业装备设施的性能测试与控制、智能化农牧业技术及装备等。目前的主要研究方向包括:农业工程测试与控制、农牧业智能化关键技术及装备、微电网技术。

学科设有"农业电气化与自动化""工程测试与控制"及"草原畜牧业装备智能技术"学科实验平台,拥有2000余万元的设备。主持和参加的科研项目获内蒙古自治区科技进步二等奖2项、内蒙古自治区科技进步三等奖1项,呼和浩特市丰收二等奖1项。主持和完成国家自然科学基金项目8项。

作物栽培学与耕作学

作物栽培学与耕作学学科始建于1958年,1984年经国务院学位委员会批准为硕士学位授权学科,2003年建成为博士学位授权学科,2007年获批成为内蒙古自治区级重点学科。目前该学科已成为支撑内蒙古农业大学"作物学一级学科博士点"的重要二级学科之一,同时也是"内蒙古自治区作物栽培与遗传改良重点实验室"的重要支撑学科之一。

经55年的不懈发展,本学科已形成一支治学严谨、学术思想活跃、理论联系实际、学风正派、业务素质优良的师资队伍。年内共有专任教师14人,其中教授7人,副教授4人,讲师2人,高级实验师1人;具有博士学位教师10人,硕士学位1人;博士生导师4人,硕士生导师9人。获自治区"草原英才"工程创新团队带头人1人,内蒙古优秀研究生指导教师1人。

加强科学研究,学科设有"作物生理生态及决策系统、耕作制度与农业生态系统、马铃薯栽培生理与品种改良、油料作物生理与品种改良、药用植物生理与繁育、作物节水高产高效栽培理论与技术"5个稳定研究方向。年内新上973、国家自然科学基金、国家科技支撑、内蒙科技攻关等科研项目15项,获批经费1863万元。累计发表研究论文51篇,其中SCI论文2篇。参编出版学术著作和教材4部,获得自治区科技进步奖二等奖1项、内蒙古农业大学优秀教学成果奖一等奖1项、内蒙古农牧业丰收奖一等奖2项。完成科研项目鉴定或结题12项。

学科各方向结合研究内容多途径加强人才培养，年内累计招收硕士研究生14名，博士研究生6名，毕业硕士生12名，博士生8名，指导本科毕业论文44人。

注重学术交流，学科内各课题组结合课题研究需求，积极参加国内外相关研究领域的学术会议及活动。年内累计参加大型学术会议12人次，交流学术论文5篇，邀请国内外专家作学术交流报告6次。

作物遗传育种

作物遗传育种学科创建于1958年，1979年开始招收硕士研究生，1992年经国务院学位委员会批准为硕士学位授权点，2005年获博士学位授权点，2007年成为内蒙古自治区重点学科。根据自治区农牧业发展需要、学科国内外发展趋势及本学科优势，设立了作物育种理论与技术、作物抗性及品质产量等目标性状的遗传改良、作物种质资源研究与创新、特色作物新品种选育4个研究方向，作为本学科的重点发展方向。

几十年来，学科非常重视师资队伍建设，现已形成一支职称与学历结构合理、学风严谨、学术思想活跃、高素质的师资队伍。现有教师13名，其中教授5名、副教授5名、讲师2名、中级实验师1名，已获博士学位10人，博士生导师3人，入选内蒙古"草原英才"工程和新世纪"321"人才工程第二层次各1人，先后有6名教师赴美国、日本、荷兰等国留学深造或进行合作研究。

不断提高科学研究水平。2013年度结题国家自然科学基金项目2项，新获准国家自然科学基金2项、自治区自然科学基金2项、自治区科技攻关项目1项，审定作物新品种3个，在国内外核心期刊上发表研究论文22篇，其中SCI收录论文3篇。荣获内蒙古自治区科学技术进步一等奖1项。

本年度招收博士研究生3人、毕业博士研究生2人，招收硕士研究生10人，毕业硕士研究生12人。研究生在国内外核心期刊上发表论文13篇。

2013年度学科新购置电泳成像系统1套、PCR仪1台、冰箱4台。

2013年10月学科成功举办了内蒙古自治区遗传学年会，学科多数教师参加了中国遗传学会在郑州举办的遗传学进展讨论会。

预防兽医学

预防兽医学科隶属于内蒙古农业大学兽医学院兽医一级学科，1982年开始招收硕士研究生，2003年获博士学位授予权。2007年成为内蒙古自治区重点学科，现已发展为我国西部地区具有地方和民族特色的重要学科。

预防兽医学科包括兽医寄生虫学、兽医微生物与免疫学、兽医传染病学、兽医公共卫生学4个三级学科，有教职员工27名，包括教授11人，副教授7人，讲师5人，高级实验师2人，实验师2人。其中享受政府特殊津贴人员2名，有突出贡献的中青年专家3名。学科中有博士生导师7人，硕士生导师18人（含7名博士生导师）。

在科学研究方面，承担了科技部、国家自然科学基金、农业部、内蒙古科技厅等部门的科研项目，取得了许多科研成果。获得内蒙古自治区科技进步奖一等奖2项、二等奖4项、三等奖2项，2项科研成

果获农业部新兽药证书并已转让投产。近10年共发表科技论文400多篇,其中被SCI和EI收录20余篇;编写出版专著40余部。

预防兽医学科年均招收博士研究生7名、硕士研究生20余名,同时还承担着兽医、动植物检疫、兽医药学等专业的20余门本科生的专业基础课、专业课的教学工作。我们培养的人才许多在大专院校、研究机构、兽医防疫部门、各种检验检疫机构和大型企业等单位工作,不仅满足了内蒙古的需要,而且还输送到黑龙江、辽宁、吉林、北京、天津。

从1952年建校以来,预防兽医学科一直坚持社会服务,为内蒙古及其周边地区动物疫病的防控做出了突出贡献,特别是在动物疫病诊断和防控方案制定方面做了大量卓有成效的工作。

临床兽医学

内蒙古农业大学兽医学学科始建于1952年,是内蒙古自治区最早设立的两个本科学科之一。临床兽医学科是兽医学学科的重要组成部分。历经60多年的发展建设历程,在几代人的不懈努力下,临床兽医学科在全国同类院校中享有一定的学术威望和影响。本学科于1985年开始招收研究生,1997年获硕士学位授予权,2003年获博士学位授予权。

临床兽医学科作为兽医学科的二级学科,涵盖了兽医内科学(包括兽医诊断学)、兽医外科学(包括小动物疾病学)、兽医产科学和中兽医学四个三级学科。目前有专任教师15名,其中博士生导师3人,硕士生导师7人(含3名博士生导师),任教教师中有教授5人、副教授8人、讲师2人。具有博士学位的教师8人。本学科研究方向有:运动马、奶牛肢蹄病与宠物疾病研究;中蒙药药理学与免疫学研究;胚胎工程与奶牛、运动马繁殖及疾病研究;绒山羊疾病研究等。自2012年至今共招收培养硕士研究生76名,博士研究生12名。

本学科在研的课题有国家自然科学基金2项,教育部博士点基金1项、内蒙科技厅项目2项。总经费达155万余元。

临床兽医学科拥有农业部动物疾病临床诊疗技术重点实验室、现代化的宠物医院、运动马驯养基地和奶牛实习基地,为研究生学习使用新仪器设备,开展不同动物疾病诊疗实习和科技创新活动提供了优厚的条件。临床所有教师在教学科研的同时经常带领学生深入农村牧区生产一线,利用自己的知识为农牧民咨询诊治病例和对外技术服务。同时本学科培养出的人才,不仅能满足内蒙古自治区民族教育、行政部门和科技发展的需要,还输送到黑龙江、辽宁、吉林、青海、甘肃、西藏、新疆等省区,这对加强民族教育、推动地方经济发展、稳定边疆地区具有重要的战略意义。国家和自治区对临床兽医学科高级人才需求旺盛,尤其是在伊利蒙牛两大乳品企业的带动下,学科发展前景十分光明。

森林保护学

森林保护学学科于1997年招生硕士研究生,2005年获博士学位授予权,并于次年招生,2008年评为自治区重点学科,目前有森林病害持续防治和森林害虫综合防治2个培养方向。本学科密切结合我区在森林灾害控制方面的科技和人才需求,为保护森林生态系统健康持续生长、防治森林外来有害生物入侵培养教学、科研、生产服务等不同层次的合格人才,在自治区森林保护战线上发挥着重要的作用。

本学科现有专职教师6名,其中教授1名、副教授3名、讲师1名,实验师1名,获博士学位4人。

围绕林业有害生物的监控预警体系、检疫御灾体系和防灾减灾体系,学科开展林木重大病虫害发生理论与防治技术的科学研究,近5年完成国家自然科学基金、林业行业公益专项、948项目、内蒙自然科学基金等各类科研项目10多项,研究经费230多万元,发表论文60多篇,其中3篇被SCI收录。

近5年该学科培养博士研究生6名、硕士研究生9名,在校研究生8名,蒙古国留学生1名。学生发表论文30多篇,2名研究生获学校创新科研项目,1名博士论文获自治区优秀博士论文提名奖;多名学生获国家、自治区奖学金;培养的学生在科研、政府、生产等单位工作努力,成绩优异,受到用人单位的好评。

抓住自治区重点学科的建设机遇,积极开展学科建设工作,目前拥有700多平方米的实验室,有光照培养箱、显微镜、气相色谱仪、农药残留测定仪等总价值300多万元的仪器设备。

学科坚持服务于社会,1名教师担任自治区昆虫学会副理事长,2名教师为自治区森林病虫害普查顾问、指导专家。

森林经理学

森林经理学学科于1999年获硕士学位授予权,2005年获博士学位授予权,2007年被内蒙古自治区遴选为自治区重点学科。该学科以培养林业建设的高级人才、特别是适应森林资源调查、监测和管理的高级技术人才为目标。主要研究方向:森林可持续经营理论与技术、基于"3S"技术的资源环境监测与评价和森林结构与功能研究。学科拥有国家级大兴安岭科学观测研究站教学科研实训基地,"3S"等实验室,有年轮分析系统、光谱仪、树木激光直径测量仪和遥感图像处理与GIS软件等仪器设备,基本可满足学科人才培养的需要。

学科团队现有13人,具有博士学位8名,副教授以上8名,形成具有较高学历结构且涵盖林学、生态学、环境科学、计算机科学、管理科学领域的学术团队。在研项目有"过伐林可持续经营关键技术研究与示范""森林生态系统生态服务功能评价""兴安落叶松复层异龄林形成机理及其经营活动响应研究"等国家科技支撑、公益性行业专项和国家自然科学基金等8项,总经费达到了234.5万元。学科与国内外阿尔伯塔大学、牛津大学、北京林业大学、中国林业科学院、中国科学院等有良好的科研协作和学术交流。目前,在校博士研究生7名,硕士研究生20名,博士后1名,2013年毕业博士2名,硕士8名,招收博士2名,硕士生3名。森林生态服务功能计量、天然林保护效益评价、次生林抚育和人工林近自然林改造模式、林下经济植物开发与利用等可持续经营技术与示范等研究成果在科技支撑、科技服务工作中发挥了重要的作用。

生物化学与分子生物学

学科始建于2002年,2003年获批硕士学位授权点,2008年成为自治区重点学科,2011年获批博士学位授权点。学科现有在岗教师15人,其中教授7人,副教授5人,讲师3人,已取得博士学位的教师11人,入选自治区"新世纪321"人才工程的2人,入选"教育部新世纪优秀人才支持计划"的2人,入选"内蒙古自治区草原英才支持计划"的3人,赴美国、法国、日本留学深造的10人。

注重科学研究,学科在资源植物抗逆功能基因的挖掘与利用、微生物资源筛选与应用、生物医药应用开发等方向上形成了鲜明的地方特色;主持各级项目24项;学术论文被SCI收录35篇,EI收录5篇;

成果获得内蒙古科技进步二等奖1项、内蒙古自然科学奖2项；获发明专利4项。

学科高度重视理论与实践相结合，形成了理论教学以应用为目的、为实践教学服务的教学模式；有组织、有计划地组织学生去科研合作单位、生产基地进行参观与实习，提高学习的兴趣，巩固理论知识。

学科有自治区实验示范中心1个、植物分子生物学实验1个、校内外试验实习基地3个，拥有先进仪器设备467台，总价值1200万元。

加强学术交流，学科组成员积极参加国内外的相关学术会议，并邀请国内外知名专家进行学术交流年均10次以上。

学科始终坚持"产、学、研"相结合的道路，为区内一些企业如五原县酒厂、奥醇生物技术有限公司、大圣生物技术有限公司提供技术支持。

水文学及水资源

水文学及水资源学科，其前身依托于1978年创建的地下水开发利用工程专业，该专业1998年更名为水文与水资源工程，2006年被评为自治区品牌专业，2009年成为国家特色专业建设点。1989年开始在农业水土工程学科水土资源优化利用方向招收硕士研究生，1999年招收该方向博士研究生，2001年获得硕士学位授予权，1998年被评为内蒙古农牧学院重点学科，2008年被评为内蒙古自治区重点学科，2012年在农业工程一级学科下自设农业水资源利用与保护博士点。主要研究方向有：水文过程与生态效应、水资源可持续利用与规划、水环境科学与工程、地下水科学与工程。

现有教师22人，其中教授8人，副教授8人，博士16人，博士生导师3人，硕士生导师11人。在农业水土工程学科共培养水土资源优化利用方向的博士37名，硕士13名，在水文学及水资源学科共培养硕士69名，目前在校硕士生44名。2013年度，发表学术论文35篇，其中SCI收录9篇，EI收录3篇。

本年度，以刘廷玺为带头人的科研团队获自治区党委组织部批准的内蒙古自治区"草原英才"工程产业创新人才团队且获教育部批准的内蒙古创新团队发展计划。李畅游主持完成的湖泊湿地富营养化模拟及生态环境演变规律研究项目获自治区自然科学二等奖，刘廷玺主持完成的内蒙古自治区杰出人才项目以及突出创新能力培养的水利类专业实验教学仪器研发运行机制及其模式研究项目分别获得内蒙古自治区杰出人才奖，自治区级教学成果二等奖。

2013年新增省部级以上项目14项，其中：地区科学基金项目5项，内蒙古自然基金面上项目2项，科技厅"西部之光"配套经费1项，教育部新教师类联合项目1项，教育部自筹项目1项，横向项目2项，内蒙古自治区产业创新人才团队1项，内蒙古自治区科技重大专项项目1项。

农产品加工及贮藏工程

农产品加工及贮藏工程学科是2008年批准的自治区级重点学科，同时也是我校的重点扶持学科。该学科现有乳品生物技术与加工工程、肉品生物技术与加工工程、植物资源加工与保鲜技术和食品包装与储运等4个研究方向，涵盖了乳、肉、果、蔬的加工、贮藏和包装等工程。

2013年该学科有专职科研人员49名，其中教授18名，副教授16名，其中博士学位获得者为25人，19名人员具有国外学习和工作经历，建立了学历与职称相匹配、学习和创新相融合的学科团队。该学科承担国家"863"计划项目2项，"973"计划项目1项，"十二五"科技支撑项目子课题1个，国家自然科学基金 9 项,国家农业科技成果转化项目 1 项,国家创新基金 1 项,国家杰出青年科学基金 1 项,教育部科学研究重点项目 1 项,农业部公益性行业(农业)科研专项 3 项,内蒙古自然科学基金 10 项等多个国家、自治区重点项目,2013 年拨入经费总计 2039.9 万元。2013 年该学科师生在国内学术刊物发表论文 40 篇,国外学术刊物发表论文 12 篇,SCIE 收录 11 篇,EI 收录 5 篇。该学科 2013 年国内外合作研究派遣 45 人次,出席国际学术交流 38 人次,交流论文 11 篇,特邀报告 7 篇。2013 年该学科完成培养的博士研究生 5 人,硕士研究生 30 人。经过长期不懈的努力,本学科获得了突破性成果,学科的学术水平取得了长足进步和显著提高,优势领域的研究取得显著成果。

果树学

果树学学科创建于 1958 年,1985 年开始招收硕士研究生,1990 年经国务院学位委员会批准为果树学硕士学位授权点,同时被列为校级重点学科。2007 年晋升为自治区级重点学科。现已发展成为能够培养包括博士和硕士研究生的教学研究型学科。本学科紧密结合内蒙古高原地区气候特点和果树生产实际情况,已逐步形成果树优质高效栽培技术与理论基础研究、果树种质资源与现代育种技术研究、果树抗性生理生态机制研究、观光果树的理论与技术研究 4 个主要的研究方向。目前在国内外同领域研究中,本学科已初步形成了具有明显地区特色和区域优势的"高原地区抗寒抗旱优质生态果树栽培及生态生理"的学科特色。

学科逐步形成一支学术思想活跃,治学严谨,学风正派,业务素质优良的学术队伍。学科现有教师 12 名,其中教授 4 名,副教授 5 名,讲师 2 名,高级实验师 1 名;博士研究生导师 1 名,硕士研究生导师 8 名;具有博士学位教师 9 名;入选内蒙古自治区"321"人才工程第二层次人选 1 名,第三层次人选 1 名,本年度有 3 名教师赴荷兰、法国等国进行学习。

注重条件建设,现有自治区重点实验室一个,拥有大中型仪器设备 80 台(套)。

先后承担国家自然科学基金 9 项、自治区自然科学基金、自治区科技攻关和教育厅项目等 30 多项,主编专著 10 余部、参编全国统编教材 10 部;共发表学术论文 200 多篇,其中 SCI 收录 1 篇。

本年度学科新上国家自然科学基金 3 项、国家民政部项目 1 项、内蒙自然科学基金 1 项、呼市科技局项目 1 项;参编专著 1 部、教材 1 部;共发表学术论文 12 篇,其中 SCI 收录 5 篇。先后获得农业部中华农业科技一等奖 1 项、教育部科技进步二等奖 1 项、自治区科技进步二等奖 2 项、自治区农业科技进步一等奖 1 项。学科在发展过程中积极开展社会科技服务,李连国和李小燕 2 名教授被内蒙古农业大学授予"社会科技服务先进个人"称号。

蔬菜学

蔬菜学学科创建于 1958 年,1982 年开始招收硕士研究生,1996 年被国务院学位委员会批准为硕士学位授权点,2006 年批准为博士学位授权点,为自治区重点学科。园艺专业为自治区品牌专业。

现有教师 16 名,其中教授 5 名,副教授 4 名,讲师 6 名,实验师 1 名;博士学位 12 名,硕士学位 1 名;自治区中青年专家 1 名,自治区"321"人才工程二层人员 2 名,自治区"111"人才工程二层人员 2 名,博士生导师 3 名,硕士生导师 6 名。

近 10 年来先后主持完成国家、自治区自然科学基金、自治区科技攻关和教育厅项目等 45 项,各项研究经费共计600万元。先后获自治区科技进步二等奖2项,三等奖6项。目前承担着国家、自治区自然科学基金项目、自治区科技攻关等项目21项。

加强人才培养。几十年来,学科始终把培养高素质的合格人才作为根本任务,已为博士和硕士研究生、本、专科开出了学位课、专业课等课程14余门类。已培养硕士140余名,博士35名。

注重条件建设,现有自治区级重点实验室一个,拥有大中型仪器设备80台(套)。

加强学术交流,参编教育部"十一五"全国统编教材《蔬菜栽培学各论》(北方本),先后出版学术著作10部,在国内外学术刊物发表学术论文300余篇。

不断提高社会服务能力,近10年来,在全区进行蔬菜新技术开发和成果推广近30项,推广面积达120多万亩,经济、社会、生态效益显著。

农业经济管理

农业经济管理传统上主要研究农业经济及相关的管理问题,目前该学科的研究领域已经扩展到了涉农经济、社会、环境等领域,涉及到了"三农"问题的各个方面,包括农村改革发展理论与政策、土地制度、合作社制度、农业现代化、农村中小企业与县域经济发展、农村城镇化与农村社区建设、农村社会发展与社会保障、农村国民教育与人力资源开发、农村文化发展与新农村建设、农村基层民主政治建设、农村反贫困与区域协调发展、食品质量与供给安全、生态文明、资源与环境经济、应对气候变化的战略研究、碳汇、全球环境变化等。

目前该学科已经成为应用经济学和管理学的重要分支。在研究方法上,本学科逐步借鉴政治学、法学、心理学等社会科学学科和信息技术、生态学等自然科学学科的方法,在定性分析的基础上,广泛采用以现代数理经济学和计算机技术为基础的计量经济模型与分析方法,十分重视实证和案例分析。

本学科是我院首批硕士点和博士点学科,1986年开始招收硕士研究生,2006年招收博士生,2011年成为一级学科博士点。

野生动植物保护与利用

野生动植物保护与利用是林学一级学科下设的二级学科,研究领域主要针对干旱、半干旱地区野生动植物资源,特别是内蒙古自治区的野生动植物资源进行保护与利用研究。重点研究该区域内的珍稀濒危动植物和具有开发利用价值的资源动植物。现开设三个研究方向:植物多样性保护与利用、野生植物繁育与资源利用、野生动物资源保护与利用。从2004年开始在三个方向招收硕士生,2006年开始在植物多样性保护与利用、野生动物资源保护与利用二个方向招收博士生。

本学科现有专任教师及实验技术人员19人,其中教授9人、副教授6人、高级实验师2人、讲师2人,其中具有博士学位的9人,具有硕士学位的6人。现有博士生导师3名,硕士生导师8名。有相对稳定、特色明显的研究方向,承担了多项国家级和省部级课题,以及一些横向联合课题,科研经费比较充足。取得了一定的成绩,出版和发表了较高水平的专著和论文,获省部级科技进步奖多项,其中一项于2008年获国家科技进步一等奖。

已毕业博士生10余名、硕士生50余名,在区内外相关学科领域的业务及管理岗位工作,多数已成为所在部门的骨干力量;目前在读博士生9名、硕士生20名。

多年来一直本着多渠道筹措学科建设经费的原则,极大地改善了办学条件,在原有的课程实验室、研究室、标本室和切片室的基础上,成功地组建并升级为"国家级植物学实验教学示范中心"。注重学术团队建设,加强年轻学术带头人和学术骨干的培养,积极创造条件帮助青年教师攻读更高级别学位、出国学术交流和科研合作。

经常邀请校内外的专家学者进行讲学和交流,积极参加国内外相关学术会议。积极参加社会服务,特别是在矿区植被恢复、珍稀濒危动植物保护与利用、良种繁育等方面发挥学科优势,承担和参与了多项地方重点项目,得到了有关部门的好评。

园林植物与观赏园艺

园林植物与观赏园艺学科是研究园林植物和园林设计的理论与实践的学科。重点是结合自治区的地区特点和民族特色,结合我国北方干旱、寒冷地区园林植物特点以及城市绿地系统、城市公园、居住区绿化、风景名胜区、旅游区、城市规划等发展要求,对园林植物和园林设计的理论和技术等进行研究,改善人居环境,促进现代城市建设可持续发展。

本学科具有6名指导教师,具有高级职称的3人,副高级专业技术职称的3人,均具有丰富的教学和实践经验。近三年的招生周期内,共有21项科研课题或生产实践项目,发表论文20余篇。参加了国家留学基金公费委派出国留学、西部计划项目和教育部对口支援西部大学计划等相关的师资培训,积极开展各项教学研讨交流活动。

该学科培养德、智、体全面发展的园林植物与观赏园艺专业高级专门人才。近几年生源充足,就业稳定,通过实际的培养成果证实,培养方案科学合理,可操作性强。学科基础设施齐全,教学资源丰富。专业教室、工作空间及公共展览空间占地面积将近$500m^2$,仪器设备总价值1584万元。学科与内蒙古和信园蒙草抗旱绿化有限责任公司、鄂尔多斯市住房和建设委员会园林科学研究所、呼和浩特市园林科学研究所等12个科研院所和企业单位,签订了学生实训基地协议。基地具备一定规模和实训条件,能够满足研究生实践和毕业论文需要。本学科依托实践基地及相关生产实践积极开展社会服务,获得了社会的广泛认可。

农业昆虫与害虫防治

农业昆虫与害虫防治学科创建于1958年,1999年开始招收硕士研究生,2000年经国务院学位委员会批准为农业昆虫与害虫防治学科硕士学位授权点,2007年成为内蒙古自治区重点培育学科,2012年获得作物保护学学科博士授予权。根据自治区农牧业发展需要、学科国内外发展趋势及本学科优势,设立了昆虫生态与分子生物学、害虫综合治理、害虫生物防治、昆虫毒理学和昆虫分类与系统进化等5个研究方向作为本学科的重点发展方向。

几十年来,学科非常重视师资队伍建设,现已形成一支职称与学历结构较合理、学风严谨、学术思想活跃、高素质的师资队伍。现有教职工11名,其中教授3名、副教授4名、讲师2名、高级实验师1名、实验师1名,已获博士学位9人,入选内蒙古自治区高等院校"111"人才工程和内蒙古"新世纪321"人才工程第二层次各1人,先后有5名教师赴加拿大、荷兰、比利时和美国等国留学深造或进行合作研究。本年度从中国农业大学引进优秀博士毕业生1名,极大地充实了本学科队伍,优化了队伍的年龄结构。

加强科学研究,本年度新上国家自然科学基金项目2项,验收国家公益性行业(农业)项目2项。在国内外核心期刊上发表研究论文12篇,其中SCI收录2篇。

注重人才培养,本年度招收硕士研究生6人,毕业硕士研究生5人。由于科研条件的改善和教师的严格要求,毕业生的质量有了很大的提高。硕士生在国内外核心期刊上发表论文7篇。

加强条件建设,购置生物显微镜6台、研究级体式显微镜1台、昆虫触角电位测量系统1套、纯水仪1台,极大地提高了本学科的科研水平。

积极推进学术交流,本年度积极组织教师参加昆虫学会年会、直翅目国际会议、亚太国际化学生态学等学术会议,扩大了对外交流,拓宽了教师的视野,了解了国内外相关的研究动态,使教师的学术水平有了较大的提高。

水工结构工程

水工结构工程学科创建于1986年,1993年开始招收硕士研究生,2003年经国务院学位委员会批准为硕士学位授权点,2007年成为内蒙古自治区重点培育学科。根据自治区水利工程的发展需要、学科国内外发展趋势及本学科优势,设立了寒区工程结构新体系、寒区岩土设计理论与防灾科学技术、寒区工程材料、土木工程材料的力学特性与行为等4个研究方向,作为本学科的重点发展方向。

几十年来,学科非常重视师资队伍建设,现已形成一支职称与学历结构合理、学风严谨、学术思想活跃、高素质的师资队伍。现有教师15名,其中教授6名、副教授5名、讲师3名、高级实验师1名,已获博士学位5人,博士生导师1人,硕士生导师7人。

2013年度结题国家自然科学基金项目1项,新获准国家自然科学基金1项、高等学校博士学科点专项科研基金1项、自治区自然科学基金2项、自治区科技攻关项目1项,主编出版学术专著1部,在国内外核心期刊上发表研究论文17篇,其中EI收录论文2篇。

本年度招收硕士研究生5人,毕业硕士研究生4人。研究生在国内外核心期刊上发表论文9篇。

2013年度学科新购置超细粉振动磨1台。

重视学术交流。2013年9月学科教师参加了第一届世界灌排论坛国际会议,2013年10月学科多名教师参加了2013北京国际环境技术研讨会。

师资和人才队伍建设

【工作概述】师资队伍建设坚持人才引进与培养并重的理念，围绕人才强校战略和学科建设规划，通过开展支持青年教师攻读学位，加大各类人才的选拔、推荐，不断改进专业技术资格推荐、评审等工作，促进师资队伍水平的提升。

2013年，学校全力提升师资队伍水平，支持青年教师在职攻读学位。年内教职工在职取得学位19人，其中取得博士学位16人，硕士学位3人。有25人通过了自治区教育厅高等学校教师资格认定。开展专业技术资格推荐、评审工作，取得正高级专业技术资格12人，取得副高级专业技术资格41人，取得中级专业技术资格48人，取得初级专业技术资格6人。

加强高层次人才队伍建设，做好各类人才选拔、推荐工作。本年度，获得国家级有突出贡献中青年专家1人，入选国家"百千万人才工程"人选1人，获得内蒙古自治区青年科技奖3人。获批2012年度"草原英才"工程培养人选13人，其中培养二类人选1人，培养三类人选6人，柔性引进一类人选5人，柔性引进三类人选1人。获批"草原英才"工程创新团队6个，其中团队二类1个，团队三类5个。

【教职工基本情况统计】

2013年内蒙古农业大学教职工基本情况统计

人员及分类	数量（人）	比例（%）
总规模	3080	—
在职总人数	2199	71.40%
其中:女性	974	31.62%
教学科研人员	1103	35.81%
非教学科研人员	620	20.13%
党政管理人员	305	9.90%
工勤技能人员	171	5.55%
离退休人员	881	28.60%
其中:离休人员	30	0.97%
退休人员	851	27.63%

截至年底，全校在册教职工2199人，按岗位类别划分：专业技术岗位1723人，管理岗位305人，工勤技能岗位171人。专业技术岗位中，教学、科研岗位1103人，其他专业技术岗位620人。专业技术岗位按职务级别划分：高级844人，占48.98%；中级724人，占42.02%；初级及以下155人，占9.00%。按学位划分，专业技术岗位中具有博士学位469人，占27.22%；具有硕士学位542人，占31.46%；具有学士学位590人，占34.24%。按年龄划分，专业技术岗位中35岁以下的432人，占25.07%；36~40岁的274人，占15.9%；41~50岁的593人，占34.42%；51~60的岁的420人，占24.38%；60岁以上的4人，占0.23%。

【师资培养】2013年，根据教育部"质量工程"对口支援工作教师进修及干部学习锻炼工作项目，学校共派教师12名教师到中国农业大学进修培训；组织申报国家留学基金委出国留学及西部地区人才培养特别项目,学校共获批出国留学教师25名,博士研究生3名;结合双语教师培养计划的实施,学校共派48名教师出国学习;组织了学校和自治区两级教学名师和教坛新秀的评审及推荐工作,评出校级教学名师6位,校级教坛新秀17位;获批自治区教学名师4位,校级教坛新秀4位;组织推荐教师参加全国微课大赛,共有7名教师获奖;组织青年骨干教师报考"2014年少数民族高层次骨干人才计划"博士研究生的申报工作,同时,组织申报了青年骨干教师到中国农业大学攻读研究生的单独招生计划,2013年报计划8名。1位青年骨干教师获得国家资助,到国内重点大学进行访学;组织57名新进青年教师参加国家《高校新进教师素质培养与教学能力提升》现场网络同步培训,45名教师参加自治区岗前培训,95名教师到区内外重点大学进行外语及新开课程的进修访学;为新教师举办普通话培训班,并参加普通话测试获得证书。

【专业技术资格评审】 取得专业技术资格107人,其中正高级12人,副高级41人,中级48人(其中考核认定33人),初级6人(均为考核认定)。

正高级专业技术资格
教授(11人)
齐景伟(推广系列)　刘大程　白瑞琴　张秀卿　李　斐　邹春霞　白　薇　王玉珍　张晓华　薛世彪　钟志梅
思政研究系列研究员(1人)
王永明

副高级专业技术资格
副教授(37人)
玉　荣　徐　明　王文龙　于晓芳　阿如旱　刘美英　宗哲英　侯占峰　卢俊平　姚利宏
魏汉夫　吴日哲　郭晓燕　田建军　段　艳　白戈力　李玉峰　邰晓晶　申志军　刘春霞
宝力道　周红格　史艳英　王　焕　李月鲜　阿拉腾苏布德　李金梅　平贵臣　裴志永
冬　梅　梁显丽　吴光宇　王怀栋　曹志军　杨忠仁　崔文芳　达来(推广系列)
自然科学研究系列副研究员(1人)
陈永福
副研究馆员(2人)
李　新　屈兴豫
中学高级教师(1人)
董玲俊

中级专业技术资格
讲师(28人)
徐晓旭　张小宇　于荣娟　李　鹏　赵海州　张烨炜　李　燕　斯木吉德　白东义　刘　芳
谭　瑶　李英杰　邓伟刚　翟涌光　罗艳云　白　静　朝鲁蒙　刘显刚　苏　颖　赵欣敏
冀鹏浩　樊　裕　曹　娜　李旭海　乔培枝　李　明　李红霞　张　宇
实验师(9人)
郭玉波　杨　茹　陆　静　毛　伟　刘　军　高　霞　赵淑文　武玲玲　李海军
自然科学研究系列助理研究员(4人)
王瑞军　王记成　王申元　李　璐
思政研究系列助理研究员(4人)
王志强　杨逸隆　王雪鹏　李振威
馆员(2人)
贺希格玛　宝　音

小学高级教师(1人)

陈玲霞

初级专业技术资格

助教(5人)

张　津　杨中杰　安　钢　苗　佳　郑　博

助理馆员(1人)

海　棠

【各类知名专家、人才】

特聘院士

聘用学院	姓名	名　称	聘用时间	备注
机电工程学院	汪懋华	中国工程院院士	2010年	
生态环境学院	尹伟伦	中国工程院院士	2010年	
农学院	官春云	中国工程院院士	2010年	
水利与土木建筑工程学院	刘鸿亮	中国工程院院士	2010年	
兽医学院	夏咸柱	中国工程院院士	2010年	
水利与土木建筑工程学院	王　浩	中国工程院院士	2011年	
农学院	康　乐	中国科学院院士	2011年	
材料科学与艺术设计学院	李　坚	中国工程院院士	2012年	
机电工程学院	罗锡文	中国工程院院士	2012年	

国家和自治区级教学名师

序号	姓名	职称	名称和级别	获评时间	备注
1	朝伦巴根	教授	国家级教学名师	2007年	教务处
2	裴喜春	教授	自治区级教学名师	2007年	教务处
3	申向东	教授	自治区级教学名师	2008年	教务处
4	王耀强	教授	自治区级教学名师	2009年	教务处
5	王立群	教授	自治区级教学名师	2009年	教务处
6	王春光	教授	自治区级教学名师	2010年	教务处
7	裴国霞	教授	自治区级教学名师	2010年	教务处
8	苏　娅	教授	自治区级教学名师	2011年	教务处
9	徐莉林	教授	自治区级教学名师	2011年	教务处
10	葛茂悦	教授	自治区级教学名师	2011年	教务处
11	郑宏奎	教授	自治区级教学名师	2011年	教务处
12	李培锋	教授	自治区级教学名师	2012年	教务处
13	杜健民	教授	自治区级教学名师	2012年	教务处
14	史海滨	教授	自治区级教学名师	2012年	教务处
15	闫祖威	教授	自治区级教学名师	2012年	教务处
16	苏金梅	教授	自治区级教学名师	2013年	教务处
17	许　辉	教授	自治区级教学名师	2013年	教务处
18	李　平	教授	自治区级教学名师	2013年	教务处
19	冯贵宗	教授	自治区级教学名师	2013年	教务处

"全国先进工作者"入选者

单位	姓名	入选年份	备注
生态环境学院	那 顺	2000年	

"享受国务院政府特殊津贴"入选者

单 位	姓 名	入选年份	备 注
原校党政办	耿庆汉	1991年	
动物科学学院	霍澍田	1991年	
动物科学学院	王守清	1991年	
动物科学学院	乌 尼	1991年	
动物科学学院	赵志恭	1991年	
动物科学学院	李祚煌	1991年	
计算机与信息工程学院	朱必文	1991年	
林学院	冯 林	1991年	
农学院	林维申	1991年	
农学院	邵金旺	1991年	
生态环境学院	章祖同	1991年	
原校党政办	马恩伟	1992年	
动物科学学院	嘎尔迪	1992年	
动物科学学院	林 曦	1992年	
动物科学学院	沙 里	1992年	
动物科学学院	税世荣	1992年	
理学院	李东根	1992年	
科技处	马成麟	1992年	
林学院	郭连生	1992年	
农学院	李心文	1992年	
农学院	李学渊	1992年	
农学院	门福义	1992年	
农学院	王丽雪	1992年	
农学院	张家骅	1992年	
原农林工程设计院	关 俏	1992年	
原设计院	张国汉	1992年	
生态环境学院	富象乾	1992年	
生态环境学院	高炳德	1992年	
生态环境学院	汪玖文	1992年	
生态环境学院	周世权	1992年	

续表

单 位	姓 名	入选年份	备 注
原校党政办	那仁敖其尔	1993 年	
动物科学学院	布 和	1993 年	
动物科学学院	付德兴	1993 年	
动物科学学院	刘震乙	1993 年	
动物科学学院	王文元	1993 年	
动物科学学院	赵振华	1993 年	
原高教研究所	崔纯璞	1993 年	
机电工程学院	柏大棨	1993 年	
机电工程学院	闻长复	1993 年	
理学院	布音贺喜格	1993 年	
教务处	赵美华	1993 年	
经济管理学院	王秉秀	1993 年	
农学院	李春林	1993 年	
农学院	刘克礼	1993 年	
农学院	刘梦云	1993 年	
农学院	赵清岩	1993 年	
生态环境学院	陈世璜	1993 年	
生态环境学院	乌力更	1993 年	
生态环境学院	张奎壁	1993 年	
水利与土木建筑工程学院	朝伦巴根	1993 年	
动物科学学院	郝先谱	1994 年	
生态环境学院	许清云	1994 年	
水利与土木建筑工程学院	舒子亨	1994 年	
生态环境学院	那 顺	1995 年	
生态环境学院	张秀芬	1995 年	
水利与土木建筑工程学院	陈亚新	1995 年	
机电工程学院	窦卫国	1996 年	
农学院	赵廷芳	1996 年	
生态环境学院	李青丰	1997 年	
生态环境学院	乌云飞	1997 年	
机电工程学院	田 德	1997 年	
机电工程学院	王竹瑛	1998 年	
材料科学与艺术设计学院	张海升	1998 年	
农学院	田自华	1998 年	
机电工程学院	郭凤祥	1999 年	

续表

单 位	姓 名	入选年份	备 注
生态环境学院	刘德福	2000 年	
兽医学院	呼和巴特尔	2000 年	
水利与土木建筑工程学院	桑以琳	2000 年	
动物科学学院	侯先志	2001 年	
生态环境学院	云锦凤	2001 年	
学报编辑部	续维国	2001 年	
农学院	郑克宽	2002 年	
动物科学学院	李金泉	2004 年	
动物科学学院	芒 来	2004 年	
食品科学与工程学院	德力格尔桑	2004 年	
兽医学院	杨晓野	2004 年	
水利与土木建筑工程学院	史海滨	2006 年	
农学院	高聚林	2008 年	
生命科学学院	周欢敏	2008 年	
林学院	闫 伟	2010 年	
食品科学与工程学院	张和平	2010 年	
水利与土木建筑工程学院	刘廷玺	2010 年	
机电工程学院	赵士杰	2012 年	
水利与土木建筑工程学院	李畅游	2012 年	

国家级"百千万人才工程"入选者

单位	姓名	职称	入选年份	备注
生态环境学院	李青丰	教授	1996 年	
机电工程学院	田 德	教授	1996 年	
农学院	田自华	教授	1998 年	
动物科学学院	芒 来	教授	2004 年	
动物科学学院	李金泉	教授	2004 年	
水利与土木建筑工程学院	刘廷玺	教授	2006 年	
食品科学与工程学院	张和平	教授	2013 年	

"长江学者奖励计划"特聘教授

单位	姓名	职称	入选年份	备注
食品科学与工程学院	张和平	教授	2011 年	

"全国优秀教师"入选者

单位	姓名	职称	入选年份	备注
水利与土木建筑工程学院	汪建平	研究员	2007 年	

"全国高校优秀思想政治教育工作者"入选者

单位	姓名	入选年份	备注
工会	刘恩贵	1991 年	
水利与土木建筑工程学院	汪建平	2007 年	
宣传部	包革命	2009 年	

"全国教育系统先进工作者"入选者

单位	姓名	入选年份	备注
宣传部	包革命	2009 年	

"全国模范教师"入选者

单位	姓名	入选年份	备注
农学院	王丽雪	1993 年	
机电工程学院	窦卫国	1999 年	
生态环境学院	高炳德	2001 年	
生态环境学院	云锦凤	2007 年	

"国家级有突出贡献中青年专家"入选者

单位	姓名	职称	入选年份	备注
农学院	邵金旺	教授	1986 年	
农学院	李心文	教授	1992 年	
农学院	田自华	教授	1996 年	
食品科学与工程学院	张和平	教授	2013 年	

"全国优秀科技工作者"入选者

单位	姓名	入选年份	备注
生态环境学院	云锦凤	2005 年	
食品科学与工程学院	张和平	2010 年	
农学院	高聚林	2012 年	

国家杰出青年科学基金获得者

单位	姓名	职称	入选年份	备注
食品科学与工程学院	张和平	教授	2010 年	

"自治区杰出人才奖"入选者

单位	姓名	职称	入选年份	备注
生态环境学院	高炳德	教授	2006 年	
生态环境学院	云锦凤	教授	2007 年	
水利与土木建筑工程学院	朝伦巴根	教授	2007 年	
食品科学与工程学院	张和平	教授	2009 年	
动物科学学院	芒来	教授	2010 年	
生态环境学院	韩国栋	教授	2011 年	

"自治区草原英才"培养人选

单位	姓名	职称	入选年份	备注
动物科学学院	李金泉	教授	2010年	培养2类
农学院	高聚林	教授	2010年	培养3类
农学院	刘景辉	教授	2010年	培养3类
农学院	陈 勤	教授	2010年	柔性引进3类
林学院	闫 伟	教授	2010年	培养3类
生态环境学院	韩国栋	教授	2010年	培养3类
水利与土木建筑工程学院	史海滨	教授	2010年	培养3类
经济管理学院	修长百	教授	2010年	培养3类
食品科学与工程学院	张和平	教授	2010年	培养2类
食品科学与工程学院	杜 敏	教授	2010年	柔性引进3类
食品科学与工程学院	Jae Hyeong Ko	教授	2010年	柔性引进3类
生命科学学院	周欢敏	教授	2010年	培养3类
动物科学学院	芒 来	教授	2011年	培养2类
动物科学学院	张文广	教授	2011年	培养3类
兽医学院	曹金山	教授	2011年	培养3类
兽医学院	曹贵方	教授	2011年	培养3类
农学院	于 卓	教授	2011年	培养3类
生态环境学院	王成杰	教授	2011年	培养3类
水利与土木建筑工程学院	刘廷玺	教授	2011年	培养2类
水利与土木建筑工程学院	魏占民	教授	2011年	培养3类
食品科学与工程学院	董同力嘎	教授	2011年	刚性引进3类
生命科学学院	李国婧	教授	2011年	培养3类
生命科学学院	王瑞刚	教授	2011年	培养3类
生命科学学院	张 峰	副教授	2011年	刚性引进3类
周欢敏实验室	傅海安	教授	2011年	柔性引进3类
动物科学学院	张润厚	教授	2012年	柔性引进3类
兽医学院	夏咸柱	教授	2012年	柔性引进1类
兽医学院	刘淑英	教授	2012年	培养3类
农学院	康 乐	教授	2012年	柔性引进1类
生态环境学院	李青丰	教授	2012年	培养2类
生态环境学院	贾玉山	教授	2012年	培养3类
生态环境学院	石凤翎	教授	2012年	培养3类
机电工程学院	罗锡文	教授	2012年	柔性引进1类
水利与土木建筑工程学院	王 浩	教授	2012年	柔性引进1类
材料科学与艺术设计学院	李 坚	教授	2012年	柔性引进1类
经济管理学院	盖志毅	教授	2012年	培养3类
经济管理学院	乔光华	教授	2012年	培养3类
经济管理学院	包庆丰	教授	2012年	培养3类

"草原英才"工程产业创新创业人才团队

单位	姓名	职称	团队名称	入选年份	备注
动物科学学院	李金泉	教授	草原家畜遗传资源保护创新团队	2011年	团队3类
生态环境学院	韩国栋	教授	草地资源可持续利用创新团队	2011年	团队3类
动物科学学院	芒来	教授	马科学研究与马业产业化创新人才团队	2012年	团队3类
农学院	刘景辉	教授	燕麦种质资源利用创新人才团队	2012年	团队3类
水利与土木建筑工程学院	李畅游	教授	河湖湿地水环境保护与修复技术研究创新人才团队	2012年	团队3类
水利与土木建筑工程学院	刘廷玺	教授	半干旱地区影响水资源高效利用及其调控技术创新人才团队	2012年	团队3类
食品科学与工程学院	张和平	教授	乳酸菌与发酵乳制品应用基础研究团队	2012年	团队2类
生命科学学院	周欢敏	教授	家畜种质材料创制创新人才团队	2012年	团队3类

"自治区深入生产第一线做出突出贡献的科技人员"入选者

单位	姓名	入选年份	备注
后勤管理处	李继光	1993年	
农学院	魏景云	1993年	
职业技术学院	王效亮	1995年	
机电工程学院	王竹瑛	1995年	
农学院	郑克宽	1995年	
职业技术学院	葛茂悦	1997年	
机电工程学院	杜文亮	1999年	
农学院	张胜	1999年	
生态环境学院	敖特根	2001年	
生态环境学院	索全义	2001年	
机电工程学院	赵满全	2001年	
生态环境学院	刘果厚	2003年	
保卫处	侯海旺	2005年	
农学院	支中生	2005年	
农学院	刘景辉	2007年	
食品科学与工程学院	任文明	2007年	
水利与土木建筑工程学院	田存旺	2009年	
兽医学院	祁生旺	2011年	

"自治区优秀教师"入选者

单位	姓名	入选年份	备注
生命科学学院	周欢敏	1997 年	
水利与土木建筑工程学院	申向东	2004 年	
兽医学院	马学恩	2009 年	
食品科学与工程学院	张和平	2009 年	
机电工程学院	王春光	2009 年	
经济管理学院	修长百	2009 年	
职业技术学院	葛茂悦	2009 年	
动物科学学院	菊林花	2012 年	
农学院	刘景辉	2012 年	
机电工程学院	童淑敏	2012 年	

"自治区优秀教育工作者"入选者

单位	姓名	入选年份	备注
水利与土木建筑工程学院	王耀强	2004 年	
机电工程学院	杜健民	2009 年	
人文社会科学学院	席锁柱	2012 年	

"自治区新世纪321人才工程"入选者

单位	姓名	职称	入选年份	备注
动物科学学院	芒 来	教授	2012 年	第一层次
农学院	高聚林	教授	2012 年	第一层次
农学院	刘景辉	教授	2012 年	第一层次
生态环境学院	贾玉山	教授	2012 年	第一层次
水利与土木建筑工程学院	刘廷玺	教授	2012 年	第一层次
经济管理学院	盖志毅	教授	2012 年	第一层次
食品科学与工程学院	张和平	教授	2012 年	第一层次
兽医学院	刘淑英	教授	2012 年	第二层次
农学院	张永平	教授	2012 年	第二层次
农学院	王 萍	副教授	2012 年	第二层次
农学院	孟瑞霞	教授	2012 年	第二层次
材料科学与艺术设计学院	毕力格巴图	教授	2012 年	第二层次
经济管理学院	乌云花	教授	2012 年	第二层次
计算机与信息工程学院	高 静	教授	2012 年	第二层次
生命科学学院	张 峰	副教授	2012 年	第二层次
生命科学学院	王瑞刚	教授	2012 年	第二层次
生命科学学院	李国婧	教授	2012 年	第二层次

"自治区有突出贡献的中青年专家"入选者

单位	姓名	职称	入选年份	备注
理学院	李东根	教授	1988年	
农学院	门福义	教授	1988年	
计算机与信息工程学院	朱必文	教授	1988年	
科技处	马成麟	教授	1990年	
动物科学学院	嘎尔迪	教授	1992年	
生态环境学院	周世权	教授	1992年	
水利与土木建筑工程学院	朝伦巴根	教授	1994年	
生态环境学院	高炳德	教授	1994年	
林学院	郭连生	教授	1994年	
农学院	李岩涛	教授	1994年	
生态环境学院	那 顺	教授	1994年	
动物科学学院	金曙光	教授	1996年	
水利与土木建筑工程学院	李畅游	教授	1996年	
水利与土木建筑工程学院	桑以琳	教授	1996年	
生态环境学院	王林和	教授	1996年	
农学院	慈忠玲	教授	1998年	
生态环境学院	刘果厚	教授	1998年	
学报编辑部	续维国	编审	1998年	
林学院	闫 伟	教授	1998年	
农学院	张少英	教授	1998年	
机电工程学院	赵士杰	教授	1998年	
生命科学学院	段开红	教授	2000年	
计算机与信息工程学院	裴喜春	教授	2000年	
机电工程学院	田 德	教授	2000年	
农学院	云兴福	教授	2000年	
水利与土木建筑工程学院	姬宝霖	教授	2002年	
水利与土木建筑工程学院	申向东	教授	2002年	
兽医学院	申之义	教授	2002年	
兽医学院	李云章	教授	2004年	
生态环境学院	刘 静	教授	2004年	
水利与土木建筑工程学院	刘廷玺	教授	2004年	
理学院	闫祖威	教授	2006年	
兽医学院	张七斤	教授	2006年	
机电工程学院	赵满全	教授	2006年	
食品科学与工程学院	张和平	教授	2008年	
经济管理学院	修长百	教授	2008年	
经济管理学院	乔光华	教授	2010年	
材料科学与艺术设计学院	王喜明	教授	2010年	
农学院	于 卓	教授	2010年	
动物科学学院	李金泉	教授	2012年	
水利与土木建筑工程学院	史海滨	教授	2012年	
经济管理学院	包庆丰	教授	2012年	

"自治区优秀专业技术人员"入选者

单位	姓名	入选年份	备注
林学院	田有亮	1999 年	
食品科学与工程学院	德力格尔桑	1999 年	
动物科学学院	李金泉	2003 年	
机电工程学院	王春光	2003 年	

"自治区优秀科技工作者"入选者

单位	姓名	入选年份	备注
生态环境学院	云锦凤	2005 年	
机电工程学院	赵满全	2010 年	
食品科学与工程学院	张和平	2010 年	
农学院	高聚林	2012 年	
水利与土木建筑工程学院	史海滨	2012 年	

自治区级教坛新秀

序号	姓名	职称	名称和级别	获评时间	备注
1	邹春霞	教授	自治区级教坛新秀	2011 年	教务处
2	郁志宏	教授	自治区级教坛新秀	2011 年	教务处
3	张玉香	教授	自治区级教坛新秀	2011 年	教务处
4	刘翠兰	教授	自治区级教坛新秀	2012 年	教务处
5	李海军	教授	自治区级教坛新秀	2012 年	教务处
6	姚占全	教授	自治区级教坛新秀	2012 年	教务处
7	胡 敏	副教授	自治区级教坛新秀	2012 年	教务处
8	霍秀文	教授	自治区级教坛新秀	2013 年	教务处
9	陈忠军	教授	自治区级教坛新秀	2013 年	教务处
10	李瑞平	教授	自治区级教坛新秀	2013 年	教务处
11	郭艳光	教授	自治区级教坛新秀	2013 年	教务处

内蒙古农业大学 2013 年教授名录

动物科学学院

教授(16 人)

李金泉 芒 来 敖长金 闫素梅 敖日格乐 张文广 张家新 娜仁花 史彬林 赖双英
张 玉 齐景伟(推广,资格) 高爱琴 侯先志 禹旺盛 菊林花

兽医学院

教授(25 人)

李培锋 王凤龙 郝永清 杨 英 呼和巴特尔 曹贵方 王纯洁 杨晓野 李云章 曹金山
刘淑英 杨银凤 关平原 张七斤 韩润林 巴音吉日嘎拉 格日勒图(资格) 申之义
莫 内 哈斯苏荣 额尔敦木图(资格) 刘大程(资格) 吴树清 杨莲茹 韩 敏

农学院

教授(31 人)

高聚林 于 卓 云兴福 刘景辉 段立清 庞保平 张少英 李连国 郝丽珍 崔世茂

樊明寿　马　庆　张　胜　霍秀文　周洪友(资格)　侯建华　逯晓萍　赵　君　蒙美莲
张永平　李立军(资格)　胡　俊　石　岭　孟瑞霞　白瑞琴(资格)　张力君　郭世华
李小燕　盛晋华　田自华　慈忠玲

林学院

教授(16人)

闫　伟　张秋良　白淑兰　常金宝　铁　牛　德永军　高润宏　张国盛　白玉娥　田有亮
张秀卿(资格)　张　韬　方　亮　段广德　张明铁　安慧君

生态环境学院

教授(37人)

王明玖　米福贵　周　梅　高　永　韩国栋　卫智军　石凤翎　刘果厚　刘　静　李青丰
李跃进　汪　季　张武文　赵萌莉　贺　晓　贾玉山　王俊杰　许　丽　李钢铁　武晓东
宛　涛　索全义　崔向新　王成杰(资格)　王建光　兰登明　红　梅　李造哲　李斐(资格)
张　众　金　洪　秦富仓　海棠(资格)　魏江生　王林和　敖特根　燕　玲

机电工程学院

教授(23人)

王春光　武　佩　赵满全　杜文亮　杜建民　赵士杰　陈　智　郁志宏　田海清　李旭英
张　永　钱珊珠　张　云　李海军　刘伟峰　李　林　申庆泰　卜乐平　张丽春　韩进玉
郭　永　尚士友　童淑敏

水利与土木建筑工程学院

教授(32人)

李畅游　刘廷玺　史海滨　申向东　李　平　裴国霞　魏占民　朱仲元　张　生　韩克平
姬宝霖　屈忠义　牟献友　吕志远　白　英　冀鸿兰　贾德彬　李晓丽　葛岱岺　王永康
胡守忠　刘小燕　杨树青　李瑞平　赵占彪　邹春霞(资格)　李树荣(正高级工程师)
桑以琳　金淑青　马太玲　郜生霞　王耀强

材料科学与艺术设计学院

教授(13人)

王喜明　安　珍　黄金田　高晓霞　薛振华　张明辉　毕力格巴图　宁国强
吴日哲(一级美术师)　多化琼　王　丽　张桂兰　郑宏奎

经济管理学院

教授(16人)

修长百　乔光华　包庆丰　赵元凤　张心灵　盖志毅　姜冬梅　乌云花　姚凤桐
杜富林　刘秀梅　高　潮　赵益平　张　微　王　芳　田艳丽

食品科学与工程学院

教授(20人)

张和平　靳　烨　贺银凤　孟和毕力格　孙天松　格日勒图　张美莉　吉日木图
董同力嘎(低职高聘)　陈忠军　郭　军　双　全　范贵生　杨　军　殷文政　韩育梅
李少英　杨晓清　赵丽华　赵丽芹

计算机与信息工程学院

教授(7人)

薛河儒　付学良　刘　霞　高　静　周根宝　李美安(低职高聘)　王　健

生命科学学院

教授(17人)

李国婧　周欢敏　王茅雁　王瑞刚　张焱如　段开红(正高级工程师)　刘惠荣　冯福应
王玉珍(资格)　赵国芬　魏建民　尹　俊　韩　冰　陈有君(研究员)　白　薇(资格)
王和平　张　峰(低职高聘)

人文社会科学学院

教授(5人)

郭宝亮　格日勒图　丁雪华　张银花　席锁柱

外国语言学院

教授(4人)

徐莉林　迟光明　张晓华(资格)　薛世彪(资格)

理学院

教授(16人)

闫祖威　许　辉　孙景琦　苏金梅　阿木古楞　李凤敏　敖特根巴雅尔　姚贵平　吕　雄
王克冰　姚　虹　布和额尔敦　阿　娟　盛显良　钟志梅(资格)　张彩琴

能源与交通工程学院

教授(8人)

朱守林　戚春华　塔　娜　刘树民　王国忠　梁　鸿　厚福祥　陈松利

体育教学部

教授(6人)

张进才　潘海波　巴雅尔晋格勒　高罕斌　龙苏江　张秀莲

马克思主义学院

教授(5人)

霍如涛　高丽萍　付国强　苏　娅　娜日斯

2013年退休人员名单(48人)

孙墨溪　刘　强　张晓华　斯琴高娃　禹旺盛　火　焱　梁占明　高　娃　张爱荣　刘新华
王俊英　罗塞玲　赵秀英　钟根元　迟光明　高罕斌　苏　娅　云荣布扎木苏　包赛音
童淑敏　银林宽　郝月英　王　平　额尔敦斯琴　乌云苏都　赫增玉　金淑青　超　英
马太玲　高青山　侯先志　闫大建　王和平　恩库来　王耀强　邰生霞　支中生　王林和
张梅平　杨久和　绫维国　郝中保　马我愚　高卫华　韩艳洁　慈忠玲　肖辛华　乌仁其木格

2013年去世人员名单(17人)

蔡世昌　李俊芬　李宝庆　刘玉英　王作林　梁秀卿　吴会琴　张殿忠　李学渊　李生荣
张四民　白连臣　海宗祥　王洪喜　郝崇相　阿喜乐　马　奎

科学研究与社会服务

【工作概况】本年度学校的科技工作以自治区"8337"发展思路为指导,继续深入实施"科技兴校"工程,在努力提升项目申报质量及项目完成质量的基础上,重点加强了创新团队建设和科技成果推广转化工作。

一、项目立项及经费保持稳定增长。全年新上各级各类科技项目316项,总经费1.19亿元,其中国家自然科学基金72项,总经费3428万元;有176个项目通过了结题、验收和鉴定。

二、科技成果获得新突破。获得2012年度自治区科技进步一等奖2项、三等奖1项,自然科学二等奖1项,获得教育部高等学校科学研究优秀成果奖科技进步二等奖1项;学校作为主要获奖单位获得国家科技进步二等奖1项。"双驼峰基因组研究团队"荣获俄罗斯农业部自然科学奖,获得第三届吴常信动物遗传育种生产与推广成果奖1项;世界首例蜘蛛牵丝细毛羊和绒山羊在我校诞生。英国著名杂志《Nature》(《自然》)评出的2012年度自然出版指数中国前100强单位,我校名列第52位,在农业高校中排名第5位。

三、创新团队与创新平台建设取得新进展。新上教育部科技创新团队1个,自治区科技创新团队5个,自治区高校科技创新团队2个;新上校级科技创新团队6个、培育团队7个。新上自治区工程实验室、自治区重点实验室、工程技术研究中心各1个。

四、科技成果推广与转化工作取得新成绩。学校投入经费100万元,启动了首批校级科技成果转化基金项目,首批资助10个项目。学校与呼和浩特市政府和亿利资源集团、蒙草抗旱公司等12家企业签署科技合作协议并开展科技合作。与广东省农科院、华南农业大学签署框架合作协议。

五、创新与完善科技管理机制。制定并出台了《关于深入实施"科技兴校"工程的若干措施》和《关于进一步加强我校社会服务工作的实施意见》等6个文件。组织召开了学校科技推广与社会服务工作会议,表彰9个先进集体、44名先进个人。

重点实验室

序号	名　称	负责人	依托学院	发文机关	文号	发文时间
1	乳品生物技术与工程省部共建重点实验室	张和平	食品	教育部	教技函〔2003〕56号	20031127
2	草业与草地资源省部共建重点实验室	韩国栋	生态	教育部	教技函〔2005〕73号	20050728
3	农业部动物疾病临床诊疗技术重点实验室	李培峰	兽医	农业部	农科教发〔2011〕8号	20110708
4	沙地生物资源保护和培育重点实验室	王林和	生态	林业部	林科通字〔1995〕28号	19950315

续表

序号	名称	负责人	依托学院	发文机关	文号	发文时间
5	沙地（沙漠）生态系统与生态工程重点实验室	王林和	生态	自治区科技厅	内科发计字〔2003〕48号	20031205
6	水资源保护与利用重点实验室	刘廷玺	水利	自治区科技厅	内科发计字〔2003〕48号	20031205
7	动物遗传育种与繁殖重点实验室	李金泉	动科	自治区科技厅	内科发计字〔2003〕48号	20031205
8	森林培育林业菌根生物技术重点实验室	闫伟	林学	自治区科技厅	内科发计字〔2007〕6号	20070326
9	作物栽培与遗传改良重点实验室	高聚林	农学	自治区科技厅	内科发计字〔2007〕6号	20070326
10	基础兽医学重点实验室	曹贵方	兽医	自治区科技厅	内科发计字〔2007〕6号	20070326
11	野生特有蔬菜种质资源与种质创新重点实验室	郝丽珍	农学	自治区科技厅	内科发计字〔2007〕6号	20070326
12	内蒙古生物制造重点实验室	周欢敏	生科	自治区科技厅	内科发计字〔2011〕5号	20110317
13	内蒙古自治区沙生灌木资源纤维化和能源化开发利用重点实验室	薛振华	材艺	自治区科技厅	内科发〔2013〕68号	20130923
14	高校遗传育种实验室	李金泉	动科	自治区教育厅		199911
15	高校动物生物技术实验室	周欢敏	生科	自治区教育厅	内教技字〔2009〕8号	20090610
16	高校动物营养与饲料科学实验室（培育）	侯先志	动科	自治区教育厅	内教技字〔2009〕8号	20090610

工程技术研究中心

序号	名称	负责人	依托学院	发文机关	文号	发文时间
1	乳品生物技术教育部工程研究中心	张和平	食品	教育部	教技函〔2007〕72号	20071012
2	沙生灌木资源开发利用工程技术研究中心	王喜明	材艺	自治区科技厅	内科发计字〔2004〕2号	20040106

序号	名　称	负责人	依托学院	发文机关	文号	发文时间
3	畜产品加工工程技术研究中心	靳　烨	食品	自治区科技厅	内科发计字〔2004〕2号	20040106
4	草品种育繁工程技术研究中心	云锦凤	生态	自治区科技厅	内科发计字〔2004〕2号	20040106
5	内蒙古杂粮工程技术研究中心	刘景辉	农学	自治区科技厅	内科发计字〔2013〕10号	20130401
7	高校燕麦工程研究中心（培育）	刘景辉	农学	自治区教育厅	内教技字〔2009〕8号	20090610

工程实验室

序号	名　称	负责人	依托学院	发文机关	文号	发文时间
1	内蒙古自治区乳酸菌与乳品发酵剂工程实验室	张和平	食品	自治区发改委	内发改高技字〔2012〕2907号	2012年
2	内蒙古自治区家畜新型种质材料创制工程实验室	周欢敏	生命	自治区发改委	内发改高技字〔2013〕2625号	2013年

内蒙古农业大学人文社科基地

序号	名　称	负责人	依托学院	发文机关	文号	发文时间
1	内蒙古畜牧业经济研究基地	乔光华	经管	自治区党委宣传部	内党宣字〔2008〕55号	20081205
2	内蒙古农村牧区发展研究所	修长百	经管	自治区教育厅	内教技函〔2008〕15号	20080625
3	高校蒙古族工艺美术研究所	郑洪奎	材艺	自治区教育厅	内教技字〔2009〕9号	20090610

野外科学观测研究站及实验站

序号	名　称	负责人	依托学院	发文机关	文号	发文时间
1	内蒙古大兴安岭森林生态系统国家野外科学观测研究站	张秋良	林学	科技部	国科发〔2005〕494号	20051214
2	内蒙古赛罕乌拉森林生态系统定位研究站	周　梅	生态	国家林业局	林计批字〔2009〕443号	20090907

续表

序号	名称	负责人	依托学院	发文机关	文号	发文时间
3	内蒙古乌梁素海湿地生态系统定位研究站	李畅游	水利	国家林业局	林规批字〔2011〕219号	20110830
4	马属动物遗传育种与繁殖科学观测实验站	芒来	动科	农业部	农科教发〔2011〕8号	20110708
5	东北区域农业微生物资源利用科学观测实验站	张和平	食品	农业部	农科教发〔2011〕8号	20110708
6	华北黄土高原地区作物栽培科学观测实验站	高聚林	农学	农业部	农科教发〔2011〕8号	20110708

【学校发文批准成立的科研机构(1999)】

1. 沙漠治理研究所
2. 农林工程设计院
3. 农业可持续发展研究所
4. 内蒙古农牧渔业生物实验研究中心
5. 内蒙古乳制品研究培训中心

【学校科技处发文批准成立的研究中心(2010)】

1. 内蒙古农业大学人畜共患病研究中心
2. 内蒙古农业大学绒山羊研究中心
3. 内蒙古农业大学高产玉米研究中心
4. 内蒙古农业大学马铃薯研究中心
5. 内蒙古农业大学碳汇计量与评价研究中心
6. 内蒙古农业大学畜牧机械化工程中心
7. 内蒙古农业大学干旱区水问题研究中心
8. 内蒙古农业大学木基复合材料研究中心
9. 内蒙古农业大学马研究中心
10. 内蒙古农业大学家畜胚胎生物工程中心
11. 内蒙古农业大学脂蛋白免疫学研究中心

内蒙古农业大学科技创新团队

序号	带头人	团队名称	所属学院	批准时间	备注
1	张和平	乳品生物技术	食品科学与工程学院	2009年	2010年列为教育部科技创新团队（乳酸菌与发酵乳制品应用基础研究）、2013年列为自治区科技创新团队（乳品生物技术与工程）
2	韩国栋	草地资源可持续利用	生态环境学院	2009年	2012年列为教育部科技创新团队（草地资源可持续利用的科学基础研究）、2013年列为自治区科技创新团队及自治区高校科技创新团队
3	刘廷玺	寒旱区水资源利用与保护	水利与土木建筑工程学院	2009年	2013年列为教育部科技创新团队（寒旱区水文过程与环境生态效应）
4	周欢敏	家畜功能基因组与繁育生物技术	生工院	2009年	2013年列为自治区科技创新团队（肉业种质创新生物技术）及自治区高校科技创新团队（动物基因组与生物技术应用）
5	李金泉	绒山羊遗传资源保护与创新	动物科学学院	2009年	2013年列为自治区科技创新团队（草原家畜遗传资源创新与品种培育）
6	李畅游	河湖湿地水环境保护与修复技术研究	水利与土木建筑工程学院	2009年	
7	史海滨	北方旱区节水灌溉与农业水土环境效应研究	水利与土木建筑工程学院	2009年	
8	刘景辉	燕麦种质资源创新与利用	农学院	2009年	
9	高聚林	玉米超高产科技创新	农学院	2009年	2013年列为自治区科技创新团队（玉米超高产高效关键技术集成创新）
10	闫伟	内蒙古生态公益林建设理论及关键技术创新	林学院	2009年	
11	高永	防沙治沙科研创新	生态环境学院	2009年	
12	芒来	内蒙古马业科学研究与开发应用	动物科学学院	2009年	
13	修长百	草原畜牧业发展理论与实践研究（社科类）	经济管理学院	2009年	
14	闫素梅	反刍动物营养与饲料研究	动物科学学院	2013年	2009年为校培育团队
15	王喜明	生物质材料纤维化和能源化利用	材艺院	2013年	2009年为校培育团队

续表

序号	带头人	团队名称	所属学院	批准时间	备注
16	李国婧	内蒙古资源植物分子改良与利用	生工院	2013年	2009年为校培育团队
17	靳 烨	肉品科学与加工技术	食品科学与工程学院	2013年	2009年为校培育团队
18	樊明寿	马铃薯高产高效的理论与技术	农学院	2013年	2009年为校培育团队
19	郁志宏	现代草业畜牧机械化装备	机电工程学院	2013年	2009年为校培育团队

入选"十二五"国家现代农业产业技术体系专家

体系名称及岗位	专家姓名	起至年限	经费	所在学院
奶牛产业技术体系研究室主任	张和平	2011—2015	350万元	食品院
草业产业技术体系研究室主任	贾玉山	2011—2015	350万元	生态院
向日葵产业技术体系研究室主任	赵 君	2011—2015	350万元	农学院
绒毛类羊产业技术体系岗位科学家	李金泉	2011—2015	350万元	动科院
甜菜产业技术体系岗位科学家	张少英	2011—2015	350万元	农学院
燕麦产业技术体系岗位科学家	刘景辉	2011—2015	350万元	农学院
马铃薯产业技术体系岗位科学家	蒙美莲	2011—2015	350万元	农学院
玉米产业技术体系综合试验站站长	高聚林	2011—2015	250万元	农学院
甜菜产业技术体系综合试验站站长	田自华	2011—2015	250万元	农学院

内蒙古农业大学科技创新(培育)团队

序号	带头人	团队名称	所在学院	批准时间
1	曹贵方	反刍动物重要功能基因研究	兽医学院	2009年
2	包 锦	凝聚态物理与生物物理	理学院	2009年
3	侯振杰	现代农牧业信息技术研究	计算机学院	2009年
4	毕力格巴图	蒙古族工艺美术研究(社科类)	材艺院	2009年
5	曹金山	新型兽药研究与开发应用	兽医院	2013年
6	赵 君	向日葵抗病高产	农学院	2013年
7	霍秀文	内蒙古高寒地区高产安全蔬菜生产的研究与创新	农学院	2013年
8	高润宏	内蒙古森林生态系统服务功能监测与评估技术	林学院	2013年
9	张 峰	纳米生物医药工程	生命院	2013年
10	乌云花	农村牧区综合发展(社科类)	经管院	2013年
11	白玉娥	内蒙古地区生态经济型灌木树种新品种选育	林学院	2013年

新上各类科技项目经费和项目来源结构比例表

来源 比例	国家基金	国家部委项目	自治区基金	自治区有关厅局项目	其他类项目
经费数	29.4%	40.9%	3.7%	19.9%	6.1%
项目数	23.3%	14.2%	16.5%	35%	11%

新上国家自然科学基金项目

序号	项目名称	主持人	起止年限	经费（万元）	项目类别	所属单位
1	挟沙风作用下风力机叶片涂层冲蚀过程及磨损评价的研究	张 永	2013—2016	50	地区科学基金	机电院
2	益生乳酸菌长期连续传代过程中遗传稳定性的研究	张文羿	2013—2015	21	地区科学基金	食品院
3	马铃薯蚜虫对拟除虫菊酯产生抗药性的早期分子检测方法研究	常 静	2013—2015	22	地区科学基金	农学院
4	四个绵羊品种繁殖性状选择机理及繁殖节律相关基因的研究	苏 蕊	2013—2015	24	地区科学基金	动科院
5	单宁对绵羊和山羊瘤胃厌氧真菌和细菌多样性的影响及其作用机制研究	李大彪	2013—2015	23	地区科学基金	动科院
6	TCDCA 对 AA 大鼠成纤维样滑膜细胞 PGE2/cAMP 信号转导通路的影响	何秀玲	2013—2015	23	地区科学基金	兽医院
7	林火干扰和木炭管理对兴安落叶松林冻土温室气体通量的影响	马秀枝	2013—2016	54	地区科学基金	林学院
8	不同载畜率下土壤风蚀对荒漠草原植被特征的影响	李治国	2013—2016	50	地区科学基金	生态院
9	长期不同载畜率放牧条件下荒漠草原物种多样性及生产力动态的变化机制	王忠武	2013—2016	54	地区科学基金	生态院
10	木材纤维素非结晶区水分分布及其结合关系研究	薛振华	2013—2016	50	地区科学基金	材艺院
11	沙柳细胞壁形成机理及细胞壁力学模型的研究	姚利宏	2013—2016	50	地区科学基金	材艺院

续表

序号	项目名称	主持人	起止年限	经费（万元）	项目类别	所属单位
12	内蒙古木本固氮植物共生固氮菌多样性分析	陈立红	2013—2016	50	地区科学基金	农学院
13	浑善达克沙地沙丘微地形与榆树疏林耦合关系的研究	李钢铁	2013—2016	50	地区科学基金	林学院
14	性激素 α1 诱导疫霉菌有性生殖细胞信号转导通路的蛋白质组学研究	刘惠荣	2013—2016	54	地区科学基金	生命院
15	蒙古沙冬青 4 个寒旱诱导表达 DREB 基因的功能研究	王茅雁	2013—2016	50	地区科学基金	生命院
16	转基因体细胞克隆绵羊印记相关基因的 DNA 甲基化研究	张东	2013—2016	50	地区科学基金	生命院
17	内蒙古平原灌区超高产春玉米氮高效生理机制及调控途径	高聚林	2013—2016	50	地区科学基金	农学院
18	阴山北麓旱作农田不同农作模式的固碳机制及调控途径	李立军	2013—2016	52	地区科学基金	农学院
19	休眠基因 Vp—1 在小麦近缘种中等位变异的鉴定和表达特性研究	杨燕	2013—2016	57	地区科学基金	生命院
20	谷子 Waxy 基因等位变异及对蒸煮食味品质的影响	郭世华	2013—2016	48	地区科学基金	农学院
21	甜菜块根与糖分增长的生理和分子机理的研究	张少英	2013—2016	49	地区科学基金	农学院
22	不同发酵剂对羊肉发酵香肠挥发性风味物质的影响及其机理研究	赵丽华	2013—2016	54	地区科学基金	职技院
23	干酪介电特性及其应用研究	范贵生	2013—2016	48	地区科学基金	食品院
24	乳杆菌抑真菌活性物质的结构鉴定及抑菌机理的研究	陈忠军	2013—2016	45	地区科学基金	食品院
25	酸马奶中肠球菌所产细菌素特性及其相关基因的研究	吴敬	2013—2016	46	地区科学基金	食品院
26	鲜切芽苗机械损伤防御反应形成中茉莉酸信号的产生机制	刘艳	2013—2016	50	地区科学基金	农学院

续表

序号	项目名称	主持人	起止年限	经费（万元）	项目类别	所属单位
27	荞麦剥壳过程中少碾搓机理分析与节能参数优化研究	杜文亮	2013—2016	50	地区科学基金	机电院
28	水杨酸(SA)在马铃薯小G蛋白St-RAC介导的防卫反应体系建立过程中的功能初探	赵君	2013—2016	47	地区科学基金	农学院
29	枸杞蚜虫线粒体膜对拟除虫菊酯类杀虫剂的反应及在抗性中的作用	李海平	2013—2016	45	地区科学基金	农学院
30	枯草芽孢杆菌S—16菌株抑制核盘菌菌核形成挥发性物质的鉴定及其相关功能基因的克隆	周洪友	2013—2016	47	地区科学基金	农学院
31	草莓果实成熟衰老过程中的超微弱发光及基于活性氧和能量盈亏的激发机制	郭金丽	2013—2016	45	地区科学基金	农学院
32	蒙古高原特有种——沙葱种子对贮藏陈化应答机制的研究	郝丽珍	2013—2016	52	地区科学基金	农学院
33	中国特有种——沙芥幼苗在干旱胁迫下水分代谢生理响应及其表达谱分析	王萍	2013—2016	50	地区科学基金	农学院
34	盐胁迫下石竹幼苗中清除H_2O_2相关基因的克隆及功能分析	贺学勤	2013—2016	50	地区科学基金	农学院
35	沙蒿生物炭沙地封存生境效应及作用机理的研究	索全义	2013—2016	48	地区科学基金	生态院
36	中国同脉缟蝇亚科昆虫的增强性鉴定	史丽	2013—2016	48	地区科学基金	农学院
37	绒山羊生后毛囊周期中let—7基因家族的表达和作用机制研究	张文广	2013—2016	45	地区科学基金	动科院
38	绒山羊次级毛囊周期性生长相关基因的筛选及作用机制研究	张燕军	2013—2016	50	地区科学基金	动科院
39	沙葱黄酮类化合物对肉羊免疫机能的影响及其机理研究	敖长金	2013—2016	52	地区科学基金	动科院

续表

序号	项目名称	主持人	起止年限	经费（万元）	项目类别	所属单位
40	IUGR 对蒙古绵羊胎儿肝脏细胞增殖生长发育模式的影响及其分子机理研究	高峰	2013—2016	49	地区科学基金	动科院
41	复合酵母菌固态发酵代谢活性物质优化及发酵动力学研究	刘大程	2013—2016	51	地区科学基金	兽医院
42	牛源肠道病原性大肠杆菌的不同生长期对宿主作用机理及其减少排放污染研究	敖日格乐	2013—2016	50	地区科学基金	动科院
43	披碱草与野大麦杂种 F1 染色体加倍恢复育性与后代选育	李造哲	2013—2016	46	地区科学基金	生态院
44	苜蓿雄性不育基因（系）的遗传分析与分子定位	石凤翎	2013—2016	50	地区科学基金	生态院
45	高加索三叶草与白三叶杂交后代育性恢复及固氮性研究	王明玖	2013—2016	50	地区科学基金	生态院
46	蒙古冰草干旱胁迫差异蛋白基因的克隆及功能分析	赵彦	2013—2016	46	地区科学基金	生态院
47	荒漠区子午沙鼠（Meriones meridianus）野生种群不育控制及其可持续机制研究	付和平	2013—2016	50	地区科学基金	职技院
48	治疗奶牛乳房炎的抑菌、抗炎免疫蒙兽药成分的筛选及其作用机理研究	王纯洁	2013—2016	50	地区科学基金	兽医院
49	JSRV 囊膜假病毒诱导肺上皮细胞癌变的信号转导机制研究	么宏强	2013—2016	50	地区科学基金	兽医院
50	Toll 样受体介导 BHV—1 感染宿主天然免疫反应的机制	周伟光	2013—2016	50	地区科学基金	兽医院
51	内蒙古全舍饲养殖新模式下绵羊消化道线虫病的流行规律研究	呼和巴特尔	2013—2016	50	地区科学基金	兽医院
52	骆驼斯氏副柔线虫免疫相关基因的发掘及功能研究	王文龙	2013—2016	50	地区科学基金	兽医院

续表

序号	项目名称	主持人	起止年限	经费（万元）	项目类别	所属单位
53	双峰驼 CYP450 酶系及对探针药物动力学特征的影响	哈斯苏荣	2013—2016	50	地区科学基金	兽医院
54	短花针茅荒漠草原不同载畜率对根际及非根际土壤生物活性的作用机制	韩国栋	2013—2016	81	面上项目	生态院
55	囊泡转运蛋白 Rab7 对位于胞内体的 TLR3/TLR7/TLR9 介导的 I 型 IFN 表达的调控及机制研究	王玉珍	2013—2016	70	面上项目	生命院
56	山羊绒生长周期差异的比较转录组研究	李金泉	2013—2016	70	面上项目	动科院
57	牛磺鹅去氧胆酸对大鼠肺泡巨噬细胞中 TGR5 受体介导的信号通路的影响	李培锋	2013—2016	80	面上项目	兽医院
58	典型草原风蚀沙斑发生过程及其扩展方式的研究	尚士友	2013—2016	50	地区科学基金	机电院
59	鄂尔多斯丘陵区砒砂岩风—冻融复合侵蚀力学机理研究	李晓丽	2013—2016	50	地区科学基金	水建院
60	基于地面高光谱遥感与数字图像信息融合的甜菜氮素诊断方法研究	田海清	2013—2016	48	地区科学基金	机电院
61	盐渍化灌区油葵品质产量对水—肥—盐耦合的响应机理研究	李为萍	2013—2015	25	地区科学基金	水建院
62	紫花苜蓿太阳能干燥过程机理研究及仿真	钱珊珠	2013—2016	54	地区科学基金	机电院
63	基于环境同位素的干旱区沙地天然灌木群落耗水机理研究	贾德彬	2013—2016	50	地区科学基金	水建院
64	内蒙古典型草原水文过程及其扰动与触发草地退化的水文临界条件实验与模拟研究	张圣微	2013—2016	50	地区科学基金	水建院
65	盐渍化地区农田养分流失机理与调控机制研究	史海滨	2013—2016	50	地区科学基金	水建院

续表

序号	项目名称	主持人	起止年限	经费（万元）	项目类别	所属单位
66	乌梁素海沉积物生物地球化学特征及其对水环境响应的研究	贾克力	2013—2016	50	地区科学基金	水建院
67	寒区湖泊冰封期营养物质冰水多介质环境过程及对富营养化影响效应研究	史小红	2013—2016	50	地区科学基金	水建院
68	基于近红外光谱和场发射扫描电镜图像信息融合的山羊绒品质检测的研究	吴桂芳	2013—2016	48	地区科学基金	机电院
69	草原矿区生态系统服务损失及其补偿机制研究	宝音都仍	2013—2016	38	地区科学基金	经管院
70	沙棘多糖对巨噬细胞 TLR4/NF—κB 和 SOCS 途径的调控作用及其对内毒素性肝损伤的保护机制研究	王玉珍	2013—2016	49	地区科学基金	生命院
71	寒旱灌区土壤水盐时空变异规律与尺度效应研究	刘全明	2013.1—2013.12	15	主任基金	水建院
72	外场影响下半导体量子点中的电子—声子相互作用及其光学性质	石磊	2013.1—2013.12	5	理论物理专款	理学院

新上国家社会科学基金项目

序号	项目名称	主持人	起止年限	经费（万元）	项目类别	所属单位
1	民族地区乡镇政府公共服务职能重构研究	王利清	2013—2015	18	国家社科基金西部项目	人文院
2	草原生态治理条件下的牧民收入倍增研究	乔光华	2013—2015	18	国家社科基金西部项目	经管院

农作物新品种

序号	品种名称	第一完成人	审定部门	所属学院
1	S001 草实兼用杂交野大豆	王明玖	自治区草品种审定委员会	生态

授权专利项目

序号	专利名称	申请人	专利类型	所属学院
1	利用转基因植物表型鉴定启动子诱导特性的方法	李国婧	发明	生命
2	一种高效制备绵羊克隆胚胎的方法	周欢敏	发明	生命
3	一种提高绵羊克隆效率的方法	周欢敏	发明	生命
4	一种一体式开沟机	史海滨	实用新型	水建
5	塞口持杆式定点水样采集器	郝中保	实用新型	水建
6	一种新型汽车尾气后处理净化系统	赵永来	实用新型	职院
7	文冠果子壳活性炭负载KOH的催化剂及其制备方法及应用	王喜明	发明	林工
8	一种木质纤维素与有机钙基蒙脱土复合的染料废水吸附剂	王丽	发明	林工
9	利用种子序列检测山羊组织或器官中MICRORNA靶基因的方法	张文广	发明	动科
10	联合深松机	刘景辉	实用新型	农学
11	一种滴灌型玉米覆膜部播种机的滴灌装置	刘景辉	实用新型	农学
12	干酪乳杆菌zhang中dnak的蛋白序列	张和平	发明	食品
13	干酪乳杆菌zhang中fbpa的蛋白序列	张和平	发明	食品
14	益生菌乳制品中罗伊氏乳杆菌的快速定性、定量测定方法	张和平	发明	食品
15	土庄秀线菊发酵茶的制备方法	赵丽芹	发明	食品
16	风洞风速廓线仪及其控制方法	陈智	发明	机电
17	正畸微种植体拉力测试仪	武佩	发明	机电
18	转差式精量铺膜播种滚筒和播种机	赵满全	发明	机电
19	气吸式播种机精密排种装置	赵满全	实用新型	机电
20	气吸式免耕播种机	赵满全	实用新型	机电
21	气吸式精量铺膜播种机	赵满全	实用新型	机电
22	吊杯式栽苗器	李旭英	实用新型	机电

在研的 500 万元以上的国家科技计划和公益性行业项目名称

序号	项目名称	主持人	起止年限	经费（万元）	项目类别	所属单位
1	乳酸菌特色资源库及乳酸菌发酵剂和代谢工程技术研究	孟和毕力格	2011—2015	1100	国家863计划	食品院
2	乳腺对乳成分前体物的提取、利用及其调节机理	敖长金	2011—2015	534	国家973计划	动科院
3	内蒙古河套灌区粮油作物节水技术集成与示范	史海滨	2011—2015	959	国家科技支撑计划	水建院
4	草原肉牛肉羊绿色养殖关键技术集成研究与产业化	周欢敏	2011—2015	771	国家科技支撑计划	生命院
5	东北平原西部（内蒙古）春玉米小麦持续丰产高效技术集成创新与示范	马庆	2011—2015	753	国家科技支撑计划	农学院
6	中国内蒙古运动马驯养技术集成与人才培养 2012DFB30070	李畅游	2012—2015	718	科技部国际科技合作项目	水建院
7	高产奶马新品系培育及酸马奶的基础应用合作研究	芒来	2012—2015	677	科技部国际科技合作项目	动科院
8	内蒙古温性草原牧区'生产、生态、生活'优化保障技术集成与示范	韩国栋	2012—2016	1105	国家科技支撑计划	生态院
9	内蒙古春玉米大面积均衡增产技术集成研究与示范	王志刚	2012—2015	950	国家科技支撑计划	农学院
10	羊经济性状功能基因组学研究	李金泉	2013—2017	1235	国家863计划	动科院
11	东北平原西部（内蒙古）玉米丰产节水节肥技术集成与示范	胡树平	2013—2016	898	国家科技支撑计划	农学院
12	牧区家庭牧场资源优化配置技术模式研究与示范	韩国栋	2010—2015	2098	农业部公益性行业专项	生态院
13	传统乳制品现代化生产技术研究与示范	张和平	2012—2016	1744	农业部公益性行业专项	食品院

学生工作与招生就业工作

学生工作

【学生工作概述】 学生工作的总体思路是以学校成功举办60年校庆活动、深入学习党的十八大精神为契机,牢牢把握稳中求进的工作总基调,以促进学生全面成长为目标,以服务学生健康成才为核心,加强队伍建设,狠抓学风建设,不断增强教育实效、提高管理水平、提升服务质量。

【学生思想教育工作】 把狠抓学风建设作为学生工作的切入点、出发点和落脚点。坚持开展"优良学风班集体创建"活动。2013年全校845个班级参加了创建活动,评出29个优良学风班集体创建标兵班,93个优良学风班集体创建优秀班和进步班。坚持开展"不让一名学生掉队"活动。全校结成"一帮一"帮学对子1799对,有5%的帮学对子受到学校表彰。进一步完善学习激励机制。2013年共评定发放优秀学生奖学金548.17万元,无一人申诉、告状。积极与企业联系设立了33项奖学金,提高了学生的学习积极性。

深入开展教育活动。加强法制安全、校纪校规教育,提高学生的自律意识。学校坚持在学生中开展"关注安全,关爱生命"和"遵纪守法、从我做起"为主题的法制安全宣传月活动。邀请内蒙古警察职业技术学院全国公安高等教育教学名师王良秋和内蒙古消防培训中心教官张帅奇为全体新生分别开展了交通安全知识和消防安全知识培训。在全校学生范围内逐班进行了安全知识宣讲,以此来强化学生的安全意识,提高避险能力,确保生命安全。组织人员编印并为全校8000余名新生发放了人手一册的《安全知识手册》。在全区普通高校第二届大学生安全知识竞赛中学校代表队荣获二等奖,学校被评为优秀组织单位。开展民族团结进步主题教育活动,举办了丰富多彩的富有民族特色的活动,有效地促进了各民族学生之间的团结和友谊。加强国防教育,圆满组织完成了2013级6191余名新生的军训工作,通过集中授课完成了军事理论课教学任务。

不断加强大学生心理健康教育。我校大学生的心理健康教育一直以注重普及性教育为工作重点,以丰富多彩的校园心理文化为平台,以心理文化活动月、日常心理咨询、心理危机排查、心语热线为抓手,通过运用生理健康与心理健康双向教育的途径,构建全员心育的氛围。5月成功举办了第九届大学生心理文化活动月,开展校园心理剧、心理健康知识竞赛,建立6191名新生的心理档案,组织开展心理及生理讲座66场,接待个案咨询253人次、"体验式"咨询25批次。为预防校园心理危机事件的发生,我们高度重视心理危机的排查与干预,构建了大学生心理健康教育指导委员会——学生工作处(心理辅导与服务中心)——学院心理辅导站——班级心理委员——宿舍心理信息员的五级工作网络,建立心理危机关注对象动态预警库,注重工作网络作用的发挥,发现问题及时报告、有效干预,2013年库内学生123人,其中确定的33人重点关注学生实现半月报告制,2013年与学院配合有效干预心理危机事件14起,维护了校园的平安与稳定。10月组织学生参加由自治区红十字会、自治区教育厅主办的"驻呼高校大学生急救技能比赛",获二等奖。11月底承办自治区教育厅举办的全区高校大学生第二届心理健康知识的分区赛及决赛,获"优秀组织单位"的荣誉。

【学生管理工作】 十月中旬至十一月上旬,结合党的群众路线教育实践活动,深入到各个学院及学生公寓进行了深入的调研。通过调研,掌握了各学院学生工作的动态,了解了工作中存在的主要问题及困难,听取了学院对学校整体工作的意见和建议。

在十八届三中全会期间,全体学生工作干部、辅导员、班主任表现了极高的政治觉悟和政治敏锐性。无私奉献,做了大量深入细致、卓有成效的工作,确保校园稳定。

加强对违纪学生的跟踪教育和管理。为违纪学生设立了文明督察岗、校园联防岗、信息联络员等多个锻炼岗位,帮助他们认识错误、改正缺点。64名同学撤销了违纪处分。

把学生公寓作为日常思想政治教育的重要阵地,营造良好的育人环境。继续坚持了学生工作干部、公寓职工、公寓辅导员夜间值班制度、联防制度,班主任和学生工作干部"集中服务日"制度的同时,协助学校党委组织部,结合党的群众路线教育实践活动,安排推行了机关全体处级干部在学生公寓夜间值班制度;选聘了30名青年教师做为公寓辅导员入住公寓;继续开展星级文明宿舍创建活动,各学院星级文明宿舍创建达标率达85.5%;与保卫部门联合开展了宿舍违禁用品、管制刀具的收缴工作,消除了安全隐患;组织开展了绿色入寝、宿舍装饰、"宿舍文化活动月"、消防节等文化活动,营造文明、健康、和谐的住宿氛围。

【制度建设】以党的群众路线教育实践活动为契机,积极稳妥地推进各项制度的"废、改、立"工作。以学校2013年上半年确定的20个学生思想政治工作科研课题为抓手,积极稳妥地推进各项制度的"废、改、立"工作。

【学生服务工作】不断完善各项资助政策及以奖、贷、助、补、减、免、勤、偿及新生"绿色通道"的资助体系。2013年共评选出校级三好学生1636人,优秀学生干部913人,优秀毕业生644人;共评选出区级三好学生333人,优秀学生干部334人,优秀毕业生431人;全校奖助学金受助学生29650人次,奖助金额3256.77万元;完成国家开发银行生源地信用助学贷款网上回执5250个,共收到各地生源地贷款4843笔,贷款金额2604.77万元。发放28名学生应征入伍补偿款共计50.77万元,所有补偿款已经全部寄给学生本人。报送嘎查村任职高校毕业生代偿国家助学贷款5人,金额为50079.3元。学校设有固定勤工助学岗位1727个,临时岗位约4863人次,平均每月发放勤工助学工资均在50万元以上。减免学费13人,享受特殊困难补助7000余人,发放勤工助学补助、特殊困难补助、减免学费共计644万元。

认真做好国家奖助学金的评审和发放工作。公开、公平、公正地完成了学校2013年国家奖助学金评选工作。46人获国家奖学金,738人获国家励志奖学金,6857人获国家助学金。无学生举报现象。积极开展捐资助学活动。2013年,学校有企事业团体奖助学金33项,共评选出企事业团体和个人奖助学金获得者656人,发放奖助学金245.7万元。

坚持做实家庭经济困难学生的认定工作。严格按照《内蒙古农业大学家庭经济困难学生认定管理办法》,通过学生本人申请、班级民主评议、学院调查审核、院校两级公示的程序进行认定,建立学校和学院两级家庭经济困难学生数据库。2013年认定家庭经济困难学生8325人。

【辅导员队伍建设】继续做好辅导员、班主任的选聘和考核工作。选聘16名免推硕士学位学生入学前担任两年专职辅导员,同时聘任本校在读研究生和高年级本科生担任兼职辅导员。在12月完成了全校班主任和辅导员的考核工作,共评出241名优秀班主任和88名优秀辅导员。

加强辅导员队伍建设,为学生工作的开展提供坚强的组织保障。加大对各学院分管学生工作领导、辅导员的培训力度。实施"走出去,请进来"培训学习机制,2013年以教育部全国高校辅导员示范培训项目为主要依托,分批次组织28名辅导员前往武汉、杭州、郑州、延安、西安、上海、北京等地高校进行培训交流。11月组织了新入职专职辅导员和2+2辅导员业务培训班,共46人参加了培训。通过系统培训和交流学习,使辅导员、班主任掌握了工作技能,辅导员队伍素质有进一步提高。

提升辅导员理论水平。学生工作干部积极开展调查研究和理论探索,共撰写相关论文30多篇。其中一篇优秀论文在2013年7月全区学生工作年会上荣获一等奖,三篇优秀论文于12月报送全国辅导员工作研究会角逐全国高校辅导员优秀论文评选。

精心组织辅导员职业技能大赛。为进一步提高一线专职辅导员的职业技能和工作水平,学校积极筹备于2013年初举办了首届辅导员职业技能大赛。在决赛中脱颖而出的三名辅导员代表学校参加全区首届辅导员职业技能大赛,荣获三等奖,学校被评为优秀组织单位。通过层层选拔,我校辅导员许驭代表自治区参加全国辅导员职业技能大赛,获优秀奖。

招生就业工作

一年来,按照年初确定的工作思路,在招生工作中重点抓阳光招生、规范录取;在就业工作中重点抓就业指导模式的创新及就业市场的培育和开拓,取得了积极成效。

【招生工作】顺利完成2013年学校本专科生和研究生招生任务,本专科(含蒙语授课、中外合作办学、高职高专、少数民族预科)计划招生8310人,录取人数8465人,报到人数8299人,报到率98.03%,计划完成率99.86%。录取全日制硕士研究生775人、博士研究生109名;招收外国留学生32人,其中博士研究生9人。目前在校攻读硕士、博士学位外国留学生110人。

2013年招生计划、录取、报到情况统计表(9月17日)

	按层次分									按授课地点分					合计
	本科						专科			本部		职院			
	7200						1110			6430		1880			
计划	本科艺术	本科扶贫	本一	本二	本二C	预科转段	专升本	高职普专	高职	本科	专科	高职本科	专科普专	高职	8310
	125	10	903	2822	2200	260	80	800	810	300	6400	30	800	780	300	
	按层次分									按授课地点分					合计
	本科						专科			本部		职院			
	7339						1126			6497		1968			
录取	本科艺术	本科扶贫	本一	本二	本二C	预科转段	专升本	高职普专	高职	本科	专科	高职本科	专科普专	高职	8465
	128	10	835	2933	2237	260	132	804	826	300	6441	56	898	770	300	
	按层次分									按授课地点分					合计
	本科						专科			本部		职院			
	7228						1071			6388		1911			
报到	本科艺术	本科扶贫	本一	本二	本二C	预科转段	专升本	高职普专	高职	本科	专科	高职本科	专科普专	高职	8299
	127	10	823	2868	2207	260	132	801	782	289	6333	55	895	727	289	

【就业工作】截至9月1日,学校本专科毕业生7658人,就业人数6594人,一次就业率达86.11%。全年完成了98名博士研究生、553名硕士研究生和237名在职专业学位硕士研究生的学位授予工作。就业工作坚持实施"一把手"工程,各学院都成立了由党政"一把手"任正副组长的毕业生就业工作领导小组,指定专职人员负责毕业生就业工作。3月,组织召开了毕业生就业工作会,学校与各学院签订了就业目标责任状。

积极开展信息服务。综合多种信息传递的手段,形成全方位一体化的信息发布网络。11月,新改版后的就业网正式上线运行。截至年底,学校已为毕业生组织小型专场洽谈会300余场,累计提供岗位6000多个,需求人数达1.5万余人;各学院累计接待单位310多家,提供岗位5000余个。今年3月30、

31日,学校举办了春季"双向选择"洽谈会,共有来自区内外270多家单位参会,提供了5000多个就业岗位;11月30日,举办了冬季"双向选择"洽谈会,共有206家用人单位参会,提供4900余个就业岗位。除此之外,部分学院也都组织了不同规模的洽谈活动。

组织开展职业生涯规划年活动。把各项技能大赛渗透到规划年中。全年开展了三场"基层就业应考技巧辅导"讲座;举办了"计算机编程设计大赛"、"生化技能大赛";指导大学生职业发展协会开展了"职业世界摄影作品展"、"职业世界涂鸦作品展"等活动。11月15日,还组织举办了全区首届大学生创业大赛内蒙古农业大学初赛,有32支创业团队进入全区复赛。

加强重点项目研究。立项开展"'招生-培养-就业'联动机制研究"、"创新与创业能力培养研究"、"基层就业拓展计划"、"少数民族学生就业能力提升工程"、"家庭困难学生援助项目"。"'招生-培养-就业'联动机制研究"的各子项目研究正在进行中;"基层就业拓展计划"的调研活动已经结束,正在做数据整理的工作;"创新与创业能力培养方案"、"少数民族学生就业能力提升方案"正在进一步修订;5月,出台了《内蒙古农业大学家庭经济困难学生就业援助实施方案》。

2013届本专科毕业生就业率统计表(截止2013年9月1日)

年度	学历	毕业人数	考研	专升本	就业	待就业	就业率	总体就业率(%)
2013	本科	6605	671	—	5581	1024	84.50%	86.11%
	专科	1053	—	59	1013	40	96.20%	

2013研究生人数统计表

院(部)	硕士研究生			博士研究生			往届延期		合计	
	2011级	2012级	2013级	2011级	2012级	2013级	硕士研究生	博士研究生	硕士研究生	博士研究生
动物科学学院	31	47	58	15	9	12	4	13	140	49
兽医学院	30	64	69	13	11	13		11	163	48
农学院	67	78	79	17	16	18		16	224	67
林学院	22	60	59	3	5	2	3	7	144	19
生态环境学院	59	80	88	18	21	18	10	20	237	77
机电工程学院	28	52	62	5	6	9		8	142	28
水利与土木建筑工程学院	31	57	60	7	10	13	2	7	150	37
材料科学与艺术设计学院	16	34	31	2	3	2	1	1	82	8
经济管理学院	40	63	78	7	8	8	3	18	184	41
食品科学与工程学院	40	74	70	8	7	7	3	18	184	41
计算机与信息工程学院	8	19	16				1		44	0
生命科学学院	39	56	51	4	7	6	2	2	148	19
人文社会科学学院	5	36	39				1	0	81	0
理学院	2	3	8						13	0
能源与交通工程学院	10	13	13	1	1	1		2	36	5
马克思主义教学研究部	12	12	10						34	
合计	440	748	791	102	104	109	29	114	2008	429

2013年本科生人数统计表

本科生分院系、年级人数统计表

		动科	兽医	农学	林学	生态	机电	水利	材艺	经管	食品	计算机	生科	人文	外语	理学	能源	国教	总计
2009级	男	121	117	169	170	286	504	642	152	345	106	158	145	57	15	68	136	4	3195
	女	92	88	129	200	219	66	193	168	701	329	70	127	124	76	62	16	4	2664
	合计	213	205	298	370	505	570	835	320	1046	435	228	272	181	91	130	152	8	5859
2010级	男	157	151	177	218	347	415	658	134	420	124	148	147	63	10	90	209	8	3476
	女	66	116	142	198	243	47	161	150	793	325	57	142	148	56	43	40	9	2736
	合计	223	267	319	416	590	462	819	284	1213	449	205	289	211	66	133	249	17	6212
2011级	男	132	119	188	280	385	401	537	144	398	108	101	123	49	9	72	232	12	3290
	女	83	104	162	310	319	48	151	130	666	249	60	165	168	87	65	30	13	2810
	合计	215	223	350	590	704	449	688	274	1064	357	161	288	217	96	137	262	25	6100
2012级	男	130	132	149	187	332	431	455	150	402	104	101	85	79	8	68	254	8	3075
	女	77	81	144	242	306	60	174	145	808	225	118	132	187	82	74	53	13	2921
	合计	207	213	293	429	638	491	629	295	1210	329	219	217	266	90	142	307	21	5996
2013级	男	137	132	210	203	271	477	403	163	316	230	110	133	94	6	77	234	9	3205
	女	95	118	178	233	232	75	125	138	595	369	127	158	174	77	62	46	15	2817
	合计	232	250	388	436	503	552	528	301	911	599	237	291	268	83	139	280	24	6022

本科生各类奖、助学金情况统计表

序号	项目	资助人数	资助标准（元/人·年)		资助金额
1	国家奖学金	46		8000	368000
2	国家励志奖学金	738		5000	3690000
3	国家助学金	6857		3000	20571000
4	专业奖学金	21353		500,350,200	5481650
5	BIAD奖学金	82		4000	328000
6	水利勤学奖学金	6	一等	3000	18000
		16	二等	2000	32000
7	乔泰奖学金	5		4000	20000
8	南方测绘奖学金	3		3000	9000
9	何康奖学金	8		3000	24000
10	泽信树助学金	15		10000	150000
11	新东方西部特困助学金	1		2000	2000
12	"蒙草抗旱"励志奖学金	50		4000	200000

续表

序号	项目	资助人数	资助标准(元/人·年)		资助金额
13	西部助学金	65		5000	325000
14	校友奖学金	80		3000	240000
15	应善良助学金	30		2500	300000
16	内蒙古正大奖学金	20	一等	2000	40000
		10	二等	1000	10000
17	勃林格殷格翰奖学金	6	奖学金	5000	30000
		4	励志奖学金	2500	10000
18	建行成才计划奖助学金	20		3000	60000
19	精储奖学金	10		2000	20000
20	香港轩辕教育基金会种子基金助学金	60		3000	180000
21	富川助学奖学金	5	奖学金	3000	15000
		5	助学金	3000	15000
22	爱德士奖助学金	6	奖学金	5000	30000
		10	助学金	3000	30000
23	齐鲁奖学金	10		2000	20000
24	78级刘桂兰奖学金	10		1000	10000
25	科学基金奖学金	2		2000	4000
26	张光斗奖学金	2		8000	16000
27	静远奖学金	2		500	1000
28	中建102奖学金	2		500	1000
29	安滕农业奖学金	1		500	500
30	海外学协奖学金	1		1000	1000
31	大禹奖学金	1		500	500
32	84级校友奖学金	10		2000	20000
33	思源助学金	20		3000	60000
34	刘光文奖学金	1		2000	2000
35	东鸽助学金	10		3600	36000
36	郝龙彪奖学金	2		1000	2000
37	福彩助学金	65		3000	195000
合计		29650			32567650

各类获奖情况

竞赛名称	获奖级别	参赛作品或单位	授予单位	获奖时间
驻呼高校红十字应急救护技能比赛	自治区级第二名		自治区红十字会、自治区教育厅	2013年10月
全区普通高校第二届大学生安全知识竞赛	自治区级团体二等奖、优秀组织奖		自治区教育厅	2013年11月
全区普通高校第二届大学生心理健康知识竞赛	优秀组织奖		自治区教育厅	2013年11月
2013年全国大学生管理决策模拟大赛全国半决赛	一等奖	经济管理学院	高等学校国家级实验教学示范中心联席会	2013年5月
2013年全国大学生管理决策模拟大赛全国半决赛	一等奖	经济管理学院	高等学校国家级实验教学示范中心联席会	2013年5月
2013年全国大学生管理决策模拟大赛全国半决赛	一等奖	经济管理学院	高等学校国家级实验教学示范中心联席会	2013年5月
第四届内蒙古自治区法学大学生辩论赛	亚军	人文院	内蒙古人民广播电台	2013年6月
第六届大学生计算机设计大赛	三等奖	计算机学院	教育部高等学校计算机类专业指导委员会 教育部高等学校软件工程专业教学指导委员会 教育部高等学校大学计算机课程教学指导委员会 中国教育电视台	2013年7月
全国大学生数学建模竞赛	国家二等奖	理学院冉梦飞、马晓敏、薛雨同学	中国工业与应用数学学会	2013年9月

续表

竞赛名称	获奖级别	参赛作品或单位	授予单位	获奖时间
2013年"动感地带杯"驻呼高校大学生营销挑战决赛	冠军	经济管理学院要智超、李晓娜、曲霞霞、赵志强同学	内蒙古自治区团委学校部、学联秘书处	2013年12月
"天翼华为杯"华北五省及港澳台大学生计算机应用大赛总决赛	团体一等奖	计算机学院	北京市教委、天津市教委、河北省教育厅、山西省教育厅及内蒙古教育厅	2013年12月
"天翼华为杯"华北五省及港澳台大学生计算机应用大赛内蒙古分赛	团体一等奖 优胜奖	计算机学院	北京市教委、天津市教委、河北省教育厅、山西省教育厅及内蒙古教育厅	2013年12月
	团体三等奖 个人一等奖 个人三等奖	计算机学院	北京市教委、天津市教委、河北省教育厅、山西省教育厅及内蒙古教育厅	2013年12月
第八届"挑战杯"全区大学生课外学术科技作品竞赛	国家级三等奖	白金瑞、高霞霞、陈帅、索琳格、赵映雪、张玉同学的:《逆境胁迫下AtRop1诱导马铃薯H_2O_2产量的研究》	共青团中央、中国科协、教育部和中国学联	2013年10月
	银奖	人文院李倩同学的作品《舆论监督对司法审判影响问题研究》	共青团中央、中国科协、教育部和中国学联	2013年9月
	团体银奖 团体铜奖 优胜奖	计算机学院段卫军、王芳、王蒙、张同砚洋、刘洋、孙小蕾同学的作品《基于Android及WEB的高校学生考勤系统》计算机学院的高关岭、石敏、刘亚丽同学的作品《WhiteSoul基于移动终端的交互应用软件》	自治区团委、教育厅、科技厅、科协、学联	2013年9月

续表

竞赛名称	获奖级别	参赛作品或单位	授予单位	获奖时间
第八届"挑战杯"全区大学生课外学术科技作品竞赛	自治区金奖	付绍印、郑竹清、阿娜同学的:《种子序列介导的microRNA靶基因挖掘的分子方法》	自治区团委、教育厅、科技厅、科协、学联	2013年10月
	自治区金奖	白金瑞、高霞霞、陈帅、索琳格、赵映雪、张玉 同学的:《逆境胁迫下AtRop1诱导马铃薯H_2O_2产量的研究》	自治区团委、教育厅、科技厅、科协、学联	2013年10月
	自治区银奖	郭娜、胡琴、韩东英、牛小晖、张亚静同学的:《百里香地被植物在园林绿化中的应用研究》	自治区团委、教育厅、科技厅、科协、学联	2013年10月
	自治区银奖	李倩同学的:《舆论监督对司法审判影响问题研究》、柴慧祥、高奇、林雨昕同学的:《应用于高含沙水的射流脉冲滴灌系统的可行性研究》	自治区团委、教育厅、科技厅、科协、学联	2013年10月
	自治区银奖	闫浩、张文泉、张文娟、史金玲、张旭东同学的:《樟子松愈伤诱导及植株再生的初步研究》	自治区团委、教育厅、科技厅、科协、学联	2013年10月
	自治区银奖	杨传旭、黄泽中、董强华、陈武兵、杨帆、李龙、赵景英、穆碧珣同学的:《向日葵黄萎病接抗菌的筛选及形态观察》	自治区团委、教育厅、科技厅、科协、学联	2013年10月

续表

竞赛名称	获奖级别	参赛作品或单位	授予单位	获奖时间
第八届"挑战杯"全区大学生课外学术科技作品竞赛	自治区银奖	魏鹏达、马丁、张凯、冯凯、毛泽军、张志勇同学的:《风洞的风速廓线探测车》	自治区团委、教育厅、科技厅、科协、学联	2013年10月
	自治区银奖	邓同、于洪江、郭增辉、赵婉璐、胡宏涛、董伟、夏施颖、何云鹏同学的:《农产品电子商务化》	自治区团委、教育厅、科技厅、科协、学联	2013年10月
	自治区银奖	王艳君、张景莲、程振睿、刘洁、马春桃、贺亮生同学的:《关于呼包地区H7N9禽流感疫情针对养殖场调查报告》	自治区团委、教育厅、科技厅、科协、学联	2013年10月
	自治区银奖	马晓宇、贺亮生、朱文涛、郭瑞娇、林爱华、周瑞清、常培云、王建忠同学的:《小区绿地驻车桥位及车身罩衣的研究与开发》	自治区团委、教育厅、科技厅、科协、学联主办	2013年10月
	自治区铜奖	卢杨、王美佳、高文娜、闫争艳、王佳敏同学的:《草原公路曲线对驾驶员心电指标LF/HF的影响研究》	自治区团委、教育厅、科技厅、科协、学联主办	2013年10月
	自治区铜奖	王炜铭、张冬月、张明、高上、苏娇、张欣、繁星、朱蓓同学的:《西芹种子浸提液对黄瓜枯萎病菌化感作用的研究》	自治区团委、教育厅、科技厅、科协、学联主办	2013年10月

续表

竞赛名称	获奖级别	参赛作品或单位	授予单位	获奖时间
第八届"挑战杯"全区大学生课外学术科技作品竞赛	自治区铜奖	李俊伟、任美君、卢涛、石煜、杨立荣、韩文元同学的:《肥料连作对马铃薯产量的影响》	自治区团委、教育厅、科技厅、科协、学联主办	2013年10月
	自治区铜奖	连俊茹、陈新华、于逸宁、薛燕、崔旭昕、吴玄、白健慧同学的:《盐碱胁迫对花开期燕麦生理特性》	自治区团委、教育厅、科技厅、科协、学联主办	2013年10月
	自治区铜奖	苏赫、张正昊、杨茂林、刘艳秋、宋佰高同学的:《土壤水稳定性测试装置的设计》	自治区团委、教育厅、科技厅、科协、学联主办	2013年10月
	自治区铜奖	高关岭、石敏、刘亚丽同学的:《White-Soul基于移动终端的交互应用软件》	自治区团委、教育厅、科技厅、科协、学联主办	2013年10月
	自治区铜奖	康飞飞、吕南、梁亚丽、高雪冬、栾宗阳同学的:《速冻蔬菜羊肉丸》	自治区团委、教育厅、科技厅、科协、学联主办	2013年10月
	自治区优秀奖	张泽宽、赵明鸽、韩静、吕娇、李琳同学的:《益生菌发酵酸菜技术的改良及其功能性研究》	自治区团委、教育厅、科技厅、科协、学联主办	2013年10月
	自治区优秀奖	陆浩然、黄意、淡静、郭艳荣、王智永同学的:《小麦胚芽粉的功能性研究及其综合利用》	自治区团委、教育厅、科技厅、科协、学联主办	2013年10月

续表

竞赛名称	获奖级别	参赛作品或单位	授予单位	获奖时间
第八届"挑战杯"全区大学生课外学术科技作品竞赛	自治区优秀奖	刘欣、张立坤、石岩、萨其尔玛同学的:《披碱草与野大麦杂种F1再生体系建立及染色体加倍研究》	自治区团委、教育厅、科技厅、科协、学联主办	2013年10月
	自治区优秀奖	李鑫、卢奕晓、刘咏梅、刘晓宇同学的:《棉刺的抗旱型与保护》	自治区团委、教育厅、科技厅、科协、学联主办	2013年10月
	自治区优秀奖	杨传旭、黄泽中、董强华、陈武兵、杨帆、李龙、赵景英、穆碧珣同学的:《向日葵黄萎病生防制剂的研究》	自治区团委、教育厅、科技厅、科协、学联主办	2013年10月
	自治区优秀奖	徐琳同学的:《斋戒对人身心健康的影响》	自治区团委、教育厅、科技厅、科协、学联主办	2013年10月
	自治区优秀奖	段卫军、王芳、王蒙、张同砚洋、刘洋、孙小蕾同学的:《基于Android及WEB的高校学生考勤系统》	自治区团委、教育厅、科技厅、科协、学联主办	2013年10月
	自治区优秀奖	麻乾、庄新斌、席镭、刘志宇、李屹立同学的:《可折叠风光互济式小型发电机》	自治区团委、教育厅、科技厅、科协、学联主办	2013年10月
	自治区优秀奖	史晓雨同学的:《关于呼和浩特市旅游行业的发展现状及战略研究》	自治区团委、教育厅、科技厅、科协、学联主办	2013年10月
	自治区优秀奖	贺亮生、张建荣、马慧、车红红、李丹阳、刘峰、董慧芳、韩笑同学的:《大众生活创新工具》	自治区团委、教育厅、科技厅、科协、学联主办	2013年10月

免试攻读硕士研究生从事辅导员工作人员选拔留用情况

序号	学院	姓名	性别	服务单位	本科所学专业	来校年月
1	林学院	雷娜庆	女	招生就业处	林学	2009年8月
2	动物科学学院	斯琴毕力格	女	食品科学与工程学院	动物科学	2009年8月
3	人文社会科学学院	赵婧	女	学生工作处	行政管理	2009年8月
4	生态环境学院	黄丽娟	女	生态环境学院	草业科学	2009年8月
5	水利与土木建筑工程学院	张松	男	水利与土木建筑工程学院	农业水利工程	2009年8月
6	水利与土木建筑工程学院	王晶	女	林学院	环境工程	2009年8月
7	经济管理学院	郝伟	男	团委	农林经济管理	2009年8月
8	材料科学与艺术设计学院	韩瑾琦	女	材料科学与艺术设计学院	环境艺术设计	2009年8月
9	生命科学学院	刘雷	男	生命科学学院	生物技术	2009年8月
10	外国语言学院	冯姝芮	女	外国语言学院	英语	2009年8月
11	兽医学院	哈登楚日亚	男	兽医学院	动物医学	2009年8月
12	经济管理学院	乌吉斯古楞	男	经济管理学院	金融学	2009年8月
13	计算机信息与工程学院	丛一	男	计算机信息与工程学院	计算机科学与技术	2009年8月
14	农学院	韩伟秋	女	研究生院	园艺	2009年8月
15	机电工程学院	毕力格图	男	机电工程学院	农业机械化及其自动化	2009年8月
16	食品科学与工程学院	金豆豆	女	学生公寓管理与服务中心	食品科学与工程	2009年8月
17	理学院	林森	男	人文社会科学学院	统计学	2009年8月
18	能源与交通工程学院	张宇	男	学生工作处	森林工程(道桥方向)	2009年8月

校友会工作

【校友会简介】内蒙古农业大学校友会成立于2012年8月1日。是以内蒙古农业大学毕业的10万余名校友和在内蒙古农业大学及前身学习、工作过的学生、教职工为会员,具有独立法人资格的社会组织团体。现在母校设有校友总会,设立常设办公室1个,在北京、天津、山东、呼和浩特、包头、鄂尔多斯、赤峰、乌海、通辽、二连浩特、呼伦贝尔、满洲里、乌兰察布、巴彦淖尔、阿拉善盟、锡林郭勒盟、兴安盟、牙克石林管局等18个地区成立了校友分会。在校内各学院成立了由一名院领导和一名联络员组成的校友工作联络组织。

内蒙古农业大学校友会是依法在内蒙古自治区民政厅登记的非营利性法人社会团体,本会由符合本章程要求、承认并遵守本章程的内蒙古农业大学校友志愿组成。本会活动遵守国家的宪法、法律、法规和国家有关政策,遵守社会道德风尚。本会旨在加强母校和校友以及校友间的联系,增强热爱母校的凝聚力、校友间的合作力,给力母校的人才培养、教育教学、科技创新、经济发展等,更好地为经济和社会发展服务。本会接受内蒙古自治区教育厅和内蒙古自治区民政厅的业务指导和监督管理。

【校友会章程】本会章程共八章、四十八条,第一章 总则;第二章 业务范围;第三章 会员;第四章 组织机构和负责人的产生、罢免;第五章 资产管理、使用原则;第六章 章程的修改程序;第七章 终止程序及终止后的财产处理;第八章 附则

【第一届校友会组成名单】

会　　长:李畅游

副会长:马红刚　戈锋(蒙古族)　王召明　邓月楼(蒙古族)　白永宽　许燕辉　那炜清(蒙古族)
　　　　吴浩峰　张月清　李守军　李秉荣　李荣禧　孟宪东　郑俊宝　金满仓(蒙古族)
　　　　胡　丰　贺志亮　贺福宝　赵永华(蒙古族)　赵存才　赵存发　赵宝军
　　　　赵金山(蒙古族)　徐景春　敖小孟　贾凤翔(蒙古族)　高金祥　高锡林(蒙古族)
　　　　银　孝　韩宪军(蒙古族)　蔡立新

理　事:于海宇　于铁柱　马红刚　戈　锋　王召明　王　章　邓月楼　白永宽　白宝玉
　　　　刘恩贵　许燕辉　那炜清　吴浩峰　张月清　张　虎　李兴亮　李守军　李畅游
　　　　李秉荣　李　勇　李荣禧　杨文俊　陈海青　孟宪东　郑俊宝　金满仓　姚　庆
　　　　胡　丰　荀黎明　贺志亮　贺福宝　赵永华　赵存才　赵存发　赵宝军　赵金山
　　　　徐景春　敖小孟　贾凤翔　贾英祥　郭　堂　高金祥　高闻何　高锡林　常　亮
　　　　曹　恪　银　孝　韩宪军　甄学军　蔡立新　樊　忠　滕晓光　魏红军

秘书长:郑俊宝

【校友会规章制度】校友会章程;内蒙古农业大学校友会办公室职责;内蒙古农业大学校友会固定资产及公文、合同、印章的管理规定;内蒙古农业大学校友会财务管理制度;校友分会及学院校友工作管理制度;校友捐赠管理办法;内蒙古农业大学校友会工作运行与管理办法;内蒙古农业大学校友奖学金管理办法

【启动校友会网站建设工作】进行校友会网站、校友平台前期调研与协调工作,为校友网站、校友平台的建设准备必要的第一手资料。

【设立校友奖学金】学校决定从60周年校庆捐赠款中拿出三百万(300万)元人民币,设立校友奖学金,用于奖励家庭贫困、品学兼优的学生,计划从2013年开始,每年奖励100名学生,每人每年奖励三千(3000)元人民币。2013年11月,校友会办公室邀请学校1979级兽医专业学生,现任北京九州大地生物技术有限责任公司监事会主席郭文和、1989年兽医硕士研究生毕业、现任瑞普(天津)生物药业有限公司总经理高级兽医师李旭东、张会臣等校友代表回校,举行了校友代表座谈会,座谈交流学校建设发展、人才培养等工作,召开校友报告会,为学生作励志、成才、学术、事业发展的专题报告并开展相关活动,并举办了校友奖学金发放仪式及相关系列活动。在认真评选的基础上,对100名学生进行了表彰并

颁发了校友奖学金。邀请的校友在与学校领导和相关处室负责人座谈时,为学校的建设、发展提出了宝贵意见,校友代表表示,今后要继续关注和支持学校的建设、发展,努力为学校做出新的更大的贡献。

内蒙古农业大学各学院校友工作负责人、联络员情况报表

学院名称		姓名	性别	民族	职称	职务
动物科学学院	负责人	额尔敦	男	蒙	研究员	书记
	联络人	王静	女	汉	讲师	办公室主任
兽医学院	负责人	额尔敦木图	男	蒙	教授	副院长
	联络人	王爽	女	蒙	职员	教学秘书
农学院	负责人	高聚林	男	汉	教授	院长
	联络人	孟焕文	男	汉	高级实验师	
林学院	负责人	铁牛	男	蒙	教授	院长
	联络人	萨如拉	女	蒙	副教授	院办主任
生态环境学院	负责人	李崇	汉	男	副研究员	副书记
	联络人	张永亮	汉	男		教学秘书
机电工程学院	负责人	陈智	男	汉	教授	院长/书记
	联络人	李海军	男	汉	教授	院办主任
水利与土木建筑工程学院	负责人	韩瑞平	男	汉		副书记
	联络人	王力	男	汉		
材料科学与艺术设计学院	负责人	厚福祥	男	汉	教授	书记
	联络人	李振威	男	汉	助理研究员	副书记
经济管理学院	负责人	赵国年	男	汉	副研究员	副书记
	联络人	任利军	男	汉	讲师	院办主任
食品科学与工程学院	负责人	屈丰富	男	满	助理研究员	副书记
	联络人	斯日古冷	男	蒙		秘书
计算机与信息工程学院	负责人	侯振虎	男	汉	副教授	副书记
	联络人	王永江	男	汉		学办主任
生命科学学院	负责人	任燕刚	男	汉	助理研究员	副书记
	联络人	常亮	男	汉	助理研究员	院办主任
人文社会科学学院	负责人	燕飞	男	汉	讲师	副书记
	联络人	马建荣	男	汉	讲师	院办主任
马克思主义教学研究部	负责人	曹渊清	男	汉	副研究员	书记
	联络人	乌兰巴特尔	男	蒙		院办主任
外国语言学院	负责人	李金华	男	汉		副书记
	联络人	武玲玲	女	汉		
理学院	负责人	赵树林	女	汉	副研究员	书记
	联络人	倪芳	女	汉	助理研究员	团书记
能源与交通工程学院	负责人	王国忠	男	汉	教授	副院长
	联络人	张丽萍	女	汉		院办主任
国际教育学院	负责人	赵萌莉	女	汉	教授	院长
	联络人	李长春	男	汉		科长
继续教育学院	负责人	张玉	男	蒙	教授	副院长
	联络人	李曙东	男	汉		科长
职业技术学院	负责人	武芳	女	汉	副教授	就业中心副主任
	联络人	赵君	男	汉	讲师	就业中心办主任

内蒙古农业大学各地校友分会会长、秘书长名单

序号	姓名	单位、职务	备注	校友分会职务
1	徐景春	阿拉善盟副盟长	阿盟	会长
2	韩义明	阿拉善盟纪检委副书记	阿盟	秘书长
3	贺福宝	巴彦淖尔市副市长	巴彦淖尔市	会长
4	赵子斌	巴彦淖尔市政府副秘书长、办公厅主任	巴彦淖尔市	秘书长
5	金满仓	包头市市委常委、统战部部长	包头市	会长
6	郑瑾琛	内蒙古大青山管理局包头分局局长	包头市	秘书长
7	胡 荣	包头市市委宣传部常务副部长	包头市	秘书长
8	高金祥	赤峰学院党委书记	赤峰市	会长
9	白树森	赤峰市市委宣传部副部长	赤峰市	秘书长
10	吴云峰	鄂尔多斯市林业局纪检组长	鄂尔多斯市	会长
11	张海滨	鄂尔多斯市水务局副局长	鄂尔多斯市	秘书长
12	孟宪东	中共锡林郭勒盟委委员、二连浩特市委书记	二连浩特市	会长
13	张 虎	二连浩特市兽医局局长	二连浩特市	秘书长
14	王恒俊	呼和浩特市人民政府副市长	呼和浩特市	会长
15	李晓东	呼和浩特市政府办公厅副秘书长	呼和浩特市	秘书长
16	韩宪军	呼伦贝尔市委常委、组织部部长	呼伦贝尔市	会长
17	钱瑞霞	呼伦贝尔市发改委党组书记、主任	呼伦贝尔市	秘书长
18	高闻何	满洲里市市委秘书长	满洲里市	秘书长
19	李守军	天津瑞普生物技术股份有限公司董事长	天津市	会长

续表

20	张丽红	瑞普(天津)生物药业有限公司总经理助理	天津市	秘书长
21	贺志亮	通辽市委常委、宣传部部长	通辽市	会长
22	张连宇	通辽市农牧业局副局长	通辽市	秘书长
23	林静春	通辽市林业局纪检组长	通辽市	秘书长
24	白金海	乌海市委巡视员	乌海市	会长
25	邬晓惠	乌海市农牧业局局长	乌海市	秘书长
26	付涌泉	乌兰察布市政协副主席	乌兰察布市	会长
27	王荣贵	乌兰察布市农业推广站站长	乌兰察布市	秘书长
28	敖小孟	锡林郭勒盟政协副主席	锡盟	会长
29	劲 松	锡林郭勒盟农牧业局副局长	锡盟	秘书长
30	赵金山	青岛市畜牧兽医研究所所长	山东	会长
31	戴玉才	青岛大学教授	山东	秘书长
32	邓月楼	兴安盟盟委副书记、行署盟长	兴安盟	会长
33	郭 堂	兴安盟盟委组织部副部长	兴安盟	秘书长
34	赵宝军	内蒙古森工集团副总经理	牙管局	会长
35	张小平	内蒙古森工集团办公室主任	牙管局	秘书长
36	马红刚	北京九州大地生物技术集团股份有限公司董事长、总经理	北京	会长
37	乌彦龙	北京九州大地生物技术集团股份有限公司总经理助理	北京	秘书长

附录:

学生工作表彰

2013 年学生工作先进单位(6 个)
计算机与信息工程学院　人文社会科学学院　外国语言学院　生命科学学院
能源与交通工程学院　林学院

2012－2013 学年度优秀辅导员
动科院:乌　拉　娜仁高娃(学生)
兽医学院:王阿荣　王旭东(学生)　杨　杰(学生)　哈登楚日亚(学生)
农学院:申　鸣　奥　琦　石　博(学生)　夏腾霄(学生)　李　敏(学生)
林学院:江　玮　王晓宏(学生)　齐丽华(学生)　乌日罕(学生)　乌　云(学生)
　　　　王　雎(学生)　敖　敦(学生)
生态院:杨　毅　陈　欢(学生)　吕明举(学生)　韩蕴哲(学生)　银　龙(学生)
　　　　牛　晗(学生)　乌云噶(学生)　汤　哲(学生)
机电院:许　驭　康雪伟　刘瑞浩(学生)　刘　闯(学生)　杜嘉楠(学生)　郑再明(学生)
　　　　毕力格图(学生)　吴德格吉乐呼(学生)
水建院:叶德成　王玉芬　刘燕子(学生)　郑　欢(学生)　刘　敏(学生)　石中玉(学生)
　　　　董欣欣(学生)　宁可仁(学生)　魏云雷(学生)　刘　洋(学生)　陈世超(学生)
　　　　李志辉(学生)　刘亚春(学生)　赵　云(学生)　李根峰(学生)　李金刚(学生)
材艺院:王雪鹏　刘　帅(学生)
经管院:高　兵　张卫中　海日罕　岳彩富(学生)　曹　丹(学生)　王黎黎(学生)
　　　　王　洁(学生)　包尔曼(学生)　马文晶(学生)　祁晓慧(学生)　乌吉斯古楞(学生)
食品院:杨建军　孟祥利(学生)　宋宇琴(学生)　苏日娜(学生)　永　光(学生)
　　　　张　静(学生)
计算机:庄　霞　李传龙(学生)　徐　玲(学生)　张玉琪(学生)
生科院:孙丽鹏　侯海龙(学生)　王　蕊(学生)　张天慧(学生)　陈慧颖(学生)
人文院:刘漫中
外语院:孙玉伟　田春芳(学生)
理学院:唐　凯　林　森(学生)
能源院:杨元亭　马　军(学生)　宋国强(学生)
国教院:袁永峰
继教院:李曙东

2012－2013 学年度优秀班主任
动物科学学院(8 人):
罗旭光　胡晓燕　郭晓宇　霍鲜鲜　满　达　王海荣　苏布登格日勒　哈斯额尔敦
兽医学院(7 人):
齐旺梅　王阿荣　张大鹏　李平安　幺宏强　李云章　额尔敦木图
农学院(12 人):
赵宝平　张红梅　兰景宇　李　楠　孙亚卿　刘杰才　赵　君　张凤兰　张永平　何丽君
陈立红　乌兰巴特尔
林学院(20 人):
陆海平　王志强　白海林　江　玮　伊伯乐　秦富仓　马秀枝　杨海峰　方　亮　乔文丽

白玉娥　岳永杰　何炎红　余瑞卿　何金花　萨如拉　赵红霞　铁　牛　韩胜利　斯钦毕力格
生态环境学院(7人)：
刘美英　娜　乐　杨　霞　李　红　海　棠　斯日古楞　特木尔布和
机电工程学院(11人)：
孙芊芊　韩宝生　张　永　王利娟　邓伟刚　吴利斌　郭　永　郝　敏　曲　辉　图　雅
张　忱
水利与土木建筑工程学院(30人)：
张晓晶　王玉芬　陈立永　杨逸隆　贺　兵　郑晓波　李瑞平　王慧明　乌　云　刘耕耘
王　力　赵占彪　李　平　陈小芳　翟涌光　黄　磊　田春元　李文宝　张圣微　李东方
姚占全　杨　红　梁　文　吴青海　贾永芹　高瑞忠　史小红　冯素珍　王利明　斯仁达来
材料科学与艺术设计学院(8人)：
青　龙　王雪鹏　焦德凤　李　奇　李维生　李振威　孙　宁　厚福祥
能源与交通工程学院(5人)：
吴玉红　辛海升　高明星　柴志虹　冬　梅
经济管理学院(27人)：
高　兵　海日罕　贾国辉　余汉龙　银　虎　徐　峰　白　静　根　锁　王　芳　般丽丽
张梅令　张建军　张春梅　马志艳　孟凡杰　董佳宇　田　洁　魏丽颖　云　冬　于立宏
朵　兰　许黎莉　牛　婷　黄　华　陶　华　张建成　杨艳玲
食品科学与工程学院(12人)：
包海泉　任文明　赵丽芹　乌　兰　杨续金　莎丽娜　包小兰　吴　敬　郝润明　包秋华
张凤梅　乌云达来
计算机与信息工程学院(4人)：
董俊斌　彭　静　邸晓晶　冯百龙
生命科学学院(8人)：
陈玉萍　刘惠荣　白　薇　刘春霞　丛靖宇　赵国芬　武春燕　赵鸿彬
人文社会科学学院(4人)：
康俊英　阿迪雅　段晓梅　邱图雅日拉
外国语言学院(4人)：
李金华　孙玉伟　徐莉林　张晓华
理学院(6人)：
侯晓飞　李旭海　尹晓军　贾丽丽　米智勇　额尔德木图
职业技术学院(69人)：
贾永红　马建华　秦德志　杨　进　赵　伟　李发虎　潘润生　赵　君　董尚嫒　武俊英
田东海　栗丽萍　云占林　郭志凯　雷雨澎　刘　敏　张　翀　张小宇　吕耀龙　赵改梅
钟智敏　邹　寅　车艳秋　王春燕　王寿东　白艳茹　艾云辉　董智勇　程　亮　张　宇
包海军　吴　鹏　冯雪彬　康耀武　撒　宏　郑　博　刘新元　苏　洁　程慧娟　张　玲
孔繁懿　杨海升　姚连胜　刘玉敏　包永红　周艳秋　赵海州　王　锋　曹睿亮　张富荣
张剑锋　程显生　任立胜　杨丹丹　闫占军　穆　仁　王淑娟　王　新　文　梅　王慧琴
闫丽颖　李晓飞　史燕飞　杨慧敏　曹黎梅　敖日格乐　乌伦吉如嘎　赛吉拉夫　吉尔格勒

2012－2013学年度优良学风班集体创建"标兵班"
动科院：2011级动科汉1班
兽医学院：2010级动医汉1班
农学院：2011级农学2班　2012级农学双语班
林学院：2010级城规一本班　2011级城规一本班

生态院:2011 级草蒙 2 班　2011 级城规 X3 班　2012 级草业 S 班
机电院:2010 级电气 2 班　2011 级农机 2 班　2012 级电气 1 班
水建院:2010 级水电 1 班　2011 级建筑班　2012 级地质班
材艺院:2011 级木材科学与工程双语班　2012 级艺术设计(环艺方向)2 班
经管院:2010 级金融 S1 班　2011 级金融 S1 班　2012 级金融 S1 班
食品院:2010 级食品二本 S1 班　2010 级食安二本 1 班
计算机:2011 级软件工程二班
生科院:2011 级生物技术 S1 班　2012 级生物工程 2 班
人文院:2011 级法学 2 班
外语院:2011 级英语 1 班
理学院:2011 级统计学 1 班
能源院:2011 级道路桥梁与渡河工程 1 班

2012－2013 学年度优良学风班集体创建"优秀班"

动科院:2010 级动科蒙 1 班　2010 级动科汉 2 班　2011 级双语班
兽医学院:2010 级动医蒙 1 班　2011 级动医项目 2 班　2012 级检疫 1 班
农学院:2010 级种工 1 班　2011 级观赏园艺班　2011 级种工 1 班　2012 级植科班　2012 级园艺双语班
林学院:2010 级园林双语 1 班　2011 级林学汉班　2011 级园林 X2 班　2012 级林学蒙 1 班　2012 级园林双语班
生态院:2010 级治沙班　2011 级农资 X1 班　2011 草蒙 1 班　2012 级土管 1 班　2012 级水保 1 班　2012 级水保 X1 班　2012 级土管 X2 班　2012 级土管 X3 班
机电院:2010 级机制 5 班　2010 级电气 1 班　2010 级农机 1 班　2011 级电气 1 班　2011 级电气 2 班　2012 级农机汉班　2012 级农机蒙 2 班
水建院:2010 级建筑班　2011 级土木 5 班　2011 级双语 1 班　2012 级环工 1 班　2012 级双语 2 班　2012 级水电 1 班　2012 级环工 3 班　2012 级水资 2 班　2012 级给排 1 班
材艺院:2012 级木材科学与工程双语班　2012 级艺术设计(广告方向)班　2012 级木材科学与工程预科 1 班　2013 级材料科学与工程预科 2 班
经管院:2010 级电子商务班　2010 级农经蒙 1 班　2010 级会计 3 班　2011 级金融 S2 班　2011 级经济 1 班　2011 级会计 1 班　2012 级农经 S 班　2012 级物流班　2012 级经济 Y1 班
食品院:2010 级食品二本 1 班　2011 级食安 1 班　2011 级包装 1 班　2012 级食品蒙 1 班　2012 级食品 1BS2 班
计算机:2011 级计科 1 班　2011 级计科 2 班　2012 级计科 1 班
生科院:2010 级生物技术 S2 班　2012 级生物科学 1 班　2012 级生物科学 S1 班
人文院:2010 级社会工作汉班　2012 级行政管理蒙 2 班
外语院:2011 级英语 3 班
理学院:2012 级统计学 1 班　2012 级应用化学班
能源院:2011 级风能与动力工程班　2012 级交通工程 2 班　2012 级道路桥梁与渡河工程 X2 班

2012－2013 学年度优良学风班集体创建"进步班"

动科院:2011 级动科汉 2 班
兽医学院:2011 级检疫 1 班
农学院:2011 级设农 2 班
生态院:2012 级城规 X5 班
机电院:2010 级机制 4 班　2011 级农机汉 1 班
林学院:2012 级城规一本班

水建院:2010 级给排班　2012 级环工 4 班
材艺院:2011 级艺术设计(广告方向)班
经管院:2010 级会计 X3 班　2011 级会计 3 班　2012 级会计 X7 班
食品院:2011 级食品 1BS1 班　2012 级食品 1BS1 班
计算机:2012 级信管 3 班
生科院:2011 级生物工程 1 班
人文院:2012 级行政管理汉 3 班
外语院:2012 级 2 班
理学院:2011 级统计学 2 班
能源院:2012 级交通运输 Y2 班

2012－2013 学年度优良学风班集体创建"进步个人"

动科院:张永昌　吴小凤
兽医学院:黄永钢　陈连哲　施建鑫　包明鑫　单　然　李　帅
农学院:刘　畅　施凯艳　陈海厅　乌日罕　曲家良　段东宏
林学院:冯晓朦　张鹤腾　高　博　谢兴安　王金鑫
生态院:敖　雪　乔　慧　范泽泽　侯鑫狄　刘宁波　张巳光　董　磊　李秉昌　柳明星
　　　　张秉全　斯琴高娃　阿日萨达
机电院:黄允楠　董明泽　赵芝健　永　斌　吴　昊　魏迎滨　苏伊兰　戚　茹　牛佳鹏
　　　　邰　捷　王　超　高　菲　梁格日乐图
水建院:韩瑶瑶　索志伟　王　勇　马雪鑫　刘胜楠　杨晓波　陆　鹿　郭　阳　常　珍
　　　　曲韵鸣
材艺院:张树阳　王帅明　刘欣雨
经管院:刘濮源　王宗毓　丁玉琛　薄　彤　杨　浩
食品院:候　渊　刘　健　赵思宇
计算机:代海龙　彭运佳　张　楠　杨秀爽　郭芳兵
生科院:赵　月　富　娇　苏文浩　王青青　刘　凤　周洪光　王勇乐　麦力苏
人文院:杨淑雯　特日根　李婉君
外语院:韩　爽　闫雪峰　马　可
理学院:李怀鹏　陈学涛　孙浚玮　李云晓　赵彬彬
能源院:王天时　王　洋　王　伟　刘文祺

2012－2013 学年度优良学风班集体创建"帮学贡献个人"

动科院:张剑搏　孙立孝
兽医学院:呼　和　黄　敏　王忠奇　月　英　管小兵　闫　慧
农学院:曹允馨　康　静　仇　彤　丁　宇　苏日古嘎　乌日力格
林学院:梁文学　魏　建　贺媛媛　梅　英　武洋洋
生态院:景建元　于加林　杨秀鹏　丁　琦　冀彦良　马　丽　田金鑫　胡　琴　郭　月
　　　　党　纲　王璐玭
机电院:吕　刚　陈宏雄　王春生　李　斌　李　政　郑田清　张树亮　白国珍　丛日超
　　　　刘贵权　刘文涛　其力格尔　毕力格图
水建院:姜利田　赵　伟　赵宏烨　吕文琪　李雅君　李春江　王　甜　裴　哲　李　洋
　　　　魏　彤
材艺院:武玮洁　颜　燕　聂夕颜
经管院:孙　影　马俊杰　孟　丹　呼　静
食品院:张　倩　卢忠华　张俊桃

计算机:姚俊玲　王文静　张　越　翟清云　白明月
生科院:陈青峰　张　萌　高　凯　李　鹏　李明月　吴美灵　包玉梅　马志霞
人文院:杨日旺　包塔娜　韩　璐　乌吉木吉
外语院:刘　静　徐秀治　马彩云
理学院:胡景辰　周瑞鑫　吴以靖　赵　景　刘梅英
能源院:梁　鹏　南　易　赵东昌　刘伟宏

内蒙古农业大学第二届辅导员职业技能竞赛获奖情况

一、综合奖:
一等奖:王雪鹏
二等奖:王智广　孙　宁　斯日古楞
三等奖:孙丽鹏　王永江　胡晓燕　张卫中　杨建军
优秀奖:李　楠　李万春　倪　芳　海　明　吕耀龙　王利鹤　赵姝娴
二、单项奖:
危机干预报告撰写第一名:孙丽鹏
即兴主题演讲第一名:王雪鹏　李　楠
现场案例分析第一名:王雪鹏
谈心谈话情景再现第一名:王雪鹏

交流与合作

国际交流与合作工作

【概况】学校历来重视国际交流与合作,开放办学,在建校初期,就选派了青年教师到苏联学习深造,为学校培养了第一批青年学术骨干。改革开放以来,通过建立校际间交流与合作关系、日本 JICA 项目和加拿大的 CIDA 项目等途径,与国外高等教育发达国家的大学和科研机构进行了科研、教学、教师与学生交换和学术交流等交流与合作,目前已经与国际上 15 个国家的 53 个大学和机构签订了校际交流与合作备忘录或协议。

进入 21 世纪以来,学校为了加强对外交流与合作的力度,在"十一五"规划中提出了"1134 行动"战略,这一战略的核心内容是确立一个发展目标:以建设西部高水平院校为目标,实施一项措施:引进国外优质教育资源。为此,学校逐步增设英汉双语授课本科专业,目前共开设了 19 个英汉双语授课本科专业,加大引进国外高校的教授来我校开展教学和科研活动,应邀来我校任教、学术交流、科研合作和咨询活动的国外专家教授逐年增多;同时,学校一方面为中青年教师创造条件,鼓励争取国家留学基金委派出项目资助,另一方面自筹资金选派中青年教师赴海外进修,采取各种措施加大教师和管理干部海外研修和培训的力度。

2007 年与加拿大农业与农业食品部共同成立了"中加可持续农业研究与发展中心",2010 年国家科技部将我校命名为"国际科技合作基地",2010 年教育部批准我校与加拿大阿尔伯塔大学的本科生中外合作办学项目,2013 年成立了内蒙古农业大学马利克管理中心。

【签订协议】不断加强与国外院校与机构的合作,与加拿大曼尼托巴大学续签了"中国内蒙古农业大学与加拿大曼尼托巴大学校际间合作谅解备忘录",双方约定就教师交流、学生交流和科研合作等方面继续进行交流与合作;与加拿大北阿尔伯特理工学院签订了内蒙古农业大学与北阿尔伯特理工学院谅解备忘录,双方就教师交流、学生交流和科研合作等方面达成了合作意向;与美国波特兰州立大学签订了谅解备忘录,双方就教师交流、学生交流和科研合作等方面达成了合作意向。

【国际交流】2013 共接待来访团组 12 个,分别为:加拿大农业部副部长助理(分管科学与技术)Gilles Saindon 博士一行三人代表团、加拿大农业部农业专家代表团、加拿大曼尼托巴大学农业与食品科学学院院长 Michael Trevan 博士一行 2 人代表团、加拿大阿尔伯塔大学农学院院长 John Joseph Kennelly 博士一行 4 人代表团、澳大利亚莫道克大学副校长 David Morrison 博士一行 6 人代表团、瑞士圣加伦马利克管理中心 25 人次、北阿尔伯特理工学院代表团、美国犹他大学代表团、日本新泻大学代表团、蒙古国国立农业大学达可汗分院代表团、美国波特兰大学代表团和内蒙古农业大学特聘校长助理 H. Arthur Quinney 博士和 C. Wayne Lindwall 博士。

2013 年,共派出了 60 余位专家学者参加国际学术会议和学术交流,1 名校级领导被教育部选派赴英国进行为期 1 个月的培训,1 名处级领导被教育部选派到英国进行为期 12 个月的培训,暑假期间,学校选派了农学院和外国语学院的 34 位教师分别赴美国和荷兰进行了为期 4-5 周的业务游学。

【中外合作办学项目】2010年教育部批准我校与加拿大阿尔伯塔大学的本科生中外合作办学项目,2013年招收项目学生46名,出国继续学习学生23名。

【马利克管理中心】2013年,与瑞士圣加伦马利克管理中心合作,成立了内蒙古农业大学马利克管理中心。

根据与瑞士圣加伦马利克管理中心签订的"马利克超级协同整合内蒙古农业大学发展战略管理方案的培训和制定协议",派出了2批29名教授、环节干部和管理学科骨干教师赴瑞士进行了为期2周的培训。在此基础上,以"内蒙古农业大学在建设西部高水平大学过程中在区域发展中的责任和使命"为题,随后在暑假期间,邀请马利克中心一行11位专家,在职业技术学院组织了由2位副校长、40位教授、环节干部和6位管理学科骨干教师参加的内蒙古农业大学发展战略管理方案协同整合工作,确定了制约或促进内蒙古农业大学实现战略目标的12类大问题36个隶属问题后,马利克中心专家就协同整合方案结果两次来我校,在不同层次进行两轮研讨,并给学校提交了最终报告。

【其他工作】2013年协助教育厅承办了高校出国进修人员培训任务,与西安外国语大学合作举办了出国研修教师语言培训班。受培训教师及管理人员通过这两个语言培训收到了很好的效果,有2位教师和3名博士得到了国家留学基金委的海外研修全额资助,有3名本科生得到部分资助,23名教师获得了西部项目的资助,另外,由学校自筹经费选拔了29位教师派出赴海外进行为期1-6个月进修学习。

国际科技合作项目

学校以"国际科研合作基地"为平台,积极开展农牧业国际科技合作。

项目名称	负责人	时间	项目资金	项目类型	项目主管单位
中加肉羊养殖实验与示范项目	李英	2013—2015	600万	政府农业示范项目	中加中心
中加饲草料实验与示范项目	刘景辉	2013—2015	900万	政府农业示范项目	中加中心
真空蒸汽处理杀灭原木中光肩星天牛的合作研究	王喜明	2013—2015	258万	国际科技合作专项	材艺院

留学生教育

2013年,我校招收来华留学生35名,其中博士研究生9名、硕士研究生22名、本科生4名。俄罗斯籍留学生2名(博士),蒙古国籍留学生33名。具体情况如下:

2013年度入学外国留学生基本情况

序号	中文名	护照名	国籍	性别	学生类别
1	塔提阿娜	IUSHKEVICH TATIANA	俄罗斯	女	奖学金
2	阿娜克斯	TIULIUSH ANAI–KYS	俄罗斯	女	奖学金
3	杜拉玛	DORJTOVUU DULMAA	蒙古	女	奖学金

续表

序号	中文名	护照名	国籍	性别	学生类别
4	恩和道力格尔	BADARCH ENKHDOLGOR	蒙古	女	奖学金
5	格日乐玛	JAMSRAN GERELMAA	蒙古	女	奖学金
6	阿木尔图布兴	TSEDENDAMBA AMARTUVSHIN	蒙古	女	奖学金
7	塔米日	PUREVDORJ TAMIR	蒙古	女	奖学金
8	乌云额尔敦	KHANDSUREN OYUN – ERDENE	蒙古	女	奖学金
9	其仁苏仁	KHURELCHULUUN TSERENSUREN	蒙古	女	奖学金
10	巴图其木格	GOMBODORJ BATCHIMEG	蒙古	女	奖学金
11	图布兴吉雅	BAYARSAIKHAN TUVSHINZAYA	蒙古	女	奖学金
12	雅拉塔	SAMBUU YALALT	蒙古	男	奖学金
13	恩克阿木隆	EHKHTAIVAN ENKH – AMGALAN	蒙古	女	奖学金
14	诺敏高娃	ENKHTAIVAN NOMINGUA	蒙古	女	奖学金
15	道格森毕力格	BADAMDORJ DOGSOMBILEG	蒙古	男	奖学金
16	巴森胡	DONDOG BAASANKHUU	蒙古	女	奖学金
17	甘超吉	DASHTSOODOL GANTSOOJ	蒙古	男	奖学金
18	罕德玛	BYAMBASUREN KHANDMAA	蒙古	女	奖学金
19	孟和其其格	GOMBOSUREN MUNKHTSETSEG	蒙古	女	奖学金
20	巴图毕力格	SARANCHIMEG BATBILEG	蒙古	女	奖学金
21	恩和德力格尔	DELGERSAIKHAN ENKHDELGER	蒙古	男	奖学金
22	嘎拉松	NAVAANSUREN GALSAN	蒙古	男	奖学金
23	苏布达额尔敦	JAMSRAN SUVD – ERDENE	蒙古	女	奖学金
24	恩和蒙克	BAASANJAV ENKHMUNKH	蒙古	男	奖学金
25	巴图胡	BALDORJ BATKHUU	蒙古	男	奖学金
26	钢特木尔	TSEVEGDORJ GANTUMUR	蒙古	男	奖学金
27	巴音达赖	TSEVELSUREN BAYANDALAI	蒙古	男	奖学金
28	奥敦	NERGUI ODON	蒙古	女	奖学金

续表

序号	中文名	护照名	国籍	性别	学生类别
29	杜拉玛苏仁	BATBOLD DULAMSUREN	蒙古	女	奖学金
30	阿荣扎雅	BATCHULUUN ARIUNZAYA	蒙古	女	奖学金
31	巴图额尔敦	GANBOLD BAT-ERDENE	蒙古	男	奖学金
32	达瓦道尔吉	AMUNKHBAT DAVAADORJ	蒙古	男	奖学金
33	诺敏珠拉	ANKHBAYAR NOMINZUL	蒙古	女	奖学金
34	钦达苏仁	ALTANSOLONGO TSENDSUREN	蒙古	女	奖学金
35	乌甘扎雅	NARANBAATAR UUGANZAYA	蒙古	女	奖学金

2013年度,毕业外国留学生共13名,其中获博士学位2名、获硕士学位4名、获学士学位7名,均为蒙古国籍。

2013年度毕业外国留学生基本情况

序号	中文名	护照名	国籍	性别	专业	导师
1	宝乐尔其其格	DAVAAKHUU BOLORTSETSEG	蒙古	女	森林培育	闫伟
2	奥特根吉雅	SAINJARGAL OTGONZAYA	蒙古	女	产业经济学	根锁
3	巴拉金尼玛	TUMURBAATAR BALJINNYAM	蒙古	女	食品科学	孟和
4	苏优乐额尔登	BAATARJARGAL SOYOL-ERDENE	蒙古	女	产业经济学	杜富林
5	奥日格勒	BATBAATAR ORGIL	蒙古	男	草业科学	格根图
6	宝乐尔其其格	OYUNBAT BOLORTSETSEG	蒙古	女	经济学	本科生
7	乌音嘎·达木丁	DAMDIN UYANGA	蒙古	女	经济学	本科生
8	宝乐尔图雅	SHURENKHUU BOLORTUYA	蒙古	女	经济学	本科生
9	特古斯吉日嘎拉	BATBAATAR TUGSJARGAL	蒙古	男	食品	本科生
10	珠拉吉日嘎拉	BOLDBAYAR ZOLJARGAL	蒙古	女	食品	本科生
11	宝乐尔额尔德尼	BAASANDORJ BOLOR-ERDENE	蒙古	女	经济学	本科生
12	敖日格勒	SHINEBAYAR ORGIL	蒙古	男	经济学	本科生
13	阿玛尔特格思	BATAAAMAR TUGS	蒙古	男	农业经济管理	乔光华

援外培训

【概况】2013年出口农产品质量安全管理研修班(司处级官员班)从6月4日起,至6月24日结束,为期21天,培训语言为英语。学员来自9个国家,共15名,分别是巴勒斯坦(3人)、波黑(1人)、巴哈马(1人)、苏丹(3人)、马拉维(1人)、斐济(2人)、桑给巴尔(坦桑尼亚)(1人)、埃塞俄比亚(2人)、乌干达(1人)。培训内容分为专题讲座、参观考察、文化体验和社区考察四个部分,整体培训效果良好。

【筹备情况】2013年3月初,学校接到商务部援外司下达的2013年度援外培训项目。4月中旬商务部国际商务官员研修学院(商务部培训中心)通过了学校为期21天的援外培训方案,5月24日签订了援外培训合同。组长由校长助理汪建平担任,全盘负责援外培训工作,副组长由石建荣担任,具体负责援外培训项目的实施;小组的具体分工是:翻译及服务组4人,组织管理3人,后勤保障3人。援外培训工作应急预案仍沿用去年版,制定了工作人员工作手册,修订了学员手册(英文版)。合理安排教学计划,共安排课堂教学专题讲座16个,安排10位教师、学者和相关领导授课。参观考察安排了11个单位、企业、农业基地等,安排了草原文化、观光、书法体验、蒙古舞蹈学习的6项文化体验内容。

【专题讲座】根据专题讲座安排,发给学员的英文专题讲义有9个内容,专题讲座课件都是英文编制,图文并茂,研讨效果良好。

专题讲座内容

时间	课程内容	授课教师	职务	单位
6.4下午	中国及内蒙古概况	刘翠兰	副教授	内蒙古农业大学
6.5上午	中国改革开放及成果简述	刘翠兰	副教授	内蒙古农业大学
6.6全天	中国食品质量保障体系	德力格尔桑	教授	内蒙古农业大学
6.8全天	农作物有机种植	赵宝平	讲师	内蒙古农业大学
6.10全天	乳产品食用安全与HACCP	杨军	教授	内蒙古农业大学
6.12上午	食品生产安全性	杨飞芸	副教授	内蒙古农业大学
6.14上午	农产品质量安全管理	赛吉拉呼	研究员	内蒙古质量技术监督局
6.14下午	农产品出入境质量管理	杭小溪	副处长	内蒙古出入境检验检疫局
6.16上午	食品安全与质量指标专题1	陈霞	副教授	内蒙古农业大学
6.18全天	鲜乳产品质量安全控制	张润厚	教授	内蒙古农业大学
6.20上午	动物产品质量安全控制	殷文正	教授	内蒙古农业大学
6.23上午	食品安全与质量指标专题2	陈霞	副教授	内蒙古农业大学

实习考察

序号	参观单位	参观内容
1	内蒙古伊利集团	现代化乳品生产质量管理
2	内蒙古质量技术监督局	政府农产品质量安全管理体系与监管流程等
3	内蒙古塞宝燕麦食品有限公司	内蒙古特产出口农产品燕麦加工生产和质量保障技术
4	内蒙古蒙牛集团	现代化乳品生产质量管理和奶牛安全养殖技术
5	内蒙古宇航人高技术产业公司	是目前全球沙棘产业的龙头企业,参观考察企业沙棘产品的生产质量控制及产品质量保障体系
6	塞宝绿色基地(和林县)	参观学习最基层的中国农业有机种植系统
7	内蒙古出入境检验检疫局技术中心	参观考察中国对农产品出入境质量安全管理方面的流程与经验
8	内蒙古正隆谷物食品有限公司	参观企业粮食加工生产中的质量保障系统及质量安全控制方法
9	正大饲料公司	参观企业在牲畜饲料生产中的质量安全控制
10	蔬菜大棚	市郊蔬菜大棚安全生产控制
11	内蒙古凉城世纪粮行有限公司	基层粮食加工企业的质量安全控制情况

管理与服务

发展规划工作

【概况】2013年,围绕学校发展目标及可持续发展需要,拟订学校近期、中长期发展规划及阶段性实施方案和细则,并做好规划执行、协调、检查、考核、评估等工作;统筹协调学科建设;组织优势学科群建设、重点学科建设,学科基地建设,重点实验室建设;及时了解、把握和深入研究国家教育发展战略、教育部关于高校改革与发展的重大方针政策,国家有关高等教育和高校工作的政策、法律、法规;收集、分析国内外高等教育发展的重要信息与动态,比较借鉴国内外著名大学在教学、科研、管理等方面的经验和做法,研究与学校发展密切相关的重要理论课题。紧紧围绕学校中心工作,广收信息,对国家有关政策和高等教育发展形势进行科学分析,并定期撰写《高教研究动态》;对涉及学校改革、建设与发展的重大问题(如学校发展战略规划、校园建设规划、重大经费投入与分配、重大建设项目等),提前开展广泛深入的调查研究、论证,为领导决策提供信息和咨询;负责高等教育基层统计报表、本科教学基本状态数据的采集工作、各类报表的管理和学校各类对外数据信息的审核、发布工作;协助、配合其他部门做好相关工作;完成上级组织和学校交办的其他工作。

发展研究室(处)下设发展规划科、综合管理科。现有职工5人,其中处长1人,副处长1人,科长2人,科员1人。

【经费争取】2013年,经过努力争取,获得了发改委给我校职业技术学院幼儿园270万元的基础建设经费。积极争取自治区发展与改革委员会、自治区国土资源厅、自治区水利厅和自治区财政厅对我校海流图现代农牧业科技园区880万元的土地改良工程建设、740万元的土地整治、475万元的饮水安全、1448万元的林木繁育和1000万元的节水灌溉五个项目的立项工作。

【对口支援】落实教育部2012年度对口支援工作会议精神,协调中国农业大学制定两校对口支援工作方案,确定了16项具体建设项目,把各项具体工作扎扎实实落到实处;选派14名专业教师去中国农业大学进修课程,选派4名干部挂职锻炼。组织有关人员到中国农业大学学习交流。积极协调2013年共选派了3人借调,选派2人赴教育部借调;选派1人赴国家林业局人事司借调。

完成了2013/2014学年初高等教育基层统计报表;启动《内蒙古农业大学章程》的制定工作;组织相关专家对"十二五"规划进行了中期调研和考核。

【其他工作】协助完成了自治区高等教育学会年度检查,撰写了总结;协助自治区党委统战部完成了对台教育文化交流活动;指导和帮助成立了自治区大学生毕业与就业学术研究会;积极参与我校教学质量情况的调研、学科发展和科学研究方向的调研。

人事管理

【概况】在做好人事调配、考核、退休办理、教职工去编列编、专业技术人员继续教育、人事档案管理、各类数据报表的统计上报等日常工作的前提下,根据学校办学目标和发展需求,围绕"人才强校""质量立校"工程,充分发挥人事工作的职能和作用。

【岗位聘任】完成2012年度后勤管理处各服务中心的科级干部、普通管理岗位的聘任。校聘二级科员20人。对2012年取得专业技术资格的98人和2013年度岗位异动的92人进行聘任。开展了专业技术二级岗位首次聘用,经自治区人力资源和社会保障厅审核、批复,聘用专业技术二级岗位41人,其中在职人员29人,退休人员12人。

加强教职工年度岗位考核。校本部应参加考核教职工2190人,考核结果为优秀325人,合格1826人,不合格1人,未定等次38人。

【人事调配】新增人员51人。其中公开招聘50人,自治区"绿色通道"1人。各类减员55人,其中退休48人,调出3人,在职去世4人。

【劳资与社会保险】正常晋升薪级工资2004人,调整了全校3122人的艰苦边远地区津贴标准。在充分调研和测算的基础上,于2013年7月初完成了在职教职工2262人的绩效工资制改革。按时完成2012/2013学年度全校涉及1876人的基础津贴与业绩津贴(包括课时津贴、实验人时津贴、研究生导师津贴、特岗津贴)的核算与发放工作。对新增、退休、职务晋升等共272人的工资与津贴进行了调整。按时完成全校教职工每月的工资与津贴的日常核算与发放工作。

及时完成教职工养老、失业保险划拨、核定、变更、缴费、建账等工作。其中,全年缴纳在职人员2245人的失业保险237万余元,合同制134人和聘用制490人的养老保险319万元。发放6人的伤残补偿110余万元。发放18名去世教职工的丧葬费、抚恤金及医疗补助114万元。发放70位遗属的生活补贴76万元、取暖补贴10万元。

【人事档案管理】审核在职教职工人事档案1580余卷,整理、归档个人档案和业务职称档案168份。鉴别、收集、整理、归档个人零散档案(活页)1.48余万份。查(借)阅个人档案3200余卷,接收教职工各类档案6230余份。整理去世人员档案16卷,并装订立卷归入校档案馆管理。转递个人档案3卷。2013年12月,接受了自治区党委组织部信息处督察组对我校人事档案核查工作完成情况和档案室建设情况的专项检查。

财务管理

【概况】学校实行"统一领导、分级管理、集中核算"的财务管理体制,财务处是学校财务管理的职能部门,作为学校的一级财务机构,在校党委、校行政的领导下,统一管理学校的各项财务会计工作,保证会计资料合法、真实、准确、完整。财务处负责全校的会计核算、资金运行以及各项财务管理工作,包括全校教育事业经费收支、专项经费收支、各非独立法人单位的财务收支、制定财务制度、编制财务收支预决算、财务分析等,实行财务监督,检查经济效益。

财务处下设8个直属科室和3个委派财务机构:财务管理科、事业经费核算科、专项资金核算科、收入管理科、基建财务科、结算中心、后勤财务科、校园卡服务中心、饮食服务中心财务部、校医院财务室、基础教育财务部。

【教育事业经费】2013年教育事业经费预算收入78097.79万元,包括财政拨款、自筹收入和银行贷款。其中,财政拨款收入45255.05万元,占预算收入的58.0%,包括:生均定额拨款27235.7万元,离退休经费拨款4094万元,财政专项经费拨款13054.92万元(年内财政专项实际拨款20924.76万元,年末财政收回未使用资金7869.84万元),其他部门拨入专款870.43万元;自筹经费收入26122.43万元,占预算收入的33.4%,包括:本专科生学费22084.61万元,研究生学费822.65万元,其他办学学费用于补充学校经费(辅修等)825.39万元,学生公寓收入2189.78万元,纳入预算管理的非税收入200万元;银行贷款6720.31万元,占预算收入的8.6%,包括:新增银行贷款3000万元,日元贷款账并入3720.31万元。

2013年教育事业经费预算支出78097.79万元。其中,人员经费支出33749.4万元,占预算支出的43.2%,包括:在职人员经费19684.89万元,离退休人员经费4388.7万元,学生助学金6921.44万元,住房公积金1004.03万元,工会经费、福利费、遗属生活费、社保费等经费1750.34万元;公用经费支出44348.39万元,占预算支出的56.8%,包括:办公交通差旅等公务费919.96万元,后勤运行费(含水电暖物业等费用)2272.84万元,维修费4530.88万元,设备费21896.77万元,图书经费700万元,业务费

8546.62万元,学生公寓费2376万元,其他费用10975.16万元(其中结转自筹基建4200万元、银行贷款利息3604.34万元),年终财政收回资金7869.84万元。

【科研经费】2013年科研经费收入13981.75万元。其中,教育厅科研费拨款104.1万元,科技厅及其他科研专款5253万元,自然科学基金2741.6万元,委托科研项目663.09万元,国家科技支撑项目3821.65万元,农业部公益行业项目1270.43万元,国家社科基金127.88万元。

2013年科研经费支出9866.9万元。其中,教育厅科研费拨款71.89万元,科技厅及其他科研专款3725.69万元,自然科学基金1894.67万元,委托科研项目291.78万元,国家科技支撑项目2596.92万元,农业部公益行业项目1222.95万元,国家社科基金63万元。

【基本建设经费】2013年基本建设经费收入10843.37万元。其中,财政拨款5500万元,学校教育事业费结转自筹基建经费5338.87万元,零星收回售房款等4.5万元。

2013年基本建设经费支出14603.81万元。其中,新校区建设项目11292.78万元,兽医学院动物疾病诊疗实验室设备款1482.98万元,乳研中心乳制品发酵实验室设备款99.99万元,既有建筑节能改造项目663.67万元,其他基建项目1064.39万元。

【财务预算】根据学校各项事业发展的需要与财力可能,在保证正常运行经费的前提下,以学科建设和校内实习基地建设为重点,编制了学校《2013年教育事业经费收支预算》。严格执行政府收支预算管理和国库直接支付制度;加强对基建、维修项目监控,做到按施工合同逐项管理和核算;加强政府采购的资金财政直接支付管理,对2012年以前跨年度的项目经费进行了清理和结算。

【资金筹措】财务处在加强各项收入管理的同时,积极争取国家财政拨款,努力开拓财源、多渠道筹集资金。2013年从财政部门取得的教育事业追加经费达到2.1亿元,有力地支持了学校教育事业的发展。

【收费工作】不断完善各项收费制度和工作程序,认真做好各项费用的收缴与管理工作。2013年财务处继续实施数字化迎新系统,通过银行卡代扣和网上自主缴费等方式进行。2013年累计缴费人数4.6万人次,收取学费、住宿费、双学位等3大类项,总金额2.61亿元,年度收费率92.7%。同时,加大对往年欠费的催缴力度,全年共收缴往年欠费1362万元。

【暂付款清理】财务处11月专门下发文件,要求各部门、学院领导重视本单位清理借款工作,特别要把工作重点放在后勤经费结算和设备费、差旅费、科研费借款及长期借款上,2个月共清理各类借款达4000万元。

【其他工作】应用现代化手段,实现资金实时支付。通过建行开通的网上银行系统,对学校工资津贴发放、对外汇款等实时支付,极大地提高了支付速度和结算效率。运用单位POS支付系统,对公务卡结算和一般报账、借款业务等实行银行卡支付,减少现金取款1.1亿元。

国有资产管理

【概况】国有资产管理处(简称国资处)于1996年1月成立,是全校国有资产的管理部门。国资处代表学校全面负责学校固定资产的(土地、房屋及构筑物、通用设备、专用设备、文物陈列品、图书档案和其他固定资产)登记入账和数据管理,并对其进行动态管理;审批学校固定资产的调拨、转让、报损、报废及损失;负责全校公用房屋的使用核算、调配管理;负责学校土地产权管理(征用、转让、兑换、开发、出租、变更等手续及有关证件办理等)工作,负责学校仪器设备、家具、医药、图书、教材等物资的招标采购工作;负责学校国有资产产权界定、产权登记和对经营性资产进行监督管理;负责各类固定资产的使用、运行管理和监督等,为学校教学科研和社会服务提供条件支撑和服务保障。

国资处下设固定资产管理科、土地房产管理科和政府采购办公室。现有职工9人,其中处长1人,副处长1人,科长3人,科员4人。

【土地征收】2013年,解决了土右旗未征收土地的遗留问题。未征收土地由土右旗国土局收储,测绘了变更一期土地证的相关宗地图,完成了一期土地证的变更手续。根据新校区建设要求,及时终止了内蒙古国税局租用学校10亩土地的合同。

【土地房屋管理】根据内农大党办发〔2012〕10号文件精神,于3月18日收回学校周边经营性房屋管理权。对经营性房屋进行了清点、核实、查对。经核查周边经营性房屋69间、校内车棚8个、校内经营性房屋28间和后勤管理处管理的5间经营性房屋,现有经营性房屋共计110处,全部与相关单位进行了移交。

接收时承租户所欠房租等费用共计98.3023万元,经多次深入细致地做工作,下达催缴欠款通知书,现在已经收缴欠费24.98万元。到目前为止,合同到期的房屋全部签订了租赁合同,并且收缴了租金。共签订了房屋租赁合同119份,收缴房屋租金339.81万元(包括2012年部分合同及房租)。根据财政厅关于经营性房屋管理的要求,及时向教育厅上报关于经营性房屋出租的审批手续,等待财政厅的批复。

办理了建设教职工住宅楼相关土地变性的审批手续。呼和浩特市土地收储中心同意学校办理规划设计条件,并且下发了《关于办理规划设计条件的函》。完成了土左旗海流园区建设教学科研实验用房项目的立项,自治区教育厅和发改委同意立项,并且下发了《内蒙古自治区发展和改革委关于内蒙古农业大学海流图园区新建教学科研及生活用房项目建议书的批复》,根据立项批复,正在办理土地变更手续。

为了进一步加强土地和房屋建设管理,制定下发了《关于进一步加强学校土地和房屋建设管理的通知》。

【固定资产管理】严格按程序验收处置固定资产,严把价格关、质量关和数量关。根据自治区财政厅、教育厅"关于进一步做好行政事业单位固定资产标准调整后信息系统存量调整的通知"(内财资便函〔2013〕28号)进一步规范了科研类资产登记、报损、报废、转让等管理手续。

2013年,对各教学单位10万元以上教学科研设备进行核查,重点核查仪器的重复购置、使用情况、完好程度和运行记录。现全校固定资产总值达12.13亿元。总设备5.79亿元,5.5212万台(件);其中教学科研仪器设备5.02亿元,3.8297万台(件)。全学年验收固定资产7856台(件),合计金额3.11亿元。妥善处置,合理调拨、优化配置国有资产。全年报废处置499台(件),价值264.26万元。部分报废电脑重新组装后捐赠给清水河某小学,使残值最大化。

配合呼和浩特海关,对学校近两年来进口设备进行核查,随机抽查了300余台设备,稽查结论为:你单位2011年01月01日至2012年12月31日期间进口的减免税设备未发现违反海关规定的事情。根据自治区财政厅对学校2012年资产存量及核实中存在的问题,对存在的三个问题(其中包括13个小问题)深入核实,并形成报告。

按时报送了《高校教学仪器设备报表》《国有资产报表》和《教学、科研仪器设备增减变动情况表》等报表和有关数据。根据自治区财政厅年底结款精神,组织验收政府采购项目32个,共计151包,并办理了相关付款手续。

【政府采购】依法规范政府采购活动,完善政府采购制度,节约采购成本,提高工作效率。根据《政府采购法》《货物招投标采购管理办法》和《内蒙古农业大学政府采购实施管理办法》(内农大校发〔2012〕16号)等文件精神,学校共组织和参加采购了网络中心购交换机、UPS等设备、教务处考试中心更新通用设备、林学院更新电脑服务器、图书馆机房改造、网络中心数字化校园平台建设、运输中心购大客车;新校区综合楼购桌椅、黑板和饮水机(教务处教室管理科)、饮食服务中心购蒸柜、餐饮炉;图书期刊及数据库、学生教材(2014年度);校医院污水处理工程、海流园区环形道路建设;本科实践教学装备建设(2012二批)、本科教学实验室建设(2013)、动物生物技术重点实验室建设、食品安全性检测功能项目、职教师资培训基地建设(农业点、畜牧点和兽医点)、兽医学院养马设备;校级重点学科建设(2012)、校学科建设项目(2013)、自治区优势特色学科、中央与地方共建项目(2013)、重点学科重点实验室建设等。

截至目前,经财政批准的采购项目38个,采购总预算:17233.56万元,除去无法统计的图书、教材部分(预算1550.2万元),已开标的项目32个,采购金额(预算):12431.87万元。

固定资产基本情况表（2013）

序号	资产名称	年初数 数量	年初数 单位	年初数 金额（元）	本年增加 数量	本年增加 单位	本年增加 金额（元）	本年减少 数量	本年减少 单位	本年减少 金额（元）	年末数 数量	年末数 单位	年末数 金额（元）
1	土地	2491	亩	0.00	0	亩	0.00	0	亩	0.00	2491	亩	0.00
2	房屋及构筑物	341238	m²	231,842,429.91	275080	m²	381,929,282.58	0	m²	0.00	616318	m²	613,771,712.49
	其中:房屋		m²	203,299,017.73		m²	369,719,375.97		m²	0.00		m²	573,018,393.70
	构筑物			28,543,412.18			12,209,906.61						40,753,318.79
3	仪器设备	48611	台	443,620,735.27	13412	台	121,512,490.27	7579	台	5549241.40	54444	台	559,583,984.14
4	家具	160157	件	62,399,162.92	3032	件	5,703,057.80	346	件	160063.00	162843	件	67,942,157.72
5	图书	1342000	册	29,129,788.47	50000	册	2,830,936.83	0	册	0.00	1392000	册	31,960,725.30
6	软件	835	套	30,727,395.03	237	套	6,591,232.82	0	套	0.00	1072	套	37,318,627.85
7	文物陈列品	14	件	121,509.20	0	件	0.00	0	件	0.00	14	件	121,509.20
8	标本模型	89	号/件	808,302.00	20	号/件	108,952.99	0	号/件	0.00	109	号/件	917,254.99
9	被服装具	2	件	16,200.00	0	件	0.00	0	件	0.00	2	件	16,200.00
10	牲畜	8	头	56,000.00	45	头	127,140.00	0	头	0.00	53	头	183,140.00

离退休管理工作

【概况】 截至2013年12月31日，离退休人员共计901人，其中离休干部32人，退休人员869人；离退休人员工作处工作人员9人，设离休科、退休科两个业务科室，周忠祥任党总支书记、马强任处长、李淑玲任副处长。2013年离退休人员工作在校党委、行政的正确领导下，结合2013年自治区老干部局、学校的工作要点，转变工作作风，深入开展党的群众路线教育实践活动，围绕服务老同志这一中心工作，发挥老干部、老专家、老教授的作用，全面提升了管理与服务水平。

【党建与思想政治工作】 离退休人员工作处党总支下设18个党支部，其中一个在职人员党支部，17个离退休党支部，截至2013年12月31日有党员420名。党总支委员会由7人组成，周忠祥任书记，马强、李淑玲、马福龄、包毅、赵文厚、张俊宝任委员。2013年党建与思想政治工作以加强班子自身建设与工作人员作风建设为重点，以在职工作人员党支部为抓手，扎实开展党的群众路线教育实践活动，将党建与思想政治工作相结合、与落实离退休人员待遇相结合，广泛征求老同志的意见和建议，积极整改、狠抓落实，让老同志满意。

【离退休人员管理与服务】 积极落实离退休人员的政治、生活、社会、文化待遇。2013年通过送达文件、走访调研和到医院看望等各种形式走访慰问离休干部及老领导200人次；春节期间对36名离休老干部、16名退休老领导、21名因病住院的离休老干部、38名困难老党员及98名家庭困难且患病的退休教职工进行了走访慰问。对因病住院的66位退休老同志进行了探视；另外还在停暖后、供暖前走访了部分身体不好、生活困难的老同志。全年走访慰问老同志580人次。

按政策规定，及时为离休干部发放报刊订阅费、外出参观费；为70岁以上正教授及享受保健待遇的106名离、退休老同志进行健康体检；为80岁、90岁高龄离休干部祝寿并敬献了贺礼，为70多名70、80、90周岁的退休人员发放了生日纪念品。

完善离退休人员活动中心新址的软、硬件配套建设。制定并展示了所有活动场所的规章制度，购置了部分桌、椅、工具柜、衣帽柜。对东区活动中心进行了翻新维修。极大改善了老同志活动场所的软、硬件条件。

【老年文体协会】 老年文体协会主要以丰富老同志离退休生活特别是文体娱乐生活为宗旨，有共同爱好、兴趣的老同志自发组成一个团队，实现老有所为、老有所学、老有所乐的目的。老年文体协会包括老年书画协会、棋牌协会、麻将协会、门球协会、台球协会、乒乓球协会、网球协会、老教授合唱团、夕阳红合唱团、激情合唱团、和谐合唱团、老年舞蹈队、晨练队、舞剑队等14个团队，参加人数468人。各个社团每年都要组织开展丰富多彩的活动，积极参加自治区、呼和浩特市及赛罕区等各级老年文体协会组织的比赛。2013年我校代表队在27届高校"健康杯"门球比赛中获得冠军，在区直机关重阳杯比赛中获得第二名，在第四届"和谐杯"门球比赛中获得团体第一名；70岁组网球代表队获呼和浩特市地区老年网球赛双打亚军；承办了全区高校老年教师网球赛、区直机关离退休人员象棋赛、呼和浩特市地区高校离退休人员竞技麻将比赛；书画协会举办了书画作品展。

【关心下一代工作委员会】 内蒙古农业大学关心下一代工作委员会（以下简称关工委）常务班子由8人组成，郑俊宝任主任，于绍祥、谭培祯、廖永三任副主任，马强任秘书长，马世兴、李宗信、董宝玉任副秘书长。下设19个二级关工委，全校关工委有老同志50人。关工委坚持围绕中心、配合补充、因地制宜、量力而为、立足基层、注重实效的工作方针，在推进大学生社会主义核心价值观的培育方面做了大量卓有成效的工作。2013年内蒙古农业大学关心下一代工作委员会被评为"全国关心下一代工作委员会先进集体"。

【老教授协会】 内蒙古农业大学老教授协会成立于1993年。截至2013年12月，老教授协会有会员

110人,本届理事会由7人组成,谭培祯担任会长,侯先志、李春林、王丽雪担任副会长,崔治国担任秘书长,刘吉元、张德棉担任副秘书长。协会始终坚持老教授协会的宗旨,充分发挥老教授协会作为党和国家联系老教授的桥梁和纽带作用,团结广大离退休老教授为老教授发挥余热搭建平台,在服务"三农"建设社会主义新农村及关心老教授、服务老教授等方面做出了积极贡献,取得了优异成绩。2013年老教授协会被内蒙古自治区老教授协会评为"协会工作先进集体"。

【老年大学】内蒙古老年大学农大分校于2009年正式挂牌成立。分校积极开设适合老同志、受老同志欢迎的专业,2013年老年大学分校招收学员400名,开设了书画、电子琴、音乐、舞蹈、模特表演、太极拳等专业,满足了老同志"老有所学、老有所乐"的需求,丰富了老同志的精神文化生活。

【重要事件】离退休人员活动中心新址建成并于2013年1月1日正时投入使用,新的活动中心位于西校区综合楼2、3、4层,建筑面积2380m^2,极大地改善了离退休老同志文体娱乐场所的硬件条件。

审计工作

【概况】2013年,学校内部审计工作按照"依法审计,服务大局,围绕中心,突出重点,求真务实"的方针,本着预防和监督并重的原则,积极开展审计服务和审计监督工作。

【全过程跟踪审计】按照《内蒙古农业大学建设工程项目全过程审计实施办法》,本年度对新校区建设工程项目实施全过程跟踪审计,针对隐蔽工程、变更工程和原材料进行审计,对施工单位按月报送的工程进度款进行审核,有效地保证了工程进度和施工质量。

【经济责任审计】本年度,实施处级领导干部离任经济责任审计3项,后勤各服务中心原负责人离任经济责任审计6项,出具离任经济责任审计报告9份。

【科研审计】本年度,开展科研项目审计54项,审计金额1377万元,审签科研项目56项;对建校60年校庆捐赠进行专项审计,审计金额4282万元;实施审计调查1项。

【工程审计】本年度,共实施基本建设、维修工程决算审计84项,报审总金额3524万元,审计后确认金额3092万元,核减金额432万元,平均核减率为12.30%;与外部审计机构合作审计基本建设项目3项,报审总金额7110万元,审计后确认金额5776万元,核减金额1334万元,核减率达18.70%。共为学校节约资金1766万元。

网络信息工作

【概况】信息与网络中心是学校信息化建设规划、实施、管理与服务的职能机构。中心的前身是2000年成立的"网络与计算中心"(挂靠在计算机学院)和2001年成立的"现代教育技术中心",2007年正式更名为"信息与网络中心"。中心设主任1名,副主任1名,下设总工程师办公室、综合业务部、信息系统部、网络运行部和教学支持部。现有职工25名,具有高级职称6人,中级职称14人,初级职称3人,工勤岗2人。

【网络信息基本状况】信息与网络中心机房位于西校区图书馆三楼,面积450平方米,安装UPS四套;60KVA UPS 2套和10KVA UPS 2套,机房精密空调2台和5P普通空调2台,标准机柜25个。

校园网基础设施不断改善。校园网为核心层、汇聚层和接入层三层结构。核心层、汇聚层为万兆连接,千兆光纤到楼宇,百兆到桌面。共有网络设备770台。布设信息点18400个,光纤长度50余公里,接入楼宇69栋。无线网络布设接入点(AP)共114个,其中:室内AP 94个、室外AP 20个,覆盖全部教学楼宇内部及部分室外区域。校园网出口总带宽为1.7Gb,通过Cisco 7604路由器连接四个出口,分别是教育网200M、联通700M、移动700M和电信100M，每个出口都配有一台华为Eudemon千兆防火墙。出口安装流量控制设备Allot 2540。

信息化设施方面，共有服务器65台，其中小型机8台，HP C7000刀片服务器2套，共19个刀片（HP BL460c），虚拟机70个。4GB光纤磁盘阵列2套（HP EVA4400），1套容量16TB的主存储和1套容量8TB的备份存储。在应用系统与信息服务方面，开通有DNS、WWW、FTP、MAIL等公共性的网络服务。建立了垃圾邮件过滤、网络计费、网络杀毒、Windows系统更新、VPN接入、校内搜索等服务。校园一卡通系统已覆盖了全校的就餐、消费、洗浴、打开水、会议、考勤、门禁、图书借阅、上机、上网等应用领域。建立了面向学生服务的"彩虹网"和"心窗网"等特色网站。

网络管理与运行方面，使用Whatsup、Cacti等自建网络管理系统，实现了流量监控、性能监控、拓扑监控和流量分析等功能。校园网对教师和学生账户分别按流量计费。访问校内资源无须开户，高峰并发在线用户7000人左右。邮件系统，教师可用职工号自行注册；学生可用学号自行注册。开通了VPN接入服务，教职工用户可以使用上网账户通过VPN接入校园网。在校园网出口设置了流量控制设备Allot 2540，可以对P2P类流量进行限制，以及针对不同区域和用户分配不同带宽等策略。

【**网络信息建设**】校园网万兆升级改造。利用"中央财政支持地方高校建设"项目资金支持完成"内蒙古农业大学校园网万兆升级及IP v6改造"项目。项目于2012年3月启动，9月进入实施阶段，2013年3月完成，6月提请验收。总投资247.5万元，其中中央财政支持资金187.5万元，学校配套资金60万元。新购置校园网万兆核心交换机2台，汇聚交换机2台，更新部分原有交换机引擎、板卡，购置防火墙、IDS板卡、VPN接入设备等安全设备，同时对原有网络设备进行了调整，实现核心和汇聚万光、楼宇千兆的网络架构，校园网整体升级为万兆校园网。

2013年，更新东、西校区学生公寓区接入层设备123台，总投资60.4万元。解决了网络瓶颈、端口环路、arp病毒、私设dhcp服务等问题。建设了一套基于校园网的网上电子支付平台。实现网上缴纳学费和校园卡支付上网费功能。该平台总投资29.21万元，其中网上支付系统软件投资22.67万元，配套服务器部分使用网络中心现有设备，新购置服务器和安全设备6.54万元。

图书馆工作

【**概况**】内蒙古农业大学图书馆成立于1952年，前身为内蒙古畜牧兽医学院图书馆，藏书近万册，1953年随学校搬迁到昭乌达路306号，馆舍面积为400平方米，后又扩大馆舍面积达到1500平方米，1958年更名为内蒙古农牧学院图书馆。1999年4月由原内蒙古农牧学院图书馆、内蒙古林学院图书馆合并为现在的内蒙古农业大学图书馆，并于2003年建成新馆。

现总馆设在西校区，并设有东校区分馆，共有馆舍面积22570平方米，可提供阅览座位1200余席，提供外界阅览、参考咨询、馆际互借、文献传递、学科服务、定题服务、学科导航、信息汇编报道、专题讲座、信息素养教育等多种形式的服务。

全馆现设有十个部室，分别为文献借阅一、二、三部、蒙古文文献信息中心、文献建设部、系统部、数字化建设部、学科服务部、信息素养教育部，现有职工86人，其中博士学位4人，硕士学位9人，本科学历56人；高级职称2人，副高级职称34人，中级职称39人。

馆藏情况

	文献总量	当年新增
中文图书	924715 册	11108 种/33351 册
蒙文图书	20763 册	1014 种/2638 册
外文图书	31005 册	
期刊	47078	1116 种(中文)、72 种(外文)
报纸		75 种/116 份
电子图书	143.5 万册	20 万册

服务情况

服务内容	数量统计
全年接待读者	518521 人次
借阅图书馆册数	68910 册
网站点击量	459001 次
文献检索课教学任务	68 个班,1956 人
查收、查引	105 人次/312 篇
论文检测	500 篇
博硕士论文提交	1232 篇(博士 137 篇、硕士 1095 篇)
完成 2013 级新生入学教育	48 场,45000 人次
举办讲座	4 次

经费使用情况

年度经费	793.4 万元
文献资料购置	650.2 万元
新增设备、环境改造	122.35 万元
管理运行费	20.85 万元

【重要事件】

1. 完成 2629 种 3727 册日文图书的回溯建库,实现日文图书的计算机管理;完成 2025 册蒙古文过刊和人大法 394 种 711 册蒙古文图书的回溯编目工作;完成 2300 种中文、116 种西文期刊的回溯工作。

2. 完成了《加快与西部高水平大学相匹配的图书馆建设行动方案——高水平文献信息资源共享平台和服务体系建设》的编写工作。该《行动方案》凝聚集体智慧,分析我馆现状,找出问题,反复讨论取得共识,提出了全面构建高水平的文献信息资源共享平台和服务保障体系的近期奋斗目标和具体行动方案。

3. 开展以"书香悦读,数字阅读"为主题的校园读书月系列活动。

4. 我馆荣获中国农学会农业图书馆分会"先进团体会员单位"的荣誉称号。

档案馆与校史馆工作

【概况】 内蒙古农业大学档案馆成立于2001年10月,前身由内蒙古农牧学院档案科与内蒙古林学院档案科合并组成。既是学校的档案行政管理机构,同时也是集中统一永久保存和提供利用学校档案的科学文化事业机构,担负着全校的档案行政管理工作和学校各种门类档案的业务管理工作。

档案馆的基本职能是在全校范围内宣传、贯彻、执行国家有关档案工作的法令、法规,制定学校档案工作的规章制度,监督、指导和检查档案工作制度的执行情况,监督指导学校各部门做好各类档案的收集、整理、立卷和归档工作,对接收进馆的档案进行系统的整理、保管、鉴定和统计,保守档案的秘密,确保档案的安全,最大限度地延长档案的寿命,编辑档案参考资料和检索工具,开展档案信息的开发与利用工作,开展档案学术研究和经验交流,努力提高档案工作人员的业务素质和理论水平。

档案馆属副处级建制,由校长分管,馆长由党政办副主任兼任。现有在职档案工作人员6人,其中副研究馆员3人,馆员2人,助理馆员1人,具有本科学历5人,硕士研究生学历1人。下设办公室、收集整理部、保管利用部、信息技术部。档案馆址暂设在学校行政楼一楼东侧,使用面积200平方米,其中有150平方米为档案库房,库存档案有8万余卷。库房内安装手动式密集架,配备空调、灭火器、报警器等。内蒙古农业大学档案工作实行部门立卷制度,学校各处级单位设专兼职档案人员共100名,负责本单位档案的收集、积累、立卷和归档工作。全校已形成以档案馆为中心,专兼职档案人员相结合的档案管理网络。

2000年在内蒙古自治区高校中率先晋升为国家一级档案管理,并被评为"九五"期间内蒙古自治区档案工作先进集体;2002年被内蒙古自治区评为全区档案利用服务考核优秀单位;2010年内蒙古农业大学档案馆党支部被评为内蒙古农业大学先进基层党支部;2009—2013年,连续五年被评为内蒙古农业大学消防工作先进单位。

【档案归档及利用服务】 2013年,顺利完成2012年档案资料的收集、归档工作。共接收各门类档案4864卷(件),其中:教学档案1499卷(件),党群、行政档案1215件,科研档案107卷(件),财会档案28卷(件),实物档案3件,出版档案1744件,已故人员档案27卷,外事档案234件,基建档案7件,文件汇编27卷。已整理各门类档案1708卷(件)。除个别学院归档不全外,校属各单位基本做到了按时、齐全归档。

在档案利用方面,围绕学校中心工作,大力开发利用档案信息资源,为学校相关部门提供多种形式的档案利用服务,其中在学校新校区建设和海流图教学科研实践基地扩建利用土地证时派专人跟踪服务;并为教职员工和社会人士评职称、转干、申报课题以及学生出国留学、找工作等提供学历认证和相关证明材料。接待档案利用者1160人次,利用档案2089卷、543件、图纸20张,其中出具各类相关证明1151份,提供档案查询85次、复印档案4201页,制作中英文成绩表213份,为教育部学位认证中心等认证机构进行学历认证47份。

【档案管理队伍建设】 档案馆重视档案管理人员的队伍建设,将业务培训作为一项长期重要任务来完成,先后派人到区外参观学习有关电子档案管理、档案统计、文书立卷等方面的业务知识培训,并经常与区内外档案同人进行业务交流、沟通学习,进一步提高档案人员的自身业务水平与综合素质,极大地调动工作积极性,不断提升自身服务意识,更好地为广大师生服务。

针对学校一些党政及学院干部的调整,部分单位分管档案工作的领导和兼职档案员发生变化,档案馆上半年开学后及时派专人与各单位进行沟通、协调,重新明确各单位档案工作负责人,落实兼职档案人员,在档案馆网页上重建档案工作网络图。在此基础上,分别采取集中和个别等不同方式进行档案业务培训或指导,为扎实搞好档案工作做好队伍建设工作,从而保证档案收集、归档工作的顺利进行。

【档案制度建设及信息化建设】结合档案工作实际,对学校原有档案管理的各项规章制度进行补充和完善,重新修订了学校"各单位归档范围及保管期限",进一步明确校属各单位归档范围和要求。同时,按照内蒙古自治区档案局发布的电子档案归档规范,研究制定了学校数码相片管理办法和电子文件归档管理办法。

按照档案馆制定的档案数字化管理目标要求,利用现有档案管理软件,2013年完成了1999年以来的各门类档案文件级目录以及党群、行政及教学职能部门的文件汇编案卷级目录数据库建设,录入案卷级、文件级条目信息4.7万条。同时,还加强了档案馆网站的建设与维护,重新设计制作档案馆网页,进一步完善和丰富了网页功能和内容,及时通过档案馆网页宣传国家、地方档案局发布的相关档案法律法规及工作动态。

【档案馆日常管理工作】按照内蒙古自治区档案局的要求,统计档案馆2012年度档案管理基本情况,汇总填报《内蒙古农业大学2012年档案事业及基本情况年报表》。

根据档案库房管理的规定,建校以来的4个全总实行分库管理,2013年完成了2号全宗原内蒙古农牧学院3万余卷档案资料从一号库迁至二号库的搬迁及清点核查工作。

完成对部分重份文件及到保管期限档案的鉴定、销毁工作以及学校2012年度大事记的编写和部分职能部门所发文件进行汇编。

【档案安全工作】档案馆作为学校的安全防范试点单位,在一楼的三个档案库房安装了安全报警器,进一步完善对档案库房的规范化管理,同时,定期对馆藏档案按目录抽查,及时发现存在的档案安全隐患,如缺失、损毁及字迹褪色等,并及时采取各种措施补救,保障档案的安全。档案馆被评为"内蒙古农业大学2013年度防火安全工作先进单位"。

档案馆藏情况

类别		档案归档数	当年归档数	当年档案编研利用情况
综合档案	以卷/件为保管单位档案	84735	4864	1. 本年利用档案: 　1160次,2089卷、543件、20张。 　其中: 　复制档案、资料4201页; 　提供查询85次; 　制作中英文成绩表213份; 　学历认证发传真47页; 　出具各类证明1151份。 2. 本年编研档案:27卷。
	录音、录像档案(盘)	92	0	
	照片档案(张)	3086	0	
	底图(张)	4710	0	
	资料(册)	802	39	
	电子档案			
	其中:磁带(盘)	6	0	
	磁盘(张)	1	0	
	光盘(张)	111	11	

【校史馆概况】2013年全校共接待参观人数达7000人次,包括全区乃至全国来访领导、兄弟院校来宾、校友等,其中,6月香港大学专业进修学院师生一行、9月全国道德模范及提名奖获得者走进校史馆参观交流。9月14日至10月22日,校党委宣传部开展的"爱党爱国爱校爱家乡"主题教育活动中,6300余名2013级新生和新教师走进校史馆,感受农大精神,受到师生欢迎。8月,校史馆利用暑假进行了内容更新、集中布展,重新更换了13块展板。校党委宣传部组织学生解说团进行了纳新、培训,形成了20位学生组成的解说队伍,赢得嘉宾广泛赞誉。

学报编辑出版工作

【概况】《内蒙古农业大学学报》(自然科学版)创刊于1957年,当时刊名为《内蒙古畜牧兽医学院院刊》(内蒙古农业大学创建于1952年,当时校名为内蒙古畜牧兽医学院)。这是内蒙古高校创办最早的学报,也是内蒙古创办最早的科技期刊之一,1960年因故停刊。1965年复刊时刊名定为《教学与科研》,主编:王鹤田,副主编:庄幼纯、哈斯。按畜牧、草原、兽医、农学、植保等专业指定人员,分工负责本专业稿件的审定工作。学报日常编务工作设在教务处科研科。《教学与科研》共出版2期,于1967年停刊。1980年再次复刊,同时更名为《内蒙古农牧学院学报》,主编:张荣臻;副主编:庄幼纯。学报复刊后为半年刊。1986年12月被批准在国内公开发行,期刊登记号为内蒙古自治区期刊出期字第102号。1987年经重新登记后,《内蒙古农牧学院学报》国内统一刊号为:CN15-1062。1990年12月被批准在国内外公开发行,同时改为季刊发行。1999年内蒙古农牧学院、内蒙古林学院合并成立为内蒙古农业大学后更名为《内蒙古农业大学报》(自然科学版),国内连续出版物号为:CN15-1209/S,国际标准连续出版物号为:ISSN1009-3575。

《内蒙古农业大学学报》(社会科学版)前身是《内蒙古林学院学报》(哲学社会科学版),1999年《内蒙古林学院学报》(哲学社会科学版)创刊。1999年,内蒙古农牧学院和内蒙古林学院合并成立新的多科性大学——内蒙古农业大学。当年《内蒙古林学院学报》(哲学社会科学版)更名为《内蒙古农业大学学报》(社会科学版)国内连续出版物号为:CN15-1207/G,国际标准连续出版物号为:ISSN1009-4458。

《内蒙古农业大学学报》(蒙古文综合版)创刊于2002年,目前在内蒙古自治区内部交流发行,准印号为:内蒙古自治区内部资料15-031/C。

内蒙古农业大学学报编辑部现为二级教学科研机构,编辑部下设3个编辑室,即社会科学版编辑室、自然科学版编辑室和蒙古文综合版编辑室。

现有人员9名。其中编审1人,副编审3人,副教授1人,编辑1人,助理编辑3人。

【主要工作】2013年学报编辑部围绕学校中心工作开展了学报编辑出版工作,并取得了可喜的成效。

控制学报发表论文数量,注重提高学报发表论文质量,学报页数自然科学版从原来的300页压缩到180页、社会科学版学报从原来的200页压缩到160页。制定《内蒙古农业大学学报管理办法》(试行),进一步规范了学报的编辑出版发行工作。2001年,编辑出版《内蒙古农业大学学报》(自然科学版)6期,《内蒙古农业大学学报》(社会科学版)6期,《内蒙古农业大学学报》(蒙古文·综合版)4期。

认真组织和做好了蒙古文版学报申报国家统一刊号工作。2012年12月12日举办《内蒙古农业大学学报》(蒙古文·综合版)申办国家统一刊号论证会。专家组一致认为,经过10年的建设和发展,《内蒙古农业大学学报》(蒙古文·综合版)已经达到了办刊条件成熟、办刊宗旨明确、业务范围合理的水平,具备了公开出版的学报要求,同意和支持申办国家统一刊号。在专家论证通过的基础上,2013年年初编辑认真组织和做好申报工作,并取得了自治区新闻出版局的同意和批准,申报材料上报到国家新闻出版广电总局综合司。

【其他工作】5月10日,自治区新闻出版局换发《内蒙古农业大学学报》(自然科学版)、《内蒙古农业大学学报》(社会科学版)期刊出版许可证,有效期自2013年5月10日至2018年12月30日。同时,《内蒙古农业大学学报》(社会科学版)变更法定代表人,李畅游为法定代表人,云荣布扎木苏不再担任法定代表人。

12月,学报编辑部与中国知网签署《内蒙古农业大学学报》(社会科学版)独家合作协议,根据协议,从 2014 年 1 月 1 日起,开通中国知网采编系统。

【所获奖励】2013 年,学报编辑部获得"全国高等农业院校学报优秀团队奖",学报编辑部苏德毕力格同志与续维国同志分别荣获"全国高等农业院校学报优秀编辑奖"和"全国高等农业院校学报突出贡献奖"。另外,苏德毕力格同志还当选为全国高等农业院校学报研究会民族类期刊专业委员会主任。

基础教育

【概况】学校基础教育工作经过十余年的辛勤耕耘和实践创新,闯出了"农大附中、附小、幼儿园"等呼和浩特市基础教育品牌。附属中学和幼儿园隶属于资产经营公司,公司党总支书记林宝兼任附属中学校长,副校长王凤玲、刘俊、胡燕,党支部书记王凤玲,支部委员胡燕、杨宝倩;幼儿园园长张晓岚,副园长:李琼、刘丽敏;党支部书记张晓岚,支部委员李琼、刘丽敏。附中及附小现有教职工 292 人(其中正式职工 28 人);学生 5409 人(小学 4193 人,中学 1216 人)。幼儿园现有教职工 103 人(其中正式职工 31 人);幼儿 870 人(主园 720 人,分园 150 人)。

【附属中学】一年来,全校上下通力合作,重点开展了以下工作:

积极推进内部管理体制改革。通过"理清工作任务和思路,明确具体任务、提出具体目标、制定可行措施",实现"任务到人、责任到人、目标考核",实现了学校工作的全员参与、深入落实和科学管理。进一步明确和落实了以"比学赶帮超+勤学奖"抓学风、以"志愿者活动+记过失管理"抓校风、以"教育教学事故处理+一票否决制"抓教风。全年涌现出了 16 个三好班级。学校的多元评价有新的创新:新设立了三好班级、阳光少年、拾金不昧好少年荣誉称号;创建了初中预备班德智体综合评价录取办法、初中毕业班学业成绩奖励办法。

第一届初中毕业生取得中考优异成绩。学校第一届没有经过考试选拔的、也是唯一一届六三学制初中毕业班取得呼和浩特市中考成绩前 13 名的优异成绩,其中优秀率达 16.5%,升学率达 84%,29 名学生进入重点学校,其中 9 人考入二中,1 名学生以 590 分进入二中火箭班、列呼和浩特市 70 多个中学的第 13 位。170 多个毕业生没有一个学生因品行而掉队。

小学教学质量整体达优标。进一步完善了九年一贯五四分段的课程体系,并在课程与模式上实现了四年级上学期实行一模和四年制毕业班复习模式建设、分层训练和作业模式、中学阅读时光课、单元 PISA 综合实践活动、平时和假期的长作业模式、学科研究型社团建设、单元教学+比学赶帮超的高效课堂模式等创新。

减负高效工作得到有效落实。小学 1—3 年级上午第一和第三节课时缩减为 40 分钟,学生课间活动时间增至 15 分钟,以课间活动秀和小教练方式开展课间活动;所有学科要彻底贯彻"精讲多练"的教学原则,大部分练习课上完成,史地生政学科实行课堂结构 3 个 1/3,训练和作业当堂完成、不留书面家庭作业;小学一二年级无书面家庭作业、周三小学为无书面作业日;增加在校每周不少于 5 节的自习课时(用于作业、预习或自学,教师不能讲课或集体辅导)和活动课时。进行了小学、初中的"高效课堂测评与创建"工作,提出了单元教学合格证制度,推动高效课堂建设和单元教学模式建设。小学语文数学的学科训练指南在小学 1—6 年级的普遍使用,实现了课程与模式的标准化和规范化的落实。

注重开展各学科学以致用的 PISA 活动,在中学生中开展学科知识竞赛、学科社团活动、演讲、专题辩论、听写大赛和舞美校园;在小学中开展水火箭主题教学、兴趣小组活动、"小博士"杯数学竞赛、"小作家"杯作文竞赛、口心算比赛、歌声校园、手抄报、一生一期一作品。本学年全校开展各类活动共 65 项。注重安全教育,全年未发生安全责任事故。

工会工作有声有色。农大教工万米接力赛获得第三名;农大教工运动会并取得团体第四名;组织合唱团和舞蹈队参加农业大学"红烛杯"庆祝建党92周年文艺汇演并取得二等奖和三等奖;农大教职工乒乓球、羽毛球比赛并获得团体第四名;为贫困大学生大病救治捐款合计10300元,还有捐献棉衣棉被活动;一年来慰问生小孩、探视生病住院教职工19人次,共计发放慰问金达近9000元。

学校获市呼和浩特民办教育先进单位;获赛罕区年检示范学校。

【幼儿园】一年来,全体教职工以幼儿园工作规程、《3—6岁儿童发展指南》为指导,在不断改善办园条件,为孩子提供优质的环境、强化内部管理的同时,优化教学管理,提升保教品质,并承担各类接待任务,发挥了自治区示范园的引领作用。

优化教学管理,提升保教品质。开展教育教学研究,抓好教学常规管理,通过开展培训听课、观摩课、优质课评比、骨干教师实践研修活动来提高教师的教学水平和业务能力。开展了教师绘本情景阅读观摩教学活动、"区角环境创设研讨"活动、以感受秋天为主题的全园观摩教学。在教学工作中推进"6s"管理,把"整理、整顿、清洁、清扫、素养、安全"这十二个字融入教学活动、区角活动及户外活动之中。

加大师资培训力度,紧紧围绕《3—6岁幼儿发展指南》开展教育教学工作,针对不同层次的教师进行专门的业务培训。对青年教师采用了"定人、定目标"的方式,利用师带徒、结对子的形式促进提高青年教师的教学水平。狠抓教师的基本功,策划并开展了园内教师基本功比赛,通过比赛的形式使教师之间互相学习、取长补短。自制玩教具提升教师专业技能,所有的教师利用假期用身边的废旧材料,制作出了集科学性、知识性、趣味性于一身又符合幼儿年龄特点的玩教具。部分教师荣获了幼儿园颁发的优秀美工奖。

开展丰富多彩的幼儿主题活动。成功组织了小班幼儿的"森林大冒险"亲子活动、中、大、苗班全力准备庆"六一"文艺演出活动、苗班"毕业典礼"演出、防火演练、苗班幼儿参观消防总队博物馆、快乐的种植活动等活动,让幼儿在活动中提高了各种能力。19名青年教师精心排练的舞蹈《茉莉花》,在学校"红烛杯"教职工舞蹈大赛和赛罕区第四届幼儿教师舞蹈大赛中,均获二等奖。

发挥自治区示范园的引领作用。承担"国培计划"的实习基地、教育学院16名实习生、师范大学45名国培教师、包头妇联的老师们和国培班的老师们展示了两节精彩的教学观摩活动等各类接待任务。加强家园联系,不定期的举办各类家长会,并为家长举办各类培训,包括防火安全、营养膳食等。每学期一次的家长开放日,各班级的家长会,都使家长走进幼儿园、走进班级。开设了新生入园过渡班。

逐步改善办园条件,创设优质教育环境。封闭南楼2楼上人平台,建成100平方米早教中心,并进行装修,建成了供早教使用和感通训练的儿童乐园。更换了厨房窗户、电线电路,将要塌陷的房顶进行了更换,解决了困扰多年的厨房安全隐患。改造七个班级卫生间,使幼儿园的条件进一步改善。原幼儿健身房的屋顶突然塌陷,加固过程中,把水暖管道也进行了改造变为地暖,同时进行装修,变成一个幼儿图书室,有效利用了空间。南楼建于80年代,老、旧、破,我们对一、二楼大厅进行了设计、装修,面貌焕然一新,美化了环境,成为艺术化、儿童化的空间,受到孩子们的喜爱。增加15台电脑,所有班级配备多媒体教学设备。更新了部分厨房设备,使设备更加安全,操作更加便捷。

做好卫生保健和全园安全工作,认真执行《托儿所、幼儿园卫生保健制度》,制定合理的幼儿一日生活作息制度。坚持严把"三关",即每天晨检关、每天午检关、每天消毒关。开展安全教育活动,增强幼儿防范意识。聘请消防支队的乌兰警官来我园进行防火知识讲座,邀请消防总队的周警官进行防火知识讲座,加强食品安全的管理,保证了全园幼儿的身体健康和生命安全。

科技园区工作

【概况】科技园区管理办公室(简称"科技园区",下同)成立于1998年1月1日,主要服务于内蒙古农业大学本科实践教学。科技园区现有教职工24人,其中干部19人,工人5人。机构设置为主任1名,副主任2名,下设四个科室:实践教学管理科、综合管理科、农牧业综合开发园区和农牧业科技示范园区,其中,农牧业综合开发园区(简称"海流园区",下同)占地7800亩,位于土左旗北什轴乡海流村境内;农牧业科技示范园区(简称"土右园区",下同)占地1294亩,位于土右旗萨拉齐北只图村境内。科技园区的建设旨在为学生实践技能及教师实践教学能力的提高构建一个广阔的、开放的、有效的教学实践平台。

【主要工作】2013年,科技园区在土地纠纷的解决、林场租户的清理、新校区教学实习基地的管理、海流园区和土右园区实践基地的日常管理、校外科研基地及校外科技服务体系建设方面做了很多工作。主要工作中的海流园区和土右园区建设如下:

海流园区实践基地接待科研教学实习人数1320人次。在工程项目方面:完成了呼塔公路两侧5400米的铁艺围栏建设;完成了1-6号鱼池硬化工程;完成了4000平方米停车场硬化工程。在水利建设方面:建设和改造苗圃地管网3.5公里,深埋和改造原临时铺设管网1.3公里,新铺设管网及相应设施1.7公里;新铺设主干道两侧绿化管网5.4公里;主干道北侧挖排水沟2.7公里,铺设过路涵管30米;新建明渠2.5公里,维修管网和改出水口25处,引水铺设管网500米,引出水口4处;清洗12眼机井。在土地整理方面:粗平整土地3400亩,整理耕地700亩,施肥(牛粪)2万立方米。在种植方面:道路两侧防护林种植合作杨5000株;移植云杉、油松、侧柏、桧柏计1200株,各种花灌木(丁香、榆叶梅)2万株;种植国槐苗3万株,樟子松苗4万株;扦插新疆杨条1万株;种植红柳160亩。科研种植各种小杂粮100亩,玉米1200亩;蔬菜15亩,苜蓿1000亩。在养殖方面:新建2个鱼池为15亩,新放鱼苗(鲢鱼、草鱼)20万条;养鸡4000只、牛15头、驴34头。

土右园区实践基地承担农学、生态、林学等学院教师的10项科研任务及2800人次的学生实训实习任务。平整耕地70亩,道路填平整治1000米,渠道疏通2000米,清理田间杂草秸杆200亩;春浇地800亩,旋耕作业700亩。春播时,土右园区的建设受到当地被征地村民的阻挠,各项工作无法进行,截至12月底该土地纠纷仍在协调解决中。

2013年,展东道路工程段征用内蒙古农业大学新校区苗圃范围内(共计31.6亩)的土地及地上附属物,涉及3位农大正式职工居住院落的拆迁。截至12月底,拆迁工作进展为:涉及苗木清理十万余株,从市政补偿款中给个人苗木补偿款七十八万元;拆迁以前出租的绿化大院一处(占地约三亩左右);彻底拆除完原草原站平房及院落。

后勤管理工作

【概况】内蒙古农业大学后勤管理处是学校后勤管理服务的职能部门,下设基本建设科、房产管理科、节能管理科、综合核算科、质量监督科、劳动用工科六个科室和饮食服务中心、学生公寓中心、物业中心、交通运输中心、交流接待中心、修建中心、校医院七个服务实体。现有在编教职工182人,担负着全校近34000名学生和2700余名教工教学、科研和生活服务的重任。

【党建与思想政治工作】2013年,按照学校的统一部署,认真组织开展了党的群众路线教育实践活动,在认真学习、调研和交流的基础上,结合工作实际,认真查摆和深刻剖析了后勤管理处领导班子及其成员在"四风"方面存在的问题和不足,形成了后勤管理处领导班子和个人剖析材料,并组织召开民主生活会,开展了批评与自我批评,取得了相互帮扶、相互促进的效果。针对存在的具体问题,按照问题的难易程度和实际情况,遵循常规性管理问题及时改进,历史性遗留问题集中攻克解决,新发现问题及时纠正的总体思路,制定了切实可行的后勤管理处整改落实方案,明确了整改内容、整改措施和完成时限,为进一步转变工作作风,提高工作效率,切实解决关系师生员工切身利益的实际问题奠定了基础。

【安全工作】加强社会治安综合治理监管力度,与校内生产、经营服务、施工单位签订了防火及生产安全责任状,做到层层落实、责任到人,尤其是加强了施工现场的安全防范工作,多次配合相关部门完成学校施工项目现场安全文明检查落实工作。对存在安全隐患的校舍、建筑物、水、电设施等进行及时彻底的维修、排除,对违禁电器、管制刀具开展了大检查。

【基建维修】完成157671平方米的综合教学楼A栋（28939m^2）、综合教学楼B栋（19421m^2）、工科实验楼（36182m^2）、生命科学实验楼（73129m^2）的部分内外装修;完成在建项目配套外网、供电系统等附属工程设计、招标及大部分施工任务,为工程完工奠定了基础;完成新校区供电系统和市政管网道路设计并已组织开始实施,工科实验楼已完成使用;完成新校区校园园林景观、运动场及附属球场初步方案设计;根据学校的教学及师生工作、生活需求,完成校园环境改造建设、校舍维修、水电暖改造及其他土建项目改造等50多项。

【节约型校园建设】2013年为了进一步推进节约型校园建设,根据国家和自治区有关节能政策要求,结合学校实际,编制完成了《内蒙古农业大学节约型公共机构示范单位创建实施方案》《内蒙古农业大学节水型单位建设情况及工作方案》,同时进行了能源利用情况等统计上报工作和节能补助资金申报工作。进一步完善节约型校园建筑节能监管平台的功能,主要完成路灯控制系统、供热计量系统、绿化监管系统、重点场所防火防盗监控系统等,同时将教务标准考试监控系统接入该平台,方便了大型考试的监管。另外结合校区项目建设,利用国家节能补贴资金和学校自筹资金完成了可再生能源应用示范项目,即新校区学生浴室太阳能热水系统工程的设计、施工等工作。

【日常工作】后勤对全校供电、供水、供暖管网进行了维护维修,确保了学校教学、科研工作及居民生活的正常有序进行;认真做好两校区住宅、道路、广场、景观等公共场所保洁工作;完成了两校区26万m^2绿地、2.1万株树木的养护管理工作;饮食中心在保证大伙的前提下,实行差异化经营。通过进一步盘活现有资源,改善伙食结构,引进特色餐饮,增加饭菜花色品种,提高了服务质量和水平;学生公寓中心完善了学生公寓门禁系统等安全防范措施,加大宿舍和公共服务设施检修、更新改造力度;校医院完成了新生入学体检、教职工体检等任务,为农大社区居民建立健康档案6311人份,更新3572人份,为农大社区65岁以上老年人免费体检399人;交通运输中心全年教学、实习、其他公务用车共运行436394公里,共运输教学实习师生43000余人次,用车720台次（含外租车辆410台次）,全年无一起重大安全责任事故,安全、高效地完成了教学实习、科研用车任务;接待服务中心无偿为外籍教师住房、学校招生用房、校级领导工作用房以及国际教育学院、交流中心第一会议室等提供了服务。

【各服务中心工作】

饮食服务中心

【概况】饮食服务中心下设采供部、维修部、综合办公室以及11个学生食堂（包括2个清真食堂）,学生食堂分布在东区、西区、新校区三个校区。食堂面积约3万平方米,餐位9500个,员工182名,为2.8万余名师生提供餐饮服务。

【党建与思想政治工作】饮食服务中心有党员14名,入党积极分子7人。党支部在校党委和后勤党总支的正确领导下,积极开展党的群众路线教育实践活动。通过活动的开展找出工作中的差距、不足,认真进行整改。

【中心建设】饮食服务中心针对食堂经营状况,在广泛调研的基础上,根据教育部、国家发改委、财政部、国家食药局、国家税务局等五部门联合下发了《关于进一步加强高等学校学生食堂工作的意见》（教发〔2011〕7号）文件精神,在保证基本大伙的前提下,实行差异化经营。引进社会餐饮企业,增加饭菜花色品种,提高服务质量,增加经营效益,所获利润弥补基本大伙的不足。餐厅结构调整为基本大伙餐厅(保障型伙食)和特色餐厅(改善型伙食)。2013年,西区第一、第二、第三餐厅和清真餐厅,东区第四、第五餐厅和清真餐,新校区新苑餐厅为基本大伙餐厅,基本大伙餐厅以经营学生大伙为主。东区第六餐厅、快餐厅、瑞地二楼餐厅为特色餐厅,特色餐厅按市场化运营,实行目标管理;根据学校假期长、消费水平偏低等特点科学制定经济目标,自主经营,独立核算,自负盈亏。通过提供不同产品系列,丰富菜品种,调剂学生口味,经营状况有所改善,经营效益有所好转。

【日常工作】饮食中心与各餐厅经理、超市负责人签订了饮食服务中心综治责任书;与采购员、验收员签订了岗位责任状;与特色餐厅、特色组负责人签订了目标经营管理责任状,真正做到责任到人。利用餐厅的电子屏幕及时将饭菜价格信息、温馨提示、自觉排队及吃饭用餐盘的消毒过程进行宣传。公示包括中心主任、副主任和餐厅经理电话的服务热线,便于同学们及时反映问题。积极与学生处、团委及学生伙委会取得联系,召开由学生代表和新一届伙管会同学参加的座谈会三次;同时利用个各餐厅的伙委会服务台及时收集同学们对伙食工作的意见和建议,并进行及时改进。定期召开学生伙管会及学生代表座谈会,及时收集学生对饭菜质量、饭菜价格、服务态度等方面的意见和建议。

实行"阳光采购"制度,成立采购与招标委员会,所有供货商要全部进入竞争平台,以保证货物"质量较高、价格适中"。具体措施:一是加强采购市场调查,掌握市场行情,同时要求供货商随时按实报价,发现价格明显与市场批发价不符的,暂停该产品的供货;二是采取每种货物至少两家供货,同等质量按低价结算,尽可能降低价格。三是积极开展"农校对接"工作,建立大宗货物厂家直供基地,尽可能减少流通环节如油、鸡蛋、木耳等。四是在内蒙古高校伙食网上公开原材料采购价格,接受广大师生和社会的监督。实行原材料采购日登记制度,及时掌握价格的变化情况。

【安全工作】饮食中心2013年顺利通过了自治区有关部门组织的4次食品卫生安全大检查和呼和浩特市食药局、卫生局检查10余次卫生大检查。作为组长单位4次组织有关学校进行了饮食安全卫生工作互观互检。

【服务工作】饮食服务中心基本满足师生员工的多层次、个性化餐饮需求,每天饭菜花色品种有100余种。主食、凉菜各十几种,热菜40余种,风味小吃30余种。认真贯彻落实教育部、国家发改委、财政部、国家食药局、国家税务局等五部门2011年8月联合下发的《关于进一步加强高等学校学生食堂工作的意见》(教发〔2011〕7号)文件精神,保持了基本大伙价格的稳定。

饮食中心与伙委会共同发起"光盘"行动,传播勤俭节约"正能量"。以杜绝食堂餐桌浪费现象为目标,宣传餐桌文明知识,提升学校食堂餐桌文明形象,在食堂内形成文明用餐的良好风气,将"光盘"行动进行到底。2013年5月6日迎接了教育部反对餐桌浪费及食堂管理督查调研组的检查指导。

【重要事件】本年度张军被评为"2013年度内蒙古农业大学优秀党员"。东、西校区蒸汽管道因多年远程输送蒸汽压力大、温度高,管道锈蚀,导致蒸汽泄漏,为了解决这一问题,学校投入76万余元将传统蒸箱全部更换成了常压直燃式燃气节能蒸箱,彻底克服了远程输送蒸汽的各种弊端,消除了安全隐患,同时还达到了节能降耗、保护环境的目的。争取学校支持,积极改善学生就餐环境,暑期对东区四餐厅和六餐厅进行了维修改造。中心库房、大门口、各出入口增加了摄像头和报警系统。

物业中心工作

【概况】物业中心主要由供水、供电、绿化、保洁等四个部门组成。现有正式工75人,集体工19人,外聘工182人。负责内蒙古农业大学本院东区、西区的物业服务管理。即水电暖运行和维护,环境保洁,教学、科研、办公、住宅楼公共部分的保洁,校园绿化养护和管理,固话安装、维修、邮件、信函发等。

【党建和思想政治工作】物业中心党支部共有正式党员22人，2名预备党员按期转正，发展预备党员1人，参加党课培训的入党积极分子2人。根据学校党的群众路线教育实践活动的总体安排和后勤党总支的具体要求，物业中心党支部以开展教育实践活动为主线，5月26日，召开了专题民主生活会，9月25日，支部召开全体党员大会，要求全体党员紧密结合个人思想和工作实际，对中心领导班子和支部成员提出了意见和建议。中心全体党员、入党积极分子和重点培养对象结合自身工作、体会、思考和收获，共撰写心得体会24篇。在"七一"表彰中，有两名同志被评为优秀共产党员。

【中心建设】建立健全标准化、规范化服务体系。设定深化细化物业规范管理目标。即努力实现工作目标精细化、工作任务定量化、工作责任明确化、工作过程流程化、工作制度标准化、工作运行经济化。制定《管理检查评分细则》，设立了24小时服务热线，设立举报投诉电话、征求意见箱，中心从管理的实际出发先后出台和完善了《校园秩序文明公约》《物业中心管理办法》《物业中心岗位工作职责》《物业中心岗位服务考核标准、规范化操作》《安全工作责任制度》和《突发事件防范处置预案》等。内容涵盖目标要求、工作守则、工作规范、工作要点、注意事项、服务礼仪、工作须知、服务禁忌、文明用语、常见问题提示、安全工作注意事项等方面内容。

加强队伍建设，提高服务能力。中心实施定编定员定责管理，建立了一支基本稳定、动态管理的高素质职工队伍。建立以岗定薪、岗动薪动和绩效考核为分配原则的岗位绩效工资制。中心要求负责各区域的专业工作组每季度应进行一次岗位培训、岗位练兵、安全教育，不断提升全员专业素质和服务意识。

【安全工作】加强组织领导，建章立制。3月5日，物业中心组织主管以上干部召开综合治理工作专项会议，研究布置年度工作任务，确定综治工作的总体目标。中心在运行过程中与整体工作同计划、同部署、同落实、同检查、同总结，使综治工作贯穿始终。同时成立了综合治理、防火安全等各类组织机构，健全完善安全保障各项规章制度和突发事件防范处置预案。与所属4个部门签订了综合治理目标责任状。并作为对部门年度考核的一项重要内容，实行一级抓一级，"一票否决制"。

强化理论学习，提高全员安全意识。物业中心特别注重对全体职工综治意识和治安防范能力的教育和提高工作。中心规定负责各区域的专业工作组每季度至少要组织一次安全教育学习，重点学习当前时势政治、《物业管理条例》《治安管理处罚法》《消防安全法》等法令法规。定期对职工进行安全专业知识的培训教育，消除隐患、确保安全，重点做好要害部位的防范工作。根据要害部位的特点，中心将物资仓库、自备井、锅炉房、配电室列为综治重点要害部位。严格落实"人防、物防、技防"等有效措施，真正做到设备正常运行，确保消防安全万无一失。

【服务工作】2013年物业中心服务工作的总体思路是始终坚持"三服务、两育人"的根本宗旨，秉承"师生至上、规范高效、以人为本"的服务管理理念，努力建设一支高素质服务管理队伍。3月25日中心召开了全体干部职工大会。会议要求全体干部职工树立主动服务意识，在提供服务的同时，虚心听取师生员工的意见和建议，不断改进工作。在全体员工的共同努力下，中心整体的服务水平得到显著提高。

【日常工作】2013年，物业中心始终把握"服务于教学、服务于师生"这一宗旨，坚持"安全第一、服务第一"的原则，不断改进工作方式，力求将工作做细，将水平提高。

水电暖维修保障方面。为保证水电暖的正常供应，中心实行24小时值班制度，加大对水电设施设备的巡视检查力度，杜绝水长流、灯常明现象。每遇停水、停电，认真按突发应急预案进行处理，及时告知学校各单位和师生住户。2013年中心共抢修各类水暖任务537次；抢修各类供电故障235次；完成重大项目的保电任务15次；利用现有队伍和技术人员自己设计、施工，先后完成水电类新建改扩建工程32项，合计使用经费285万元；全校年内水、电、暖供应基本正常。

绿化养护与管理工作有序进行。校园绿化养护工作的重点是要求分管绿化工作的负责人每月应按照养护指标,全面检查考评一次,对存在的问题及时落实整改。年内中心共完成了两校区26万平方米绿地、2.1万株树木的养护与管理工作;在花卉培育基地培育各类花卉10万余株,保障入夏后校园花卉的摆放和栽植;为学生就近实习,不断丰富校园树种。年内中心引进白玉兰等五种新品种树木;完善节水灌溉设施,实现了校园绿化灌溉全部用浅层水。义务植树年度任务500余亩。

环卫保洁工作成绩显著。要求各保洁主管要制定出一套交叉保洁方案。中心全年认真做好了两校区24万平方米道路、广场、游园等公共场所的环卫保洁工作;做好办公楼5.8万平方米室内公共部分保洁工作;做好住宅20.8万平方米及教学实验楼的公共标准化保洁服务;不间断完成1330亩校园日常保洁工作,随时清理废弃物和垃圾,清理完成校园内产生的各种施工垃圾、修剪枝、枯枝、落叶、杂草等。年内被呼和浩特市政府评为"环卫工作最佳支持单位"。

【重要事件】3月25日中心召开了全体干部职工大会。会议要求全体干部职工树立主动服务意识,5月10日支部组织党员干部、入党积极分子赴大青山进行义务植树活动;5月26日,物业中心党支部专门召开了专题民主生活会,开展了深入的批评与自我批评;7月在学校"七一"表彰中,有两名同志被评为优秀共产党员;7月19日支部组织党员干部、入党积极分子与区内高校后勤系统党组织进行交流活动。

学生公寓管理服务中心

【概况】学生公寓管理服务中心(简称学生公寓中心)设有办公室、宿舍管理部、物业部、学生教育管理部等部门,现有职工共计263名,其中正式工33人(含大集体12人),外聘工230人。管理32栋宿舍楼(其中含国际教育宿舍楼1栋,教工宿舍楼2栋)。

【党建与思想政治教育工作】学生公寓中心党支部现有中共党员14人,1名入党积极分子,学生公寓中心党支部定期召开政治理论课学习,积极发挥党员的先锋模范作用,按照学校要求积极开展党的群众路线教育活动,圆满完成各项学习内容,并积极落实整改内容。

【管理工作】学生公寓中心坚持"以学生为本"的服务宗旨,坚持"以德树人"的教育理念,坚持"以加强规章制度建设"为基础的管理理念。2013年,学生公寓管理服务中心加强制度建设,严格制度管理,力求做到用制度来办事,用制度来管理人,通过内部良好的运作机制来调动工作人员的积极性。

2013年组建了维护稳定和综合治理领导小组,防火工作领导小组,化解矛盾领导小组,调整了学生公寓中心党支部领导班子。学生公寓中心经常召开安全稳定会,研究部署中心的安全事宜,并经常对各区进行安全隐患检查。5月,学生公寓中心联合学生处、保卫处组织全校学生干部对四个校区的学生宿舍进行违禁用品、防火防盗大检查,共查处管制刀具、酒精炉、电夹板、电水壶、电吹风共100多件。

学生公寓中心严格执行重大节日、夜间轮流值班制度,特别是五一、国庆、元旦、春节等重大节日进行24小时值班,确保公寓区学生的安全。学生公寓中心利用公寓网站、宣传窗、《生活之窗》报纸、微信平台等宣传媒介制作并宣传《消防安全常识》《安全用电和火场逃生宣传》《防火防盗防骗》等知识,以图文并茂的形式进行安全宣传。

2013年,学生公寓中心严抓无障碍通道式门禁系统,门禁系统的刷卡率与值班员的奖惩挂勾,刷卡率达到95%以上,杜绝外来人员,极大地减少了盗窃、非法推销、诈骗等事件的发生,有利于加强对学生公寓学生人身和财产的安全管理,极大地提高了学生公寓安全管理数字化、智能化水平。

【教育工作】为了加强学生思想政治教育和行为管理工作,把学生公寓建设成安全、文明、整洁、舒适的大学生之家,积极开展了"星级文明宿舍"创建活动,开展了首届"百佳宿舍"创建活动。为使学生养成良好生活习惯，组织学管会进行夜不归宿、饮酒、违禁电器的查处。

【服务工作】学生公寓中心始终坚持"以学生为本"的思想，树立"爱在细微关怀处、爱在真诚服务里、爱在耐心教育时、爱在严格管理中"的服务理念，从学生的需求出发，不断满足学生在学习、生活中的需要。为学生开设了日用品销售勤工助学超市、修配眼镜、自行车存放修理、公用电话、火车票订购、24小时开水供应、贵重物品存放等服务项目，并且严格管理，力争做到规范服务、收费合理。还设立了专门免费清洗被褥的洗衣房，安排勤工助学岗的学生上门取送。与企业合作，分别在四个区各楼层都摆放了一台投币自动洗衣机。安排勤工助学岗的同学每日完成一次各楼前自行车的摆放，为广大同学建立一个整洁的校园环境。

年内，为保证公寓各项工作顺利运转，对公寓区内基础设施进行美化、亮化，对大小型公寓设施进行维修，对老旧线路进行了改造。暑假期间对所有新生宿舍进行维修(刮腻子)。

(1)6月完成2013届毕业生6391人离校工作(本科生5805人，研究生586人)。(2)8月完成2013级新生6950人(本科生6090人;研究生860人)迎新工作。

【重要事件】2013年2月学生公寓中心进行班子换届工作，主任为乌力吉，副主任为谢君，党支部书记为武挨厚。获得2012年度防火安全工作先进单位。

校医院

【概况】校医院现有职工52人，其中正式职工23人，正高职称1人、副高5人、中级职称11人。

校医院秉持"立足校园 面向社区 服务大众 共享健康"的服务宗旨，坚持以预防校园公共卫生事件的发生为工作目标，将心理健康教育与生理健康教育结合，医院与社区的工作相结合，医疗与健康促进相结合开展工作。作为自治区本级职工基本医疗保险的A级定点医院，呼和浩特市城镇职工、城镇居民基本医疗保险的定点医疗机构，热情服务广大师生员工及社区居民，2004年12月承办呼和浩特市赛罕区大学东路社区卫生服务中心，完成政府赋予的辖区公共卫生服务任务。

【党建与思想政治工作】中共党员7人，2人积极分子，其中1人为重点培养对象。经常组织党员学习，开展为辖区退休老党员免费体检33人，为革命老区清水河县的村民"送医送药"活动，发放宣传材料280份、赠送控油壶200个。

【医院建设】更新牙科1台综合治疗台，市卫生局支持国产的全自动生化分析仪及尿十项分析仪，自治区红十字会支持心肺复苏模拟人2个，学校购买心肺复苏模拟人2个。

【医疗服务工作】接诊5.7万人次，实现医疗收入450万元;完成新生入学及学校体育运动队赛前体检6619人;接种乙肝疫苗15300人次;甲肝疫苗5890人次;为新生进行结核抗体筛查6010人;完成在职教职工、70岁以上享受保健待遇教职工、新聘教师、教师资格证体检共计970人;开设《大学生健康教育》选修课(32学时2学分)8个班次，开展健康教育讲座22次、活动9次。

【医疗保险工作】完成33360名大学生的参保基数的核定，办理全部新参保大学生的医保证历本。

【重要事件】完成全国大学生体质调研24424人视力的信息采集及录入工作;与内蒙古医科大学签订社区护理实习协议;连续第11年被自治区医疗保险资金管理局评为"优秀定点医院";承办内蒙高教学会保健医学专业委员会五届二次年会。

修建中心

【概况】修建中心成立于2001年10月，由呼和浩特市天正工程队和学校维修公司两个部门合并组成。中心现有职工11人,正式职工3人,集体职工8人。

【党建与思想政治工作】2013年,修建中心、接待中心和后勤总支办公室三个单位为一个党支部,总共有党员8人。根据学校有关党的群众路线教育活动的安排,中心及时将有关活动内容和文件精神传达到职工,并组织职工进行讨论和评议,将职工的意见反馈到后勤总支和后勤处。经常组织职工学习、讨论有关中心的工作和业务知识,不断提高职工业务水平和服务意识。

【中心建设】一年来在工作中不断总结和改进中心的管理,加强了物资采购、验收环节管理,做到责任到人。加强施工过程中质量、安全、文明管理,要求施工队加强务工人员的管理,遵守学校的有关管理制度,协调好与施工现场周边单位的关系,为高空作业人员购买了意外保险,在既不扰民又能保质保量的情况下,按期安全地完成了各项维修改造工程。

【安全工作】高度重视中心的综合治理工作,将安全生产、防火、防盗等工作贯穿到日常管理工作当中。经常深入到施工现场检查和落实安全生产工作,对在工作一线管理人员和施工人员进行文明施工、安全生产、防火、防盗等安全教育,不断提高他们的安全生产意识,并对现场管理人员在生产安全方面进行了分工,责任到人。全年没有发生任何安全生产事故。

【日常工作】完成各类维修任务200余项,中心完成产值886万元。其中较大的维修工程有:老干部综合楼周边广场和道路的拆除与新建工程;东区体育场看台维修改造及粉刷工程;兽医院三楼内部装修改造工程;游泳池深水池底部拆除新铺地砖和浅水池底部局部拆除维修工程;西区旧主楼后物业用房及院面改造工程;东区21号楼留学生公寓3、4、5层宿舍、厨房和洗澡(洗衣)间改造工程;校园柏油道路拆除修补工程;东西校区家属楼和学生公寓楼屋顶防水工程(约18000平方米)。

【重要事件】2013年2月,聘任吴中立为中心主任。

交通运输中心

【概况】2013年,内蒙古农业大学交通运输服务中心坚持以高效安全、优质服务为核心工作理念,坚持以教学为本,全年零事故完成了学校的日常公务、科研、教学实习等用车任务。

【党建和政治思想工作】交通运输服务中心认真学习"十八大"和十八届三中全会精神以及习近平总书记的系列讲话精神,认真开展党的群众路线教育实践活动,明确中心在一年内各阶段的中心工作和实现全面发展的奋斗目标。深入进行爱岗敬业教育,让同志们在日常学习、工作中提高思想素质、业务能力,从小事做起,从自身做起,从服务做起,中心完善用户回访机制,督促每位驾驶员提高职业道德修养,以优质服务为根基,奖惩结合,建立良好用户关系。定期组织党员学习党的政策,并落实到实际工作中。党员带动群众积极促进中心建设。

【中心发展】2013年在学校领导、后勤处领导的关怀支持下,为了更好地适应学校逐年加大的教学实习任务,中心购置了两台47座金龙大客车,有效地缓解了实习用车的需求,行车安全得到了更加有效的保障,减少了外租车的数量,降低学院实习经费。

【日常工作】加强安全教育管理,与交警队建立密切合作机制,以学习带动工作,安全高效完成任务。成立安全检查小组,监督、督促驾驶员安全运行。

汽车维修保养。除驾驶员自己按时进行日常维护保养外,中心安全委员会从修理技术、维修价格、售后服务等几方面优中选优,确定定点修理厂。

加大节油奖惩力度,节约运行成本,提高车辆的运行能力。

全年教学、实习、其他公务用车共运行436394公里,共运输教学实习师生43000人次,用车720台次(含外租车辆410台次),全年无一起重大责任事故、安全、高效地完成了教学实习、科研用车任务。

接待服务中心

【概况】 接待中心现有职工18名,其中正式职工2名,临时工16名。两区共有客房50间,其中东区38套,西区12套,合计床位96个。

【党建与思想政治工作】 接待服务中心党员共2名。党支部由修建中心、接待中心、后勤党总支办公室三个部门组成。每一个党员都能立足于本职工作,奋发进取,较好地完成了上级党委、总支交给的任务。

【安全工作】 2013年,在学校综合治理委员会的正确领导下,中心广大职工高度树立安全第一、安全无小事的思想,把防火、防盗放在首位,每一个安全环节必须按要求做到位。

【日常工作】 2013年,中心根据上级部门要求,结合市场形势,就服务质量和价位进行适时调整。服务要求上档次,价位随行就市下调,在保证学校专家接待用房的情况下,主动走向市场,争取客源,不断提高中心的经济效益。

表彰与奖励

2013年学校获得的国家和省部级科技奖

序号	成果名称	获奖类别及等级	获奖人员	备注
1	巴美肉羊新品种培育及关键技术研究与示范	国家科技进步二等奖	荣威恒、赵存发、李金泉、刘永斌、康雪峰、吴明宏、王文义、王贵印	内蒙古自治区农牧业科学院、巴彦淖尔市家畜改良工作站、内蒙古农业大学、内蒙古自治区家畜改良工作站、乌拉特中旗农牧业局
2	双歧杆菌V9的基础研究及产业化开发	自治区科技进步一等奖	张和平、孙志宏、高鹏飞、陈霞、王记成、王俊国、陈永福、高杰、孙洁宇	第一完成单位
3	高丹草系列新品种培育及推广应用	自治区科技进步一等奖	于卓、马艳红、刘志华、李小雷、于肖夏、肖华、张钧、闫文芝、吴玉峰	第一完成单位
4	瘤胃慢性酸中毒发病机制及调控措施的研究	自治区科技进步三等奖	刘大程、胡红莲、郭园、吴太平、王锋	第一完成单位
5	燕麦吸收利用磷的潜力与磷肥利用效率的提高	自治区自然科学二等奖	樊明寿、张子义、郑红丽	第一完成单位

获自治区级以上表彰奖励的单位情况

序号	获奖单位	授予称号	授奖部门	授予时间
1	内蒙古农业大学	全国绿化模范单位	全国绿化委员会	2013.6
2	内蒙古农业大学	全区首届辅导员职业技能大赛优秀组织单位	自治区教育厅	2013.1
3	内蒙古农业大学	2012年度维护稳定工作实绩突出单位	自治区党委维护稳定工作领导小组	2013.5
4	职业技术学院	自治区级示范性高等职业院校立项建设单位	自治区教育厅	2013.11
5	内蒙古农业大学	全区高校平安校园建设优秀成果一等奖	自治区教育厅	2013.11

获自治区级以上表彰奖励的个人

刘漫中:第六届全国高校辅导员年度人物入围
韩瑞平:自治区优秀党务工作者
乌力吉:全区普通高等学校优秀军事教师
赵国年:全区普通高等学校优秀军事教师
孟　斌:全区普通高校大学生心理健康教育工作先进个人
陶格森:全区普通高校大学生心理健康教育工作先进个人
段兴华:全区普通高校大学生心理健康教育工作先进个人
孙玉伟:自治区普通高校第二届大学生安全知识竞赛优秀指导教师
许　驭:第二届全国高校辅导员职业能力大赛优秀奖、全区二等奖
孙玉伟:2013年全区普通高校"优秀辅导员"
王永江:2013年全区普通高校"优秀辅导员"
叶德成:2013年全区普通高校"优秀辅导员"
舒金平、巩灵霞、乔红梅、曹玉军:被自治区教育厅、公安厅、国家安全厅联合评为全区普通高等学校优秀保卫干部

内蒙古农业大学首届"爱岗敬业"劳动奖名单

动物科学学院:那仁巴图
兽医院:刘俊平
农学院:刘杰才
林学院:闫晓云
生态环境学院:宛　涛
机电工程学院:赵卫东
水利与土木建筑工程学院:申向东
材艺院:许春雷
能源与交通工程学院:刘树民
理学院:贺文英、马文斌
经济管理学院:于立宏
食品院:李少英
生科院:张占雄
人文院:尚艳春
马克思主义学院:嘎布拉
计算机与信息工程学院:王德刚
外国语言学院:田　原、张　虹

体育教学部:刘向应
安保人员:舒金平、巩灵霞、曹玉军、刘永军、乔红梅、王维东、杨广利、白梅、李军、郑霞、辛建成、岳峰、蒙晓俊、张学、刘广禄
辅导员:斯日古楞、叶德成、王雪鹏、孙玉伟、杨毅、陈立永、白艳茹、王志强、王永江、许驭
学生公寓管理员:于玉梅、包玉梅、高丽云、苏中风、李秀荣、陈耀仙、于淑杰、曹杏媛、常玉梅、张海霞
餐饮服务员工:翁志宏、梁振铎、徐永峰、张存富、赵俊杰、张国杰、赵志忠、吴银在、韩俊生、韩喜平
医务人员:杨更生、王秀梅、王顺利、李瑞刚、武学敏、卢小林、杨素青、郭丽、李冰、郭金路
后勤服务员工:白赤箭、刘焕忠、杜三女、幸福成、薛健康、任维新、邢和平、马跃刚、蔡振涛、吴星宇

内蒙古农业大学科技推广及社会服务工作先进集体和先进个人表彰名单

先进集体表彰名单:(9个)

职业技术学院

兽医学院动物疾病临床诊疗服务团队

农学院

林学院

生态环境学院牧草栽培与药用植物教研室

内蒙古农业大学机械厂

水利与土木建筑工程学院

材料科学与艺术设计学院木材科学教研室

食品科学与工程学院乳品生物技术与工程教育部重点实验室

先进个人表彰名单:(44人)

职业技术学院:王怀栋、付和平、李正英、李晓飞

动物科学学院:吐日根白乙拉、齐景伟、刘常乐、王俊

兽医学院:祁生旺、李平安、韩润林、刘俊平

农学院:李连国、张润生、胡俊、崔世茂、李小燕

林学院:白淑兰、方亮、张国盛

生态环境学院:李青丰、米福贵、贾玉山、刘静、张众

机电工程学院:赵满全、杜文亮、张云

水利与土木建筑学院:刘廷玺、史海滨、葛岱峰

材料科学与艺术设计学院:安珍、牛耕芜、韩涛

经济管理学院:赵益平、王小兵

食品科学与工程学院:靳烨、张和平

计算机与信息工程学院:高静

生命科学学院:段开红

人文社会科学学院:盖志毅

能源与交通工程学院:刘树民

科技园区:黄亮、田志来

2013年自治区"三好学生""优秀学生干部""优秀大学毕业生"

2013年自治区"三好学生"

动物科学学院(9人):

| 郭咏梅 | 刘 茹 | 何宏媛 | 邢媛媛 | 李 康 | 白丹丹 |
| 齐敖雪 | 苏布道 | 莫日根毕力格图 | | | |

兽医学院(10人):

| 萨仁满都拉 | 李 龙 | 刘红花 | 刘 玲 | 赵木兰 | 胡晓鲁 |
| 乔 蕾 | 苏 晶 | 杨 杰 | 彭中栋 | | |

农学院(13人):

张 婷	张晓阳	赵春龙	崔孟颖	朱 星	刘英杰
白金瑞	黄 凯	祁 超	梁欣欣	叶晗迪	王嘉维
滕可心					

林学院(19人):

王 辉	陈颖慧	给古乐格其	白玉平	阿斯汗	刘 燕
孟根高娃	刘春林	高 艳	阿 荣	樊佳惠	王 旭
王玉霞	杨 阳	刘 刚	高晓慧	范思琪	海 涵
阿勒滕齐木克·苏克巴特					

生态环境学院(28人):

李 静	王 璐	邵丹丹	李 佳	李 涛	李鹏辉
金 净	张轩澄	景建元	张 晶	李晓娜	刘 铭
候伟峰	李 艳	杨国敏	贺新春	康慧宇	赵静漪
尤碗碗	刘 慧	王晨沣	宋佳奇	胡 琴	郭婧宇
周佳宁	曹 敏	李向琴	张予宁		

机电工程学院(23人):

尚 波	刘 伟	季 邦	宋嘉伟	马 鑫	段利明
白利飞	赵媛媛	栗 宇	米晶晶	张明冉	李书杰
莫日根	王 宪	薛俊磊	武云飞	刘雄武	文 全
程振芳	鑫 成	王玉明	蔡宇波	刘 权	

水利与土木建筑工程学院(34人):

周宇霆	李 伟	张明成	蒋 伟	孙 驰	胡勇平
何 萌	吕德蒙	郝俊龙	任 波	陈元秀	郭丽丽
张 颖	全 栋	李嘉琪	王晓燕	部欣鹏	刘 敏
徐 琼	杜文斌	毛可征	何晶晶	杨 旭	薛燕飞

| 姬 旭 | 郑 欢 | 李国华 | 年国慧 | 王 凡 | 苏海龙 |
| 邬若男 | 史海悦 | 陈潇洋 | 侯福叶 | | |

材料科学与艺术设计学院(13人):

周 凯	刘竞宇	宋 娇	王玟茜	苏日娜	葛凯圆
闫利军	惠冬雪	苏 娜	杨晓宇	白淑婷	扈佳琪
罗 婷					

经济管理学院(46人):

崔红波	袁 静	胡利娜	王 勃	乌日勒格	刘 芳
宋亚春	寇元一	王娜娜	李 宇	丁 斌	王菊畅
吕婧煜	裴 佩	秀 兰	吕 晶	魏 敏	萨茹拉
樊智雯	周 悦	朱雪莲	丁少茹	燕 越	董晓利
张 慧	亢瑞敏	航 希	李艳芳	王鸿雁	赵翠霞
王姝琦	白晓艳	刘宝玲	李 莉	三 叶	韩锁锁
云雪瑞	浩力齐	田 瑞	李海媛	阿如罕	刘 皂
李 洁	王耀铎	王 芬	苏 越		

食品科学与工程学院(16人):

胡海娟	侯苗苗	肖彦蓉	徐婷婷	武瑞霞	闫佳佳
苏日娜	苏 萌	宋树鑫	王 丹	白 璐	岳国婷
伊日贵	赵 欢	谢自艳	海 勒		

计算机与信息工程学院(8人):

| 赵 宇 | 曹 蕊 | 杨慧芳 | 王思宇 | 王 熳 | 吴洪磊 |
| 王世霞 | 孙小蕾 | | | | |

生命科学学院(12人):

| 高恩恩 | 胡宁宁 | 高慧清 | 陈青峰 | 林淑丽 | 史玲玲 |
| 刘 丹 | 李 娜 | 吴元元 | 刘 晶 | 武艳丽 | 黄杰若 |

人文社会科学学院(10人):

| 王 娜 | 包塔娜 | 郭沙沙 | 张 鑫 | 李君博 | 石松源 |
| 兴 安 | 伙玲玉 | 玲 玲 | 李 倩 | | |

外国语言学院(3人):

| 高春丽 | 连亚妮 | 王文娟 |

理学院(6人):

| 刘肖丽 | 贾炜姣 | 丁正东 | 吴以靖 | 高金玉 | 刘亚楠 |

能源与交通工程学院(10人):

| 张贵满 | 吉雅泰 | 马丽斌 | 马兆坤 | 董 婉 | 程建业 |
| 夏 君 | 赵丽华 | 苏 涛 | 李伟峥 | | |

国际教育学院(1人):

郑亚楠

继续教育学院(5人):

魏 娟	郎佳慧	张治国	张慧平	刘明辉

研究生学院(19人):

伊日瑰	高春智	乌兰图雅	刘 恺	徐海燕	张 玲
李 爽	王淮亮	闫建文	张旭光	李志艳	阿迪雅
王 姣	郭月峰	吴登茹	李振飞	李 琦	哈 斯
王艳兵					

职业技术学院(48人):

吴海霞	果阳阳	韩 笑	李美兰	黄 星	刘水清
白 洁	邢婷婷	王 迪	王酩云	田文华	武瑞雪
刘彩霞	索瑞燕	王 栋	薛 丽	朱亚静	张 姣
张文颖	张建军	陈井新	周 影	刘雅旭	王丽丽
张 英	任 瑞	姜鲜桃	景文慧	白建国	王 敏
付佩颂	孙 佳	宋宝林	汪 洁	李馨巍	王 倩
库小宇	孙 娜	陈 丹	武晓婷	王燕梅	冯学培
闫沛丞	郭亭亭	邵冬雪	苗莹莹	高浩宇	王 欢

2013年自治区"优秀学生干部"

动物科学学院(9人):

诺 敏	邓 焕	宝都吉雅	宋海燕
李思平	苏日嘎	陈圣阳	包斯琴高娃
李 丹			

兽医学院(11人):

张胜男	陈 婷	庆格乐	姜雪薇	孙 哲	赵 旭
范 磊	常塔娜	林梦淋	高瑞娟	铁木巴特·俄仁格吉特	

农学院(14人):

韩伟秋	赵建宝	李雅琴	陈延庆	褚长城	何冰怡
王迎男	于海蛟	曾麒瑾	张鹏飞	牟英男	任美君
负健全	菅彩媛				

林学院(19人):

王丽丽	师博扬	潘 珺	乌艺恒	杨妮妮	董 娟
骇日横	高 敏	唐 琼	百 岁	姜 珊	赵 郑
包格根图雅	张丹阳	赵东雪	刘 宇	徐丹阳	杨 禄
格 根					

生态环境学院(26人):

陈万杰	王茂荣	郭 特	王 硕	李哲宇	齐英达

张 高	车 敏	李小康	韩东英	王子轩	王春媛
冀晓婷	王新宇	刘 馨	高嘉辉	杨秀鹏	阿迪亚
赵鹏飞	韩蕴哲	杨婧娜	郭 娜	赵艳妮	高好毕斯嘎图
韩 骁	王 棋				

机电工程学院(23人)：

王晓蓉	席闹闹	刘 薇	葛奕帆	王 刚	邢洪超
荣喜坤	雷思远	刘贵权	丛日超	付 易	张从圆
梁志东	任希悦	刘晓龙	汪桂明	赵新宇	侯建华
金 刚	呼和那日苏	张靖康	王春生	杜丰灿	

水利与土木建筑工程学院(34人)：

马鹏飞	杨巧妮	李 超	袁博文	赵 伟	陈小平
赵媛媛	翟 虎	白 勇	李 贺	刘锦华	李志恒
王太福	徐 东	熊 伟	刘美含	吕 杰	冯浩楠
张鹏飞	刘 威	王智东	胡建新	李振业	梁 行
杜桂忠	乔春林	郝世祺	王冠乔	王 敏	袁旭伟
张冀哲	李振广	陈世超	卓荣明		

材料科学与艺术设计学院(13人)：

宋海成	何道橘	韩运君	云曙光	韩瑾琦	荣佳旭
高 君	高玉磊	姜宏磊	叶 青	刘日霞	张振新
白 璇					

经济管理学院(45人)：

郭金倩	常明宇	那日苏	陈 易	王忠波	李禹墨
刘佳鑫	王 璐	宋兴华	奇布仁	张东艳	苏日娜
訾 晨	王一喧	云姝婧	马俊杰	窦晓宇	张景慧
马 敏	王小戈	王 婧	赵 乐	杨 婧	田海芳
段伟伟	张燕娜	何 猛	王 丹	王媛媛	杨翔宇
王 娜	乔文君	杜阿如寒	杨金龙	其乐根	吴 迪
王 娟	李 敏	乌日嘎	乌尔汗	郭媚佳	那楚格道尔吉
贾 影	娜和雅	白如意			

食品科学与工程学院(18人)：

吴 爽	星 星	木其乐	纪 翔	塔 娜	昂格丽玛
王思兰	许忠莲	郝玉玲	张 静	李宇飞	郭 琴
刘 阳	郭 印	王秀玉	肖 克	韩昕男	张佳楠

计算机与信息工程学院(8人)：

李 洋	王 钦	王婷婷	张欢欢	郭体亮	李 娜
张小婷	石 敏				

生命科学学院(13 人)：

霍立娜	周 陈	张 娜	贾佃军	沈 媛	贾金杰
那宝丹	候海龙	李 洁	田志鹏	于碧涵	赵燕妮
王 雪					

人文社会科学学院(9 人)：

| 郭志远 | 乌吉木吉 | 杨日旺 | 朝不日力格 | 乔 博 | 王泽龙 |
| 马翠青 | 乔丽华 | 陈二友 | | | |

外国语言学院(3 人)：

李 蓉　　史姗姗　　刘慕青

理学院(6 人)：

| 张 雷 | 刘晓元 | 杨官令 | 朱 颖 | 张明远 | 曹玉莹 |

能源与交通工程学院(10 人)：

| 董富山 | 斯日古楞 | 滕一民 | 张团结 | 程建业 | 白音敖日格乐 |
| 李晓慧 | 王佳敏 | 李柱峰 | 李 娜 | | |

国际教育学院(1 人)：

张雪丹

继续教育学院(5 人)：

| 张泽利 | 李 臻 | 代 琴 | 吕冬冬 | 郭子龙 |

研究生学院(19 人)：

陈春梅	刘哲荣	董 博	孙雪莹	乌日拉嘎	浩斯巴雅尔
段 娜	迟明路	白晓冬	高 洋	温世勇	李传龙
刁占杰	吴 用	吕 嬙	崔雅斌	郭 旭	哈 斯
高 迪					

职业技术学院(48 人)：

史锦云	孙 洁	贾明耀	包乌友娜	陈 璇	席亚峰
张 璐	姜 昆	张华梦	乌宁其	米海涛	成 朵
邓雪建	巩丽红	党云丽	曹月星	吕 洋	林芳菲
夏悦琪	李永鑫	崔 苇	张 政	张金龙	尹 云
蔺慧波	张雪松	薛 磊	史晓雨	付长虹	张 玥
孙明伟	张焕霞	韩珍珍	翟高娃	贾 强	柴文静
王锁琴	王燕妮	王向东	刘安琪	姚少帅	吴世雄
赵丹丹	王 慧	韩 彪	王丽娜	石丽芳	刘 璐

2013 年自治区"优秀大学毕业生"

动物科学学院(11 人)：

| 斯琴毕力格 | 鲍红梅 | 胡秀凤 | 赵宇峰 | 黎 慧 | 希吉尔 |

| 苏俊玲 | 郭咏梅 | 刘 茹 | 甄梦晓 | 李 丹 | |

兽医学院(10人)：

| 胡 恩 | 海日汗 | 李 嫚 | 刘 恩 | 吕东涛 | 樊翀宇 |
| 哈登楚日亚 | 周世兵 | 王海瑞 | 田 青 | | |

农学院(15人)：

刘英杰	王雪松	张明哲	滕可心	傅 瑜	海日罕
温江涛	张书斌	张晓阳	韩伟秋	孟阿宁	蒋泉欣
崔孟颖	曾麒瑾	祁建勋			

林学院(19人)：

徐珍珍	唐海园	伊热夫	塔 娜	王 莹	朱丽丽
斯琴巴特尔	张天宝	赵红梅	韩 润	范媛媛	马姝丹
雷娜庆	冯瑞青	齐秀英	高宏琴	高 敏	张晓燕
刘银鸽					

生态环境学院(27人)：

武 倩	陈 欢	任 艺	马骏骥	李 丹	何亚锐
石凤玲	段有为	赛尔茜雅	王红艳	刘晓京	刘柄亨
美乐孟	李 纳	王梦吉	朱宾宾	萨日娜	纳 森
乌日玛	吕明举	刘青媛	李爱民	哈英哈日瓦	范香岩
姜北春	孟凡静	刘真真			

机电工程学院(31人)：

段雪飞	越志成	杜嘉楠	宋俊杰	张子钊	池勇猛
刘建荣	王鹏飞	陈 明	张向阳	韩仲瑶	张冉佳
焦 磊	王正龙	图拉古尔	刘芯溧	刘智荣	铁 柱
梁海波	武鹏程	毕力格图	康 瑜	张振苗	王辛帅
李 亮	周大鹏	田 智	王溪兵	王章钊	莫日根毕力格
赖朋斌					

水利与土木建筑工程学院(45人)：

井海刚	冯 宵	任 鹏	张 鹏	张 松	田 野
王 敏	张倩倩	侯奇良	梁燕茹	高 雅	宋宇霞
王思亮	鲁瑞林	王 冉	李月香	张宇冠	牛慧敏
李晨霞	许 浩	刘 涛	戴丽杰	刘 洋	孙冰洋
张清华	侯家林	历洪岩	王泽臻	孙鹤辰	赵颖薇
贾德祥	何 乐	王娅男	代玲玲	高兴璐	原庆宇
梁宝峰	王 磊	李 晶	李燕红	鲁耀泽	张文博
蔚国君	马雪健	刘 辉			

材料科学与艺术设计学院(16人)：

| 张 龙 | 刘柏锁 | 宋小庆 | 崔巍月 | 杨晶晶 | 姜 彬 |

刘 帅	于海涛	田 雪	郭玉维	王 瑞	朱志霞
张少博	闫 越	卢 琦	刘 馨		

经济管理学院(51人)：

刘 皂	赵致玮	黄靖翔	贾 佳	任耀强	刘 英
杨 柳	折慧芝	刘 敏	李大伟	刘志娟	张 伟
韩志非	刘镇霆	程泽宇	陕育超	姜智文	刘志芳
刘 彬	郭晋荣	郭 宇	韩 伟	马春阳	毛沙其拉
李 多	王晨彦	马慧杰	韩伯鑫	陈树济	何国妍
崔博然	何玉荣	乌吉斯古楞	刘晓璇	袁 航	王晓峰
刘宇晨	陈 琳	韩兆远	石 颖	郭 阅	吕道夫
张云云	郭 欢	史文哲	郝 伟	赵丹丹	阿尔山布拉格
李雪薇	辛小琪	叶佳林			

食品科学与工程学院(22人)：

杨慧荣	于珍珍	张冬蕾	张志强	周宇庆	李虎平
刘春晓	美 丽	吕智慧	王 盈	祁晓霞	杨学婷
李玉萍	阿茹汗	金豆豆	贾原博	徐之昊	刘 欢
李 娟	温慧颖	孙 宇	周 霞		

计算机与信息工程学院(11人)：

于建鑫	杨晨晓	常晓华	丛 一	李宝成	温 婉
马艳云	徐 将	肖 帅	吴燕平	侯霁峰	

生命科学学院(14人)：

张志伟	张 驹	刘 伟	刘思蒙	张 祥	樊亚娟
赵若阳	白志军	佟 昕	翟少东	王倩倩	田修蕊
刘 雷	任彩霞				

人文社会科学学院(9人)：

金风艳	傲达慕	赵 婧	敖 登	张 娜	于江超
吴乌云嘎	刘亚娜	韩文彬			

外国语言学院(6人)：

张仁华	楠 玎	赵海霞	常 燕	张伟峰	苏 颖

理学院(7人)：

徐长帅	刘丽霞	杨 苹	林 森	董 红	薛学学
王小娟					

能源与交通工程学院(10人)：

范井丽	乌云嘎	张 鹏	王冰冰	张 宇	赵 宇
包 胜	屈 瑞	范才彬	马 静		

继续教育学院(6人)：

张宝月	皇亭亭	裴文斐	南朋举	郭杨思汗	白音苏楞

研究生学院(39人):

兰儒冰	纳米拉	王慧源	张明珠	魏立杰	李 盈
赵一萍	张文泉	王雪岩	郭 婷	尹佳佳	吴公华
任科润	杨 耸	赵胜男	陶伯旭	李 娜	徐 丽
甘 霖	陈 琦	王海燕	王宏梅	崔 雯	阿迪雅
岳红丽	朱 雷	史艳茹	李梦婷	于 敏	郑再明
秦永林	白文科	申艳艳	高 阳	孙晓磊	席那顺朝克图
孙兴华	马迎宾	岳 阳			

职业技术学院(82人):

梁 俊	吕亚徽	张佳乐	康苗苗	刘岩飞	刘小莉
王 翠	武慧丰	张明武	李霞飞	席小龙	潘亮亮
吴 玲	高立红	张 健	刘二娥	陈利鑫	宋学梅
林 雪	赵国英	尹晶晶	杨凯强	任晓羽	朱 玮
李宏宇	李 艳	秦继东	石立成	陈喜园	朱槿荣
刘俊秀	郭乐芳	焦 阳	罗东霞	方立岩	乔 乐
赵丽娟	宋庆新	李芳丹	王泽辉	张 雪	郝 慧
钟 颖	陈圆圆	徐树新	董雅琴	史志香	郝红梅
刘星雨	洪丽杰	根 小	王 艳	徐永伟	陈艳超
任雅君	魏延杰	明 兰	王旭云	郭雅楠	孙海霞
刘德春	郭子贺	姜世新	潘 欣	王 芳	白丽丽
刘彩清	王冬梅	李映霞	代文慧	王丽娟	荆文琪
李婷婷	李 敏	边志东	李晓婷	王丽娟	张 璐
祁 园	何 燕	王向东	尹 晶		

内蒙古农业大学2012-2013学年度"三好学生""优秀学生干部"名单

2012-2013学年度"三好学生"

动物科学学院(47人):

乔 贤	宋一线	呼和满都呼	朱玉霞	王文卉	罗艳莉
张永昌	狄乌云	宝乐根	贺美玲	俞海霞	郭文庆
陈圣阳	宋海燕	布鲁根	张清月	陈宝珍	史晓娜
张剑搏	王特日格乐	乌云塔娜	娜美日嘎	陶格斯	彭小磊
刘方乾	陈 冰	陈 玲	好根照乐	特日格勒	白丹丹
李书翔	徐 腾	王雁坡	吉米斯	康德措	宝力尔
米 静	段元霄	高 敏	孟庆爽	张利敏	刘彬彬

乌云格日乐	苏日嘎	陈聪杰	王 欣	莫日根毕力格图

兽医学院(50人):

唐国亮	额叶勒德格	白 岚	海丽丽	林甄妮	刘春羽
管小兵	白散丹	麻昌姣	乌仁其木格	黄 敏	徐先达
池秋燕	金 金	刘 利	雷 宇	王 永	李茂林
赵学龙	姜雪薇	张 琪	辛 鹏	潘 登	张 磊
马 静	王怡靖	李桂宇	王慧玲	刘世雄	牛美容
庆格乐	宋 丹	李 欣	张召议	杨效林	胡晓凤
代 兄	吉蕾媛	乌东巴拉	姚云飞	才曾其米克	毛思怡
齐力格尔	王 瑜	青克尔	党 斐	乌吉斯古楞	邢梦春
李 莉	李莹莹				

农学院(77人):

卢 涛	张玲玲	朱庆玲	刘 源	海 霞	薛 燕
王 飞	高 勇	孙梦媛	阮 慧	李晓婷	连俊茹
肖舒娴	包丽娜	赵芷若	吴晓榕	孟祥熙	黄 凯
彭 鹏	贾瑞芳	牟英男	宋平平	刘 欢	李顺欣
梁红伟	汝 楠	齐 畅	龚 静	车艳丽	周渊涛
何冰怡	高美萍	王嘉维	祁兴华	李卓鹏	孙洪欢
孟庆旭	刘 娜	朱柏江	雷 会	陈立波	郝黛玉
张华姝	乌日力格	陈 赞	胡春喜	李 境	童小婉
靳学静	亮 亮	倪国静	刘 杰	张坤明	牛 喆
陈武兵	小 芳	田 敏	杨雅菲	倪同心	李 颖
李反霞	牛思萌	王 玉	许 敏	奥 妮	方梅梅
唐均勇	郭佳琦	潘虹玥	邓 晨	张 健	袁焕然
赵春龙	陈茂红	赵中秋	成 莎	沈亚林	

林学院(100人):

任 伟	朱东贺	邢钰坤	乌仁套格草	梁晓琳	沈丽娟
崔立波	阿 荣	段慧媛	图努拉	仲梦娇	高丽娜
达古拉	姜萨日娜	孟晓旭	马园园	刘 刚	张亚楠
高小雅	贺媛媛	乌艺恒	高 洁	高晓慧	付 瑶
其格乐很	王莎莎	满都夫	袁梦如	张瑞平	吕 珂
包颖亮	王天枢	百 岁	王 璐	潘文君	海 涵
华玉松	李慧敏	张丹丹	徐伟玮	刘 雯	孟飞轮
杜永彪	呼丽瑶	张 磊	乌日汗	韩 凤	武雪娇
窦志伟	路东晔	徐红月	文德尔玛	秦换梅	高 艳
唐 琼	国 庆	张孟军	张倩妮	张佳颖	苏日古嘎
杜 婕	赵东雪	林 杨	李成杰	郭雅楠	达林娜
梅 英	王 旭	刘铠瑞	杨 阳	张文娟	陈婷婷

娜苏勒玛	木 仁	张艳雨	娜仁格日乐	张 欣	刘 琪
王 琰	李晋伟	谷丹丹	王 佳	郭凯琪	毛虹禹
陶 丽	文秋萍	高悦茜	王丽宏	刘浩苒	李 磊
初 一	于永康	孙 欢	马晓璐	王 萍	额日德尼其其格
爱 华	赵家明	张晓贤	王宇涛		

生态环境学院(88人):

潘占磊	张 鹏	范田芳	杨 帆	李 婧	柴 伟
梁田雨	王 璐	朝木日力格	孙晓瑞	武晓冬	呼昕毓
张晓宇	张轩澄	阿 荣	张晓娜	石 蕾	赵旭朦
闫 敏	单 心	都 来	王淑娟	薛亚利	王 莹
李 佳	刘 慧	徐 倩	高毓璞	忽晨琛	刘 龙
温亚霖	刘 慧	何红霞	王 香	张晓伟	王迪雅
高 峰	李星月	阿日萨达	牛越春	林一景	刘宁波
苏 丹	尚瑞琼	牡 丹	敖 雪	张笑媛	侯浩宾
邰春生	白敏敏	达布拉干	李惠文	赛朝格图	孙海霞
金 净	周 莹	王 恬	白 芬	王小红	杜 江
候伟峰	郭 蕊	杭 盖	吴博雨	李晓琴	张馨月
文 锋	张凯旋	阿如汗	李旭荣	郝良杰	周 兵
格日勒图拉	张立坤	玉 梅	赵艺轩	徐 涛	苏日亚
张合超	兰 庆	黄圆圆	魏洁华	田梦妮	高好毕斯嘎图
赵晓霞	孙程鹏	梁 羽	王 皓		

机电工程学院(113人):

孟慧虾	白孝忠	刘朋飞	乌罕图	罗明健	郭伞伞
段文杰	云 明	周景隆	朝要力胡	肖 璟	白雪磊
张 翔	意 如	鲁晓军	吉日嘎拉	欧鹏飞	丽 丽
郑田清	蔡宇波	葛奕帆	赵泽新	邰 捷	梁宝钢
张利宏	米晶晶	曹译方	于俊强	潘小乐	苏日嘎拉图
马晋宇	李 普	张 伟	冯 凯	赵 罡	鲍灵灵
苏力德	白双印	张华莹	王 旭	王 波	包车力格尔
吴额布日乐吐	赵海荣	王洪明	张曦宇	章嘉庆	柳青英
呼格吉乐图	林田勇	薛冬梅	周 琳	王 娟	徐翔宇
永 利	李文平	宋艳艳	李瑞平	何 龙	王 尧
李白音通力嘎	夏永华	徐培培	赵龙飞	高 菲	黄 勇
李亚红	邢小琛	王建平	滕立强	杜晓雪	肖 婷
李佳佳	程 玥	高喜杰	杜 磊	王 迪	董晓飞
魏旭章	马 群	希吉日	赵 刚	李星贤	李树森
肖若涵	李 呈	斯日古楞	孙 利	王海庆	高赫亭
何 岩	刘 薇	达热玛	张建伟	刘 璇	马 平

高　帅	田吉富	于海涛	李小龙	雷凤瑞	高艳春
赵天祺	温新宇	刘云凤	崔学渊	杨跃鹏	王奇杰
杨　磊	梁运达	边　疆	李　鑫	文天赋	

水利与土木建筑工程学院(129人)：

王　珏	田　龙	张金浩	王　雯	李雅君	李　璐
高　阳	杨　博	王海瑞	苏婷婷	陈思静	武鹏文
张　雪	邰鹏程	王太福	杨　阳	赵东旭	李天助
史　珂	张　颖	刘亚春	陈　旎	贾一飞	刘　洋
席小康	宋　杰	李志辉	宋瑞丽	徐向前	撒　温
郭　宇	李志恒	青　海	陈瑞坤	张少华	赵　航
刘传成	乔振兴	伊日贵	李　双	潘庆华	步亚轩
尹雅文	张　晶	胡建新	高榆森	史凯玥	李　洋
吴晓媛	刘宏波	冯书敏	于志刚	侍可心	王晓艺
周一凡	孙　驰	刘燕子	阚闪闪	魏　楠	王宽洋
张　璐	郝世祺	邬尚赟	田济民	曹晓强	李玉娜
陈秋云	乔春林	苏慧霞	韩佳伦	李　鹏	周亚军
聂伟东	杨茜雅	张　杰	谢孟熹	陈　晨	赵宏烨
宋海涛	钱龙娇	程　凯	张　静	罗红春	郝静波
孙艳苓	李　洋	樊美君	石　慧	李林超	石庆丰
周　敏	孙文博	张　克	王　媛	王美荣	赵越龙
陈　成	贾　伟	王江波	石中玉	樊二东	方　正
刘书妤	翁　茹	秦旭元	邱文昊	武淑娜	杨　娜
邰晓敏	翟　虎	杨岸霄	马立群	刘佳敏	高　敏
樊浩伦	郝俊龙	张后强	刘晶晶	桂子涵	蒋鑫艳
付　嘉	张汉朝	张俊怡	艾晨亮	孟　岳	王　甜
郝金艳	柴慧祥	张　涵			

材料科学与艺术设计学院(59人)：

杜金鑫	李思媛	孙发禄	任玉坤	蒋新星	沈玉林
胡秀靖	蔡　璐	钟　乐	崔忠文	赵旖旎	赵叔军
王　宇	王利军	白　璐	刘　付	王怡心	鲍乌日罕
王　芳	葛　晓	杨晶媚	陈　楠	赵子兴	乌云少德
刘娟娟	韩　双	王　伟	那仁图雅	康　宁	伊拉图
李　敏	张伊然	赵明浩	胡以乐	程书乐	乌仁塔娜
刘　虹	周海云	杨连红	白丽丽	蔡紫洋	美　丽
师毅聪	史东升	崔凤飞	胡莞瑶	晁　硕	赵立平
杨　阳	吴宇鑫	张博文	高　焕	王红梅	李　浩
尚琪冬	宁国艳	李　硕	赵凯燕	张茂庭	

经济管理学院(225人):

王利飞	王鸿雁	张志宇	赵学敏	李爱青	杜义日格其
王琳然	王菊畅	李 浩	刘 伟	武 乐	鲁山丹
张艳芳	刁岑岑	王 杰	张 妍	宝田丽	李 红
李婧瑶	鲍秀梅	王金梅	李昕璞	韩诺民	刘艳超
苏妮日	呼格吉乐图	高美燕	胡海霞	苏 慧	孙忠伟
包秀雯	苏日嘎拉图	张宇欣	苏日娜	王海娜	刘原驰
乌云高娃	勿兰花	刘玉娟	斯琴塔娜	赵志强	王爱伦
高雪原	丽 丽	田 雨	高雅恒	许俊林	张彦龙
特日格乐	张 倩	王 乐	闫奕融	夏永妹	胡艳芳
周 涛	王璐璐	周艳秋	赵雅静	崔 慧	赵慧芬
孙雨悦	李柏杨	于 敏	常 蕾	张晓慧	苏小惠
王晓慧	岳 珲	李浩君	石晓辉	王林慧	白 娜
杨 妍	刘 芮	海宝忠	王 乐	白雅婧	孙 娜
李彩娇	包玲玲	席阿如那	张 艳	刘耀强	李 硕
张梦青	李 洁	刘丽萍	亢瑞敏	牟亚茹	董妍岑
赵亚楠	陈 易	寇元一	靳 伟	张 怡	徐海燕
孙 影	李小叶	杨雪冰	郭 澜	孙 丹	贾淑敏
李淑敏	刘丽芳	余彩云	郝瑞萍	阎浩宇	郭鸿飞
郑娜娜	张晓帆	黄 帅	阙舒涵	赵如凤	常靓文
莲 花	李方方	林碧玉	浩力齐	毛 泳	刘崇宇
刘春玲	杨燕婷	钟 叶	张 可	王文华	王 丹
珠 娜	姚文轩	杨 敏	雷 蓉	陈晓晨	杨晓华
包水明	朱赛男	袁 静	边怡霖	范 敏	孙 慧
王 丹	陈旭为	肖东梅	杜静怡	段 婷	白一鸣
吕燕飞	李 莉	刘雨秀	胡利娜	田 园	钱 凤
吕舒敏	赵小艳	张 蓉	王 玥	王 莹	郭 月
赵彦杰	姬 茜	苏龙高娃	周红茹	袁玉莉	张 嵘
杨翔宇	崔佳欣	付 颖	刘 霞	李 鑫	杨成荣
董晓利	李海媛	孙晓艳	张 慧	柴国盛	程晓丹
鲁焕玲	杨 洋	何 猛	朱海霞	张 洋	宁佳佳
王雅婕	苏 越	刘 艳	刘 欢	史雨萌	杨亦欣
樊培清	韩冰洁	信泽皓	吴 迪	张 敏	石 震
王 婧	郭子凡	贾 鹏	崔宝璐	侯 宇	萨如拉
王志超	李 宇	吕春燕	姜 静	吴 楠	包乌日罕
范嘉倩	田 宇	毛凌峰	王姝琦	石 倩	兰 兰
马 莉	冀国庆	牛志伟	田 芳	董慧慧	春 兰
李 娜	丁晨宸	李海璐	周艳青	乌云毕力格	康青云

| 吴丽丽 | 刘 娟 | 乌日金德力格尔 | | | |

食品科学与工程学院(91 人):

李晓婷	解一鸣	丁 佳	苏日娜	春 江	隋东悦
闫佳佳	鲁思涵	刘家鑫	冯建慧	王楠楠	格根塔娜
黄贤勇	张海霞	冷家琪	刘自强	张建坤	祁惠芳
郭 丽	霍青梅	白晓霞	李丽娜	梁泽斌	马 旭
苏日他拉图	胡昕林	李亚楠	张晓儒	乌云胡	王 婷
青 兰	曹晨霞	薛文俊	张 娜	王淑娟	王春美
张 师	贺 瑛	孟 盖	赵 洁	李亚卉	顾志华
张 丽	高文婷	何圆圆	张 娜	满文静	王媛媛
王丹丹	李 慧	萨仁其其格	赵 丽	吕芳芳	屈东霞
杨 月	王 凤	周 旋	史朝英	孟掉琴	宝 龙
何福涛	张利英	杨忠全	翟钰佳	靳 昊	马日喜拉
梁泽华	朱思捷	吴 爽	吴 婷	王曙光	武泽明
孙孟霞	薇 娜	陈 颖	王 宇	赵圆圆	银 荣
李安娜	甄慧婷	刘晓惠	胡雅楠	莫蓝馨	春 艳
胡丽梅	陈娟娟	齐 笑	萨如拉	刘瑞娜	其格齐
徐婷婷					

计算机与信息工程学院(47 人):

李晓红	赵 静	董如意	张 帅	李海霞	刘文慧
王 钦	洪 芳	刘 婷	王 耿	徐 杨	王雪敏
姚俊玲	时水静	李 娜	吴 萌	李丹丹	戈启业
孙光阳	贺 源	杨瑞琴	申婧琳	闫 婷	陈玉新
张 振	徐 航	孙 鹤	姚 虎	田奥赟	高瑷蔚
张欢欢	胡 悦	佘冬桂	白明月	王 晴	赵 芳
张 辉	赵莎莎	丁 玮	辛延莉	贾双双	张 帆
张虹杰	韩佳成	宋定艳	成瑞娥	王小清	

生命科学学院(68 人):

武宏豆	武艳丽	李秀锋	高 强	白 茹	杨文华
万安琪	吴 丹	闫 飞	史玲玲	杨杉杉	李明月
李 静	刘 晶	郝近羽	于碧涵	李春萌	赵 霞
赵丽娜	景 羽	钟 莉	张晓慧	李 洁	李 雨
樊艺楠	张喜艳	焦蓓蕾	郭志慧	赵丽娇	邵新悦
董志成	闫建业	闫 红	罗 亮	林淑丽	范 磊
付 豪	赵燕妮	武晓君	万子萌	王慧敏	宋伟艳
王 雪	杨司琪	郝 瑞	贾桂玲	吴 楠	张英英
田 颖	宋璐璐	臧 辉	于 莹	黄心蕊	霍苏馨
毛铭铢	郝 薇	李登高	高慧清	丁俐文	刘康玲

| 韩之皓 | 李茂胜 | 李 宾 | 张梦靖 | 王燕飞 | 李 格 |
| 张圣男 | 黄 军 | | | | |

人文社会科学学院(43人)：

侯介方	王丽娟	小 英	刘妍捷	于小丽	雪 梅
姬 智	马 敏	玲 玲	青格乐	李 娜	海 霞
周牡丹	李新力	萨日娜	乌雅汉	秦慧敏	刘荣建
萨如拉	郝凌峰	李 艳	李艳娟	鲁晓旭	王文煌
郝佳男	王伟兰	陈美惠	娜 仁	张双玲	李丹阳
丛 伟	张宏杰	师晶晶	康小雅	戴圆圆	李艳梅
乌吉木吉	白晓岚	田 哲	魏 茹	邵瑞霞	鲁如玥
玲 玲					

外国语言学院(11人)：

| 连亚妮 | 刘博雅 | 李 蓉 | 史姗姗 | 王 凯 | 郭 姣 |
| 董明慧 | 高 阳 | 谭笑笑 | 张 玥 | 桃克思 | |

理学院(36人)：

杨玉婷	杨丽娟	马 倩	张伟达	李慧娟	庞 欣
李灵越	刘亚瑞	薛予菲	李星伟	桑雪颖	熊文辉
董 美	李 雪	刘婷月	姚瑞林	吉鑫鑫	张爱爱
张 琪	薛 雨	陈 科	安书琪	陈凌峰	郭淑玥
高志峰	何 静	袁秀琪	左海霞	肖艳茹	乔 玉
王粉瑞	张砚斐	方贤富	侯 娜	刘梅英	左竹林

能源与交通工程学院(58人)：

达楞陶高斯	李柱峰	吴文华	李文平	何 宇	何玉林
阿日棍	马 悦	白秀春	俞 丹	陈兴龙	李亚先
徐 斌	刘永强	石丹阳	闫超群	刘文超	徐志勋
陈海珠	李伟峥	刘晴晴	瞿江文	李 瑞	李俊博
赵丽华	严 明	高鹏飞	南 易	董占清	孔德宁
白志强	白国军	周 硕	刘兵兵	韩 超	李 旭
谢林林	闫 翰	郭知洋	邱海涛	卜小东	龚绿松
马丽斌	盛利娟	杨濡萌	董 婉	苏慧慧	刘 彬
柴家发	王勿云嘎	张斌斌	周孟岐	王志强	阚浩钟
田莉莉	吴 明	李向惟	祁宫甫		

国际教育学院(2人)：

| 红怡 | 冯雨 |

研究生学院(152人)：

| 金 鹿 | 孙 娟 | 王 静 | 张 静 | 安 娜 | 王现珏 |
| 韦福鑫 | 王 月 | 任秀娟 | 娜仁高娃 | 陈玉洁 | 张冬梅 |

张晓萝	张颖超	董　帅	邵朱伟	陈夷平	王　赫
李　浩	王　伟	张德虎	李新宇	冯文君	宫利娜
刘　雪	王　颖	高少宏	闫　晔	段卫军	王　慧
缐春媚	李　龙	张小志	贾金金	孟　明	吕天星
宁丹妮	舒　洋	刘长峰	刘少琪	周艳青	特尼格尔
孙宇燕	康文慧	王　强	阿茹罕	赵瑞媛	李文佼
谢　锐	张瀚文	周丽玲	朱　硕	王　潇	张惠娟
米俊珍	肖　芳	王萧萧	徐　玮	崔洪飞	纪秀红
刘　霞	杨　洁	杨　芳	马晓玫	李春玲	王　煜
王德慧	邱　睿	宋　爽	妍　妍	张　伟	张双冀
李　杨	李寅龙	李　彪	马文晶	闫　涛	刘　颖
包敖民	呼吉亚	林艳杰	哈　斯	朱和平	于亚娟
潘　静	于海春	陈艳梅	乌仁图雅	黄　蕾	冀显亮
孙　潜	任尚佳	李泽鸣	于振菲	孙　琳	尹景峰
白健慧	黄　琛	秦淑芳	赵亚荣	张燕娜	史红蕾
范菁芳	杨　婧	梁天雨	白　娜	武志华	高　峰
谷　洁	孙世贤	韩　珍	顾　悦	韩利东	包玉芳
王一然	刘哲荣	段超宇	马春燕	王一超	史晓玲
赵　家	伊凤艳	刘晓旭	赵小燕	杨　洋	韩欣芸
郑舒文	刘海洋	马淑玲	云雪艳	闫翠玲	王明朗
余利敏	蒙建国	张文睿	宋宇琴	杨晓蕴	王志学
贾　旭	崔亚超	苗雅文	杨　钠	樊日晖	卜爱丽
马骏骥	常　荣	周志新	程海星	赵晋芳	呼斯乐
翟夏杰	张　波				

继续教育学院(17人)：

李海宾	特力格尔	金　梦	张世宇	张　誉	王　鹏
赵　星	吕冬冬	苏德毕力格	王文泽	娜仁其其格	曹日嘎其其格
王雅璐	杨昌伟	武瑞欣	王玮琦	额伊勒苏格	

职业技术学院(223人)：

宋英丽	杨　威	杨改玲	王　欢	良　花	潘春雨
马占翠	宋佳慧	越慧军	王凤祥	双　云	曹月星
刘　洋	薛晓慧	刘国栋	乌云其木格	于　亭	张　妮
吴建锁	杨慧芳	高美丽	领　兄	赵　旭	斯　琴
付佩颂	于亚靖	杨金灵	尚艳伟	冯艳茹	苏日古格
赵海燕	赵　红	贾喜艳	张　静	张雨虹	乌力吉
吴尚俞	龙金飞	乔永青	张旭红	塔　拉	范奎奎
车红红	张海波	张梦航	吴娜日苏	于海旭	潘美荣
赵利兰	孟繁聪	申凯利	王玉红	任晓娟	鲁　涛

谢艳鹏	康明月	赵瑞霞	陈佳美	白艳霞	鄢晓娟
张领弟	张雪梅	赵文婧	杨美佳	梁海霞	邵 帅
其木德玛	刘 欣	董青枝	关 兵	孟垂敏	梁 丽
毛宏伟	焦宝霞	孙会亮	贺倩楠	张 叶	罗 雪
李二板	张 静	刘婷婷	秦翔宇	信志宏	邹存辉
陈芳雪	齐 敏	胡慧敏	郭二佳	孙文广	贺 红
王慧清	周 芳	张亚楠	牛荣荣	于光旭	白 阳
刘佳芳	孙百惠	康晓霞	康艳玲	孔丽娜	王 露
周晓奇	张 丹	吕文华	郭晓晔	王 宁	刘安琪
杨韬颖	高浩宇	白红莉	贾粉英	陈 琳	霍佳星
曲金红	郭 静	张晓芬	黄 星	刘逢博	刘 燕
王 娜	刘丹丹	李红君	姚少帅	邱文颖	张晓敏
赵丽珍	张 钰	郑 慧	赵东芳	姜鲜桃	李丹丹
李欣洋	刘 志	任冬雪	张金龙	马春桃	霍晓敏
孙玉琴	乔玉波	赵妍颖	郭智娜	池红霞	王爱磊
李永鑫	李霞飞	王 珍	杜兴梅	吴 佟	郭海悦
武燕如	胡 琪	郭莉荣	李馨巍	武靖媛	张 宇
李 颖	刘 婷	魏春苗	许盼盼	刘 洋	胡丹丹
常丽清	郑宇露	谢永艳	王玲玲	王 慧	陈 慧
陈晓云	刘瑞霞	全 佳	白建国	孙 佳	苏 杨
越浩强	杨文畅	谢 浩	曹 鹏	贾明耀	马丽云
刘 洋	张瑞芳	司晓慧	李 敏	董晓娟	杜艳茹
刘冬梅	贾志亭	段瑞芳	朱亚静	曲志鹏	张芳芳
苏迎春	王 欣	马佩凤	刘 燕	苏都乐	季 鑫
贾小霞	赵利敏	贾 丽	于 萍	韩娟霞	白新南
段 玉	马晓婷	郭秀荣	姚 强	闫宇琦	王紫薇
陈晓霞	林万秋	冀彩霞	毛 敏	赵 婧	张宇斗
张新伟	程亚茹	潘妮娜	罗志波	李志荣	韩燕平
谢丽娟					

2012－2013 学年度"优秀学生干部"

动物科学学院(24人)：

刘 佳	张 花	纳日嘎	包志碧	特日格勒	苏力德
高 梦	孟根娜布其	南迪娜	塔 娜	吴迎朝	特木其乐
胡晋升	旭仁其木格	邬 娇	其其日勒格	赵 爽	班布日
赵夫森	张佳甜	范泽军	宋 敏	赵 飞	赵明镜

兽医学院(24人)：

张 雪	高新笛	李振雪	牛春宇	李薛强	牛广胜
陈 婷	李 欣	包连放	吴丹丹	唐朝乐门	郭 都
其格其	郭羽丽	秦领兄	郑潇潇	淖恩图古图	白春阳
青格乐	于 洁	李美卓	李梦茹	吕金宝	陈德浩

农学院(39人)：

白 鹏	朱 星	陈建伟	隋小康	张 健	张 婷
杨传旭	马 天	魏焕焕	张 婷	俞旦吉	薛惠心
祁 超	朱庆玲	刘亚楠	臧梦月	于海蛟	张 浩
边二菊	刘亚楠	张艳阳	李 萍	李雅琴	沈艳续
陈 帅	王嘉维	樊 星	阿 磊	韩 康	王 龙
彩 霞	倪国静	李 茹	李 境	陈智慧	张 琪
乌日力格	王 玉	邬 燕			

林学院(46人)：

娜日苏	杨 磊	刘 刚	孟飞轮	尚雅梦	巩胤辰
刘 璐	李 健	徐 婷	赵 郑	尚 鑫	白俊峰
张滕蛟	刘瑛琦	乔 宇	王 娜	娜仁格日乐	陈 娜
赵东雪	沈明智	辛雅琴	乌日嘎其其格	刘佳星	其格乐很
赵雅婕	王玉霞	郭雅楠	王 琰	王一正	侯成文
阿柔罕	杨妮妮	张文娟	乌敦高娃	郭凯琪	刘 璐
庆 军	斯 庆	张亚楠	吴 凌	赵佳琪	王昊琛
代宝成	徐丹阳	宋 坤	梁艳滢		

生态环境学院(49人)：

葛 鹏	田 野	赵水莲	通拉嘎	田金鑫	李 敏
李亚杰	王小燕	高雅恒	黄圆圆	刘丹丹	陈 思
于加林	贾 可	杨秀鹏	孙晓瑞	侯鑫狄	李美贤
张 晶	万修福	宋纪雷	郝 东	王建阳	史福玲
齐英达	云 颖	马文龙	贺新春	梅志秋	刘慧芳
娜 娜	陈晓娜	娜黑娅	肖鑫宇	李敖日格勒	刘宁波
乌仁花	胡 琴	刁帅帅	杨 洋	常 成	芦奕晓
郭 特	斯日门	海 尔	周凌峰	张 超	黄 静
张 娜					

机电工程学院(57人)：

赵新宇	刘玮琪	刘 权	陈 哲	马龙兴	海 梅
杜丰灿	布仁门德	赵曙光	肖 猛	王玉明	温 强
白 虎	段利明	马布日古德	李 政	英 明	魏鹏达
文 全	汪桂明	其力格尔	栗 宇	白国珍	陈 儒
呼和那日苏	米 岩	刘晓龙	张 喆	包俊锁	张音清

乔吉群	刘明哲	栗霞飞	贺峻川	乌兰格日乐	董帅帅
许宝东	闫昕	白茹	雷佳音	赵涛	张磊
张树亮	苏亚南	刘志远	刘晨旭	刘天明	李慧
刘亚坤	王超	麦拉苏	王旭飞	阿古达木	包哈斯俄尔德尼
孟祥荣	王乾宇	苏美军			

水利与土木建筑工程学院(95人)：

张宇	周昕瑀	吕杰	陈元秀	李杨	郭素萍
程龙	白勇	孙冉	部欣鹏	袁宏颖	高语轩
马鹏飞	刘艳冬	马晓凯	刘萌	尚子尧	李欣雨
刘文君	赵水霞	杨亚婷	刘美含	杨璐	张文志
何晶晶	丁艳宏	胡中忆	吴云鹏	田旭乐	肖桎
宋爽	杨艳丹	姬旭	郝祥云	刘芳芳	王博
王赫	王芳芳	高吉	顾明伟	李春江	张鹏
刘文君	李河	刘锦华	姜文汐	胡夏然	魏彤
刚德尔	杨占宝	于磊	蔡京定	王彦丹	潘劭博
苏璐	许媛	张良	郭飞燕	陈大兴	李跃
刘学英	塔娜	曹栋	李升虎	刘祥	白文燕
张强	张云程	陈海丽	梁慧	哈斯格日乐	王苏雅
伊龙龙	李慧芳	于文华	高卓慧	曹天祥	薛志敏
任波	郭东艳	郭楠	任飞	郭娟	卢思名
李超	邢浩	李敏	薛燕飞	刘烨玲	王博
张宾	钟铃	袁博文	郭垚	李京东	

材料科学与艺术设计学院(34人)：

梁志伟	于浩然	荣佳旭	张莹莹	刘洁	刘佳玮
康晓伟	张晶	斯琴	包文华	史小剑	苏日嘎拉
刘姣	贾晓磊	高京京	卢江思嘉	曹迎馨	海洋
李云霞	张昆	杨泽勋	王艺鸿	王圣洁	包秀春
骈强	张宽宽	张梅	李东鸣	郭梦媛	王春芳
翟文新如	扈佳琪	樊立辉	乔咪雪		

经济管理学院(122人)：

苏日娜	乌日勒格	张嘉凌	弓智慧	刘振舒	李超斌
闫晶晶	乌日汗	赵世娜	冯宇	包慧楠	刘黔遥
陈乌云嘎	王富丽	李茱	刘慧芳	郭子凡	刘佳鑫
陆文娜	杜丽君	淡泓玮	张馨月	吴锴轩	孔颖
张婷	李宇彬	刘博文	邱浩	冀国庆	王瑞
张雪梅	吴迪	赵梅杰	康丹	廖璐	孙雪梅
唐亚楠	黄红梅	张景慧	杨东升	刘畅	吴那音台
韩燕茹	金成	巴达拉呼	郭龙威	李浩	吕冬梅

刘 茹	萨仁图雅	孙彦秀	魏 媛	寇晓燕	郭晓宇
王 娟	孙泽奇	王月娟	雷 明	丁嫚琪	王晓芳
王 娜	石梦琪	裴 杰	李佳妮	乌云草道	马园园
薛 帅	段鑫乐	李 洁	李玉贞	王 凯	李嘉楠
刘长智	闫海云	敖登格日乐	孟 丹	张 静	高豆豆
崔新达	王金阳	刘星铭	谢新月	高 杨	姜 泽
杜佳璐	何雪晴	贺晓娟	李 娜	马翰博	卢 静
田 峥	王 璐	王 璐	吕越洋	王雨桐	陈琦琦
牛志伟	钟礼阳	韩东风	陈琳娜	乔 丹	韩晓梅
张智胜	孙茹楠	张泽宇	王海莉	朱思源	莫其尔
刘建永	张铭芳	马跃腾	苏 宁	李佳娜	青格乐
云姝婧	罗青青	王 娜	赵春宇	张一凡	恩和德力格尔
乌雅汉	张燕娜				

食品科学与工程学院(50 人)：

乔向宇	郝玉玲	焦天慧	安 然	刘秀芳	鄂晶晶
韩昕男	王 佳	秦 洋	马 玉	萨拉其其	杜 宝
王 丹	张佳楠	伊日贵	乔苑敏	刘孝伟	刘彩艳
王乌云	张 静	苏 萌	周 琦	陈美瑄	王艳楠
赵文静	杜 慧	新毕力克	王金玉	陈 鹿	陆浩然
王 欣	肖彦蓉	邸 鑫	道日敖	温 梅	霍麒文
李红英	赵雅娟	刘 帅	贺喜格	赵飞燕	苏日钦
郭 琴	熊 敏	贾 瑞	道日娜	张滋慧	韩文凤
谢自艳	岳 娜				

计算机与信息工程学院(29 人)：

张玉琪	尹丽佳	陈 桐	郑艳艳	储少靖	李乐彬
郭 彪	姜玉洋	王文静	曹 蕊	李海霞	杨雪影
李海娇	肖慧慧	邬丽君	宋定艳	张 波	王宝利
石 敏	任伟梦	肖 静	吴洪磊	车 雷	章潇俪
马 雪	郭 娇	许俊华	孙建春	田奥赟	

生命科学学院(37 人)：

齐 畅	苗皓博	赵海红	沈 志	吴 楠	刘鑫阳
郭亚真	王 蕊	闫 飞	万子萌	杨文华	韩之皓
阿力玛	黄新振	米秋雅	贾桂玲	李 哲	宁嫒嫒
孙 爽	李 雪	闫红霞	高慧清	宋伟艳	杜 亮
沈笑瑞	田志鹏	张美玲	任 玲	张英英	李启豪
沈 媛	左 俊	王丽荣	吴和欣	黄季璇	黄 成
刘 晶					

人文社会科学学院(31 人)：

贾文莉	萨拉楞	赵晓娜	孟根那布其	生茹萌	鲍文娟
刘丹丹	宝力日	莘跃敏	额日敦高娃	张 静	来 英
郑 迪	韩 明	杨日旺	樊艳良	冯丽娜	王 静
陶伟玲	刘泽宇	陈二友	乃日苏格	霍喜英	张 娜
萨如拉塔娜	张 挺	朝不日力格	王卓悦	白国徽	魏嘉玮
程丽芬					

外国语言学院(9 人)：

夏淑华	李 娜	张 玥	高 敏	刘 奥	杨 旭
王 敏	白昊琳	刘 璐			

理学院(22 人)：

刘肖丽	李 雪	高金玉	吴海英	张 宁	王 煜
王若雪	薛 雨	张志浩	刘高飞	马文瑞	张素芳
张美霞	王意飞	曹玉莹	侯 娜	杜梅娟	黄瑞强
许晓红	刘爱玲	贾炜姣	杨承飞		

能源与交通工程学院(25 人)：

闫争艳	李 端	那拉苏	田雅琦	王晓敏	李英雪
马东梅	韩宗豫	高 楠	程建业	赵 琦	吴 超
刘新禹	乌日古木勒	段立群	梁 鹏	刘 方	彭 巍
宋国强	吴 明	熊 越	王娅娟	郝煜洲	王继碧
张团结					

国际教育学院(1 人)：

杨凯华

研究生学院(81 人)：

赵启南	李 杰	高 迪	王志超	辛 雪	包萨日娜
田丽新	王希平	高 原	贾 恪	郝苗苗	李 琦
刘 慧	陈 丹	苏 赫	邬飞宇	董玉玲	卢春芳
刘文才	王硕韬	庄新斌	刘士嘉	韩 磊	曹晓东
王新朋	王云毅	张彩霞	陈小方	鲁 丹	杨 波
郑竹清	岳 璐	全亚静	杨 威	桂 涛	王毛毛
张梅梅	周天荣	撒淙武	康晓敏	王 芳	张 伟
马 黛	王文玲	陈熙洁	刘 月	王一超	特尼格尔
于志贤	陈 曦	张健飞	祁晓慧	韩利东	钱 卓
郑清岭	蔺亚莉	郭晓静	刘子路	付艺峰	乌云娜
马志伟	刘冠志	郑 磊	哈 斯	杨 洋	刘晓雅
宋树慧	古 琛	梁丽娥	扎木苏	杨春波	王 勇
陈广庭	王 璐	薛慧军	萨茹拉	石卫燕	呼斯乐
宋文喆	吕新丰	田剑浩			

继续教育学院(13 人)：

呼日查	胡凯文	郑 泽	代 琴	郝士奇	张 宁
郭子龙	裴文斐	樊荣力	张治国	宋雅静茹	阿日兵巴雅尔
刘 乐					

职业技术学院(125 人)：

康建娥	李进义	王 超	刘 丹	徐金钟	王燕妮
李祉娟	额日木图	康志强	和叶强	代伟迪	郭亭亭
王文龙	乌妮尔	郝广利	任冬雪	韩 勇	王亚楠
范宝川	信红芳	马秀娟	班 扬	王诗宇	张 洋
库小宇	薛燕青	范增良	贾浩楠	赵玉荣	乌雪涛
武美林	塔 拉	师 露	陈立奇	郝晓辉	赵 宏
孙 雪	白来小	宋雪丹	何丹丹	韩永强	曲媛媛
樊瑞峰	田 通	丁 鹏	王 燕	邢冬冬	闫 婷
李 囡	李世杰	石丽芳	康 禄	张 超	杨 瑞
李 欣	包文成	席亚峰	赵宇娜	杨利夫	翟高娃
高东宝	海 洋	高素炜	王 静	王丽红	姚 尧
刘 佳	姚掀掀	成 朵	张 艳	杨星宇	陈 璇
赵欣欣	吕美洁	邵雪松	赵紫凤	马巧霞	胡傲波
姚 玲	果阳阳	高 星	刘 瑞	马丽雅	高艳静
张思瑜	宋学英	孟改玲	张秀梅	王 雪	罗美桐
武 娟	李娇玉	武瑞雪	吕明艳	赵晶晶	赵洪波
查 那	王 娜	刘美娜	韩 涛	康 东	马 越
梁文杰	张巧燕	胡永慧	杨 虹	贾丽宏	丁艳霞
周 明	谭慧君	成广儒	杨洪杰	王 勇	裴蒙蒙
包乌友娜	剪洪学	孙艳玲	赵玉荣	王丽新	付志燕
白苏日娜	叶桂敏	吴世雄	易慧茹	张文杰	

内蒙古农业大学2013届"优秀大学毕业生"

动物科学学院(14 人)：

郭咏梅	鲍红梅	木加甫	胡秀风	那日森	希吉尔
苏俊玲	斯琴毕力格	李 丹	乌义罕	黎 慧	赵宇峰
刘 茹	甫尔加甫·别	甄梦晓			

兽医学院(16 人)：

孙雨茗	孔德秀	娜黑雅	吕东涛	王海瑞	刘 恩
周世兵	胡 恩	海日汗	樊翀宇	田 青	金 鑫
李 嫚	哈登楚日亚	萨仁满都拉	韩明浩		

农学院(24人)：

海日罕	张凤杰	温江涛	滕可心	王雪松	张园园
孟阿宁	杨辰	刘英杰	张晓阳	刘叶兴	曾麒瑾
刘明	刘彤彤	蒋泉欣	张明哲	王晔	韩伟秋
崔孟颖	贺丽萍	孙世军	祁建勋	张书斌	傅瑜

林学院(31人)：

徐珍珍	布仁仓	张泽阳	赵红梅	高宏琴	杨春燕
王丽丽	雷娜庆	张天宝	齐秀英	王莹	李妧
王瑶	王胡格吉力图	冯瑞青	塔娜	范媛媛	刘秋侠
何凌仙子	刘银鸽	孙晓丽	青哈斯	高敏	马妹丹
李世霞	唐海园	伊热夫	韩润	朱丽丽	徐艳
斯琴巴特尔					

生态环境学院(26人)：

武倩	刘晓京	高敏	赛尔茜雅	任艺	孟文诚
王红艳	哈英哈日瓦	范香岩	吕明举	王梦吉	刘青媛
朱宾宾	萨日娜	何亚锐	李纳	石凤玲	马骏骥
李爱民	美乐孟	段有为	孟凡静	王娟	刘真真
李丹	乌日玛				

机电工程学院(56人)：

政东红	毕力格图	丁勇	安晋岩	张卫东	王溪兵
梁志东	图拉古尔	刘建荣	张祥宇	武鹏程	韩仲瑶
莫日根	安松青	王晓蓉	季萍萍	杜嘉楠	池勇猛
焦磊	莫日根毕力格	段雪飞	李亮	周大鹏	张冉佳
梁海波	乌云必力格	燕春风	王正龙	李国梁	张振苗
赵洋	铁柱	邬娟	王鹏飞	刘芯溧	谢学飞
陈明	宝日玛	田智	赖朋斌	李晓燕	李明慧
张向阳	达布其力吐	张成龙	越志成	张子钊	刘智荣
宋俊杰	金刚	王辛帅	邢秧萌	康瑜	王章钊
鑫成	孙发亮				

水利与土木建筑工程学院(47人)：

胡文达	高雅	王娅男	折伟	王敏	王泽臻
李燕红	孙鹤辰	梁燕茹	戴丽杰	井海刚	田野
张松	李丹	李晨霞	蔚国君	历洪岩	马雪健
候家林	孙冰洋	贾德祥	代玲玲	李晶	张宇冠
鲁瑞林	牛慧敏	梁宝峰	刘辉	王磊	宋宇霞
张倩倩	赵颖薇	王思亮	刘涛	任鹏	冯宵
鲁耀泽	李月香	许浩	俞璟	侯奇良	张清华
王冉	张鹏	何乐	高兴璐	刘洋	

材料科学与艺术设计学院(28人):

何道橘	张少博	郭玉维	刘柏锁	卢 琦	白淑婷
刘 帅	闫 越	韩瑾琦	高 君	王 瑞	朱志霞
姜 彬	惠冬雪	刘 馨	崔巍月	罗 婷	田 雪
高玉磊	叶 青	张 龙	宋小庆	杨晶晶	姜宏磊
于海涛	陈 玲	宋海成	苏 娜		

经济管理学院(83人):

韩志非	李 娜	李雪薇	张海洋	赵丹丹	邹子健
刘 皂	刘宇晨	田丽萍	黄靖翔	白 雪	赵金兆
姜智文	刘忠楠	赵致玮	王 红	荆利娜	乌吉斯古楞
袁 航	张瀚敏	王 婷	刘 敏	阿尔山布拉格	李娜娜
石 双	张云云	折慧芝	李勇喆	乌云嘎	郭星雲
陈树济	武霄鹤	王晨彦	郭 宇	毛沙其拉	韩兆远
刘彩霞	刘志芳	刘镇霆	程泽宇	新 花	奚保宁
马春阳	李艳丽	王 玥	马慧杰	王晓峰	史文哲
刘 彬	张 伟	刘 茜	季舒美	包根兄	叶佳林
闫秋霞	刘 英	郭晋荣	韩 伟	郝 伟	李大伟
董怡梅	石 颖	陈 琳	韩伯鑫	任耀强	贾 佳
李 多	徐超宇	何玉荣	陈 玲	刘志娟	彭 冉
崔博然	安琪尔	郭 欢	刘晓璇	杨俊慧	杨 柳
齐艳明	刘浩源	辛小琪	郭 阅	陕育超	

食品科学与工程学院(39人):

王玉洁	乌仁图雅	张冬蕾	于海静	石 伟	王 盈
孙 宇	萨仁图娅	温慧颖	张 莉	王梦圆	杨志荣
金豆豆	李玉萍	吕智慧	徐之昊	周宇庆	张志强
代 兄	刘春晓	燕彩玲	于 莎	杨学婷	宋 彦
阿茹汗	高 磊	祁晓霞	周 霞	刘 欢	杨慧荣
于珍珍	高玎玲	杨 靓	贾原博	陈锦悦	孙 蕊
美 丽	李 娟	李虎平			

计算机与信息工程学院(18人):

温 婉	刘桂增	吴燕平	常晓华	贺夏云	徐 将
侯霁峰	于建鑫	丛 一	贾博文	武丑贵	杨晨晓
王晨阳	尤雪媛	肖 帅	李宝成	郑思阳	马艳云

生命科学学院(20人):

刘思蒙	佟 昕	张志伟	白志军	田修蕊	樊亚娟
辛俊利	刘 伟	张得龙	贾金杰	张 祥	刘 雷
汪立晴	赵若阳	武文娟	任彩霞	王倩倩	张容宇
翟少东	张 驹				

人文社会科学学院(12人):

金风艳	乌日古木拉	斯琴其木格	隋洪旭	韩文彬	张 娜
吴乌云嘎	傲达慕	刘亚娜	赵 婧	敖 登	于江超

外国语言学院(11人):

张仁华	肖 秀	刘艳红	赵海霞	张 旭	张伟峰
楠 玎	邵朱金	常 燕	姜嘉丽	贺佳妮	

理学院(10人):

杨 苹	林 森	薛学学	刘丽霞	王小娟	张佳玉
董 红	杨海峰	徐长帅	史德超		

能源与交通工程学院(12人):

范井丽	包 胜	张继尘	张 鹏	王冰冰	李鑫伟
张贵满	乌云嘎	屈 瑞	范才彬	杜珠伟	马 静

继续教育学院(6人):

张宝月	黄婷婷	裴文斐	南朋举	白音苏楞	郭杨斯汗

职业技术学院(130人):

梁 俊	刘迎春	卜 廷	朱海晓	乔 乐	边志东
白 洁	吕亚徽	张 欣	张 伟	雷 敏	王向东
王 翠	刘灵仙	杨艳霞	罗东霞	郝 慧	康苗苗
吴 玲	武慧丰	代文慧	王泽辉	朱瑾荣	杜 昊
林 雪	刘 丹	刘 洋	徐树新	王恩辉	李霞飞
赵晓芳	高立红	李晓婷	秦继东	郝红梅	刘二娥
李宏宇	张树清	董雅琴	李芳丹	陈艳超	杨凯强
刘俊秀	赵国英	王冬梅	焦 阳	刘淑慧	张楠佩
张晓艳	李 艳	何 燕	张 健	孙海霞	石立成
田 媛	邢婷婷	李 敏	宋 玲	白丽丽	徐永伟
赵丽娟	侯春燕	孙瑞厅	尹晶晶	荆文琪	史志香
钟 颖	郭乐芳	王冬冰	陈敏强	李 丹	席小龙
刘星雨	张 媛	张佳乐	李慧珍	张 妍	刘岩飞
张文颖	宋庆新	冯亚欣	王 芳	张 璐	郭雅楠
任雅君	索瑞燕	张明武	王丽娟	根 小	黄凯丽
刘德春	陈圆圆	郝志霞	刘 慧	呼和其其格	任晓羽
刘彩清	洪丽杰	邓志灵	王丽娟	明 兰	方立岩
周 乐	尹 晶	郭子贺	刘小莉	邰乌云	张 雪
李婷婷	王旭云	魏延杰	潘亮亮	姜世新	陈利鑫
田子秋	王 艳	张 健	刘美翠	李映霞	韩东慧
祁 园	王 倩	张圆圆	宋学梅	孙志永	陈喜园
孙 霞	潘 欣	张 颖	朱 玮		

研究生院(61人)：

李士栋	钱　程	王淮亮	张玉佩	吕　嫱	李　娜
兰儒冰	孙兴华	朱　雷	史艳茹	王宏梅	阿迪雅
赵一萍	杨　耸	陈　琦	张晓红	李梦婷	崔　雯
邬宇航	梁冰洁	刘慧娟	岳　阳	李振飞	池　翔
孙晓磊	刁占杰	王慧源	张明珠	陶伯旭	徐海燕
杨　磊	纳米拉	鲁永萍	张旭光	高　阳	张崇志
李　盈	王艳兵	肖传晶	郭　婷	王向东	韩俊涛
娜　仁	张文泉	王雪岩	董　博	尹佳佳	额尔敦花
甘　霖	白文科	赵胜男	申艳艳	魏立杰	陈丽丽
岳红丽	马迎宾	王海燕	刘　秀	杜文龙	席那顺朝克图
秦永林					

毕业生、学位获得者名单

年度授予博士学位人员名单

材料科学与艺术设计学院(2人)
丁立军　　　　赵喜龙

动物科学学院(9人)
祁云霞　　　　杨丽华　　　　齐利枝　　　　张崇志　　　　张兴夫　　　　赵飞艳
肖红梅　　　　赵一萍　　　　王秀美

机电工程学院(2人)
张红旗　　　　马广兴

经济管理学院(6人)
KHADBAATARUUCHGEE　　　　郭巧莉　　　　郭婷　　　　苏日娜　　　　谢红岭
辛国昌

林学院(8人)
方海涛　　　　王飞　　　　杨潇　　　　伏鸿峰　　　　高涛　　　　张文泉
ATARSAIKHAN TUMENDELGER　　　　DAVAAKHUU BOLORTSETSEG

农学院(25人)
包妍妍　　　　钱程　　　　李高　　　　张秀娟　　　　李艳艳　　　　萨如拉
付崇毅　　　　赵鹏　　　　娜仁　　　　甘霖　　　　罗瑞林　　　　张磊
康利平　　　　陈杨　　　　秦永林　　　　包海柱　　　　孟庆玖　　　　赵海超
庞杰　　　　巩东辉　　　　杨杞　　　　范秀艳　　　　秦军红　　　　赵涛
ODONGEREL SANGIDORJ

生命科学学院(3人)
刘春霞　　　　孟凡华　　　　吴凯峰

生态环境学院(17人)
张宇　　　　杨婷婷　　　　刘慧娟　　　　陈丽丽　　　　尹强　　　　张存厚
王淮亮　　　　左合君　　　　希吉日塔娜　　　　张晓东　　　　袁帅　　　　斯日古楞
杨丽萍　　　　牛星　　　　白春利　　　　苏亚拉图　　　　　　　　ENKHBATDAMDIN

食品科学与工程学院(6人)
段艳　　　　梁俊芳　　　　徐龙　　　　于洁　　　　张勇　　　　倪春梅

兽医学院(14人)
段跃强　　　　牧仁　　　　田晓灵　　　　边艳超　　　　刘利军　　　　孙忠超
黄丽华　　　　纳仁高娃　　　　杨磊　　　　贾皓　　　　刘秀丽　　　　徐春光
米焱　　　　石瑞丽

水利与土木建筑工程学院(6人)
李为萍　　　　刘旭　　　　张义强　　　　赵胜男　　　　李昊　　　　庞文台

年度授予硕士学位人员名单

材料科学与艺术设计学院(18人)

胡士伟	吴登茹	韩瑞娟	丛亚娟	刘佳佳	武钾赢
史艳茹	由俊杰	刘淑丽	李军	庞娟	杨剑
王敏敏	张晓红	赵岩	李晓曼	田佳	张振

动物科学学院(22人)

韩志玲	吴苏日古嘎	郑再明	兰儒冰	吴铁梅	王哲奇
杨波	孟克格日乐	刘娜	巴彦乌拉	孙和涛	徐元庆
孟丽云	杨惠茹	包美艳	孙国平	孙伟男	伊日瑰
乌日力嘎	于新蕾	何亭漪	王永东		

机电工程学院(28人)

常橙	南春磊	田阳	王婷	程英照	张博
刁斯琴	苏佳佳	朱英开	魏炜	刘景艳	张欣达
范春茂	孙晓红	池翔	姚燕慧	隋建民	迟明路
侯鹏程	王慧源	韩静	钟婷婷	王华红	刘淳
鲁永萍	王健威	王凯			席那顺朝克图

计算机与信息工程学院(5人)

高阳	刘颖	柳笛	王亚超	赵立慧

经济管理学院(36人)

吴琼	郭鑫	岳阳	王健伟	瞿声龙	乔福厚
张旭光	冀万芬	张明珠	吴公华	郑苗苗	王钰
赵威	梁骄	江杰	杨婧	安娜	杨磊
白晓冬	钱晓艳	李琴芳	杨溢	郭晓萍	张丽萍
杜宏	王娜	任志清	庄劲菁	李雁	张南
赵云霞	珠拉	贺同乐	游武	BAATARJARGAL SOYOL-ERDENE	
SAINJARGALOTGONZAYA					

林学院(26人)

包文泉	领梅	董蓬帆	莎茹	海娇	徐忠磊
越慧芳	刘怀鹏	高春智	王艳兵	侯经华	田东方
白彦	莫日根	李勃	包红光	李娜	王赵双
匡艳华	陶树光	纳米拉	刁占杰	李银莲	苏日嘎拉图
李卓凡	田稼穑				

马克思主义教学研究部(18人)

阿迪雅	刘锦涛	乌日拉嘎	崔雯	乌兰图亚	丽红
安娜	恩克那生	乌云	郭松朋	马萨日娜	吴彩霞
蒲树军	其布日	银杰	金梅	倪芳	袁瑞林

能源与交通工程学院(4人)

| 杜文龙 | 郭利勇 | 于 敏 | 赵 婷 | | |

农学院(48人)

李 爽	蒋玉婷	王 亭	韩静静	张 怡	肖 特
陆 阳	马 博	吴丽媛	李彦强	陈晓敏	张晓萌
张海勃	任 杰	翟永胜	张 峰	樊晓焕	谷雪菲
彭勇强	王 阳	巴 图	庞 磊	房冬梅	关文雯
孙兴华	吴 芳	段 娜	石晓华	胡卫静	吕佳雯
张敏哲	夏永恒	岳红丽	孙乌日娜	刘 鑫	庞金虎
郭守春	张东东	高 媛	张黎黎	任 锐	田 露
闫雅非	杨丽辉	尹 斌	OYUNTSETSEGBUUVEIBAATAR		南斯勒玛
额尔登苏布达					

人文社会科学学院(7人)

| 李 娟 | 栗 静 | 芦文波 | 王瑞之 | 张鸿雁 | 张 雨 |
| 李 娜 | | | | | |

生命科学学院(25人)

高 洋	白宏伟	肖 娜	王向东	金 凤	郭 俊
牛爱华	杜 威	崔国卿	魏丽丽	刘亚鹏	刘雪锋
王振宇	李志艳	高友汉	尹佳佳	赵吉睿	吴 兴
魏立杰	韦林盖	孙晓琳	彩 花	郑雪慧	张 锋
赵 磊					

生态环境学院(52人)

荣 磊	王明涛	王广元	马迎宾	陈晓雨	年佳乐
代景忠	刘 波	刘志兰	任丽娟	李 磊	李姗姗
李 慧	白文科	翟明瑶	姚立强	龙 菲	松 昀
卢志宏	常国军	董 雪	袁 勤	王 营	王鹏飞
吕小东	哈丽雅	黄雅茹	张雅楠	尹亚楠	王旭峰
唐士明	康 玲	李凯锋	郑松州	朱 雷	张先红
阿力古恩	李玲玲	刘晓敏	周 毅	白高娃	白梨花
齐都吉雅	乌依勒斯	乌仁塔娜	曾月娥	马红燕	刘 鑫
刘伟伟	乌鲁木山·布仁巴依尔		赵巴音那木拉	BATBAATARORGIL	

食品科学与工程学院(31人)

葛 飞	刘 娜	吴琼彪	张 敏	吕 嬉	王美仁
郭春燕	刘 微	徐海燕	曾凤泽	吕耀龙	乌 云
郝元元	吕雅琼	薛建岗	李 佳	苗海明	吴小燕
孔亚楠	塔 娜	杨 洁	李 婧	孙春玲	赵 娜
李振飞	王美霞	张利燕	李梦婷	王宏梅	通力嘎
TUMURBAATARBALJINNYAM					

兽医学院(22人)

陈少博	李志芳	孙晓磊	高 晶	隋鸿园	王 敏
高妍妍	韩 雪	王 亮	李 滨	王彩凤	邬宇航
菅瑞珍	刘建新	张建军	刘国娟	王 飞	张 玲
李 砚	其力根	陈玉惠	苏 娇		

水利与土木建筑工程学院(27人)

郭集中	高 云	赵 倩	侯宇慧	董玉萍	付绪金
韩俊涛	刘彩云	赵世昌	姜焱培	崔凤丽	李 杨
姜 波	田 丹	曹伟娟	杨文慧	冯俊亮	史新娟
王晓丽	魏学敏	韩艳红	张玉佩	冯伟莹	王海燕
范晓慧	辛静静	李志芬			

年度授予专业学位硕士人员名单

材料科学与艺术设计学院(6人)

刘豪可	刘立峰	孙冰冰	吴亚坤	夏 丹	相广东

动物科学学院(20人)

李士栋	高乌仁花	刘 荣	孙彩霞	王庆红	薛瑞婷
包花拉	格格日乐	青格勒	王福慧	乌吉斯古楞	张东方
常 悦	荷 花	王 静	苏日古嘎	乌思夫	张志宏
潮洛濛	敖日齐楞				

机电工程学院(19人)

巴隆业	黄鹏飞	浩斯巴雅尔	王 慧	王忠坤	张 晨
单亚琼	孔令亮	任德志	王世存	肖传晶	格日勒
刘引弟	李 洋	施政达	王雪岩	于奎单	刘 婷
何 健					

经济管理学院(113人)

陈 伟	冯慧敏	郭晓东	贾德春	李振华	马 超
白莉英	樊 帆	何永飞	贾海云	李尊娟	马婷婷
程强强	芳 芳	韩孟春	贾金凤	林富荣	满都拉
包 凯	额日贺木图	韩 伟	姜 宇	刘金霞	闵纲跃
曹冬梅	冯岁刚	郝瑞萍	焦 敏	刘 恺	乔 艳
陈立国	冯 昕	郝少峰	李 浩	刘 磊	乔 媛
奥尔其朗	付琨凤	郝亚琼	李 静	刘 亮	戎 轶
包巴特尔	付翔宇	哈斯苏布德	李 宁	刘倩祺	萨如拉
崔 波	高颖莉	红 艳	李小勇	刘 伟	申艳艳
邓婷鹤	高照云	胡玮萍	李 璇	刘 秀	沈 聪
董 博	谷 雨	黄托娅	李 妍	柳 青	斯小丽
董 露	郭侍鑫	贾春燕	李昭君	鲁 丽	孙海军

孙一哲	王 婧	王铁君	徐 慧	杨 喜	张 星
孙 悦	王 璐	王志欣	薛晓丹	云慧娟	赵 坤
王阿美	王 猛	乌音嘎	乌云达来	臧 宏	钟学立
王 兵	王铁铮	杨 春	杨 帆	张光旭	周 佳
王春娟	王婷婷	吴二红	杨 静	张娟娟	朱宝江
王 夺	王新颖	夏旭丹	杨 逯	张明明	佐桂兰
王精华	王 砚	徐东初	杨 涛	张文泽	

林学院(45人)

陈 宇	马 莉	夏 祥	申 超	虎日乐	乌恩图
韩梅灵	孟 梦	许一然	曹满英	刘慧辉	杨春光
撒雪梅	秦 蕾	杨 耸	潮洛蒙	戴震平	杨向春
侯晓璠	宋长衡	于红丽	陈 丽	孙成林	张丞博
贾佼艺	苏大可	张 娟	苏迪利亚	王清江	张慧博
李海潇	陶炎欣	海 莲	哈布日	魏 瑞	张利俊
李祥祥	童 健	李大勇	贺 勇	王天永	张同彪
梁冰洁	王国辉	吕 可			

能源与交通工程学院(5人)

任永祥	史宏江	雪 原	郑瑞宏	朱宏奎

农学院(35人)

安 娜	陈泽彬	高海江	乔 梁	魏云山	杨美艳
白云龙	崔超敏	郭云汉	双金花	乌 兰	叶建全
曹 磊	崔丽洁	贺 伟	王晶磊	吴 蓓	云 茹
柴晓娇	段 婧	胡有林	王立华	徐 贺	张玉珠
常 征	冯叶军	焦兴刚	王欣玉	杨贵财	赵 勇
陈 霞	付 娜	栗雨柔	王宇暄	杨 欢	

人文社会科学学院(12人)

高文冠	李卫家	李 震	刘雁南	孙俭华	王阿雷
李明波	李秀梅	林惠平	苏颖超	孙玉伟	王丽霞

生命科学学院(11人)

陈 露	贾 英	乌云夫	先春云	张必周	张永峰
杨永平	王明慧	邬中元	陈勿力吉玛	张红霞	

生态环境学院(62人)

陈 越	陈 飞	高海霞	娜仁图雅	胡建梅	李忠林
敖 丽	陈 琦	关 伟	郝 杰	靳存旺	刘桂林
白海龙	阿拉腾布日古德	郭 建	郝向伟	李 敏	刘晓琳
宝 音	董大壮	郭丽芬	何宇良	苏日塔拉图	刘馨月
曹俊伟	冯玉刚	郝翠枝	呼日查	李 想	陆文生

马春霞	李上元	王　旭	谢　静	杨伟光	张　锐
乌兰巴特尔	邰　丽	马丽娜	辛雷勇	杨晓冬	张　勇
郝海平	田　宁	武永林	徐　丽	杨咏梅	张志军
聂智军	土拉古尔	武兆坤	闫永飞	张鸿怿	郑轶慧
沙日娜	王多民	武　哲	杨胜利	张　蕊	周喜平
史利军	王胜利				

食品科学与工程学院(50人)

白锐利	沈　珺	武冬萌	赵淑环	贾雪晖	孙天波
崔爱英	苏美玲	阎　艳	周　靖	李　晨	王建飞
胡惠敏	陶伯旭	杨　帆	白丽仪	李　佳	王　娟
黄奕颖	田　余	杨瑞鹏	白　梅	李小军	王培嘉
李艳辉	万海霞	姚　娜	陈　宸	刘林林	韦　唯
鲁艳艳	王家利	张　莎	董英丽	刘喜桃	肖洪涛
鲁永强	王莉梅	张淑红	傅倩倩	秦玉英	杨玉林
马新新	王　岩	赵　嵘	郭珊珊	屈瑞霞	郑策
马占福	魏　芳				

兽医学院(24人)

王春江	王晓东	张童君	贾利红	刘　畅	高　越
王殿柱	武　飞	高治国	贾智丽	秦　飞	范佳乐
王　刚	杨　霖	郭　恺	李　睿	陈　圆	冯　超
王　剑	张淑珍	郭　旭	李　盈	杜金娥	额尔德木图

水利与土木建筑工程学院(13人)

白佳乐	李昊然	张文宇	诸葛晓昌	金　娜	任少慧
冯　敏	杨松益	郑洪宇	贾建军	李　光	赵　娟
龚雪文					

内蒙古农业大学2013届普通高等教育本科毕业生名单(校本部)

动物科学学院

动物科学(184人)

胡日勒	白二姑娘	呼和那荷雅	韩秀萍	萨查日	王珊珊
乌沙如罕	查 敏	刘晓凤	呼德尔	乌日根	益 姣
巴图孟开	图布新	包银刚	胡秀风	乌义罕	李作伟
秦丽艳	包丽杰	何宏媛	毛晓俊	通拉嘎	薛勤乐
才仁道尔吉	包曙光	阿民布和	双 喜	呼和扎那	聂 亮
吴斯琴	苏日娜	敖日其兰	阿 荣	格希格陶克陶	李晓凯
陈龙梅	鲍晓东	娜 清	吐 雅	那日森	夏拙林
黄阿力得尔图	鲍红梅	甘 迪	包永明	诺 民	沈宏亮
马岩梅	呼斯楞	王爱迪	苏德巴嘎那	查 娜	侯淞泷
额妮日乐	张秀英	孙昊天	格日乐	刘彩霞	崔 健
杨海明	高全福	张 帆	乌仁高娃	额伊乐斯格	巴 特
宝进学	乌义罕	蔺彤璐	包世界	王莹莹	张松浩
吴好特老	永庆苏日格	邢振存	安聪明	王 雪	侯会利
敏 敏	斯琴毕力格	马 强	敖日格乐	郭咏梅	刘 茹
苏达拉嘎其	音 生	岳远西	胡斯乐	杨书伟	郑 旭
孟根梯布	白吉生	袁庆启	乌云图雅	张守望	张 政
清 清	敖其尔巴图	田春丽	巴图毕和	李春燕	韩文静
诺 敏	洪乌日汗	黎 慧	伊日格队	杨雅娟	杨智仁
阿荣那布其	邰红艳	那顺巴图	东德布	谭鹏宇	马月明
那朝格	包乌云娜	铁 军	苏尼其其格	郭敏娇	陈建鑫
珠 娜	图日钦	玉 峰	包长山	苏俊玲	王 晶
木其尔	敖乳嘎	希吉尔	刘春艳	李倩倩	王一鸣
苏伦高娃	塔米拉	南 迪	巴雅斯古楞	宋雪扬	张 环
乌东嘎日格	文 明	苏依勒	孟根随和	张 通	刘 琦
萨如拉	刘曙光	努特嘎图	庆达嘎	田耀耀	廉家琨
岗吉如和	关桂香	达布拉干	陈秋燕	韩佳杰	闫 玮
乌云图	张 强	赵宇峰	丽 丽	姚 蕾	李儒滔
红 城	森布日	韩九江	那不其	石 况	彭代勇
萨出拉	白永明	王苏冷高娃	宝日格勒	王琬婧	邱 光
丹毕扎拉僧	乌丽雅苏	布仁巴特	拉格胜	曹东新	王一帆
阿拉木斯	金世牧	甫尔加甫·别木加甫			

水产养殖学(28人)

许晓菲	董耀春	吴海龙	刘 博	彭志雄	黄学朝
肖俊峰	张 伟	王 崇	石燕芬	李 丹	杨师云
郑 杰	胡 越	格日乐敖德	吴隆强	孔令普	羊小龙
佟连雨	刘 旭	李 璐	王成兵	甄梦晓	李曼玉
杜晓磊	韩佰义	孟 俊	李思平		

兽医学院

动物医学(140 人)

哈斯图力古尔	都日塔哈拉	海敖日格乐	高凯强	李德君	侯 磊
陈海霞	胡 恩	田福来	周天飚	杜 岩	徐永钢
宝 梅	智 梅	王彬彬	李志圆	王 聪	李 宁
忠 海	孟 和	王 啸	刘 旭	张 迪	王海峰
关恰·桑吉德	娜黑雅	杜振杰	孙雨茗	韩庆宇	庞方圆
乔鲁蒙	乌 兰	李 响	王立明	吕东涛	吕建华
图格其	德力黑其其格	陆继爽	杜 涛	高 俊	李 慧
哈登楚日亚	包文君	孔德秀	郝玉青	吕智慧	樊翀宇
高铁刚	其乐木格	刘来珍	魏翊君	张瑞强	孙洪瑞
伊日贵	包阿荣萨娜	牛同州	周世兵	陈 琦	吴 桐
乌日那	萨其仁贵	刘建奇	王登锋	刘国庆	徐冠华
白嘎力	毕力格	刘雪岭	邹 赟	杨 惠	薛晓阳
李盼盼	苏乐德	芦 婷	张 浩	宋书洋	张 琛
旭荣花	包玉香	李志民	李建华	邵国玉	罗春龙
白白音宝力高	娜仁高娃	陈 晗	纪秀红	李 琛	齐泽鹏
何朝鲁孟	海日汗	李晓燕	李 嫚	侯儒东	乔 蕾
乌日汗	澈力格尔	于环宇	曹 慧	兰 凯	雷 挺
满得胡	白特木恩巴图	程 骞	王业华	秦 姣	张志坪
敖其巴达拉	辛那木拉	孙 迪	付海鹏	刘 昆	高 尼
韩甲春	萨日娜	郭敬凡	李尤佳	钱琳娜	陈 杰
陶娜拉	那木日	刘 伟	杨旭弘	康永伟	张 博
玛拉钦呼	唐长喜	吕 燕	刘 洋	韩明浩	商垒斌
邓英俊	萨仁满都拉	张志丹	王 乔	刘立颖	海日罕
白嘎拉	黄伟光				

动植物检疫(63 人)

刘荣荣	孙 博	刘 恩	刘 治	路 璐	刘 鑫
孙德尔	刘 悦	张帅洋	宋 越	柳 盈	张胜男
苏德勒	崔艳芳	张志飞	胡泽宇	王艳锐	崔金磊
张玉辉	田 青	郭 鹏	张 帆	李 洋	金 鑫
宋庆乐	王海瑞	孙路阳	高航飞	董春艳	李思倩

刘纯强	张立明	李　龙	王瑛斌	马博雅	陈茶香
郭建乐	杨　俊	王世超	白文丽	邱志鹏	林珊珊
常宇慧	金　龙	姚庆贺	代佳和	郑文青	姜元崇
杨春花	张　蕾	宋亚京	王婧怡	徐丽媛	李　瑶
黄利刚	张修颖	魏　征	刘　博	吴红旭	高　鑫
张雄飞	李　玲	郑佳琪			

农学院

农学(39人)

哈斯木其尔	王美玲	李　俊	黄美华	安雅杰	李雪凝
格乐巴	王　超	刘晓芳	刘小雪	张明哲	刘　东
海　林	姜林希	赵　超	张　薇	牛倩倩	刘亚光
刘家骐	滕可心	赵林梅	成传招	渠佳慧	田国军
李　拓	张婷婷	张华英	赵紫伟	苏　芮	祁建勋
贾振兴	段　慧	刘宏飞	缪宏宇	田　帅	胡日查
董玉新	张晓阳	李妹娟			

设施农业科学与工程(38人)

周美莲	单宝来	何　艳	刘英杰	董现添	丁佳威
王　欢	陈宏伟	张啸洁	田先先	赵振宇	伍虹宇
吴金杰	张珂愚	刘彦辉	苏天潮	苗　兴	李　杰
刘根忠	孙立强	岳蒙川	朱绍村	杨　迪	彭立华
田旭旭	冯振利	燕飞达	谭金龙	邹　浩	戚国隆
丁福全	谭占明	李晨阳	韩晓琴	李　瑶	陈燕鹏
张英博	温江涛				

园艺(85人)

海日罕	刘　欢	张富华	孙文艳	韩伟秋	刘　明
苏日古嘎	孙世军	李远鑫	鞠维伟	刘永胜	李婵娟
灵　灵	田国杰	高　洋	王　燕	申逸杰	赵俊杰
萨其楞贵	张化羽	蔺　菲	潘　阳	韩　雪	段超赛
杜娟娟	董　乔	王　勇	潘　宇	孟阿宁	李　婵
范　珍	王志鑫	唐娅楠	鲁　宁	徐　辉	董丹丹
高　婧	王莹莹	王　岚	任嘉伟	汪玮芬	罗德铭
蒋泉欣	李艳丽	高萌萌	张　鹏	傅　瑜	盛雅晶
罗玉松	负建全	张　建	乃　登	党　楠	黄　娴
孙宝珍	刘亚男	李金珠	彭瑞娇	张柏杨	徐　莹
魏晓婷	岳文龙	闫炜伟	刘永鹏	张　恒	单玮璠
彭瑞娟	史学芬	常东旭	巨灵君	潘　雨	张　星
边保华	边步燕	韩兰兰	郝碧洲	孙亚男	陈慧卿

成 婷	李 菲	侯学芳	李晶晶	宋婷婷	朱荣辉
吕 婷					

植物保护(54人)

李正群	梁 宇	刘文明	郑文芳	张发学	李廷芳
张园园	李晓清	张之奇	郭 圆	高春龙	霍建强
孙振添	王雪松	郑 帅	马全有	宁显沪	曾麒瑾
王金兵	石 岩	李立彪	杨东哲	张书斌	徐晓凤
宋妍悦	于立琪	裴龙飞	高靖淳	刘海祯	王 晔
于 飞	王 凯	宋 必	刘 阳	韩凤阳	崔 泽
刘智慧	孔庆鑫	孙中华	张嘉琪	唐 琪	章振山
刘瑞虾	倪国府	高占朋	东保柱	王 旗	胡 雅
曹方伟	刘叶兴	田晓宇	吕新华	党志英	刘 波

植物科学与技术(26人)

刘 蒙	叶 丰	崔孟颖	刘丽梅	姬彦龙	王喜涛
王 妍	刘国银	张鹏飞	吴 鹏	赵元霞	齐东海
陈 臣	徐慧敏	穆子勇	王 真	王 志	安小敏
石英健	张茂森	刘利民	杜小芬	张体峰	王 冰
刘少帅	郭丹丹				

种子科学与工程(55人)

丁鹿楠	孙光绪	刘 升	贺丽萍	王美丽	郭 磊
张雨梦	刘东升	刘佳佳	任秀慧	王柱镁	彭牡丹
龚会江	李俊飞	龙珏臣	顾明磊	安旭尧	胡 雯
刘巧玉	郭江岸	刘江丽	侯 鹏	胡娜娜	顾世超
卢 俊	李 宁	刘昌乾	肖伟军	王金明	王 超
徐锡明	杨旭东	洪晓敏	王慧方	康百宝	王 恺
秦颖晨	王文亮	王瑞丁	孟 醒	闫鹏娇	杨清苗
刘贵轩	刘彤彤	杨 辰	李润泽	张丽芳	李海迪
张凤杰	孙希立	郭 峰	张建全	刘 波	孙忠旭
丛龙立					

林学院

城市规划(72人)

通拉嘎	李呼吉雅	高恩荃	王文旭	李 科	李俊朋
白玉芳	莫日根高娃	李同爱	于海龙	王仲阳	刘 欢
满都拉	娜日纳	李 培	刘银鸽	李晓阳	唐 鹏
宝赛汉其木格	包丽灵	张付松	武 丹	张晨曦	唐海园
美 娜	张 琳	张天宝	聂新卉	阚盈盈	刘 磊
邰晶晶	王晓萌	徐仁伟	朱 明	单 杰	刘 斌

李晋杰	张兴奎	李　成	王楠楠	杨雨坤	霍　波
杨郁发	肖圣洁	田铭鑫	杨　瑞	杨新亚	贾燕玲
冯瑞青	王臣刚	刘长富	崔镜月	王璐瑶	张熙轩
张泽阳	屈新朋	刘　沛	于　洋	王晨悦	丁一凡
焦如月	陈邦锋	陆　瑶	黄　颖	张晓燕	孙晓丽
胡善发	张兆军	陈天宇	孙玉颖	李　慧	石　欢

林学（57人）

孙特日格乐	才乐干	王秀君	王连锁	阿拉腾苏和	乌仁图雅
阿娜尔	红　阿	骇日横	包娜娜	达楞巴亚尔	乌达木
雷娜庆	王海明	苏日娜	其力格尔	齐吉日木图	格日勒图
斯琴巴特尔	霍小军	庆格乐	乌雅恒	吴　迪	苏日嘎其其格
巴音贺希格	达希玛	戈　壁	达楞巴雅尔	白玉平	牧其尔
赛汉格日勒	王志强	王胡格吉力图	白雷雷	南丁照拉	西日根塔娜
哈斯巴嘎那	常文明	胡日查图	给古乐格其	娜　仁	朱艳育
道日那	王曙光	胡　君	常青格乐	哈斯格日乐	乔明星
杨立新	乌雅恒	布仁仓	白文娟	宫敖日格勒	宝拉尔
敖日格勒	乌日娜	包小龙			

森林资源保护与游憩（3人）

张建娜	李　娜	张迎宾	梁　星	刘　超	张艳龙
袁行彬	张　钊	张　波	张继娜	杜　亮	苏　柳
刘　然	李学军	杨　涛	刘凤凤	郭志伟	卜　一
王　庆	张艳彬	郝象瑢	吴武星	孙　玥	石　磊
徐　艳	董传新	武录义	高　恒	杨　阳	郭雁龙
刘海晶	代万元	高娟娟	徐佳美	钱文焱	王文静

园林（202人）

陈秀芳	白萨日郎	宝力日	南迪娜	日希尼玛	牛　萍
萨日楞	毛雪芝	伊布格勒	齐秀英	敖特根花	任海花
苏力德	苏要乐	牧琪日	乌云桑	杭　盖	朱丽丽
合希格吐	呼斯冷	包格根图雅	特日格勒	洪雪军	吴　洋
新吉乐呼	旭仁塔娜	萨其拉	敖都夫	李立爽	周耀飞
旭　晖	塔　娜	赵红梅	额妮日勒	王　辉	姚晓娟
娜荷芽	胡和满都呼	阿斯汗	哈斯塔娜	杨久玲	杨磊平
铁日格乐	刘牧仁	李阿拉旦巴根	存布日	李会然	于亚宁
乌兰巴日	乌仁图雅	宝音图	付春欢	马　波	杨春燕
敖登高娃	青哈斯	朱伟志	牡　兰	徐珍珍	李　晶
包旭光	布仁德力格日	陈萨日娜	娜木贡	赵学明	胡静芳
达林台	图力嘎图	乌日恒	白小霞	郭　杰	郑可鑫
德力格尔	伊热夫	都　林	姜丽霞	李昊霖	杨钦方
额尔敦特古斯	乌日罕	包哈斯巴根	格什宁布	康　慧	王丽丽
包永杰	包媛媛	特日格乐	格　根	曲宝烽	王　丹

孙伟娟	何凌仙子	张力方	娜丽雅	曹波	马荣
宋向阳	刘盼	贾伟强	郭博男	毛丽君	刘洋洋
张雪	周家盛	杨晓	王菁	秦一心	马月林
肖雯华	赵昕	杜佳	阿日宾宝力格	乔婷	杜雄
王茜	刘秋侠	卢璐	周旭光	李轶哲	国灏
张梦颖	何景楼	马业博	韩晓光	杨硕	高敏
孔畅	韩润	红古乐訡拉	魏亚坤	高志鹏	安乌日娜
杨娟	马姝丹	郭金欣	杜鹏飞	陈颖慧	刘燕
黄鹏	郝蕾	高文婷	张娜	李晓鹏	白如斌
张超	张煦明	赵一阳	安代	赵静	常丽娟
庞磊	杨家鸣	王慧媛	苗方舟	刘兢	杨猛
梅煜	杨旭东	赵璐	侯建	刘彩清	郭晓娟
李帆航	袁雪	李佳怡	韩志明	蔡菲	王莹
李妊	佟歆	高福昶	程思	范媛媛	王鑫
曹桂元	高宏琴	杨向鹏	孙冬梅	李新宇	李雪玲
罗汉杰	李世博	管翔宇	李丹	刘斌	童笛
岳俊杰	杨晓叶	王慧敏	张荟	屈静	王瑶
徐欢	师博扬	陈世刚	赵畅	白晓玲	李世霞
陶海虹	乌日察夫	乌小雅	道尔吉·努德丽其		

生态环境学院

草业科学(118人)

张瑞雪	阿丽木拉	朝论巴根	乌云罕	张海利	王磊
唐吉思	特日格勒	阿斯很	福英	王春霞	朱国栋
春兰	李婷婷	代梅	王金山	庞国呈	孟文诚
齐鹤宇	德海山	赛音毕力格	莎日盖	王娟	刘洪宇
李超	萨如拉	张玲玲	桑萨尔	苏伦嘎	王鼎
潘玉玲	乌达木	苏古尔苏蓉	乌都娜	杨磊	陈天龙
邢沙沙	乌尼尔	乌日赛汗	阿日贡	王明超	黄丽娟
乌日嘎木拉	那顺乌日图	乃日木达拉	乌日玛	石亮	张国庆
乌云达来	赛音斯琴	满都拉	敖日其郎	孙丽	刘芳
田红霞	呼日查毕力格	朝格拉	温都日拉图	白亚利	张晓芳
秦晓雨	包金才	乌日图	包宝平	牟轶	邸晓琳
哈拉木吉	浩斯额日德尼	萨仁高娃	阿云嘎	朱萍	刘文亭
宫亚男	乌力吉那仁	薛秀珍	岱青	许慧梅	高凤英
恩克图亚	苏日嘎	谭科斯	王伟	王琼	王鹏
双连	美乐孟	斯日古楞	王海魁	刘鹰昊	任宏利
新吉勒图	南丁	阿古达玛	石凤玲	高伟	陈娜丽

林 浩	任蔓莉	卢 曦	沈佩宇	杨冠飞	王张行
付娅清	杨继超	白秀艳	隽伊熙	诺 明	郑泓磊
王 磊	丁 丹	刘羿杉	郑宝虹	王宏波	德木其格
武 倩	彭剑楠	张 挺	刘家山		

农业资源与环境(45 人)

苏日古嘎	张金亮	冯炳臣	高 显	冯宇婷	杨 柳
童 悦	宋 伟	徐文强	李朋朋	赵春琳	王宇翔
王 磊	王国辉	白晓云	张宏伟	王晓阳	刘秋福
闫 鑫	黄 芳	白镇宇	刘 芬	陈 丽	曲·朝丽蒙
崔倩倩	康文勇	张 吉	张鸿济	刘仁杰	魏 楠
柴 浩	王宏升	陈武阳	杨晓娜	孟浩然	郝轶平
张殊慧	李培丰	王英鉴	乔 燕	刘伟杰	郑雅丹
赵殿峰	党雪勇	罗恒贵			

水土保持与荒漠化防治(107 人)

包呼和	魏育钢	赵 娜	刘 欣	苗兵杰	钱 猛
马小平	余 健	李 娜	李海龙	刘真真	李明阳
冯雪珍	白 杨	李小龙	龚朝亮	郭仲轩	肖 婧
萨其日玛拉	邢志伟	李春茂	晏伟明	马莉红	王 晶
郑 虹	葛 楠	刘青媛	徐 昭	赵鹏宇	黄 昕
李泽尚	陈智裕	李敏娟	席海仓	李立新	马浩翔
白子彧	张 文	王新龙	杨 帆	刘 洋	旭仁塔娜
李浚宁	高艺宁	马骏骥	谢炫蓉	刘 雨	苗 苗
刘 楠	张艳婷	王 奇	王 猛	翟若汐	王 芳
白穆一	徐庭馨	王 琴	马汉清	赵 鑫	呼日瓦
佟浩然	张雨蛟	王红艳	李元元	訾 阳	张吉祥
吕玉波	郑永刚	张冬冬	张 磊	任景春	闫子娟
刘孟贺	张志超	薛美玲	孙双红	吴 昊	卜剑平
朱宏慧	陈哲彬	杨 政	朱宾宾	苗庆伟	汤 军
何亚锐	郑 颖	黄晓强	翟少华	刘禹廷	岳殷萍
胡 颖	沈 洁	崔道珍	张亚锋	乌力吉毕力格	三 琴
刘鹏飞	乔思宇	李爱民	李 博	吴映东	姜 莹
柴享贤	宗振轩	姚 键	李梓豪	李文浩	

土地资源管理(122 人)

李 寅	萨日娜	张 嘎	翠 英	德古乐	青 英
呼 荣	哈音哈日巴	张文静	斯庆塔娜	双 珠	邱其格其
王明月	乌雅汗	苏布德	乌达木	孟红云	苏雅拉图
道日敖	哈 斯	呼斯乐	斯楞格	乌云毕力格	苏德毕力格
乌日古木拉	娜日娜	晓 霞	白巴特尔	南 迪	钢 钢
宝正燕	包秀梅	乌日罕	伊布格乐	哈斯毕力格图	阿木日门德
超力门	杨吉玛	温都苏	宝力高	乌宁图	张凤燕

阿日吉	包文峰	吴　健	席龙川	李　丹	孙浩然
贡　布	骆菁菁	赵巧兰	张　博	吴　蒙	刘鹏飞
斯琴毕力格	张　玲	丁雪丽	昝理经	刘晓京	刘柄亨
朝　宝	张雁鸣	裴　磊	张　亮	苏子坤	赵　婧
德　祥	于海旺	杨景焜	付先银	孟　蝶	陈　鹏
那仁满都胡	张营莉	姜占永	张玉华	郝思铭	马　雪
迟振雷	吴子贺	麦雪松	周新新	刘晓波	李　娜
海　宝	王　耀	田　鑫	郭腾飞	吴　媛	张玉泽
张群勇	薛怀礼	郭耀宗	王景龙	张　元	乔　沛
石小明	姜艳超	唐　悦	管　瑞	巴图苏和	邱　凤
阿拉腾好日瓦	葛佳奇	郭　婧	刘　军	高震宇	戚焦耳
敖日格乐	闫淑敏	李　坤	张　浩	张旭东	王晶海
那日苏	白晓鹿	宋丽丽	陈旭会	沈冰莹	王　飞
达日汗	朱小伟				

资源环境与城乡规划管理(113人)

苏日高格	周亚莉	祁文强	胡君德	李皖龙	王晓刚
金放宜	高　敏	于润田	赛尔茜雅	苑　蒙	谢　珺
包月梅	苗　鑫	韩　霞	杜　伟	周建军	杨朕轶
包秀娟	姜北春	丁　杨	单媛媛	许雅莉	阿拉腾夏
策仁草	王　乐	黄　敏	张登炜	王　乐	乌日根
阿茹娜	李靖楠	刘　鑫	吕明慧	张　桃	戴亚宾
何红梅	焦润峰	任　帅	王梦吉	高　磊	项予莘
白英丽	贺一鸣	张海龙	王宇乾	刘子吟	朱舒蕾
苏日古嘎	罗建兵	王晓彤	吕明举	张　哲	刘　强
张　英	杨正纲	王　玮	李　纳	李　静	孟凡静
史国辉	韩应飞	张　瑞	靳　凯	高丽娥	任　艺
苑新彤	汪　然	王金龙	段向阳	苗　磊	窦志宏
徐　菁	尹罗汉	王　燕	王亚靖	巴　图	王　浩
杨　扬	胡金桂	王彦方	贺　婷	云玲格	周文萍
张宏伟	宋　健	肖　冰	钟　庆	徐佳楠	柴慧娜
栗建邦	范香岩	段有为	郭凯元	贾　炫	赵国成
潘丽慧	王晓婕	李泽洋	邬　娜	石　嵩	赵　晓
焦少华	李　敏	李　健	张家琪	谢　阳	杜晶晶
高　亮	刘耀东	闫昊禄	昝　阳	陈　欢	

机电工程学院

车辆工程(63人)

| 吴文涛 | 王八斤 | 宝力尔 | 胡黎君 | 金　泉 | 乌云吉亚 |

李春伟	王海清	霍　然	秦　超	余　庸	张冉佳
张振苗	张俊翔	池勇猛	邹慧敏	赵林林	李国选
马以飞	郭　靖	张晓峰	魏克敏	王章钊	张　岩
谢学飞	王志国	薛　云	刘智荣	班进远	田子建
姚子龙	车　勇	李润根	罗志超	刘霄晨	白天阳
宋佰高	白小骊	乌珠尔都西	胡文杰	刘凯云	贾书敏
李明慧	胡晓龙	刘芳明	维力斯	陈　静	肖　锴
王志全	张志磊	郭　峰	李海波	龚宗海	陈盛良
闫文杰	郭耀龙	王帅龙	张志楠	麦健瀛	徐　超
刘仲民	李春波	张　波			

电气工程及其自动化(65人)

杨月恒	邢　浩	高立光	张　建	李　博	赵培舟
郑力全	张　陆	季萍萍	韩　旭	许　喆	郭凯龙
张　喆	薛雁峰	侯　汉	卢一民	刘　杰	杨　盼
奥淇仑	王　佳	袁廷伟	王亚茹	燕海雄	张成龙
贺　兵	燕春风	杨　柳	贾建军	邬　娟	李蒙湘
张祥宇	李洪磊	严兵兵	梁金龙	游文东	王辛帅
王慧源	刘伟虹	国中琦	李煜晖	田　智	安晋岩
金　鑫	尹　涛	高　翔	白媛媛	吕伟成	乔　伟
张瑞东	高彦超	张庆明	范　鑫	江谋伟	狄仕杰
刘彩霞	隋佳林	林立庆	王洛宣	王　幸	汪楷淇
白彩清	程占波	王　哲	黄万里	祁　娜	

工业设计(44人)

王乌云	意仁太	孙正伟	宫　伟	刘　召	赵　喆
莫日根	国　艳	张榕佑	李满堂	李　娜	章　涛
希吉乐	黄敞涛	贺　婷	马　君	苏志斌	江　锐
呼　和	李　佳	孟繁星	李顺利	丁　勇	安　然
曹乙拉	吴　川	吴丹丹	闫　海	杨燕飞	胡玉龙
乌日根达来	吴丽丽	石家男	包代钦	黎明强	张元伟
满都呼	孙发亮	王科懿	郝鹏飞	黄　宁	王兴悦
文　明	李　珍				

机械设计制造及其自动化(173人)

徐　昊	张晓民	刘补来	王　迪	李　岩	苏　祺
乌日古木拉	白银泉	张志勇	冀鹏飞	孙瑞峰	蒋　磊
于丽娜	立　君	李彦平	李　越	赵宇轩	贠　飞
陈额尔敦德乐	李海明	常俊飞	刘　川	丁振兴	刘　浩
马色音白乙拉	董志忠	白东旭	张建宾	李小东	闵　亮
巴德玛	董　哲	王玉锟	初永峰	赵　阳	高鸿斌
包文海	刘建荣	王晓蓉	闫柏伦	吴玉贤	蒿云飞
代锦程	王　敏	曹　霞	赵晓宾	闫　乾	杨苗苗

郑文君	王继东	于 丰	郝永哲	李鹏伟	张铭宣
李 磊	高志远	梁海波	张 阳	李 宁	蔚俊林
车世龙	刘少博	王立新	张卓沛	张云超	杨小伟
何嘉旭	杨万鹏	吴彦醌	宋玉恒	李永在	白 璐
段雪飞	周 涛	李 杰	温佳兴	朱小虎	刘国庆
白少东	张 垒	毛崇礼	程振芳	刘旭东	王 昺
白利飞	马文瑞	范 铮	赵闻泽	李嘉兴	王玲君
李 波	白景阳	丁 洋	高 博	曹乐蒙	郭 龙
何介夫	莫日根	周 桥	付永兴	刘 坤	王 超
牛 伟	朱 峰	高维那	贾 雷	赵凤超	王博源
陈 燕	赵玉东	任凯凯	周大鹏	刘桁纲	张 镇
李鹏飞	焦 磊	刘祖豪	邓 科	胡 源	邢秧萌
尚 波	樊 璐	王伟成	王正龙	李 博	张卫东
孔德志	王静超	谢新发	张 琦	吴 波	苏子龙
孟 鹏	刘铠维	武鹏程	王鹏飞	王茂林	曹宇飞
王鸣显	高志军	徐鹏飞	韩 旭	高 杰	杨庆尧
李 耿	李丽强	李 亮	赖朋斌	朝 克	赵 洋
武康平	扈中宇	杜嘉楠	郭华峰	张国栋	刘 健
郝永乐	范文广	刘 伟	王皓旸	李国梁	刘承智
李锦兆	刘泽军	张飞飞	燕福明	越志成	王 博
余 富	郑 龙	邰 新	南山秀	曹亚东	

农业电气化与自动化(107人)

白丽君	张静然	周 龙	张 冰	高 军	高立业
包阿荣	田宏江	张 彪	卢 肃	乔宇平	张泽宇
李国强	滕 达	雷健新	王 金	范一波	赵 帅
额尼日乐图	贺越华	陈保山	韩 冰	刘 媛	王 宣
敖日格乐	刘志龙	陈晓贺	云阿拉塔夫	赵 洋	马 骁
斯钦巴图	王 帅	刘宣伯	苏 星	杨哲宇	康 瑜
赵兴权	魏 鑫	杨冠伟	徐 哲	王 飞	何中岳
赵玉峰	赵宇航	魏玲玲	王静宁	赵 星	王溪兵
敖日格乐	王金龙	郭砚忠	张子钊	侯 硕	白 雨
包甘珠尔	祁 飞	王 斌	刘瑞明	张 强	张晓龙
陈 明	张文韬	赵媛媛	刘芯溧	潘宇登	韩仲瑶
李俄昌	倪 意	王 波	郭 凡	邹骏宇	刘一了
张向阳	朱 琴	王 宪	龚晨尧	李晓燕	刘如强
宋俊杰	郭 冰	吉 楠	贾祥浩	畅儒隽	乌勒图力古尔
孙建飞	李 瑶	权泽南	刘 钰	张 宇	张洪剑
张 仲	王 聪	曾 强	高 晨	张 哲	马菊梅
霍云飞	高相荣	张晋恺	屈嘉宁	李小旭	白 杨
夏永乐	杨 哲	韩 冰	王浩宇	李 帅	

农业机械化及其自动化(117人)

特木其乐	包宝桩	金　鑫	白强力	杨　雷	李顺权
杨　慧	银　山	朝鲁蒙	堂格斯	任　波	令狐克波
苏日娜	包乌云毕力格	白洪波	赵要斯图	张　珂	包　明
李福全	文都苏	扎力嘎呼	胡木吉勒	杨艳波	刘文凯
赖海峰	乌云必力格	石海虎	吴长命	荣喜坤	刘明明
赵丽峰	浩日娃	关巴根	赵德木西格舍冷	梁志东	肖　成
敖根巴亚尔	陈温都斯	敖日格乐	高智渊	李文强	谭志胜
苏力德	鑫　成	志　波	宝音合喜格	田燕龙	张　冰
明　辉	铁　柱	呼格吉乐吐	哈力古	高建东	曹　飞
玛格斯日扎布	贺其勒图	黄　斌	乌云必力格	贾雁男	董天龙
白格日乐图	敖日齐楞	金　刚	莫日根毕力格	席媛媛	金　鑫
赛　纳	建　平	图拉古尔	刘　喆	多照彬	方志超
斯琴夫	江其布道尔吉	海玉山	李奉瑾	陈　超	王洪建
赵宝音德力格尔	毕力格图	安松青	祁九磊	政东红	韩　军
郝阿拉坦敖其尔	李永花	敖力根	杨　鹏	李　青	由　田
海日罕	张水花	曹晓园	董传军	李宏伟	段元勋
额日德木吐	宝日玛	赵成林	赵子龙	赵俊峰	俄日格力
齐小龙	代朝克	道敖日布桑布	赵洛达	卢　健	苗　军
包永强	达布其力吐	包万宝	朱利广	程少科	哈斯巴特尔
吴向平	白世亮	特日格勒			

水利与土木工程建筑学院

测绘工程(70人)

白满达	斯庆毕力格	周占军	彭书波	王泽臻	袁慧敏
王俊飞	敖日格乐	刘　飞	董海生	肖贤富	张凯宇
晓　明	张　明	马　志	程　朋	陈文林	路　瑶
孙德龙	李　森	李　祥	张德明	王　娜	赵亚博
巴日斯鲁	刘　玉	蒙艳超	刘　纲	李师猛	辛　昭
苏力德夫	王　振	王海波	闫月娇	冯　洋	云　青
萨楚热	刘洪悦	周　林	李　阳	张　勇	高义达
刘小龙	杨　乐	乔亚东	任小勇	沈　阳	王智鹏
特日格乐	许　帅	石春蕊	张　敏	刘　洋	罗　莹
王　彪	王海鹏	丛培健	贾汉雨	薛　成	薛发明
金文峰	苗存立	陈　磊	杨　坤	董智鹏	曹得福
白　亮	张　强	丛龙宇	周　颂		

给水排水工程(90人)

格根哈斯	褚永振	周瑞霞	王　超	牛承霖	孙冰洋
格　格	孙鹤辰	李　丹	李计利	侯晓宇	牛慧敏
王　英	李莫超	王集功	郭靖东	朝　博	张　冬
梅　荣	杨　昭	朱文平	张一伟	曹雪莹	赵颖薇
代　兄	焦子健	袁嘉俐	常惠如	魏志强	任　超
曹布敦花	范云月	黄立岳	郭利荣	王　伟	方　远
扎　嘎	宗振振	张　超	路　皓	张海峰	武　旭
乌云其木格	宋丹丹	高　雅	张笑天	刘宇波	张福福
乌兰图亚	刘　东	顾　东	葛　慧	张　旸	李　曦
塔　娜	杨雪锋	曾　波	康　敏	杨凌旭	纪　元
布　和	蒋帛霖	王栩坪	王　鹏	高　伟	解相龙
布和白乙拉	温　凯	王洪光	赵　磊	程中元	朱　丹
苏　飞	王小强	吕　峰	白晓飞	王　帆	张晓萌
刘学全	张　伟	张　帅	蔚志程	贾雨林	王晓燕
崔玉春	刘志鹏	高取成	陈　宇	孙铁峰	钟光华

环境工程(49人)

迎　春	张　鹏	郭超逸	潘　鑫	李向南	王　晶
吴晓艳	杜　强	刘晓旭	冀鹏鹏	李孟臻	高　慧
张景长	舒显达	杨丰州	贾　杰	王　蓉	李小龙
石文波	乌日汗	刘　智	郭　锐	何　星	王　超
李文婕	宋媛媛	苑　鑫	王小雨	田　天	吴　彤
李月香	白星宇	李玲玲	李秉霖	鲍　丰	张碧莹
刘国昱	梁燕茹	尚丹华	高　扬	李光美	葛海强
张　晶	许　蕾	杨泽霖	王娅男	居　茹	永　梅
黄志惠					

农业水利工程(156人)

宗　忱	唐兴杰	张　松	郭永乐	刘　波	倪东宁
刘晓麒	陈雨晴	候家林	马雪健	张学敏	郑　倩
席九月	代菲菲	高　洋	苏鹏东	刘　震	白寅祯
韩　冰	张　周	郑金亮	毛晓明	张志伟	史明雅
孟　根	胡文达	李　勇	胡志伟	江　涛	王　宇
吴凤英	黄薪予	张　吉	张　超	段瑞东	于　斌
单其力根	刘　禹	鲁瑞林	张　晶	韩丽梅	杨　卓
丽　丽	杜玉波	杜　旭	宋瑞军	房继宇	宋学博
勿力吉扎力根	宋海腾	闫向东	李鹏飞	刘兰涛	王　忠
王永青	高　艳	胡　鹏	董晓艳	曲浩东	谭弟凤
留　明	王　勇	郭金燕	张文杰	赵　坤	李昌见
布仁布腾	李燕红	王　玺	于俊磊	刘　爽	朱法勇
关永海	于志磊	徐继斌	梁志远	闫　芳	詹　龙

曾宪利	陈文平	刘 鑫	高 春	刘 震	李 旭
杨天兴	张雪强	纪 萱	李 龑	毕宇焘	孙国辉
李康勇	刘晓川	段骏杰	李 芳	朱 强	程 鹏
石 贤	石 闪	梁 爽	赵 越	步怀亮	蔺国梁
符 鲜	杨晓红	邢泽广	李嗣东	鲁耀泽	贺皓田
王俊龙	郑晓芳	黄 健	于 浩	刘制民	李 扬
张宇冠	袁邦建	杨 夆	王剑鸣	孙艳羽	孙亚梅
魏林星	王家彦	王万宁	方婷婷	王 冉	辛国珍
郝亚洲	刘 佳	巴特尔	李松洋	许 可	胡锦基
王晓龙	李小倩	彭遵原	李熙婷	贺宇群	王 磊
田吉伟	吴亚雄	屈升杰	腾格尔	徐思琪	张志祥
张倩倩	杜亚飞	王淑瑾	马 哲	温敬铭	李 博
吴仕玉	刘 伟	苏 欢	王介勃	王志伟	李江涛

农业水利工程(水利水电方向)(62人)

赵峥嵘	朱志国	康立志	孙晓亮	张继国	殷旭葭
秦志龙	李小雨	张清华	陶慧敏	郝守信	王淑文
宋宇霞	田利桐	杨祥瑞	马 晨	张晓菲	刘 畅
王 鹏	李宏达	刘新明	刘庆源	乔 伟	王 琼
杨 洋	吴萌萌	史昱昊	石慧强	李 东	董昱良
李 鹏	张 进	刘晓明	杨鹏飞	张竞方	阮 洁
王 磊	郭英楠	陈现宁	孙继东	王新宽	王 瑞
郭 静	于景磊	王开民	柴 旺	赵 蕾	冯 宵
赵 玮	刘 兵	董红艳	刘凤平	王 浩	张 鑫
吕 阳	魏子涵	王宝龙	郭育元	任致贤	柴全贤
丁一瑒	冯 磊				

水文与水资源工程(48人)

其力格尔	玉 清	杨 腾	包 静	段天宇	付丽娜
姜丽花	乌亚罕	谢方舟	吕 扬	魏永祥	王 鹏
苏日娜	吐门恩和	王振宇	王静茹	李 强	史明表
包高娃	苏布登格日勒	徐世昌	闫 雪	王佳男	闫卓嵘
诺 敏	王 辉	田 野	李秋珏	赵晨亮	刘 超
葛根卓拉	吴 鑫	李树川	蒋春宇	杜文杰	王 忱
乌日汉	魏 鑫	沈 楠	王东旭	张 发	秦国雄
乌日嘎	那 钦	赵靖丹	范 征	杨世华	高亚静

土木工程(321人)

霍必特	付恩和	韩 春	赵向海	刘 爱	许 浩
范计恒	王 磊	包格日乐图	柳艳文	陈 强	沈明利
高海涛	赟 赟	白文龙	林 宗	胡明清	周伟建
韩 腾	木其尔	朝格吉勒	王 强	张 磊	郑利涛
赵天放	代玲玲	包汗盖	李亚童	巩志永	王宏宇

王 震	常晋梁	张 锴	侯 明	吕 阳	张凯超
朱宏国	蔚国君	李向欢	袁旭伟	郝越鹏	腾戈尔
刘苗苗	乔 佩	邬健良	付羽茜	何雨浓	秦广瑞
阳 光	郭 廓	郝志伟	薛瑞强	索云龙	俞 璟
樊容畅	白淘气	于海洋	时庚午	王晓龙	连 心
温永安	蔡德志	刘志伟	朱世禄	吴 彼	贺智鹏
常昭宏	吴中建	杨 华	刘明亮	李恺涵	王 敏
毛 伟	胡桂榕	宋明远	武兴文	李 强	樊晓宇
贺 超	周东生	王 涛	孙明元	张 桐	张娜荣
张 帅	林 强	杨永胜	冯淑珍	李铁楠	李 桐
何 乐	巨岩磊	刘红超	兰天鹤	刘 冬	张 晨
折 伟	徐堂勇	付丽华	菅 强	袁 博	董建龙
戴丽杰	袁小刚	啊迪斯	王慧敏	张 宇	胡芯瑀
杨国强	张继强	张翔宇	高慧卿	王馨悦	闫宗应
李海阔	张华良	孙士博	吴亚伦	崔泰奇	邬慧江
王永超	吴 敏	包世超	冯笑平	王 磊	高 磊
原庆宇	王 成	尹 荣	高智东	李星宇	贺宇星
狄雪婷	殷海洋	沙汉昆	刘 琼	腾格尔夫	邢玉玺
李晓宇	刘 辉	韩小峰	韩 炜	段飞宇	闫海军
陈继昌	刘冬阳	高 洋	刘晓龙	刘 昌	崔 伟
李晨霞	牟荣国	杨大地	董 姝	张晓宁	梁晓晨
王 强	仇 亚	刘警威	刘宇祺	杨元凯	翟 涛
丁立达	贾德祥	刘敏行	刘志彪	李永强	李凌坤
秦建明	莫一鸣	郭振华	黄名尘	任真锐	李栋泽
张帅东	陈攀松	尹 鑫	杨润宇	杨 扬	臧晶晶
孙 龙	于均伟	韩毅厚	杨金宇	康 帅	刘明皓
梁 良	吕光森	杨 洋	王 健	陈 飞	李 晶
王志文	梁宝峰	王 磊	杜 帅	李泊忱	王凯健
丁伟建	王思亮	迟明静	张少昱	李 坤	任 鹏
任志刚	付志鹏	盛晓桐	闫 冰	贾 伟	乔 鑫
刘 峥	田晨晖	王利伟	沈旭光	辛 泉	李 想
张文博	张亚红	周 邈	石力中	陈 哲	侯航宇
史新杰	李宗培	吴永刚	和政宇	王志刚	李 臻
么 磊	陈祉伊	安云鹏	郭建勇	朱云飞	苏漫天
袁建龙	李建冬	贾 宁	李龍基	汪 泰	王 磊
陈行政	李怀君	董 刚	刘琪琛	崔 骁	穆宇宁
戴冠东	罗宇伦	刘玉磊	王伟琦	魏 波	孔戈锐
黄 颖	魏 琪	于 涛	王 超	袁 勇	腾 飞
周 波	敖日格勒	孟宪涛	马 良	罗瑞星	王 宣
陈 双	祁会臣	张 皓	赵慧涛	王少泽	田 宇

马　亮	高俊峰	刘洪胜	安亚钊	高兴璐	于乐晶
张　奇	王　越	安宏涛	张　亚	周　兴	金　鑫
高　伟	孙至伟	裴　捷	历洪岩	黄维佳	蒲　良
陈华成	苗子龙	蓝绍衡	赵宇昕	张　毅	琚晨阳
井海刚	庞海蛟	苏佳君	孙浩安	霍俊伸	秦　毅
韩娜娜	朱延崴	王今朝	查干萨日	宋宇飞	裴　亮
刘宣辰	王　岳	刘　涛	贾　蒙	米向彬	孙瑞泽
苏渊文	杨旭敏	侯奇良	郝炳权	范亚楠	段　强
孙宇鹏	张秀柯	李　赫			

经济管理学院

电子商务(36人)

范德成	敖　民	卢玉静	李志芳	张文超	唐观欣
赵俊杰	张萨如拉	张　伟	田　野	裴广彬	方　荣
美　玲	车乐格尔	孟新新	侯灵慧	刘　英	赵　恒
李永华	王婷婷	张晨冉	刘晓东	方　林	许珂可
陈仁日娜	许金枝	吕　鹏	李占丰	袁　渊	秦丕刚
乌恩其	张　冬	陈楚楚	王伟伟	高　慧	李紫际

工商管理(37人)

杨　柳	白呼木吉勒	韩志非	刘　明	侯静文	云永峰
包金花	朝木日立格	郭志荣	张佳奇	何芬芬	张东续
斯日古冷	曹红利	孙美荣	史文静	刘　皂	郝　伟
周珍珍	那仁孟和	刘　欢	李东梅	张志丽	董　博
恩和其其格	李洪涛	焦文敏	郭小玲	布　赫	王　勐
蔡萨日娜	张　馨	赵　娜	王丽娟	张哲源	王　勇
秀　兰					

会计学(449人)

王　敏	萨出日拉	乌伊罕	乌日汗	李　娜	段小丽
王丹宏	韩晓莲	何文亮	特日格乐	杨小燕	董雪云
立　壮	焦文霞	何秋实	刘胜男	白小丹	越海燕
彭丹丹	杨海兰	李智君	李秀芳	杨静婉	许慧芳
陆其木格	娜仁高娃	程秀金	郭　慧	郑　月	张晓芳
毛沙如拉	白　钢	苏日罕	陈禹含	李　娜	王　艳
周元美	雅　茹	额波乐勒	刘　彬	张雁飞	李嘉宣
薛永智	何斯琴	王天小	董怡梅	于　竟	康　荣
胡苏日娜	齐艳明	富　饶	顾　鑫	李　多	刘睿文
乌阳嘎	吴振刚	王伟伟	张丽艳	孟　伟	李　聪
海　叶	格日乐图	都伊日格其	张凤清	王　娜	杨　超

成淑芳	张　曼	冯煜翎	杨　蕊	霍雅琪	张　馨
刘忠楠	马慧杰	王　琪	崔　欢	诸葛红玥	贾　冕
张宇慧	董丽娟	李　鹏	白　敏	贾雪飞	赵红艳
郭文娟	孙　洁	刘晓宇	高　婷	马晓敏	高静茹
王艳林	张　震	陈　琳	任慧姣	高振宇	卫金栋
辛晓莉	韩天卿	苗甫东	王紫涵	张　雷	孙荣康
吕　春	何姗珊	赵　霞	张　岩	折慧芝	王　玥
邬　芳	霍　烁	李　鑫	何玉荣	聂　旭	李冲亚
方国勇	许嘉禄	孟繁丽	裴婷婷	祁　磊	应敬贞
张建新	王雪琪	贾彩霞	马跃伟	朱　琪	李　琪
郭　浩	刘　畅	王晨彦	高　慧	安锦昌	丁月虹
张瀚敏	赵　晶	冯　强	韩佳萌	李奕佳	韩　旭
谢　坤	边　荣	韩　婷	肖冬婷	赵宇熙	郝　苗
马志亮	孟　伶	董琪瑶	张　岩	李　丹	李雪薇
张云云	赵慧娜	王锦辉	徐陆阳	刘浩源	刘婷婷
李　静	梁沥文	蒙　璐	孙晓宇	张　程	苗　蓉
刘宇晨	张星星	王红利	赵　健	季舒美	刘彩青
詹宏梅	朱东升	要玉洁	陈　娟	王　瑛	周　婷
李艳春	张洪瑞	裴铁龙	郝佳繁	支春晖	裴慧茹
韩　羽	冯丽娜	李　峰	陈航宇	雅　茹	马若素
贾长爽	苏海龙	姜虹旭	王　蕊	贾　意	刘轶瑶
刘金枝	张彦斌	魏晓芳	陈宇洋	陈　婧	白海龙
王　帅	高　原	辛小琪	李子轩	谭晴天	赵立强
贾　璐	王　敏	王　艳	薛新民	李星宇	高榕泽
张　宁	李　慧	王晓婧	贾晓旭	白书瑶	陈浩哲
武艳春	云　燕	田　婧	岳　玲	孙雪贞	段卓儒
闫秋霞	吕　瑞	边宇婷	焦贵举	王晓青	石昊洋
梁晓晨	何苏洋	王晓雨	杨　帆	陈丽娟	丁　鹏
于美玲	宋雅琼	云　韬	曹宇峰	曹琳锋	刘开宇
马珊珊	刘　婧	柳　玉	海文静	姚　俊	迟　静
王彩涛	彭　靖	董佳玥	段鸿茹	闫玉茹	何国妍
王　杰	周慧璇	赵子良	王　鑫	韩　旭	高　源
郭　健	郭美霞	李天璐	刘镇霆	王　玥	曹婧琦
刘广丽	高在娴	王晓云	刘　敏	刘　茜	高　磊
郝　晶	王　智	于映荷	李涯娇	陈丽欣	杨　悦
武霄鹤	司正旭	张　雅	沈丹妮	申瑞雪	白　璐
王英英	王　红	张海洋	王　真	丁　奕	李　龙
李慧敏	王方钊	王郜雅	李炎荣	王　琪	张芬霞
田伟立	苏　婧	张　晴	彭　雷	武文璐	贾　哲
林　婷	张靖漫	江　博	李　璐	张　帅	王卫丹

王　悦	白玉婷	刘　芳	常　乐	张丽娜	张　璐
刘　燕	黄靖翔	崔　冉	朱　宁	李　洁	金雅楠
梁娟娟	张玮琪	张苧予	杜　轲	任慧娅	郝　帅
武文泉	苑舒婷	孙浩盛	靳媛媛	沈　娜	陈　早
刘　璐	贾　帅	李国锋	徐　燕	安　旭	崔春雪
赵致玮	李　达	闫　佳	周楷珉	程泽宇	李爱飞
王　洁	郭　芳	康　健	张　晶	王　敏	柳　欣
贾燕妮	陈志宏	李畅文	王　婷	葛根哈森	王　蕾
张文芳	白　杰	黄宇昕	高　雪	邵　帅	张白露
张　艳	崔博然	刘　沅	杨　霞	贾媛君	陈立萌
张雪娇	王　晶	姗　娜	张静敏	董学洁	李金璐
白　雪	王思路	魏苏日娜	景瑞超	李　瑶	刘书哲
郭　帅	李思宇	孟　慧	张晓烨	赵　杰	薛冠楠
吕　娇	李勇喆	孟书晨	任　毅	梁晓杰	张　丹
张　哲	张　屹	田丽萍	王　婷	任　悦	杜　娟
代　旭	李　敏	郭　欢	范媛玥	白　雪	段　媛
张　敏	陆唯然	聂志民	格日莎	王柄杰	武瑞新
李之君	郭　峥	赵贵军	刘　鑫	吴俊颖	张慧敏
郭亚风	郭　宇	苏小榕	刘　敏	董晓剑	王婧勃
赵雪莹	孟　佳	蒋　伟	李星敏	郭政义	张艳梅
白丽丽	厉丹丹	张淑杰	赵　威	李明霞	宋　婷
郭晋荣	陈　鑫	薛蓉菲	赵　燕	肖沛君	王映龙
杨　敏	高　剑	成　燕	卢　琦	秦　伟	王国龙
马小尧	黄　帅	辛卉焘	蔚　静	李　橙	

金融学(241人)

刘爱星	乌日罕	韩田豪	可晓宇	王　双	郭树超
萨仁其其格	那楚格	祝莹莹	王　飞	李亦卓	王晓蕾
韩满喜	巴雅苏拉	田　原	岳　文	冯月珍	朱玲旭
乌吉斯古楞	娜仁高娃	王　维	郅振楠	温豆豆	杨俊慧
苏雅拉图	武宏美	刘　丹	许利欣	李娜娜	王蒙姿
萨日盖	金　荣	孙　婧	冯恒运	李雅群	王志超
红　梅	刘春梅	乌仁陶格苏	方　镇	张美清	奚保宁
伊日贵	其乐木格	吴宏玉	徐　珂	薛闻睿	杨　丹
钦达木民	白萨日娜	史学峰	张亚娟	李敬杰	郭星雲
金　雄	佳穆日	郭　笃	李　娜	韩兆远	陕育超
梁巍然	邓春莲	杨丽媛	孟庆廷	高凌志	邹子健
周马莲	白银宝	王　戎	赵伟达	赵丽丽	樊　星
海日汗	李鑫淼	藏学婷	王　盾	边　雪	孙胜男
陈　林	张志雲	李　华	贾文芝	吴晶晶	曹家硕
韩海霞	任雅乾	杨婧雯	甄　园	张　影	鲍冰狄

赵金兆	韩伯鑫	樊 溶	侯姝帆	王 琦	隋 艺
董 扬	王 路	李晓晰	赵 捷	赵子岳	张 敏
孟 燕	张 茜	吕汉庭	李柯萱	王 达	张 南
张 倩	张海滨	郭梦琪	李昕蕊	吕 洋	李春阳
常满月	韩 伟	杨天奇	井 芳	王 璐	吴 疆
张 岩	史文哲	褚伟骐	瑞 琪	王建玮	张 祯
仝 颖	孙 娜	苗郭东	闫瑞国	于翔舟	王 玮
张轩赫	赵 洋	叶佳林	宝久灵	张俊腾	盛 璐
胡 慧	段 杰	刘 帅	李 鑫	卢 哲	方安姝
张雅琼	董西子	荆 璐	卢亚男	郝 婧	张雅斯
李 玮	原再任	杜 婧	倪慧茹	刘冰洋	徐曜峥
高榕徽	贾 昆	潘淑宝	佟 馨	刘晓璇	赵慧民
闫 冬	郭 松	马晓佩	宋泽晨	张 彬	李 燕
曹宇杰	刘静宜	杨 芳	高 嵘	韩 晶	李 勇
郭 维	李 璇	罗 璇	蔺 凯	王 芳	刘 璐
吴皆明	杨宇琛	郝振宏	贾 佳	苏日娜	李志坚
王悦亨	温汝波	王振环	朱一凡	国 爽	崔 阳
刘静月	李大伟	谢 非	王 丹	周亚光	陈 婧
马 瑞	刘嘉栋	康可欣	于笑颖	于晨晨	关博丞
张弘倩	高 辉	李志策	刘乔男	王 誉	石一凡
张敏璐	陈 玲	贾可嘉	杨欣华	侯 乐	张 洁
高媛媛	张晓昱	李 柯	吴天琦	葛 斐	董 巳
王璐瑶	冯 雪	姜涵泽	何泉玮	张小龙	赵 露
赵成成	高宇华	付 煜	王振宇	彭 冉	王 宇
黄 明	张 梁	张文华	贾 泽	张 欣	李子龙
刘 颖					

经济学(31 人)

云思雨	张国栋	郑存琪	李婷婷	师慧雯	魏裕轩
卢妍冰	赵 倩	薛 菲	乔 荣	王 亮	何少成
闫继蕾	石 颖	常利芳	柴文青	陈 旭	吕道夫
李东倩	孙 杨	哈 达	徐超宇	刘宜仑	王泽含
安琪尔	刘 静	白 晶	袁 健	薛朝艳	王苛行
张 爽					

农林经济管理(215 人)

徐煜博	玉 明	马吉格扎布	王勇梅	金 花	月 亮
斯琴高娃	乌日古木乐	乌日图娜顺	撒日拉	吉仁吉雅	王晓峰
塔格塔	阿尔山布拉格	乌云嘎	斯庆塔娜	白秀峰	韩菊香
巴音乌德勒呼	孟晨光	苏日娜	乌云娜	桂 荣	嘎 陆
道日娜	特日格乐	乃日格	王玉珍	吉木斯	苏日娜
毕力古娜	庆格乐图	乌云高娃	宝志钢	乌冬高娃	小 峰

乌雅很	银 虎	邬生荣	李宏敏	孔鹤飞	武臻毓
萨日娜	苏龙高娃	贾林昕	张建舒	张津瑞	陈思宇
张小东	查 娜	翟智清	张 楠	张 菊	王 浩
包车勒木格	吴小娜	朱红岩	白 艳	郝冬冬	周 正
包山丹	康海龙	赵 辉	王学箭	颜 旭	荆利娜
格日乐吐雅	常永胜	郭冉明	徐明建	苏 羿	许世林
包阿荣	杨 轩	郝伟明	马浩翔	牛 壮	田 野
阿木冷贵	高海秀	郝斯琦	姜智文	唐瑀洺	刘 卓
额尔敦吉如何	刘思佳	任耀强	贾洪敏	高 龙	史 俊
斯琴高娃	姚雪敏	赵振新	郭亚琼	王 渊	宋翊华
斯琴高娃	王 泉	蒋 燕	袁 航	高 鹏	桑斯乐奇
毛沙其拉	马淑敏	魏玉双	李 静	杨舒然	谭立娜
包根兄	王冬雪	封志敏	吴宏明	耿佳静	郭慧敏
布和格希格	贾蓉洁	赵永洁	石 双	蒯大伟	马春阳
瓒 登	张 晶	张 苗	崔智凯	郭 阅	万家旭
包乌云毕力格	任一丹	郝 伟	陈树济	侯胜峰	刘松洁
鲁雪良	海 石	王 培	吴 茜	付德伟	侯 瑞
白都吉牙	曲文辉	王 明	刘彩霞	许 智	党 翔
嘎如迪	王晓敏	陈 晨	张晓光	白 雪	运 河
玉 钢	白 莹	杨丛萍	郑 念	王绫卓	刘一洲
新 花	李 璐	赵丽丽	尹晓军	索 娅	许阳阳
乌日古玛拉	王云芳	张 蕊	赵丹丹	耿 园	伊如勒
特尼格尔	樊一泽	李忠峰	张乃弛	刘兆轩	李 旸
美 丽	丁春静	伊 佳	刘思琦	乔慧敏	薄舒心
海日航	张梁靓	张明慧	段皓旻	刘政江	赵东哲
满达拉娃	薛 俭	刘志娟	王 宇	王 浩	吴冠楠
周敖日格勒	栾 雪	孙凡棋	刘铠齐	孙晓峰	芒 来
特日格乐	王国瑞	王 旭	宋青鑫	马 良	宝音图
胡殿奎	卢维三	王玮婕	罗 雨	邬浩凌	蔺旭辉
安智才	陈亚静	李英爽	刘 彬	张 宁	

物流管理(16人)

苏日娜	宝勒尔	袁颖超	李艳丽	刘 捷	林江洋
巴雅尔图	孙萨茹拉	王剑楠	曹 玲	陈少杰	靳 媛
于秀珍	王丹丹	刘志芳	宋 晶		

材料科学与艺术设计学院

材料科学与工程(46人)

冯 岩	阿古拉	月 光	科尔沁夫	贾春霞	阿永嘎

敖日格乐	周　凯	高　君	潘晓玉	甄国坡	杨明锋
胡日查	郇志桥	张　皓	郝建侠	张　力	韩　超
永　生	马　刚	崔巍月	宋海成	高龙岗	朱　凌
阿拉坦仓	杨海蛟	张　龙	李博超	刘凡东	刘福义
王　元	崔晓亮	贾万乐	吕　琴	熊亚超	谭　铭
满　雨	王　帅	赵文龙	宋小庆	黄志元	王佳琪
张伟娜	尚乐乐	闫利军	刘柏锁		

服装设计与工程(32 人)

陈世坤	罗　婷	穆娇琪	解　娜	张　瑞	贾　曼	杨晶晶
徐鹏飞	肖延灵	唐晓鸥	杜　骞	李双双	王　莹	刘沃特
白丽丽	卜天娇	苏慧娜	王宇晴	王霁萌	祝丽丽	周　静
刘璞纯	白　璇	吴　凡	沙日娜	郝　运	张　旭	吴　昊
武　倩	闫力强	杨　光	祁乐乐			

木材科学与工程(84 人)

哈布拉	吴建新	张　昊	白　彬	韩运君	刘竞宇
咸苏米亚	吴　杰	丁　瑞	杨　媛	栾超杰	秦微微
贵　峰	郝建秀	华杰琼	李鹏飞	王兆明	杨志勇
史成香	周春梅	高仕杰	张　磊	李瑜瑶	冉鹏飞
赵　磊	高玉磊	樊建新	张　进	郑雅娴	李许学
高　纯	窦　旭	姜宏磊	李丽丽	闫　江	颜修云
常　春	李文龙	王　祎	祁贵东	李小增	徐晓刚
边皓臣	吕紫阳	候　磊	任建伟	韦光荣	赵欢欢
李　祯	于海涛	吴海涛	闫　越	张　强	李云龙
田　雪	于智涵	宋　娇	惠冬雪	帅明辉	张志轩
徐　鹏	张少博	张志伟	赵莉莉	刘环宇	符裕羽
张荣山	韩品杨	张海龙	舒　妮	栾　草	李开才
刘真真	李　波	李鹏飞	何道橘	刘　帅	管坚明
冯志娟	雷　鹏	包仁杰	杨如海	姜　彬	林旭炜

艺术设计(158 人)

袁　进	梁　艳	吕晓宇	张　鹏	格日乐	拾静漪
王　晶	胡　琰	段小燕	朱　伟	白　璐	彭娅倩
白淑婷	杨晓宇	杨文博	苏　娜	张　利	王建强
郝　悦	侯彦朱	常　燕	广如意	冉格玛	李　娜
奇　汗	樊　宁	索军芳	田昊东	武改平	徐　琨
陈　飞	斯琴塔娜	贾古月	叶　青	张立权	李天娇
刘永鲜	赵　瑞	周　畅	陈　玲	王晓蕾	李　英
王　鹏	韩瑾琦	靳　波	郝慧琴	王浩斐	杨　瑞
李迎春	杜昊颖	刘晓敏	郭玉维	王献嵘	钱　锋
杨　鑫	周　全	杨彦凤	张兰英	好宝日额登	陶渊波
杨　倩	吴晓玲	白雪芳	付红红	甘　朵	郝　乐

苏志宇	王俊宇	郭晓敏	刘双全	张 晨	庞玉峰
薄 涛	云 娟	林千诗	杨晔坪	刘 静	刘日霞
杨建虎	托 亚	李怡萱	田雨霞	卜 鑫	牛 茹
全 灵	纳日娜	苏 洁	范奇敏	张 伟	孙明霞
刘 馨	云曙光	布仁德乐嘿	冯国瑞	杜慧娟	符 兰
宋 佳	周佳妮	屈晓波	南巧巧	杨晓燕	郭应心
马跃疆	董虹利	牛彦玲	王川洁	王 静	卢 琦
贾瑞雪	刘云霞	糜 旭	杨牡丹	赵 乐	田 阳
王 敏	王 瑞	李 玲	娜 仁	魏 娜	孙 悦
张 波	崔镇军	孙亚婷	王 敏	刘娅楠	彭 晓
珈 瑜	张 悦	王玟茜	张富旗	娜荷雅	匡 姝
范璐捷	沈思思	徐 鑫	苏日娜	李 乐	张佳敏
蒋文杰	王 贺	高彦茹	李琬茹	王 芳	王立婷
李 璐	杨 洋	崔 茜	张书恒	高佳丽	卫雪洁
陈艳茹	武 杰	朱志霞	杨 婧	武彦成	刘 佳
全 贞	马晓蕊				

食品科学与工程学院

食品质量与安全(435 人)

苏音格	吉日木图	席孟根图雅	乌日古莫乐	高 晨	张秋实
艳 艳	吴江祥	陈广华	宝双喜	白 敏	唐雅茹
刘乌日汉	布仁其其格	牡 兰	韩荣荣	李佳虹	温慧颖
金咏梅	其乐木格	浩斯古斯乐	英 英	许淑婷	张 妍
高塔娜	席吉日木图	美 丽	财 汗	安 宁	青格勒太
包来英	于珍珍	伟 光	永 梅	王 凤	王海莹
梁晓红	代 兄	阿日古娜	奈如嘎	赵冠群	刘艳秋
孙 香	呼和木其尔	陈玉香	玉 花	刘立娟	马慧敏
崔艳玲	赵苏道	艳 红	乌雅汗	刘俊杰	孙继红
乌云毕力格	王美丽	白明智	金彩霞	冯艳丽	王 乐
包艳艳	高树琴	吴雪梅	刘志宏	丁宇慧	贾鸿冰
鲁开花	李春梅	阿日贡	李音杰	田 丽	刘婷婷
巴地木加甫.巴德玛	乌云嘎	春 梅	武力杰	张莹楠	魏玉芳
巴特孟克	潘道日娜	乌日乐	王燕霞	乌雅楠	张辰霞
线加·包力得巴图	乌云塔那	乌仁图雅	尹丽卿	王爱杰	刘文明
布仁其其格	巴 音	萨仁图娅	王晓敏	张冬蕾	王晓娟
王 智	阿茹汗	其力格尔	吕智慧	车莹莹	李月英
苗 苗	韩丽丽	郑丽娜	孙 洁	马晓冰	楚彦南
额布日乐图	白艳君	陈立岩	底 丰	吴 琼	燕彩玲

王　慧	张秋实	郝　斌	李树君	李鹏程	孙晓策
刘新宇	吴茂林	王　瑾	赵朴丞	程海星	王　莉
王　丽	陈常青	王雪芹	张　骁	姚　敏	宝利克
梁　艳	王利文	吕　娟	王晓彤	樊慧婷	安　媛
刘　俐	冯晓敏	刘梦觉	荆　茗	吴　凡	杨兴昊
胡艳花	庄　羚	刘莉敏	李晓阳	高荣华	钟　淼
杨飞燕	张向琴	徐嘉俐	段雨江	赵星华	杜　龙
张　燕	王　丹	蔡青秀	张　威	李玉萍	刘欣然
万　月	李虎平	水　源	郭志梅	杨晓霞	朱雅敏
杨　扬	崔晓琪	雷振华	乌　杰	杜晓敏	杜　林
张帅霞	张　斌	王通通	刘　媛	许建婷	徐　鑫
魏恩慧	孟　娇	徐　丽	康　义	苏志娇	申卓颖
白　翔	白　雪	石桂敏	郭伟栋	赵晓芳	乌兰托亚
钟茗露	李瑞芬	彭志伟	姜丹枫	王　楠	乔　斐
孙永青	魏　琦	孙　宇	李树静	刘　玮	崔　斌
来红文	吴　琼	赵　悦	巩俊霞	刘春晓	刘　瑾
李　贞	赵沛帆	王铭悦	周　涛	丁彩虹	李红霞
谢景丽	杨　帆	廉然超	赵　荻	黄　婕	刘　欢
其艳娟	李京儒	郝晓霞	柴绍帅	高　磊	赵　倩
王玉洁	付虹艺	李素芳	冯　敏	高玎玲	王　桐
孙　宇	罗春颖	张　莉	夏明尧	王文倩	张艳霞
金豆豆	王　波	杨　靓	李晓燕	高攀雲	潮　旺
张俊玲	孙　斌	赵慧静	杨　洁	郭丽珂	乔　鑫
牛晓燕	王思嘉	李　娟	曾明菊	李　娟	硕　威
马丽杰	李泽辰	贾玉霞	熊开勇	万大义	李　慧
杨小爽	祁晓霞	包宇婷	额尔登朝力	徐　洁	张天骏
毕瑞明	刘晓君	杨鑫鑫	阿娜尔其其格	和奕含	富有安
张燕霞	徐子雯	贾　文	美　丽	孙　超	徐　雯
张丽霞	王俊丽	杨　柳	娜仁图娜拉	王　婧	李相沂
王然然	党春艳	于　莎	菊　拉	郑　寒	郭　毅
贾玉蓉	闫　婷	高　伟	阿茹娜	鲍　慧	孙亚婷
田莹莹	马继平	安宏波	尔登塔娜	马溪遥	岳红燕
何　鑫	王海玉	周　霞	那仁图雅	李仁飞	王志华
侯雅静	王亚慧	王　杰	张红丽	曾　耀	史凌宇
郝晓娇	高　翔	徐之昊	席斯琴图雅	王梦圆	塔　娜
张义浩	于海静	白　斌	崔　娜	武文静	刘振佳
黎　颖	李v娜	贾原博	王桂军	李昊佼	贾露琳
杨晓慧	郑洪杰	石　伟	杨金龙	李茜若	王　盈
张和平	周　倩	陈　吉	武玉龙	宋　彦	段瑞青
张丽南	宿　敏	亚　庆	郭兵兵	陈　翔	齐湘渝

杨志荣	诺 敏	李正平	王国栋	吴 琼	岳峻甫
郝慧娟	冯 帆	孙国敏	李 琰	柴晓婷	胡 浩
王亚琼	杨慧荣	刘 鹏	郭小希	刘雅婷	魏显苹
桑 爽	张 根	卢向明	于红波	马 昕	沙泳利
郝 娜	李 洁	周胜蓉	郭 飞	池亚男	陈 妍
祁 麟	杨 瑶	陈锦悦	赵 昕	贾菡璐	高 洁
宿小婷	刘梦琦	李梓媛	王 嘉	李治国	孙 川
张降鑫	康 雅	郝凤敏	杨 帆	陈瀚光	张静雅
李弘骁	周宇庆	秦 宇	杨学婷	王 慧	郭凡奇
王雅欣	侯嘉敏	庞 慧	高凤枝	俞 敏	贾晓东
杨正如	李苗苗	温慧敏	孙 蕊	陈 飞	刘 洋
林伊娜	郝 磊	马 娜	杜 晶	张志强	桑婉莹
张天琦	王海燕	杨 慧	郭海燕	张 柳	安 奇
王 娟	杨丹丹	刘 燕			

食品科学与工程(3人)

张 健	吕心瑶	刘英寰

计算机与信息工程学院

计算机科学与技术(117人)

苏如林	崔淑慧	李 昊	席 岳	吕 佳	张晓静
达巴希拉图	曲鹏程	王 博	菅东晓	索 静	安 敏
鲍万利	陈俊伟	鲍会群	李彦杰	李英会	李 振
贾博文	张学超	周 扬	刘 帅	曾宪章	杨晓东
查 干	吕凤雅	曲利齐	滕 飞	关 平	王少帅
格根托娅	王志朋	边海晶	杨岳青	郝东杰	梅江鹏
侯晓波	凌 岩	孙立谦	郭佳鹏	刘 洋	刘 溪
席明智	刘金鑫	高明芳	张万骥	刘 锋	潘文帅
刘鹏飞	冯珊珊	邢 栋	任广义	唐晓凤	宋王庆
陈永红	张 哲	孟亚楠	乔红雷	肖海波	刘亚东
侯云中	赵凯宁	郭利刚	肖 帅	李 庆	常 跃
李宝成	商家宝	杨孟霏	刘骥飞	方 雄	丛 一
马 强	柯正权	张宇宏	尤雪媛	常晓华	张 鑫
李天宇	苗 彬	折建宇	文会迎	冯文飞	郭肖男
董建敏	杨欣宁	杨 梅	赵 千	石瑞霞	王朝霞
马新蕊	郝丽娜	贺夏云	吴燕平	徐恺易	边凯征
吴玉文	赵盼博	高秀荣	张泽霖	杨 超	王梓宇
孟 昊	李春雷	苏 洋	李海情	杨小丹	万 陈
何永波	于银龙	邢雁行	杨 洋	强利卫	李如孔

| 王　观 | 夏　陈 | 金航超 | | | |

软件工程（61人）

图　雅	鲁明泉	王宝鑫	武丑贵	叶　哲	李瑞新
刘香云	刘　洋	赵全洪	李　韬	朱启志	丁　然
宝乐尔	李　杨	杨　耀	胡慧春	马艳云	陈爱雨
萨出拉图	王光辉	杨慧东	孙　彬	唐　欣	孙　哲
陈　迪	冯　菲	张宏伟	郭熙振	闫文文	高国栋
李　晨	郭在军	聂　宇	韩　冰	汪　超	孙志南
郭立帅	张　洁	杨晨晓	曲彦辉	黄正鹏	刘聪聪
李　杨	和晓莹	赵鹏小	徐　杨	周庆良	康　旭
徐　将	刘志东	侯国盛	张志毅	方　伟	贾子权
夏施颖	董昱坤	张二鹏	陈　冲	胡　勇	郑思阳
孔德胜					

信息管理与信息系统（48人）

王查苏	李　丹	白　洁	孙　涛	王振林	王晨阳
伊日贵	李志敏	贾泽旭	马珍玉	刘栋亮	郭有罡
王额尔敦吐	刘桂增	赵　越	裴　岚	高海波	周　明
白长福	陈　琦	贾文娟	张皓月	刘　庆	马思佳
韩旭日	牛亚东	刘　颖	谭　笑	王抒伟	丁金润
都　林	范雪飞	秦燕飞	陈俊伟	侯霁峰	马国龙
李　粟	李海威	王　斌	孙凯军	云　智	杨　伦
李　潘	于建鑫	格日勒泰	温　婉	潘　凌	杨殿博

生命科学学院

生物工程（59人）

梁允刚	郑海燕	郭建婷	刘艳伟	赵英红	张　驹
修　建	胡　荣	景立鑫	栋　梁	邱　月	陈丽霞
张　冶	梁玉强	迟大宇	毕凤玲	包旦奇	杨　芳
高文强	张　萍	弓奇鑫	胡海红	刘旭东	侯　驰
赵若阳	姜　煜	刘　伟	岳文冉	侯冠美	蔺　娜
高　原	郭建宇	唐文博	宋旭明	杨　巍	李　鑫
刘鹏飞	李云汉	郎伟达	鄂雪玉	冯艳男	刘　原
佟　昕	韩　晗	郑欣欣	张铁龙	高　瑞	黄宏亮
郭倩楠	高旭光	张　涛	李超然	沈嘉骅	马宇星
郭小虎	相建英	王　钰	王宇翔	薛　梅	

生物技术（83人）

| 齐开军 | 徐新生 | 王倩倩 | 王会松 | 王晓婷 | 任　娜 |
| 刘　雷 | 王歆瑶 | 刘庆港 | 张文强 | 樊亚娟 | 王燕燕 |

徐秋筠	贾宇声	马逍遥	刘 志	王珊珊	李一凡
袁 鸣	卢 浩	温小俊	赵倍伦	崔满霞	芦彦蓉
纳荷芽	李 莹	王 亮	隋琳琳	郭梦实	姚 燚
郭 丹	梁启昕	袁亚雄	马占雨	曹宇铭	李 娜
楠迪娜	杨雪琴	涂明亮	王 鑫	郭子轩	马 新
杨鸿儒	杜晓文	杨小霞	李 妍	李 慧	潘 薇
樊文玮	杨文斌	赵 丹	武 文	郭 凯	韩 慧
薛 敏	赵海龙	李从春	尹姝元	赵宏刚	邓恩林
田虎军	王继栋	刘洋洋	胡 迪	刘海新	姚蕊涵
敖启明	冀锦华	董振搏	周靖文	李海纳	程慧萍
张容宇	王彦宁	崔建宇	董学良	任彩霞	盛哲良
任建新	孙雨涛	龙真君	刘 乐	闫 頔	

生物科学(70人)

庞惠峰	杜兴雨	辛俊利	刘 敏	闫军强	段佳慧
苏日娜	白雅芳	陈 龙	陈 帅	刘世军	田修蕊
姚宏志	曹舸洋	邵风慧	修 贺	李佳明	杜金宁
宋慧廷	曲 飞	常 磊	李渭利	满 沛	吴敖都
张玉香	王立娟	李小敏	辛竹青	于洪伟	姚 尧
王淑丽	陈 晨	王 磊	陈利霞	张程博	张 昊
薛 真	肖莲杰	梁 玮	田尚青	李红磊	青格乐
王 轩	孙 燕	卫旭彪	梁 亮	杨晨生	李春瑞
杨全华	包海洋	王鹏伟	周 杰	高 岩	张 祥
夏秋越	张 敏	翟少东	项 羽	吴 敏	艾 清
杨 兴	孙 权	张海啸	汪立晴	郎郡邰	邱秦杰
马佳奎	刘思蒙	姚 璐	梁 航		

制药工程(59人)

尹春花	邢培芬	徐 艳	张震男	刘 威	赵黎黎
青 龙	王瑞瑞	韩水霞	李 娜	王 威	孙 超
苏日嘎拉图	赵梓全	王红娟	闵志亮	王青雨	李浩博
张志伟	李 慧	刘 勇	杨 攀	贾金杰	潘 甜
周文栋	王立俊	杨东芳	王娟娟	蔡丽丽	张 帅
张 通	海宇彤	肖 敏	刘 欢	美塔拉	王 语
李 仁	李晓超	武文娟	刘 华	冯 东	谭海萍
孔智辉	刘 贺	白志军	严 俊	王 云	张得龙
徐洪涛	刘 阳	王艳斌	阚旺晨	高利敏	樊雪斌
郭子丹	赵晓彤	王 娇	薛 兵	郭志兴	

人文社会科学学院

法学(33 人)

吴颖娇	王　维	郭志茹	周晓菲	刘亚凌	王　珏
田轶强	吴　婕	李　洋	赵　婷	高志平	杨树芳
武耀荣	赵雪飞	王志娟	魏　鑫	张　婷	云禹鸣
闫小亮	查　娜	武淘涌	张　婷	李　珍	田皓宇
董　勤	伊德尔夫	武伟高	田　欣	于江超	王宇辰
张　娜	柴　蓉	李　敏			

社会工作(57 人)

白春梅	白红梅	苏都毕力格	阿荣高娃	巴拉吉尼玛	达布希拉图
敖特根花	乌仁塔那	哈斯敖其	吉日嘎拉	额日登高娃	萨茹拉
关玉兰	吴乌云嘎	白嘎力	金风艳	格格日乐	王岚婷
达　来	阿拉坦其其格	通拉嘎木仁	车力格尔	王娜仁	佟玉彬
塔　娜	灵　丽	乌云其其格	李玲玲	乌日汗	陈媛媛
曙　梅	张常荣	哈布日	乌日古木拉	苏龙嘎	斯琴其木格
呼和沐沦	包国强	萨仁图亚	白红艳	阿日古汉	哈斯其其格
义日桂	乌日查胡	妮　哈	其勒木格	傲达慕	沙其拉
温都日木拉	伊德日贡	海　鹰	娜米日嘎	萨日古拉其木格	呼格吉木图
呼斯乐图	吉木斯	朝鲁门			

行政管理(91 人)

韩文彬	文　萍	乌音嘎	天　仓	图布新	王介甫
朝鲁门其其格	田　喜	呼斯乐图	麦拉苏	干迪格	杨　帅
呼斯乐	杨庆彬	韩海全	额日敦朝鲁	杨　慧	隋洪旭
莫日根	乌日斯哈勒	苏嘎娜	海　日	张　媛	王　超
呼斯楞	潘丹丹	代　庆	张守圆	韩燕丹	任东洁
努图格图	鲍黎君	特格希	特日格勒	唐文亚	邬　娜
芒达日娃	全吉亮	付图雅	乌云嘎	张建华	吕晓明
鹏　志	乌云塔娜	达丽雅	曙　芳	刘　倩	杨慧英
景　景	包木仁	巴音塔娜	庞　丽	刘　裕	赵　婧
韩查干	王呼格吉乐	乌力吉孟和	图布心	王　萌	杜嘉婷
通力嘎	白参丹	杨斯琴毕力格	阿拉腾苏布达	唐晓丽	郭媛洁
萨如拉	白彦荣	王长安	腾格尔	刘亚娜	马　超
风　英	呼格日乐图	新苏雅拉	萨日娜	刘亚男	王伟健
阿拉坦吉如格	乌尼日其其格	敖　登	额尔登图亚	方　慧	张　辉
德力格日呼	苏布达其木格	曹福全	乌吉斯古楞	王慧芳	金忠奈
其力木格					

外国语言学院

英语(91人)

丁 悦	莎日娜	杨 月	赵娜娜	姜嘉丽	王佳琳
特日格勒	段 苒	王 荣	吕 静	王雨露	贾晓谊
刘玉兰	高正彦	高 雪	赵小杰	李杰琛	马 旺
策布尔	杨湧荔	高 源	崔婷婷	沈 羽	张 焱
张文超	王博阳	肖 萧	陈礼清	霍 达	江婷婷
邵朱金	磨 妮	云婷婷	肖 秀	张 旭	康 德
张仁华	李莎莎	王 乐	王 颖	刘恒达	张 慧
刘红燕	邢 喆	冯姝芮	刘 欢	贺佳妮	刘 媛
谢 慧	栗冬梅	刘艳红	姜若琳	韩晓霞	冯 静
云 娜	王美叶	李晓霞	明 扬	樊清娜	张 宁
李健宇	王 潇	王沐琳	冯永佳	张伟峰	康建丽
高 娜	马 洁	韩芳芳	李婷婷	田 芳	杨 宁
楠 玎	信瑞琳	常 燕	周 杰	相 悦	陈 洁
陈 超	姬菲菲	张嘉美	李 超	云 霏	苏 颖
高春丽	孙 田	赵海霞	王 鹏	崔 冰	邓 瑶
王 慧					

理学院

统计学(60人)

娜日娜	郭 佳	王 强	李 君	薛学学	刘养德
刘瑞田	姜忠英	程 超	郭 强	林 森	黄丹丹
杨 苹	张 引	董 红	李 丹	雷文玉	左慧琳
周凤静	张春宇	吉向阳	郭小妮	胡 凡	马赤诚
张 昊	郑海丽	张容臣	潘晓龙	黄仲远	杨 莹
张 峰	张碧佳	肖新洋	焦 芳	黄飞飞	邓茗予
于 洋	何 森	梁春艳	芦欢欢	黄 琦	陈 厚
王 笑	姚 荣	郭朝洋	兰丽君	杨海峰	王月莹
刘希铭	张 琦	吴秋菊	李博仑	廖 梦	王宏志
陈韵至	郝振宇	韩 雄	寇长鑫	柳景海	李慧明

应用化学(69人)

代达布希拉图	解振彪	谢丽峰	隋泽松	任少婷	刘 欢
刘文斌	钟明静	位传帅	郭 莉	武 兵	戴云亮
张 冰	徐长帅	辛启凤	赵艳文	杜慧琴	郭 丽
李宗帅	刘长征	刘丽霞	史德超	李双敏	徐 娜

王 刚	李 雪	梁 冰	蒋文涛	郁文惠	钟 巧
林士盛	李 瑞	武彦伟	刘 越	刘相荣	刘文春
赵艳娟	李臻毅	王小娟	伍青峰	刘谨铭	雷有军
党 伟	王小红	张佳玉	黄 焓	蔡文婧	高连福
李淑慧	苗竖立	贾金影	杨 敏	刘 焕	韩天宇
李 鑫	付 雪	文 强	林 海	郭雪峰	苏晓莹
魏思东	崔宇飞	黄 干	潘晓雨	潘 岳	刘芬奇
宋常超	郭伟红	寇亚钊			

能源与交通工程学院

交通运输(65人)

卢锦杰	赵 扬	韩 冬	张继尘	张 鹏	王 慧
宋倩茹	潘宏权	曹艳春	屈 瑞	陈 曦	贺彦鸿
赵 敏	杜亚东	郭 强	宋文学	范才彬	贺 建
聂春红	张 斌	卢教祥	苏宏广	赵 宇	王冰冰
王 鹏	孙彦奇	王 凯	刘 浩	徐鸿蕊	张云磊
杜珠伟	田书萌	张咏琦	韩 婷	李俊利	王为峰
李陆峰	王国瑞	唐 超	何 源	王文强	夏 君
王志伟	许 敏	王勇刚	张名博	王 鹏	韩福胜
宋继英	党 彦	刘 阳	田忠华	曹安琪	段鹏刚
李鑫伟	李瑞平	王 杰	付浩然	王 铎	孟克乌力吉
许祥丽	马 静	张桂钊	张晓栋	崔志红	

森林工程(道路桥梁方向)(87人)

谢图门	乌云达来	孙海猛	葛宜伦	马俊伟	刘开亮
金 英	包扎那	蒋 辉	林燕斌	高 原	李 涛
额尔敦宝力格	王宝音阿日宾	王振勇	杜永春	王宏宇	杨立士
宝音孟和	宝 童	王伟停	赵海超	杨 权	王浩坤
包 胜	呼日查	范文凯	李 聪	申彦威	张皓宁
乌云嘎	包连彬	董鹏达	连 峰	颜椿钊	韩 超
乌力吉牧仁	董富山	李伟松	魏宝国	宋江涛	易 林
呼斯勒	包文会	张 宇	苏志勇	王 涓	吴润斌
玛利苏	韩乌云尔敦	孟凡宝	梁翔宇	张贵满	高文华
左文雄	白玉和	王志军	于洪杰	丁 剑	陈亚飞
苏力德	王革命	张 乐	张书平	徐 靖	陈礼琳
斯钦吉日嘎拉	斯钦毕力格	范井丽	李东亮	秦 骅	严焕栋
陈 胜	华 玉	何兆玄	任耀全	赵鹏飞	万玉辉
青格乐图	周 阳	贾建春	王世忠	马 越	李发汉
图力古尔	迟明杰	吴 涛			

重要报道选辑

青联委员慰问留校学生

《内蒙古日报》2013年2月3日

张文强

近日,自治区团委、青联、学联组织部分青联委员走进内蒙古农业大学,开展真情助困进校园、慰问留校困难大学生活动。

活动中,8名青联委员代表不仅为留校大学生送去了慰问金和励志图书、牛奶等慰问品,还来到学生宿舍,与他们促膝交谈,了解他们的学习生活。

据悉,今年寒假期间,全区高校约有500名大学生因路途遥远、见习、打工、家庭困难等原因不能回家过春节。为让他们切实感受到团组织的温暖,自治区团委与青联、学联联合下发通知,要求各高校团组织积极行动起来,组织开展各类活动,丰富留校大学生的生活,切实为留校大学生办实事、解难题。

内农大研究保护草原文化遗址遗迹生态环境项目获批

正北方网2013年2月6日

高 佳

由内蒙古农业大学生态环境学院刘果厚教授主持申报的国家环境保护公益性行业科研专项项目"草原文化遗址地区区域开发生态环境风险评估与监管技术研究",日前获得国家环境保护部批准立项,项目起止时间为2013~2015年。

该项目主要研究内容为草原文化遗址遗迹类保护地生态环境风险源及关键因子识别;草原文化遗址遗迹类保护地生态环境监测指标体系及技术方法;草原文化遗址遗迹类保护地生态环境风险评估指标体系及方法;草原文化遗址遗迹类保护地生态环境风险评估及预测、预警技术;草原文化遗址遗迹类保护地生态环境风险防控技术体系;草原文化遗址遗迹类保护地长效生态保护与环境监管模式。

据了解,该项目经费额度为448万元,协作单位为环境保护部南京环境科学研究所、内蒙古自治区环境科学研究院、华中科技大学、内蒙古自治区环境监测中心站。

内蒙古农大深入开展"我的中国梦"系列活动

内蒙古新闻网2013年4月3日

为了对广大学生进行爱国主义、集体主义、社会主义教育,不断增强中国特色社会主义道路自信、理论自信、制度自信,内蒙古农业大学通过丰富多彩、生动活泼的形式,特举办了"我的中国梦"主题校园文化建设,并陆续开展"我的中国梦"主题宣讲、演讲比赛、摄影及微电影创作大赛等系列活动,积极教育引导学生坚定理想信念,励志刻苦学习,积极投身实践,为把我们的国家建设好、发展好而努力奋斗。

据悉,学校将结合纪念"五·四"运动94周年、新中国成立64周年,以"金马杯"文艺汇演为契机,举办"中国梦"主题校园文艺展演,推出一批具有思想性、艺术性、观赏性的"中国梦"主题文艺作品,着力讴歌伟大的祖国、伟大的人民、伟大的中华民族,集中展现校园学子热爱祖国、朝气蓬勃、昂扬向上的精神风貌;分层次、有重点地开展"放飞梦想励志青春"青春励志电影展播、青春励志书籍推荐、青春励志歌曲传唱等活动。同时邀请党政领导、专家学者结合本院学生关注的思想理论热点问题,围绕深入学习贯彻党的十八大精神,解读"中国梦"的历史底蕴和时代内涵,宣讲我国革命、建设和改革的历史进程、辉煌成就、宝贵经验和前进方向,路线、方针和政策;宣讲学校的发展历程,引导学生知校、爱校,以校为荣。在3月下旬至4月上旬,在全校范围内开展"我的中国梦"主题演讲比赛,引导广大学生以学习生活中的学业和课堂纪律为落脚点,用语言诠释他们的中国梦,释放汹涌澎湃的激情,强化主人翁意识,在把学校建设成为西部高水平大学和教学研究型大学的征程中建功立业。

内蒙古农业大学与加拿大北阿尔伯特理工学院合作办学

《内蒙古日报》2013年4月17日

丁 燕

4月17日上午,内蒙古农业大学与加拿大北阿尔伯特理工学院合作办学谅解备忘录签字仪式在内蒙古农业大学职业技术学院举行。

今后双方将在学科建设、师资培训、人才培养、学生留学深造等方面进行深入合作。内蒙古农业大学职业技术学院院长葛茂悦说:"与加拿大北阿尔伯特理工学院合作办学,有利于我们学习国外先进的办学理念,提高办学能力,提高人才培养的能力。"

自治区教育厅厅长李东升表示,今后自治区将促进更多高职院校的国际化接轨,学习先进的办学理念,提高高职院校的人才培养能力。

中国首次命名"雷锋学校"内蒙古农大获殊荣

人民网 2013年5月4日

乌 瑶

中国新闻网、中国日报网、腾讯新闻、21CN军事、未来网、中国质检网、新西部教育网、北京教育网等多家媒体进行了报道。

3日晚,在"内蒙古农业大学'雷锋大学'授匾仪式暨第二十七届'金马杯'文艺汇演颁奖晚会"上,内蒙古农业大学被授予了"雷锋大学"牌匾。据了解,这是中国首个"雷锋大学"称号。

据中国雷锋精神研究会常务副会长兼秘书长何朝海介绍,"雷锋大学"是由中国雷锋工程委员会、中国集体雷锋评选委员会、中国雷锋精神研究会、中国军民学雷锋经验交流会等多家机构共同授予的称号。"雷锋"系列称号的评选工作开始于1983年,这30年来,先后命名了百余个"雷锋机构",有"雷锋派出所""雷锋幼儿园""雷锋工商所""雷锋城市"等。内蒙古农业大学是首个"雷锋大学",是"雷锋家族"的第103个成员。

据了解,中国曾有不少学校都申请过"雷锋大学"称号,但评委会把这第一次给了内蒙古农业大学。谈及原因,何朝海介绍,出于综合考虑,内蒙古农业大学几十年来做了很多工作。"内蒙古农业大学是与时俱进学雷锋。我们尤其觉得难能可贵的是,内蒙古作为少数民族地区,能够把雷锋精神留在校园、走向社会。"何朝海说。

何朝海还介绍,"雷锋大学"在评选过程中,简单来说,有以下几个标准:开展学雷锋活动至少5年以上;涌现出学雷锋感人事迹;有具体的学习雷锋的措施办法;在社会上也产生了广泛影响。

内蒙古农业大学团委书记那森巴雅尔介绍,近年来内蒙古农业大学涌现出很多优秀的集体和优秀的个人,这些榜样时刻激励着在校学生。农大非常注重思想道德教育,也非常注重雷锋精神的传承与发扬光大。"事实证明,榜样的力量是无穷的。我们也正在挖掘这样的正能量,让正能量更好地发挥作用。"那森巴雅尔如是说。

在授匾仪式上,内蒙古农业大学生命科学学院生物技术专业的大二学生王叶青作为学生代表也进行了雷锋精神学习的倡议发言。坚定爱国报国信念;立志服务社会,做一名优秀的大学生;以及激情汇聚正能量,青春共筑中国梦……都是倡议的内容。

内蒙古农业大学成立于1952年,是内蒙古成立最早的本科高等学校,现有全日制在校生34000余人,其中硕士和博士研究生2000余人。

我助人 我快乐

内蒙古新闻网 2013 年 5 月 22 日

马艳军

叶晓雯,一岁半时患上了小儿麻痹,从此以轮椅为伴。她是不幸的,也是幸福的。有一年春天开始,一群年轻人每个周末都会来到她家,照顾她的生活起居。这一照料就是19个年头。

那群年轻人就是内蒙古农业大学青年志愿者服务队。服务队的学生毕业了一批又一批,补上了一批又一批,始终没有间断对叶晓雯的照顾。

服务队的坚持也成为叶晓雯的强心剂,她不光完成了函授专科学习,而且还通过了大学英语四级考试。

呼和浩特市61路、4路公交车的职工们说,从2007年起,内蒙古农业大学农学院青年志愿者服务队不管刮风下雨,定期去场站,给公交车保洁,让乘客坐着舒心。

2008年,内蒙古农业大学成立爱心社团。从那年开始,加入社团的学生以"帮助他人、快乐自己"为口号,照顾社会上的孤寡老人,帮助在生活和学习中有困难的校内学生顺利毕业。

人们无法忘记,11年前内蒙古农业大学涌现出来的"12·14"舍己救人英雄群体。有组织的到校史展览馆学习"12·14"舍己救人英雄群体事迹,成为每一个入学新生思想道德教育的必修课。

据学校统计:四川汶川、芦山发生强烈地震后,学生自发向灾区捐款200多万元。近几年来,共有2.8万人次义务献血,如果按每个学生献200毫升血计算,医院已经把他们的560万毫升的健康血液输送到了病人体内。

内蒙古3所大学入围中西部高校基础能力建设工程

正北方网 2013 年 6 月 5 日

高 佳

由教育部、国家发改委、财政部联合印发的《中西部高等教育振兴计划(2012—2020年)》日前公布,"中西部高校基础能力建设工程"将投入100亿元支持100所中西部高校建设,我区内蒙古农业大学、内蒙古师范大学、内蒙古医科大学3所高校入围,将获得相应资金支持。

根据《中西部高等教育振兴计划(2012—2020年)》,十二五期间,国家发改委将安排中央预算内专项投资,对每所纳入"中西部高校基础能力建设工程"的高校给予补助投资,中西部、西部地区省级政府同时设立省级专项资金,按不低于中央与地方6∶4∶8∶2的比例安排。

"中西部高校基础能力建设工程"着重解决中西部高校基础能力设施和办学条件滞后的问题,入选

高校必须符合"学科专业设置与区域发展需求、地方产业结构特点高度契合,对地方经济社会发展具有重要支撑作用,学科优势特色突出、在专业领域具有较大影响"等要求。

香港轩辕教育基金会内蒙古助学

中国新闻网 2013 年 6 月 7 日

白 琥

"扶贫助学有人一直做下去,我们的国家才有未来和希望。"在 6 月 6 日晚上香港轩辕教育基金会种子基金助学金与内蒙古农业大学举行的"分享会"上,罗文春如是说。

罗文春是香港轩辕教育基金会的主席,对他来说,到内蒙古捐资助学,已经不是件新鲜的事情。

2010 年 4 月,罗文春和轩辕基金会永远荣誉会长曾京一起来到内蒙古呼和浩特市与二连浩特市考察,并立即资助了 140 名学生。

2013 年,香港轩辕教育基金会资助了 50 名内蒙古农业大学的学生,其中蒙古族学子占到了其中的 60%。石慧强是内蒙古农业大学的大四学生,这名从小双耳失聪但身残志坚的学生,如今已是第三次坐在桌旁和来自轩辕基金会的善长诉说自己的感受。

这名水利与土木建筑工程学院的学生刚刚获得了"全国十佳水利未来之星"的称号,而石慧强解释说,他拿到这个荣誉,是对轩辕基金会对他帮助的感谢和回馈。

"香港轩辕教育基金会给我的支持,影响了我的大学四年。通过轩辕基金会的助学行动,我把爱藏在心中,并逐渐把这片爱心培养成参天大树,等我有了捐资助学的能力,我会尽我全力帮助更多人。"石慧强说。已经毕业一年的且同样受到了轩辕基金会资助的该校学生田恒(音),则用影片《幸福卡片》阐述自己的感想。

"轩辕基金会种子助学金给我的不仅是金钱的帮助,而是给了我人生的梦想,以及支持这个梦想走下去的力量。"

受轩辕基金会种子助学金的影响,更多的内蒙古农业大学学生在大学期间就投入到帮助别人的行动中,李雪就是其中之一。

这名生命科学学院的学生今年加入了中国扶贫基金会"爱心包裹"行动中,并获得了该基金会"优秀志愿者"的称号。

我校青年教师刘显刚的文章被《人民论坛》杂志转载

2013 年第 4 期《人民论坛》杂志以"微博公益应入法"为题,摘录转载了我校人文社会科学学院法学系教师刘显刚发表在中国法律类核心期刊《民主与法制》上的文章。其转载全文如下:

"刘显刚在 2013 年第 5 期《民主与法制》撰文《微博公益,法律何为?》认为,'微博公益'是借助特定的社交网络平台进行的一种新型公益性社会募捐行为,本质上属于社会慈善救助事业的一种,应纳入有关慈善救助的法律法规体系中予以规范。然而现有法律法规均因其滞后性而对微博公益没有任何规范,这种情况可以视为法律上的规范漏洞。既具有适法性,又存在法律上的规范漏洞,因此,微博公益入法也就具有了理论和实践层面的双重正当性。有关微博公益的立法,其立足点应该是积极鼓励、良性引导,着眼于行为的规范和过程的透明,而不应试图将其纳入现时行政色彩浓厚的官家行政体制。

第一,要强化微博公益活动的规范性和透明度。比如,可以考虑修改现有的《互联网信息服务管理办法》等法律法规,增加对微博公益行为进行网络监管的条款,也可以考虑由各微博网络运营商协商制定统一的微博公益行为准则,等等。第二,从立法层面改革现行的官办慈善体制,让行政色彩浓厚的慈善机构和慈善事业去行政化,回归单纯的公益性社会团体角色,为微博公益等民间慈善的发展创造更为宽松的制度环境,并由此让红十字会等传统慈善系统与微博公益等民间慈善管道形成良性的业务竞争。"(《人民论坛》,2013年第4期,P47)

内蒙古年度大学生"桃李之星"评选揭晓 乌兰出席颁奖晚会

《内蒙古日报》2013年6月22日

张文强

6月21日,2012内蒙古年度大学生"桃李之星"颁奖晚会在呼和浩特举行,10名"桃李之星"获得者及10名提名奖获得者受到表彰。

自治区党委常委、宣传部部长乌兰出席颁奖晚会。

评选活动由自治区党委宣传部、教育厅、团委联合组织开展,从2012年12月开始,历时7个月。活动旨在深入推进社会主义核心价值体系建设,挖掘、培育、宣传和表彰大学生先进典型,集中展示当代大学生的良好精神风貌,积极宣传优秀大学生的模范事迹,充分发挥先进典型的示范引领作用,向全区广大青年学生传播正能量。

内蒙古大学乌仁其木格、内蒙古大学艺术学院武燕妮、内蒙古工业大学李红敏和黄新涛、内蒙古师范大学胡日查、内蒙古科技大学钟张旗、内蒙古医科大学翁兆平、内蒙古农业大学塔娜、内蒙古建筑职业技术学院郑伟、呼和浩特职业学院张小平荣获2012内蒙古年度大学生"桃李之星"称号。内蒙古经贸外语职业学院王宏庭、内蒙古师范大学鸿德学院王松等10名大学生获得2012内蒙古年度大学生"桃李之星"提名奖。

青年志愿者服务队中的主力军

《内蒙古日报》2013年7月1日

丁 燕

6月30日,周日,又到了内蒙古农业大学农学院的志愿者们去看望叶晓雯的日子。

20年来,农学院的学生毕业了一批又一批,可志愿服务身患残疾的叶晓雯的爱心接力却从未中断过。

上午9点30分,段东宏、彬彬、菅彩媛、白国庆、张健等几名同学相聚在教学楼前,一起前往叶晓雯家。

"你又换眼镜了啊!你今天戴上这副绿边眼镜可真够帅的!"一见面,叶晓雯的一句玩笑话,让段东宏羞红了脸。

"哪有啊!这眼镜已经戴了一段时间啦!叶大姐,您今天想去哪儿转一圈?"段东宏笑着问。

"咱们从学校南门出去,绕上一圈,我顺便还想买一把遮阳伞。"叶晓雯说。

一路上,一行人欢声笑语,其乐融融。

"每到周六、周日,都会有志愿者来照顾我。他们帮我打扫家,陪我晒太阳、聊天、逛街。20年啦!他们中的一些同学我甚至都没记住名字,可他们已经成为了我生活中不可或缺的一部分!"叶晓雯说。

菅彩媛,预备党员,内蒙古农业大学农学院青年志愿者服务队队长。"面对生活中的挫折和困难,叶大姐总是乐观向上,她是我们大家的榜样。叶大姐读过很多书,非常有学识,有的时候还会送我们一些书呐!"菅彩媛说。

她告诉记者,如今在农学院,1350名同学都是志愿者,学生党员和入党积极分子是志愿者队伍中的主力军。"彬彬,就是一名学生党员。每次开展活动,有什么脏活、累活,他总是抢着做。段东宏是入党积极分子,别看平时他总爱开玩笑,做起事来可是一丝不苟。他的人缘特别好,作为志愿者服务队的老队员,好多新队员都喜欢跟着他参加活动。"菅彩嫒说。

"除了照顾叶大姐,我们的志愿服务还有到敬老院照顾老人、帮助擦洗4路和61路公交车、在路口做交通协管等内容。今年6月份,我们又增加了照顾一名退休老教授的任务。老教授年纪大了,又因为患病的原因,平时很难下一次楼。我们的任务说来简单,就是抽时间过来背老教授下楼晒太阳。"菅彩嫒说。

张健,大一学生,上学期递交了入党申请书。"明天就是党的生日了。我希望通过自己的努力,早日成为一名光荣的中国共产党党员。"张健说。

世界首例"蜘蛛丝"羊在内蒙古诞生

新华网 2013年7月5日

王春燕

世界首例蜘蛛牵丝细毛羊和绒山羊6月中旬在内蒙古农业大学诞生。

4日上午,记者在内蒙古农业大学实验室看到,这些出生半个多月的羊羔健康状况良好,外形与普通羊羔没有什么差别。

蜘蛛牵丝是目前发现的韧性、强度和弹力最优质的天然纤维,其超高的强度和出色的弹性是其他天然和人工材料无法比拟的。同等重量蜘蛛牵丝的强度是钢的五倍,几乎与强度最高的碳纤维及高强复合纤维强度等同,但韧性远远大于这两类纤维。蜘蛛牵丝这一优异的机械性能使其在军工、医疗、建材和纺织等行业具有广阔的应用前景。

由于蜘蛛难以人工大规模饲养,牵丝生产受到很大的限制。2011年,内蒙古农业大学的科研团队开始对细毛羊和绒山羊进行被毛改良研究,将蜘蛛牵丝的优异特性用于改良羊毛和羊绒的品质。经过2年多的研究,被毛具有蛛丝特性的细毛羊和绒山羊在内蒙古农业大学诞生。

内蒙古农业大学研究团队的工作人员告诉记者,经取样检测,这些羔羊的被毛弹力和强度均显著提高。这项研究对培育高纺织性能的细毛羊和绒山羊新品种,提升羊毛、羊绒的经济价值具有重要的意义。

我区4名大学生村官获团中央表彰

《北方新报》2013年7月19日

白忠义

开栏的话:为进一步做好"中国梦"及"尽责圆梦"主题教育实践活动的宣传报道,增强典型宣传的针对性,从今日起,本报陆续开设"尽责圆梦大学生励志成才"、"尽责圆梦草原儿女赞"、"尽责圆梦优秀基层干部"3个专栏,以集中做好我区群众、基层干部和大学生"尽责圆梦"先进典型的宣传报道。

7月15日,记者从共青团巴彦淖尔市委员会了解到,在近日团中央举办的帮扶大学生村官创业项目评选活动中,来自我区巴彦淖尔市五原县的刘永瑞、王之赫,包头市土右旗的王标和鄂尔多斯市杭锦旗的王镜凯4名大学生村官被共青团中央授予全国百个大学生村官创业优秀项目东风奖。

闪亮青春 励志人生

王之赫2008年从内蒙古农业大学农学院植物科学与技术专业毕业后,加入到了大学生村官的队伍当中。2012年,他在家乡五原县塔尔湖镇成立了春光农业开发农民专业合作社。目前该合作社已拥有30个温室,主要种植品种有西瓜、西红柿、黄瓜、茄子等有机绿色蔬菜,引领了当地设施农业的发展,解决了合作社农民大棚蔬菜的种植技术和销售问题。

武晓东:情系大草原

《中国科学报》2013年9月27日

王 月

天苍苍,野茫茫,风吹草低见牛羊。草原的美景令人心驰神往。以草地资源为基础的草原生态,具有巨大的生态屏障、环境维护功能,对我国生态安全和经济生活都具有重大的意义。

在内蒙古大草原,有这样一位动物生态和草原保护领域的专家——内蒙古农业大学教授、博士生导师武晓东,履行和实践着保护草原和动物的梦想。

自20世纪80年代初期开始,从内蒙古东部大兴安岭到西部的阿拉善荒漠,武晓东用了30多年的时间,进行草原、林地、农田、沙漠和荒漠的啮齿动物野外科研调查,建成了在国内具有领先水平的啮齿动物研究室,保存有2000余套的啮齿动物标本。他提出了地带性啮齿动物群落理论,应用3S技术分析地带性啮齿动物群落的分布特征,创立区域性、系统性、综合性预测和控制草原鼠害的理论。在荒漠啮齿动物群落的研究中,创新应用非线性、系统性理论对群落的结构、多样性与物种共存开展科学研究。这些不懈的坚持终于让国内有关荒漠啮齿动物群落的研究达到了世界先进水平。

21世纪是生物学的世纪。当今,国际学术界关于生物群落与生物多样性的研究日新月异,成为生态学研究的前沿和核心领域。武晓东深知,只有迎头赶上世界科学研究的步伐才能在国际学界占有一席之地。

武晓东对荒漠啮齿动物群落特性进行了加入持久的研究,自1997年至1999年在对内蒙古阿拉善荒漠啮齿动物进行了3年区系调查的基础上,他从2002年开始选择典型区域建立了固定的科研野外实验基地,在连续4个国家自然科学基金和多项其他国家级课题的资助下,开展了内蒙古阿拉善荒漠地区啮齿动物群落格局过程的敏感性反应研究,并应用神经网络技术研究了荒漠草地生态系统啮齿动物群落对不同干扰条件的敏感性反应机制及其预测模型。他提出了人为干扰下栖息地破碎化过程中啮齿动物集合群落格局—过程新理论,揭示鼠类集合群落在荒漠退化生态系统和脆弱生态系统中敏感性反应的机制,应用神经网络技术建立样方尺度和区域尺度上集合群落的动态预测模型,探求全球气候变化中荒漠啮齿动物集合群落响应的机制,填补了国内啮齿动物集合群落研究的空白。

经过多年的实践和理论调查研究,武晓东正在探索研发适宜草原鼠害防控的生物技术,制定草原鼠害综合生物防控技术规程,建立综合防控技术示范区,开展规模化示范和推广,组建草原鼠害区域性防控技术体系,为我国鼠害防控实践向无公害型、自然和谐型转化奠定了理论和技术基础。

除了耕耘在广袤的大草原上,学科建设也是武晓东潜心钻研的阵地。他组织学科团队完成了草业科学研究系列专著(共12部,科学出版社),组织建设了"草业与草地资源省部共建教育部重点实验室"。

在学科交流融合的今天,武晓东常常活跃在各大学术会场,或与学术界进行交流,或发表自己最新的研究成果。为促进学术交流、推动学科发展,武晓东还率课题组与德国斯图加特大学的Franziska教授、Elke博士研究组合作,对荒漠地区小毛足鼠的繁殖特征、活动的昼夜节律和社群行为进行研究。

内蒙古第四届全国道德模范及提名者走进内蒙古农业大学

内蒙古新闻网 2013 年 9 月 28 日

雒 扬

9月28日上午,内蒙古自治区第四届全国道德模范及提名奖获得者走进内蒙古农业大学与师生进行座谈交流并参观了农业大学校史馆。

全国见义勇为模范苏日娜、全国敬业奉献模范孙奇(已故)的先进事迹感染了现场的每一位同学。第四届全国道德模范提名奖获得者特木钦、王金清、卞文明、王荣、邱瑞兵、秀荣、王晓菲分别做了汇报发言。

学生代表纷纷表示,聆听了先进模范的报告,从他们的身上学到了助人为乐、见义勇为、诚实守信、敬业奉献、孝老爱亲等美德,每位模范背后的事迹都让人深受启迪,这种正能量将一直传递下去。以舍己救人的英雄郝龙彪,无偿捐献眼角膜的李莹、"背学兄弟"庄宏泉、庄汇泉为代表的农大精神也将一直发扬传承,并激励鼓舞着新一代的农大人。

内蒙古农业大学肉羊养殖实训基地在巴彦淖尔揭牌

正北方网 2013 年 10 月 10 日

边文宁

10月10日,记者从市科技局了解到,内蒙古农业大学肉羊养殖实训基地及研究生培养基地于日前在我市富川肉羊养殖循环经济科技示范园区揭牌成立。

该实训基地是我市为促进肉羊产业发展搭建的产学研合作平台,是校企合作共建的集科研、教学、示范推广、科技培训为一体的肉羊养殖创新平台。它的成立既为内蒙古农业大学提供了学生实习、研究生培养的理论与实践平台,又为企业利用高校科研优势开展技术研发、攻关创造了良好条件。同时,它将为我市肉羊养殖技术的示范推广提供借鉴。

据了解,该合作平台前期重点在肉羊规模化、机械化饲喂、肉羊品质与营养关系、巴美肉羊高繁品系研发等方面开展相关研究。

呼和浩特市政府与内蒙古农业大学签署校地科技合作协议

《内蒙古日报》2013 年 11 月 6 日

贾永强

11月5日,呼和浩特市·内蒙古农业大学科技合作签约暨成果发布会举行。

在发布会上,呼和浩特市政府与内蒙古农业大学签署了校地科技合作协议,旨在通过进一步加强产学研合作,结合呼和浩特新兴产业和重点产业领域,把内蒙古农业大学更多的科研成果在呼和浩特实现转化和产业化,推动双方的互惠共赢。

近年来,呼和浩特市坚持自主研究开发与引进消化吸收相结合,积极利用国内外的科技资源,为企事业单位和科研院所、大专院校开展产学研用搭建科技合作平台。全市共有近百家企业与中科院、清华大学、北京大学等诸多国内知名高校和科研院所建立了稳定的产学研合作关系。先后与中科院北京分院、内蒙古工业大学签订了长期科技合作协议,成立了呼和浩特市科技创新创业协会。一个以政府为引导、市场为导向、企业为主体、高校院所为依托的产学研合作新格局正在形成。

张和平成国家级"百千万人才工程"人选

正北方网 2013 年 11 月 18 日

马丽侠

记者昨日从自治区人力资源和社会保障厅了解到,人力资源和社会保障部等 9 部门确定了入选 2013 年国家"百千万人才工程"人选名单,并授予"有突出贡献中青年专家"荣誉称号。其中,我区内蒙古农牧业科学院的路战远、内蒙古农业大学的张和平 2 人入选。

据了解,"百千万人才工程"是国家为进一步加强高层次专业技术人才队伍建设,加速培养造就年轻一代学术技术带头人而联合组织实施的一项国家重大人才培养计划。其目标是培养造就数百名具有世界科技前沿水平的杰出科学家、工程技术专家和理论家;数千名具有国内领先水平,在各学科、各技术领域有较高学术技术造诣的带头人;数万名在各学科领域里成绩显著、起骨干作用、具有发展潜能的优秀年轻人才。"百千万人才工程"国家级人选选拔面向各类企事业单位专业技术人员,重点选拔培养瞄准世界科技前沿,能引领和支撑国家重大科技、关键领域实现跨越式发展的高层次中青年领军人才。

内蒙古农业大学:边改边查 聚焦服务谋发展

《内蒙古日报》2013 年 12 月 5 日

丁 燕

作为自治区第一批党的群众路线教育实践活动开展单位,内蒙古农业大学在认真组织学习的基础上,成立 10 个调研组,深入到各学院、各单位、离退休老干部中间,共征集到各类意见、建议 189 条。经过多次研究、归纳、梳理,发现了校院领导班子集体和领导个人在"四风"方面存在的 24 个问题。内蒙古农业大学党委班子形成共识,坚持边学边查边改、立行立改,致力于让广大师生员工切实看到实效,将教育实践活动落在实处。

聚焦自治区发展

"把办学思路、理念聚焦到服务自治区经济社会发展上来,为自治区经济社会发展提供科技支撑和智力支持。"在集中学习阶段,校党委便进一步明确了学校今后的工作思路,即结合学科优势和专业特色,以服务自治区建设绿色农畜产品生产加工输出基地和我国北方重要的生态安全屏障为切入点,通过创新机制,主动寻求合作,抓项目、促转化、组团队、建基地等措施,为自治区"8337"发展思路提供科技支撑和智力支持,为自治区经济和社会发展作出新贡献。

学校制定《内蒙古农业大学关于进一步加强学校社会服务工作的实施意见》,提出主动加强与自治区相关企业和盟市旗县的联系与合作,大力组织申报和主动争取承担各级各类重点项目和横向课题,积极签订产学研合作协议。

目前,内蒙古农业大学正在积极筹备召开科技工作会议,决定启动校级科技成果推广计划。计划每年筛选 10 项具有自主知识产权、可以在相关旗县或企业进行推广转化或实现产业化的成果进行资助。同时,还要拿出专项资金用于组建能够围绕重点领域、依托重点成果、整合相关技术力量、专门从事成果推广转化的团队。

提高教育教学质量

加强内涵建设,以学分制改革为突破口,以教学过程管理为基础,以课堂教学为基本环节,以提高教师教学能力和提升学生学习动力为重点,以提高教育教学水平和人才培养质量为目标,努力提升人才培养质量和教学管理水平。内蒙古农业大学结合正在开展的党的群众路线教育实践活动和年初确定的教学质量管理年活动,进一步强化教学工作的中心地位,在全校形成领导重视教学、教师投入教学、行政支持教学、后勤服务教学、学生努力学习的良好育人氛围。

学校继续加强教师实践教学能力的培训与考核,要求各学院要有计划地开展中青年教师的实践教学能力培训,引导教师进入实验室、到实习基地提高自身的实践教学能力。要求各专业教师必须参与指导各类专业实习并作为年度考核依据。要求各学院成立实践能力考核小组,对中青年教师进行一次能力考核,对于不达标的教师不得承担实践教学任务并限期提高,考核结果要记入教师业务档案。

促进毕业生就业

实施基层就业拓展计划。为让学生愿意到基层去并且能够沉下心工作,内蒙古农业大学把学生的教学实习、社会实践的主战场放在基层地区和相关工作岗位上,让学生在就业前就产生对基层环境的情感认同,使其愿意在基层建功立业。

实施少数民族学生就业能力提升工程。内蒙古农业大学目前有14个专业设有蒙语授课班。为了有效提升少数民族学生的就业能力,学校在设有民族预科班的学院积极推进汉语提升计划,让汉族教师参与班级管理,配备高年级汉语班学生跟班自习,增加蒙语授课学生汉语实践的机会。

实施家庭困难学生援助项目。针对家庭经济困难大学生,内蒙古农业大学建立了专门的台账,对造成困难的原因进行分类,为每一位困难学生指定帮扶教师。具体帮扶过程中,改变以往单纯通过经济补助进行援助的方式,综合采用心理疏导、技能培养、组织专场招聘、"一对一"帮扶、优先推荐岗位、经济补助等多种措施,有针对性地为困难毕业生提供就业支持。

及时动手整改

在教育实践活动开展过程中,内蒙古农业大学明确了师生员工反映强烈的问题就要立即整改。其中,针对师生普遍反映的学校教学基本条件较差的问题,学校党委多次召开会议,专题研究新校区建设等有关问题,决定从资金等方面给予支持,加快新校区建设速度,尽快改善办学基础条件。针对教师普遍反映的财务报账手续烦琐的问题,学校组织有关部门正在研究简化报账手续。

针对师生反映的一些生活上的具体问题对学校积极筹措资金进行整改。在教学楼安装了18台热水器解决了师生的饮水问题,对学生食堂室内进行维修改造并更新部分厨房设备,对东区供开水蒸气管道进行更换,对学生宿舍楼室内进行维修粉刷,对住宅区、教学区、学生区部分供热、供水管道进行更新改造。

把论文写在大地上——内蒙古农业大学科研成果服务自治区经济社会发展纪实

《内蒙古日报》2013年12月9日

丁 燕

云锦凤、易津、米福贵、李金泉……巴彦淖尔市乌拉特前旗青松草业贸易有限责任公司负责人董志魁说,能数得出来的内农大的好朋友太多了,值得讲述的故事三天三夜也说不完。

青松草业是一家以牧草种子生产、经营、饲草料加工储备、良种畜繁育、商贸经营为一体的综合性股份制企业,其经营的很多业务都与内农大有着密切的联系。"我本人没有什么学历,这么多年来,内农大就如同我的一本大字典,给我提供了太多的帮助。"

"把论文写在大地上"。内蒙古农业大学充分发挥科技学科人才综合优势,鼓励专业人才积极投身自治区经济社会建设,重点围绕畜牧业、草原生态、林业、牧区水利、乳制品开发、畜牧业机械和农村牧区经济社会发展等各个方面,组织多学科的联合攻关,产生了显著的经济、社会和生态效益。在广袤的内蒙古大地上,随处可见内农大专家团队的足迹……

节水技术让咱农民开了眼

在巴彦淖尔市磴口县补隆淖办事处坝楞村,村主任曹子文赞叹道:"膜下滴灌、激光平地还有水肥耦合技术都让祖祖辈辈种地的农民开了眼。"作为"十二五"国家科技支撑计划重点项目的"内蒙古河套灌区粮油作物节水技术集成与示范基地"项目在坝楞村设有万亩示范区,其中200多亩的研究基地和2000亩核心示范区,项目的主持单位是内蒙古农业大学,主持人是内蒙古农业大学水利与土木建筑工程学院的教授史海滨。

苗庆丰是史海滨教授的博士研究生。他说:"每年的3月份一直到10月份,我们很多研究生大多时间都住在这里。在试验田里的一举一动,农民们都很关注,像史教授直接负责的水肥耦合项目农民的认可度就很高。很多人都已经认可了水不是浇得越多越好,肥也不是上得越多越好,二者有一个最好的配比。否则既浪费成本,又造成了农田污染。"苗庆丰说。

河套灌区玉米高产推广的功臣

在巴彦淖尔市农牧业技术推广中心,提及高聚林教授,推广研究员张永清说:"他可是我们河套灌区玉米高产推广的功臣。"

2008年,时任巴彦淖尔市农业推广站站长的张永清引进了高聚林组装集成的内蒙古平原灌区玉米超高产栽培技术。"良种良方捆在一起,好技术一下子就提高了生产力。如今,凡是利用这个技术的地区,每亩增产200多千克玉米,一般都达到了1 000千克左右。农民的收入提高了,种植玉米的积极性也越来越高。"张永清说,如今在巴彦淖尔,玉米已经成了种植面积最广的农作物。"高教授工作特别认真,每次来到我们这都直接下田地,和农民打成了一片,大家都说高教授一点架子也没有。"他说。

致力于矿山沉陷区的复垦

贺晓是内农大生态环境学院植物学教研室的教授,10多年来,为实现矿区复垦的绿色梦想,她和团队里的其他成员几乎走遍了晋陕蒙边界的主要大型矿区。"近几年,在当地企业的全力推动下,那里的植被恢复得很好。文冠果、沙棘、山桃、山杏、柄扁桃等七、八种经济树种已经给当地带来了一些经济收益。"贺晓笑着说。

2000年,应一家大型煤炭生产企业的邀请,贺晓开始了对晋陕蒙边界大型矿区植被恢复与建设的研究工作,目的是通过适宜树种的配置和造林技术的研发,提高树木的成活率和生长速度。2005年起,研究团队又开始着手对采煤沉陷区内植物的破坏进行摸底研究,一方面搞清楚煤炭开发对植被的影响机理,另一方面开始优良树种选择和培育的研究工作。2009年,贺晓参与完成的《荒漠化地区大型煤炭基地生态环境综合防治技术》荣获2008年度国家科学技术进步二等奖。

不一般的蔬菜大棚

在呼和浩特市大有公司光伏农村牧业教育示范基地的蔬菜大棚里,农学院教授崔世茂介绍说:"光伏和农业相结合,这样的组合真是不错。温室上面太阳能用于发电,还能给园区遮风。温室大棚里应用的排气扇和滴灌效果也不错,二期工程的51栋温室蔬菜大棚还可以这样做。"

基地负责人田宝利说:"我们公司原来是做太阳能发电的,对农业一点也不懂。经朋友介绍,2010年我结识了对园艺果蔬种植十分精通的崔教授。3年来,崔教授对我们的帮助特别大,从低碳环保大棚的设计,到果蔬种植的技术指导,崔教授都亲力亲为。有不少来参观的人都说,这里的蔬菜大棚可真不一般。"

为了茫茫沙海中的一抹绿

在内农大,有一支学术研究特色鲜明、研究能力达到国内沙漠化防治研究领域前沿水平的研究队伍。这支由26名成员组成的防沙治沙科研创新团队,其科研成果"可降解纤维PLA沙障技术"和"臭柏生态学特性究及造林示范推广"在业内有着响当当的名号。

"可降解纤维PLA沙障技术"具有环保、易于操作等优点,项目获国家发明专利2项,实用新型专利

1项,已在乌兰布和沙漠、库布齐沙漠、毛乌素沙地以及浑善达克沙地建成了5个不同规模的示范推广基地。项目负责人高永说:"沙漠治理是一项非常辛苦的工作,环境十分恶劣。可为了沙漠中的那一抹抹绿色,我们不怕吃苦。"

"臭柏生态学特性研究及造林示范推广"项目,创建了臭柏种群恢复与重建的技术,形成了完整的播种和插条苗木扩繁技术体系,使无灌溉自然雨季臭柏造林成活率从几乎为零提高到80%以上,已在毛乌素沙地等地完成示范推广,生长良好、生态效益显著。同时,项目提出了共水蒸馏提取臭柏精油的工艺及参数,对臭柏的产业开发奠定了基础。

原始森林里的观察员

内蒙古大兴安岭森林生态系统国家野外观测研究站位于根河林业局原始森林里,1991年由国家林业部批准建站,2005年入选科技部国家级生态站。它既是中国森林生态系统网络成员(CFERN),也是国家生态系统网络成员(CNERN),1998年入选联合国粮农组织全球陆地观测系统的陆地生态系统监测网络。研究站是我国在寒温带针叶林最早设立的长期定位观测的野外台站,建设单位为内蒙古农业大学。

研究站站长、内蒙古农业大学林学院教授张秋良说:"大兴安岭森林生态站陆续承担了国家、省部及地方科研项目80余项,在观测、科研的同时也锻炼和造就了一批优秀的学术与教学骨干。目前生态站又承担了生态服务功能评估、森林可持续经营技术和林下经济研究开发的责任。"

这里的树木长势喜人

"快看,这些油松长得多好!才十几年的树比山坡上那些30年的长得还好,这就是采用林木菌根菌剂的成果。"作为菌根菌剂研究的参与者,内农大生命科学学院的姚庆智博士和呼和浩特市绿化委员会办公室副主任马荣华激动地说。

姚庆智介绍说:"菌根真菌是一种真菌,它能够帮助植物来扩大根系的吸收范围,吸收更多的营养,可使苗木生长量提高1到2倍,造林成活率提高20%以上。"据他介绍,2000年到2002年,内农大林木菌根菌剂产业化应用技术推广造林面积37.2万亩,取得了直接经济效益2400万元。这项成果还于2004年获得自治区科技进步一等奖。

屡建奇功的"绒山羊研究团队"

2012年2月份的一天,赤峰市农牧业局的有关负责人一行4人来到内农大,敬献了"内蒙古农业大学在昭乌达肉羊培育工作中做出重要贡献"的锦旗。多年来,李金泉教授带领的"绒山羊研究团队"始终致力于自治区家畜遗传育种与改良工作,在自治区草原家畜品种乌珠穆沁羊、苏尼特肉羊、内蒙古白绒山羊、三河牛选育和巴美肉羊新品种培育研究中做出了重要贡献。研究成果在内蒙古、山西、辽宁、黑龙江、青海、新疆等省区相关种畜场推广应用,取得了显著的育种效果和社会经济效益。

李金泉说:"绒山羊选育工作在今后还有一个很长的道路,科研必须与生产相结合,应始终把科技创新,特别是应用现代遗传育种方法和生物高新技术,摆在产业发展的突出位置,把一些新的研究成果及时应用到生产中,使我区乃至我国绒山羊业实现优质、高效和可持续发展之路。"

助力乳制品生产牧户和企业

2001年至今,以张和平教授为首的内农大乳品生物技术工程教育部重点实验室的专家们致力于乳酸菌菌种资源库建设及发酵剂产业化关键技术的开发应用,从中国、蒙古国和俄罗斯地区采集自然发酵乳制品1196份,分离鉴定出8个属65个种或亚种共4788株乳酸菌,建成了中国最大的乳酸菌种资源库,同时完成了保藏菌株16S rRNA基因序列的测定工作。乳酸菌菌种资源库的建立不仅保护了自然发酵制品中的宝贵乳酸菌资源,同时为乳酸菌资源的开发利用和新型功能性发酵乳制品的开发奠定了基础。

作为团队的成员,陈永福透露,2013年团队又承担了国家农业部的一个项目——面对新疆、西藏、青海、甘肃、内蒙古的农牧户和牧场,对其制作奶制品的传统工艺进行改良,使更加规范并能解放生产力。"前些日子,张和平教授专程赶赴锡林郭勒盟的2个旗县,下一步要开展一些酸马奶的研究工作。"他说。

云锦凤:产学研完美结合成就碧草无边

11月初,走进内蒙古和信园蒙草抗旱绿化股份有限公司土默特左旗分公司的田地里,绿油油的蒙农杂种冰草让人顿时忘记了此时此刻正处于北方的冬季。"看,这么冷的天,别的草都已经枯黄了,就只有咱们的冰草还绿着。"中国草学会名誉理事长、内蒙古农业大学草业科学专业教授云锦凤指着面前的冰草种植基地,饱含深情地说。

据基地负责人贺祥介绍,2012年内蒙古蒙草抗旱绿化股份有限公司在土默特左旗建起了蒙草生产基地,其中有3个品种是与内蒙古农业大学云锦凤老师合作的。"这些草最大的特点是抗寒抗旱。今年我们的146亩的蒙农杂种冰草产了1.3万斤的草籽,97亩的新麦草也产了3000多斤的草籽。这些草籽我们将全部上交总公司,用于公司在区内外的草原生态恢复各大项目。我们这些草种是来自云老师的科研成果,在种植的过程中,云老师也特别精心。我们基地的很多工作人员原来都没有种过草,对这个可以说是一点也不懂,垄要多宽、多深、要怎么播种,云老师都手把手地给大家作指导。"贺祥说。

几十年如一日,云锦凤带领的科研团队一直身处国际草业科学研究的前沿,先后培育出蒙古冰草、蒙农杂种冰草、呼伦贝尔黄花苜蓿、草原1、2、3号杂花苜蓿和蒙农1号蒙古冰草等9个具有自主知识产权的牧草新品种,并通过了全国牧草品种审定委员会的审定和登记。"高校的科研工作要与生产实际相结合。就拿我们的蒙农杂种冰草和草原3号杂花苜蓿两个新品种来说,之所以近些年推广得特别好,就是因为它们有市场需求,符合产业发展的大局。"云锦凤说。

巴彦淖尔市乌拉特前旗青松草业负责人董志魁与云锦凤有着30多年的交情。"从草原2号杂花苜蓿到草原3号杂花苜蓿,我们作为内蒙古农业大学的产学研基地,一直与云老师合作得特别好。苜蓿是草中之王,自治区发展畜牧业和生产乳制品离不开苜蓿。作为草籽生产企业,我们的任务是繁殖出更多的优质牧草种子提供给种草户。草原3号杂花苜蓿抗寒抗旱而且种子不退化,特别受种草户的欢迎。"董志魁说。

据统计,近年来云锦凤所带领的科研团队已在我区不同生态区建起了10余个牧草品种研发、良种育繁和产业化生产科研示范基地,构建了自治区草品种"育种——良繁——推广"体系,初步形成了自治区草品种产业化格局。这些牧草新品种广泛应用于人工种草、飞播牧草、草地改良和生态建设项目之中,产生了巨大的经济、生态和社会效益。2012年,云锦凤荣获2011年度自治区科学技术特别贡献奖。

祁生旺:一年有一半的时间在基层

"祁老师,你可来了!快看看我这头奶牛是咋啦?产犊七八天后一直站不起来!我这头牛是高产牛,千万别有啥闪失啊!"在位于呼和浩特市玉泉区小黑河镇的豪德牧场,牧户许高拉着祁生旺的手焦急地问。"别着急,听昨天晚上电话里你向我的描述,很可能是患上了产后瘫痪。"祁生旺说。经过几分钟的诊治,祁生旺开出了处方:"它属于产后营养不良,不是什么大问题。按照我给的剂量再给输上点钙和磷,两三天就能站起来。"

对于内蒙古农业大学兽医学院临床兽医学系副教授祁生旺来说,类似的场景已经不知道发生过多少次。1984年,从当时的内蒙古农牧学院(内蒙古农业大学的前身)毕业留校后,祁生旺便开始了"与奶牛有关的日子"。30多年来,他的脚步遍布内蒙古的呼和浩特、包头、锡林郭勒等盟市以及黑龙江、四川、江苏省等省市的大部分奶牛养殖基地,为无数的奶牛养殖户和企业解决了奶牛饲养管理和疾病防治等方面的问题。每年,他有150天到180天工作在基层。2011年,他获得了"全区深入生产第一线作出突出贡献的科技人员"荣誉称号。

内蒙古奈伦大黑河农牧业有限公司总经理田志提起祁生旺，敬佩地竖起了大拇指："人好！技术权威！"田志讲述了一件至今令他记忆犹新的事儿："一个冬天的晚上，一头千公斤奶牛由于胎水过多，发生了难产，可千万不能发生意外。"紧急之下，田志再一次想到了自己的师兄祁生旺。"大家从晚上八点一直忙乎到第二天上午，真是考验人的技术和体力。祁老师采用的截胎术，成功保住了奶牛！"田志说。

如今，祁生旺在学校承担着2个本科班和部分研究生的教学任务，学生们发现在祁老师的课堂上总能听到离生产一线最近的例子。祁生旺说："作为大学教授就应该经常走出去，在实践中传播、检验自己掌握的专业知识，同时接受新的事物，这样更能促进学研的结合。"祁生旺自主研发的5种治疗奶牛的中药制剂就是来源于他在基层的实践。"经常到基层，我就发现奶牛胎衣不下的问题十分严重，有的村奶牛发病率达到20%到30%。当时的办法主要是做手术剥离，可由于一些兽医的技术不够娴熟，很容易伤到奶牛的子宫，造成奶牛大出血死亡的事故频发，给农牧户造成了很大的损失。经过1年的试验，我研制出了专门针对奶牛胎衣不下的中药制剂，治愈率达到70%到80%。药品上市了，很受牧户的欢迎。"

30年来，祁生旺一直坚持着教学任务雷打不动的原则，每次出差也都是利用课余的时间，实在走不开就通过电话给牧户一些建议。"除了上课，我的手机是24小时开机的。奶牛生病，对于牧户来说可是天大的事儿。"他说。

尽责圆梦聚焦服务谋发展

经过60年的办学积淀，内蒙古农业大学站在了新的历史起点。自治区"8337"发展思路提出，要把自治区建成我国北方重要的生态安全屏障和绿色农畜产品生产加工输出基地。大力发展高产、优质、高效、生态、安全的现代农牧业和建设生态安全屏障，都为内蒙古农业大学建设和发展提出了更加明确的任务和要求。

过去10年，内蒙古农业大学积极打造高水平创新团队和平台，科技创新能力显著提升、社会服务能力进一步增强。先后与地方和企业签订科技合作协议50余项，签署产业技术创新战略联盟协议4项，承担企业和地方委托的横向课题和招标课题80余项，组织完成项目规划和可行性研究报告500余份。有10位专家入选国家现代农业产业技术体系、4位专家被聘为自治区产业技术体系首席科学家、15位专家被评为自治区深入生产一线做出突出贡献的科技人员。通过承担农业成果转化等项目，推广了一大批实用技术成果，创造了较好的经济、社会和生态效益。

今后，内蒙古农业大学将继续发挥学科优势和专业特色，以服务自治区创建绿色农畜产品生产加工输出基地和我国北方重要的生态安全屏障为切入点，大力推进实用技术成果推广转化，组织开展形式多样的社会服务，努力为自治区"8337"发展思路提供科技支撑和智力支持。要大力加强校地、校企合作，拓展产学研合作途径，启动校级科技成果推广计划，重点支持在相关旗县、企业进行推广转化或产业化的成果立项。要组建校级科技成果推广团队，着力提升科技人员的成果推广转化和社会服务能力。依托科技园区和校外科研基地，积极创建具备试验、示范和孵化功能的产业化基地。加大对哲学社会科学和软科学研究的支持力度，积极参与新一轮高校哲学社会科学繁荣计划，深入开展涉农领域战略研究和决策咨询，增强学校在区域战略层面的影响力和贡献度。

大 事 记

内蒙古农业大学2013年大事记

一 月

1月4日 内蒙古农业大学召开关于诚信考试专题会议,安排部署决定以"诚信考试"为切入点,在全校范围内开展诚信教育,促进学风建设,提高教育质量。

1月6日 国家林业局全国竹藤标准化委员会组织林业国家(行业)标准专家对内蒙古农业大学材料科学与艺术设计学院王喜明教授等负责起草编写的"棕榈藤材物理力学性能测试方法(第2部分:力学性能)"标准进行审查,编写格式符合《标准化工作导则 第一部分:标准的结构和编写规则》(GB/T1.1-2009)的基本要求,通过审查。

1月6日 中共内蒙古农业大学委员会同意共青团内蒙古农业大学第一次代表大会及第一届委员会第一次全体会议选举结果,选举王阿荣等25人为共青团内蒙古农业大学第一届委员会委员,石钟琴等7人为共青团内蒙古农业大学第一届委员会常委,那森巴雅尔为共青团内蒙古农业大学第一届委员会书记,石钟琴、李伟威为共青团内蒙古农业大学第一届委员会副书记。(内农大党字〔2013〕1号)

1月8日 内蒙古农业大学增列杨银凤等19名同志为博士研究生指导教师,增列张燕军等31名同志为硕士研究生指导教师。(内农大校发〔2013〕1号)

1月9日 根据中央、教育部文件精神和内蒙古自治区有关要求,内蒙古农业大学制定下发《关于贯彻落实中央"八项规定"的具体措施》,将从七个方面厉行勤俭节约,改进工作作风。

1月18日 内蒙古农业大学首届辅导员职业技能竞赛结束,高兵获一等奖,许驭、庄霞获二等奖,杨建军、孙玉伟、王智广获三等奖,王雪鹏、康雪伟、王永江、陈立永、申鸣获优秀奖。

1月30日 内蒙古自治区教育厅公布2011—2012年度内蒙古自治区大学外语教学改革科学研究项目结题验收结果,内蒙古农业大学刘翠兰主持的课题《探究最佳托福教学模式》(课题编号NM-201111)鉴定等级为一等,通过评审验收,同意结题。(内教高函〔2013〕5号)

1月31日 由内蒙古农业大学生态环境学院刘果厚教授主持申报的国家环境保护公益性行业科研专项项目"草原文化遗址地区区域开发生态环境风险评估与监管技术研究",获得国家环境保护部批准立项,项目起至时间为2013—2015年。

二 月

2月1日 中国人民政治协商会议第十一届全国委员会常务委员会第二十次会议通过:内蒙古农业大学周欢敏为中国人民政治协商会议第十二届全国委员会委员。

2月1日 内蒙古自治区农牧业厅公布入选内蒙古自治区农牧业科技支撑人才库人员名单,内蒙古农业大学曹贵方等23人作为全区农业科研杰出人才,段开红、吕忠义、任文民、王瑞刚作为全区农业技术推广人才入选内蒙古自治区农牧业厅首期农牧业科技支撑人才库。(内农牧科发〔2013〕20号)

2月7日 内蒙古农业大学食品科学与工程学院张和平教授被中华人民共和国教育部确定为2011年度长江学者特聘教授、讲座教授。(教人〔2013〕1号)

2月25日 内蒙古自治区人民政府表彰全区学习使用蒙古语文先进集体和先进个人,内蒙古农业大学被评为"全区学习使用蒙古语文先进集体",教务处副处长金宝明被评为"全区学习使用蒙古语文先进个人"。(内政字〔2013〕29号)

2月25日 以内蒙古农业大学副校长李金泉教授为首席专家的"绒山羊创新团队",主持申报的"羊重要经济性状功能基因组学研究"课题,获得了国家高技术研究发展计划(863计划)立项资助,项目批准号2013AA102506,课题总经费为1235万元,执行期限五年。该课题的成功申报为羊基因组设计育种所需的基因资源和技术手段提供战略性储备,在国家层面建立较为完善的技术创新体系,是内蒙古农业大学科研立项工作在高技术研究领域的又一重大进展。

2月 中国马业协会授予芒来"2012年中国马业科学科技进步奖"。

三 月

3月1日 共青团内蒙古农业大学委员会授予能源与交通工程学院、生态环境学院、水利与土木建筑工程学院、计算机与信息工程学院、食品科学与工程学院、农学院、机电工程学院、职业技术学院8个学院内蒙古农业大学2012年度共青团工作"实绩突出单位"荣誉称号。(内农大团发〔2013〕2号)

3月7日 内蒙古自治区人力资源和社会保障厅下达2014年出国(境)培训项目计划,经国家外专局批准立项,内蒙古农业大学培训项目"高等院校管理人员马克利工具培训"(项目编号:SH131500022)被列入内蒙古自治区2013年审核类出国(境)培训项目计划。

3月8日 内蒙古农业大学授予能源与交通工程学院、生态环境学院、外国语言学院、水利与土木建筑工程学院、计算机与信息工程学院、食品科学与工程学院等6个学院"内蒙古农业大学2012年学生工作先进单位"荣誉称号。

3月8日 内蒙古农业大学表彰2012年学生工作优秀论文,授予《高校学生党建工作绩效评价指标体系研究》等3篇论文一等奖,授予《关于大学生职业生涯规划教育时效性问题研究》等5篇论文二等奖,授予《影响新生爱校情感相关因素的调查报告》等7篇论文三等奖。

3月8日 内蒙古农业大学表彰2012—2013学年度第一学期"星级文明宿舍"创建活动优秀组织单位,外国语言学院、机电工程学院、人文社会科学学院、生命科学学院、能源与交通工程学院、生态环境学院等6家单位受到表彰。

3月8日 内蒙古农业大学工会对2011—2012年度女教职工工作成绩突出的3个单位、41名女教职工进行表彰奖励。

3月9日 呼和浩特市新城区人民政府与内蒙古农业大学签署关于共建"内蒙古自治区大学科技园区"的框架合作协议。

3月12日 内蒙古农业大学以教育部、国家体育总局颁布的《国家学生体质健康标准》为依据,制定《内蒙古农业大学〈国家学生体质健康标准〉的实施细则》。

3月13日 内蒙古自治区商务厅与内蒙古农业大学签署内蒙古自治区援外培训基地建设合作协议。

3月16 内蒙古农业大学与日本新泻大学农学部及研究生院(大学院)自然科学研究科签署交流协

议、学生交流备忘录。

3月16-17日 在首届内蒙古自治区大学生工程实践综合能力竞赛中,由内蒙古农业大学机电工程学院2009级车辆班王章钊、2010级农机班段文杰、2011级车辆班蓝光健三名学生组成的代表队获得S组比赛三等奖,机电工程学院教师金敏获得"优秀指导教师"称号,内蒙古农业大学荣获"优秀组织奖"。

3月25日 内蒙古农业大学授予动物科学学院郭咏梅等644名学生2013届优秀毕业生荣誉称号。(内农大学字〔2013〕5号)

3月26日 内蒙古农业大学举行正大奖学金颁发仪式。共有三十名学生获得此项奖学金,包括研究生十名,每人获得2000元;一等奖十名,每人获得2000元,二等奖十名,每人获得1000元。

3月27日 内蒙古农业大学生态环境学院刘静教授被九三学社内蒙古自治区委员会评为2011—2012年度参政议政先进个人一等奖。

3月27日 内蒙古农业大学召开各学院教学质量管理年启动情况汇报会,确定2013年为内蒙古农业大学教学质量管理年,全面提升教育教学质量。

3月29日 在内蒙古自治区首届《白灵兽》短篇小说比赛中,内蒙古农业大学动物科学学院2011级蒙二班存布日获得二等奖,兽医学院2010级蒙一班苏尼日其其格获得优秀奖。

3月 内蒙古农业大学工会被内蒙古自治区教科文卫工会评为"2012年度工会工作目标考核实绩突出单位"。

3月 博尔塔拉蒙古自治洲人力资源和社会保障局与内蒙古农业大学签署普通高等院校定向就业招生协议书。

四 月

4月2日 内蒙古自治区人民政府任命王春光同志为内蒙古农业大学副校长,任职时间从2011年11月算起。(内政任字〔2013〕16号)

4月2日 内蒙古自治区党委维护稳定工作领导小组办公室通报表彰内蒙古农业大学为"2012年度维护稳定工作实绩突出单位"。

4月7日 内蒙古自治区教育厅 内蒙古军区司令部对2012年全区普通高等学校毕业生入伍预征工作先进单位和先进个人进行表彰,内蒙古农业大学获2012年"全区普通高等学校毕业生入伍预征工作先进单位",内蒙古农业大学学生工作处(武装部)副处(部)长乌力吉获"全区普通高等学校毕业生入伍预征工作先个人"。(内教学工字〔2013〕7号)

4月8日 内蒙古农业大学荣获"2012年度呼市赛罕区社会管理综合治理、维护社会稳定工作特别奖",保卫处综治科巩灵霞被评为"2012年度呼市赛罕区社会管理综合治理工作先进工作者"。

4月9日 内蒙古农业大学副校长芒来教授被聘为2013—2017年教育部高等学校动物生产类专业教学指导委员会副主任委员。9名教师被聘为2013-2017年教育部高等学校各类专业教学指导委员会委员;副校长王春光教授被聘为农业工程类委员,能源与交通工程学院朱守林教授被聘为林业工程类委员,水利与土木建筑工程学院李文宝副教授被聘为地质类委员,食品科学与工程学院赵丽芹教授被聘为食品科学与工程类委员,农学院庞保平教授被聘为农艺(含农学、植物保护)类委员,兽医学院郝永清教授被聘为动物医学类委员,林学院铁牛教授被聘为林学类委员,生态环境学院王明玖教授被聘为草学类委员,经济管理学院修长百教授被聘为农业经济管理类委员。

4月10日 澳大利亚莫道克大学副校长David Morrison教授一行6人访问内蒙古农业大学,双方就教师交流、学生交流和科研合作等方面交换意见,并达成校际间合作意向。

4月11日 内蒙古农业大学召开2013年党风廉政建设工作会。

4月11日 内蒙古农业大学出台《内蒙古农业大学困难学生大病救助金管理办法(试行)》。

4月15日 内蒙古农业大学被全国绿化委员会授予教育系统"全国绿化模范单位荣誉称号"。(全绿字〔2013〕4号)

4月15日 由内蒙古农业大学张建新等7人承担的重点课题"资源型城市产业转型问题研究——以内蒙古鄂尔多斯市为例"获内蒙古自治区人民政府办公厅2012年度行政管理重点课题研究成果优秀奖。(内政办字〔2013〕62号)

4月15-21日 蒙古国国立大学哲学博士、教授通噶拉噶为内蒙古农业大学学生作礼仪知识讲座。

4月16日 内蒙古自治区党委组织部公布内蒙古自治区"草原英才"工程2012年度专项资金使用意见(内组通字〔2013〕17号),内蒙古农业大学张和平带领的"乳酸菌与发酵乳制品应用基础研究创新人才团队(二类)"、刘廷玺带领的"半干旱地区影响水资源高效利用及其调控技术创新人才团队"、李畅游带领的"河湖湿地水环境保护与修复技术研究创新人才团队"、刘景辉带领的"燕麦种质资源利用创新人才团队"、周欢敏带领的"家畜种质材料创制创新人才团队"、芒来带领的"马科学研究与马产业创新人才团队"入选内蒙古自治区2012年度产业创新创业人才团队;李青丰入选内蒙古自治区2012年度"草原英才"培养第二类人选;贾玉山、石凤翎、刘淑英、盖志毅、乔光华、包庆丰等6名教师入选"草原英才"培养第三类人选;夏咸柱、王浩、康乐、李坚、罗锡文等5人入选内蒙古自治区2012年度"草原英才"柔性引进第二类人选;张润厚入选内蒙古自治区2012年度"草原英才"柔性引进第三类人选。

4月16日 内蒙古农业大学被呼和浩特市赛罕区大学西路街道党工委、办事处授予"驻区单位2012年度人口和计划生育工作突出单位",郝胥梅被授予"先进工作者";内蒙古农业大学社区居委会被授予"街道办事处2012年度人口和计划生育工作先进集体",王彩虹被授予"优秀工作者"。(赛大西党发〔2013〕44号)

4月16日 中共内蒙古自治区委同会决定:邬建刚同志任内蒙古农业大学党委委员、书记;特木尔同志任内蒙古农业大学巡视员,不再担任内蒙古农业大学党委书记职务。(内党干字〔2013〕85号)

4月17日 在内蒙古农业大学职业技术学院举行内蒙古农业大学与加拿大北阿尔伯特理工学院合作办学谅解备忘录签字仪式。

4月18日 内蒙古农业大学召开四届二次教职工代表大会暨工会会员代表大会。

4月19日 内蒙古农业大学校园治安综合治理委员会决定对兽医学院等18个维护稳定、综合治理先进单位;档案馆等5个防火工作先进单位进行表彰奖励。(内农大综字〔2013〕4号)

4月20日 新疆巴音郭楞蒙古自治州教育局、新疆巴州人力资源和社会保障局与内蒙古农业大学签署定向培养人才协议书。

4月22日 内蒙古农业大学被内蒙古自治区总工会授予"内蒙古自治区五一劳动奖状",内蒙古农业大学职业技术学院科技园区办公室被授予"内蒙古自治区工人先锋号"。

4月22日 内蒙古农业大学苏娅被内蒙古自治区汉语言文字工作委员会聘为自治区汉语言文字工作视导员。(内汉语办函〔2013〕3号)

4月23日 内蒙古农业大学普通话水平培训测试站被评为内蒙古自治区优秀培训测试站,苏娅被评为全区优秀视导员、优秀测试站站长,李东红被评为全区先进工作者,田瑞华、张秀莲被评为优秀测试员。(内教语字〔2013〕2号)

4月23日 内蒙古自治区党委组织部宣布内蒙古自治区党委对内蒙古农业大学领导干部的任免决

定：邬建刚同志任内蒙古农业大学党委委员、书记；特木尔同志任内蒙古农业大学巡视员，不再担任内蒙古农业大学党委书记职务。

4月23日 内蒙古自治区党委维护稳定工作领导小组对2012年度全区维护社会稳定工作成绩突出地区、单位和先进工作者予以表彰。内蒙古农业大学被授予实绩突出部门单位，保卫处处长赵学刚被授予实绩突出部门单位先进工作者。（内稳发〔2013〕3号）

4月24日 内蒙古农业大学出台《内蒙古农业大学家庭经济困难学生就业援助项目实施方案》，决定对家庭经济困难的本专科在校生实施就业援助。

五 月

5月2日 内蒙古农业大学"内蒙古农牧渔业生物实验研究中心"通过内蒙古自治区"实验室资质认定"和"食品检验机构资质认定"的评审，获得"计量认证资格"和"食品检验机构资质认定"2个资质证书。

5月3日 在"内蒙古农业大学'雷锋大学'授匾仪式暨第二十七届'金马杯'文艺汇演颁奖晚会"上，内蒙古农业大学被授予"雷锋大学"牌匾，成为中国首个"雷锋大学"。

5月7日 内蒙古农业大学水利与土木建筑工程学院农业水利工程2009级1班张松和2010级3班林雨昕两名学生获得每人8000元人民币的"第六届张光斗科技教育基金优秀学生奖学金"。

5月8日 内蒙古教育厅公布2013年度全区高校大学生思想政治教育专题研究项目审批结果，内蒙古农业大学三项课题获准立项，学生工作处乌力吉的《网络背景下的大学生思想政治教育创新研究——以内蒙古地区为例》，批准为重点项目，获得计划资助经费一万元；机电工程学院许驭的《内蒙古高校辅导员职业认同状况的调查与分析》，批准为一般项目，获得计划资助经费五千元；职业技术学院白艳茹的《学生党员"5·3"系统培育模式的研究与实践》，批准为自筹项目。（内教技字〔2013〕20号）

5月11-12日 由内蒙古自治区农牧业厅、教育厅主办，内蒙古自治区高职高专教育农林牧类专业建设指导委员会和内蒙古农业大学职业技术学院承办的"2013年内蒙古自治区高职院校农产品质量安全检测技能大赛"在内蒙古农业大学职业技术学院举行。内蒙古农业大学职业技术学院代表队分别获得蔬菜中有机磷类农药残留、畜禽肉中氟喹诺酮类兽药残留及茶叶中重金属含量的检测项目第一名和第二名。

5月14日 内蒙古农业大学与内蒙古扎兰屯林业学校、内蒙古扎兰屯农牧学校、内蒙古大兴安岭林业学校、鄂尔多斯职业学校、包头机械工业职业学校、赤峰第一职业中等专业学校、鄂温克旗职业中学、内蒙古经贸学校、内蒙古名仁IT职业学校9所学校签署联合办学协议书。

5月16-18日 内蒙古农业大学召开第十三届田径运动会。来自全校各学院及职能部门的2647人参加了35项比赛。6人打破3项学校最高纪录。其中，经济管理学院孟凡博以2米的成绩打破校男子跳高纪录，职业技术学院冯学敏以2.31米的成绩打破校女子跳远纪录，经济管理学院吴那音台、林学院阿木古楞、生态环境学院郭伟、职业技术学院郝秉成共同打破校男子引体向上纪录，吴那音台以41个引体向上的成绩创造此项目的最高纪录。

5月20日 中共内蒙古自治区委员会决定：云荣布扎木苏、侯先志、王林和、包赛音同志退休。（内党干字〔2013〕150号）

5月21日 在内蒙古自治区高校辅导员职业技能大赛决赛中，内蒙古农业大学参赛选手许驭、孙玉伟、高兵获三等奖，内蒙古农业大学获优秀组织奖。（内教学工函〔2013〕15号）

5月21日 教育部思想政治工作司公布第二届全国高校辅导员职业能力大赛结果,内蒙古农业大学机电工程学院辅导员许驭获得第二届全国高校辅导员职业能力大赛个人奖优秀奖。

5月21日 内蒙古农业大学入选内蒙古自治区"草原英才"工程的"产业创新人才团队"和"草原英才团队",并获得牌匾和荣誉证书。

5月21日 由"草业与草地资源重点实验室"主任韩国栋教授任首席专家的内蒙古农业大学"草地资源可持续利用创新团队"承担的澳大利亚国际合作研究项目成果发表在《PNAS》(《美国科学院院刊》)(2013(110):8369-8374)上。

5月22日 教育部、国家发改委、财政部联合发布《中西部高等教育振兴计划》,内蒙古农业大学入选中西部高校基础能力建设工程。

5月22日 内蒙古自治区教育厅 内蒙古军区司令部对全区普通高等学校9个先进军事教研室(教研部)和32名优秀军事教师进行表彰,内蒙古农业大学教师乌力吉、赵国年被授予内蒙古自治区普通高等学校"优秀军事教师"称号。(内教体字〔2013〕17号)

5月25日 在内蒙古自治区大、中专院校学生"苏一光杯"测量技能竞赛中,水利与土木建筑工程学院选送测绘工程、水文水资源及农业水利工程等专业8位同学参赛,获得导线测量组特等奖、四等水准组一等奖、团体总分一等奖。

5月25日 在2013年ACM/ICPC中国·内蒙古自治区"浪潮杯"第八届大学生程序设计竞赛中,内蒙古农业大学职业技术学院计算机技术与信息管理系派出5支参赛代表队,获得高职高专组唯一的团体一等奖;2支代表队包揽高职高专组一等奖;2支代表队获得3个二等奖中的前2名;1支代表队获得5个三等奖中的第1名。

5月25日 由生态环境学院刘果厚教授主持的国家环境保护部环保公益项目《草原文化遗址地区区域开发生态环境风险评估与监管技术研究》启动会在呼和浩特市举行。这是内蒙古农业大学首次获批的环保部大型项目,也是内蒙古首次承担国家环境保护部环保公益项目。

5月25-26日 在"第八届全国大学生交通科技大赛"决赛中,内蒙古农业大学能源与交通工程学院学生董瑞、张世站的作品《关于提高交叉口同行效率的渠化设计》获得优秀奖。

5月26日 在首届内蒙古·广东省高校、科研院所、企业科技活动周签约仪式上,内蒙古农业大学校长李畅游与广东省农业科学院院长、党组书记蒋宗勇和华南农业大学校长陈晓阳分别签署《农业科技合作框架协议书》《科技合作协议书》,深入开展农牧业科技交流与合作。

5月30日 英国著名杂志《Nature》(《自然》)评选出2012年度自然出版指数中国前100强单位,内蒙古农业大学名列第52位,居农业高校第5位。2012年内蒙古农业大学与上海交通大学、中国科学院上海生命科学研究院、南开大学、上海生物技术研究中心等研究机构的科研人员合作,完成了世界首例双峰驼全基因组序列图谱绘制和破译工作。该项研究成果在《Nature》子刊《Nature Communications》上作为封面文章在线发表。

5月31日 共青团内蒙古农业大学委员会授予农学院等8个学院"五·四红旗团委荣誉称号";授予2011级林学汉班等40个班集体"五·四红旗团支部"荣誉称号;授予1#311等66个宿舍"五·四红旗团小组"荣誉称号;授予鲁姗等205名同学"五·四优秀团干部"荣誉称号;授予彩丽干等360名同学"五·四优秀共青团员"荣誉称号;授予生态环境学院环保协会等10个学生社团"五·四优秀学生社团"荣誉称号;授予2011级生物工程二班等33个班集体"学雷锋先进班集体"荣誉称号;授予吴一等36名同学"学雷锋先进个人"荣誉称号。(内农大团发〔2013〕11号)

5月 内蒙古农业大学申报的"内蒙古农业大学—内蒙古正大有限公司农科教合作人才培养基地"

成功入选教育部公布的《地方高校"本科教学工程"大学生校外实践教育基地建设项目名单》,这是内蒙古农业大学首次获批国家级大学生校外实践教育基地建设项目。

六 月

6月1日 在内蒙古人民广播电台第四届"东鸽e购杯大学生辩论赛"中,人文社会科学学院法学系组成的代表队获得本届辩论赛亚军,学生王维获得优秀辩手称号。

6月2日 内蒙古农业大学举办的以"生化与学习同行,清洁与文明并举"为主题的"百家宿舍"评选活动,共评选出100间优秀男生宿舍和100间优秀女生宿舍,授予其"百家宿舍"荣誉称号。

6月3日 教育部批准内蒙古农业大学动物医学专业点(ZG0073)为"本科教学工程"地方高校第一批本科专业综合改革试点。(教高司函〔2013〕56号)

6月4-7日 在内蒙古自治区2013年大学生田径运动会上,内蒙古农业大学校本部代表团获得校园甲组团体总分第一名,男子总分第一名,女子总分第五名;超级甲组团体总分第一名,女子总分第一名,男子总分第二名;47名运动员共获得金牌30枚,银牌16枚,铜牌8枚。其中孟凡博以2.09米的成绩打破自1992年保持了21年的全区大运会跳高纪录,翟宗玲、孙煜婷分别以14.52米和14.40米的成绩打破了全区大运会铅球纪录。

内蒙古农业大学职业技术学院代表队以256分总成绩获得校园乙组团体总分第一名,并获得男子团体总分第二名、女子团体总分第二名,共有23名学生分获10枚金牌、11枚银牌和6枚铜牌。任刚、王勇老师获优秀教练员称号,李芳获优秀运动员称号。

6月4-24日 由商务部主办、内蒙古农业大学承办的"2013年发展中国家出口农产品质量安全管理研修班"在内蒙古农业大学举行。来自埃塞俄比亚、苏丹、乌干达、马拉维、桑给巴尔、波黑、巴勒斯坦、斐济、巴哈马等9个国家的15名官员出席。

6月5日 内蒙古农业大学副校长李金泉教授主持的《家畜育种学》课程入选"国家级精品资源共享课"立项项目。

6月6日 香港轩辕教育基金会种子基金助学金分享会在内蒙古农业大学召开。

6月7日 内蒙古农业大学批准2013年度学生科技创新基金立项项目40个,资助经费各2000元。(内农大教字〔2013〕20号)

6月7日 在内蒙古自治区2013年学生田径运动会上,内蒙古农业大学校本部代表团获得校园甲组团体总分第一名,男子总分第一名,女子总分第五名;超级甲组团体总分第一名,女子总分第一名,男子总分第二名;47名运动员共获得金牌30枚,银牌16枚,铜牌8枚。其中孟凡博以2.09米的成绩打破自1992年保持21年的全区大运会跳高纪录,翟宗玲、孙煜婷分别以14.52米和14.40米的成绩打破了全区大运会铅球纪录。

内蒙古农业大学职业技术学院代表队以256分总成绩获得校园乙组团体总分第一名,并获得男子团体总分第二名、女子团体总分第二名的好成绩,共有23名学生分获10枚金牌、11枚银牌和6枚铜牌。

内蒙古农业大学教师任刚、王勇获优秀教练员称号,李芳获优秀运动员称号。

6月7日 由内蒙古农业大学招生就业处主办、大学生职业发展协会承办的"内蒙古农业大学首届职业世界涂鸦比赛"在内蒙古农业大学举行。

6月14-17日 由内蒙古农业大学承办的全国高等农业院校学报研究会2013年理事长扩大会议和"学报优秀团队奖"等评审会议在呼和浩特召开。内蒙古农业大学学报编辑部苏德毕力格副编审经大会表决,被确定为全国农业高校民族类学报专业委员会主任人选。

6月16日 由内蒙古自治区人事厅、教育厅、团委联合主办,以"创业成就梦想"为主题的全区高校毕业生创业事迹报告会在内蒙古农业大学展开宣讲。

6月19日 香港大学专业进修学院师生一行40余人来内蒙古农业大学参观交流。

6月20日 由中央人民广播电台Music Radio音乐之声主办的"2013 Music Radio音乐之声 蒙牛绿色心情唱响好心情 明星校园行"在内蒙古农业大学举行,继续教育学院曹柏闻、生态环境学院刘炳麟分别获得第一名和第二名。

6月22日 内蒙古可再生能源学会第四次会员代表大会在内蒙古农业大学召开。内蒙古农业大学能源与交通工程学院院长塔娜教授任理事长,聘请额尔敦、李畅游、栗文义、田德任名誉理事长。

6月23日 内蒙古农业大学表彰第二届校级"教学名师"和"教坛新秀"获奖人员,金凤、王纯洁、李冰玉、敖特根巴雅尔、孙景琦、郝拉柱6名教师被评为校级"教学名师",每人获得10000元的奖励;格根图、李为萍、董佳宇、高爱武、白云莉、倪小钢、韩冰、白薇、段兴华、王莉、陈金凤、丁立军、青春、栗丽萍、艾云辉、王玉珍、张明辉17名教师被评为校级"教坛新秀",每人获得5000元的奖励。

6月23日 内蒙古农业大学网球队获得"青春网球校园行"包头站团体冠军,再次晋级2013年梅赛德斯—奔驰"青春网球校园行"全国年终总决赛。

6月24日 内蒙古农业大学批准2013年度《应用统计学》《汽车检测与维修技术》2个专业为校级品牌专业,《家畜解剖学教学团队》等7个团队为校级教学团队,《电力电子技术》等11门课程为校级精品课程建设项目。(内农大教字〔2013〕24号)

6月25日 教育部高等教育司批准内蒙古农业大学植物学实验教学中心为"国家级实验教学示范中心"。(教育司函〔2013〕72号)

6月26日 中共内蒙古自治区委员会决定:侯晨曦同志任内蒙古农业大学党委副书记;乔彪同志任内蒙古农业大学党委委员;高晓英同志任内蒙古农业大学副巡视员,不再担任内蒙古农业大学党委副书记、委员职务。

6月26日 内蒙古农业大学具有国家重点学科和国家重点(培育)学科及内蒙古自治区重点学科的10个一级学科博士点,被内蒙古自治区教育厅选为自治区优势特色学科,其中:理工农医类9个(生物学、农业工程、林业工程、食品科学与工程、作物学、畜牧学、兽医学、林学、草学),资助经费39万元;人文社科类1个(农林经济管理),资助经费20万元。(内教研函〔2013〕5号)

6月29-30日 由中国网球协会主办、内蒙古自治区体育总会和内蒙古自治区网球协会承办、内蒙古农业大学协办的第四届中国龙全国业余网球团体赛"银龙赛区——呼和浩特站"在内蒙古农业大学开赛,内蒙古农业大学代表队获得第三名。

6月30日 内蒙古农业大学2013年度完成学业的毕业生有12349人,授予学位7539人。其中,博士研究生毕业95人,授予学位91人;硕士研究生毕业544人,授予学位534人;在职研究生授予学位261人;本科毕业生6630人,授予学士学位6610人;专科毕业生999人;成人本科生毕业1784人,授予学士学位24人;专科毕业生2276人;外国留学生毕业21人,授予学士学位19人。

七 月

7月1日 内蒙古农业大学批准2013年校级教育教学改革研究项目,批准"《羊生产学》蒙语授课传统教学与多媒体教学效果研究"等54个项目立项,每个项目经费3000元。

7月2日 内蒙古农业大学工会、教务处联合举办2013年第八届教师教学技能竞赛,高宏宇获得文科组一等奖,屈冉、张立倩获得理科组一等奖。(内农大工字〔2013〕6号)

7月9日 内蒙古自治区人民政府任命乔彪同志为内蒙古农业大学副校长(试用期一年);免去侯晨曦同志内蒙古农业大学副校长职务。(内政任字〔2013〕93号)

7月12日 爱尔兰国立科克大学副校长保罗·盖勒一行3人访问内蒙古农业大学,双方就今后的教学与科研合作进行深入探讨,签署"中国内蒙古农业大学与爱尔兰国立科克大学学术合作谅解备忘录",双方将在教师互访、学生交换、科研项目等方面开展合作。

7月13日 中国共产党内蒙古农业大学职业技术学院第一次代表大会举行。

7月15日 内蒙古农业大学申报的"内蒙古自治区乳酸菌与乳品发酵剂工程实验室"和"内蒙古自治区家畜新型种质材料创制工程实验室"项目被批准认定为内蒙古自治区级工程实验室,其中2013年"内蒙古自治区乳酸菌与乳品发酵剂工程实验室"获得500万元的建设经费资助。(内发改高技字〔2012〕087号)

7月15日 内蒙古自治区教育厅授予内蒙古农业大学"2013年全区普通高校大学生心理健康教育工作先进单位"荣誉称号。(内教学工字〔2013〕22号)

7月16日 内蒙古自治区教育厅公布2013—2014年度内蒙古自治区高等学校公共课教学改革科学研究立项评审结果,内蒙古农业大学王莉主持的本科课题"农林高校蒙班学生应用写作教学改革与创新"获得语文(含应用写作)类政策支持项目立项(资助经费6000元),吕雄主持的本科课题"《概率论与数理统计》教学改革与教学资源建设研究"获得数学类重点项目立项;李冰玉主持的本科课题"学分制下大学英语分级教学之探索"与李剑主持的本科课题"加拿大语言中心ESL英语教学模式的借鉴与应用研究"获得英语类一般项目资助立项(资助经费经费3000元);职业技术学院张殿福主持的高职课题"增强高职院校体育教学职业针对性的研究——以运动马驯养与管理专业为例"获得体育类政策支持项目立项。(内教高函〔2013〕46号)

7月16日 内蒙古自治区教育厅对2013年全区高校心理健康教育工作优秀论文进行表彰,内蒙古农业大学孟斌、陶格森扎布提交的论文《新生爱校情感影响因素的调查与分析》被评为二等奖。(内教学工字〔2013〕23号)

7月17日 内蒙古自治区第十届艺术创作"萨日纳"奖获奖名单公布。内蒙古农业大学材料科学与艺术设计学院教师庞大伟、郑宏奎、张欣宏共同设计的民间文艺作品《蒙古族传统家具"夏日"》,苗瑞创作的水彩画作品《屋顶》,吴日哲创作的油画作品《和煦阳光》荣获内蒙古自治区第十届艺术创作"萨日纳"奖。其中,《蒙古族传统家具"夏日"》也是全区艺术设计成果首次获此殊荣的作品。

7月19日 由内蒙古农业大学课题组撰写的《内蒙古农业大学学生党支部和党员发挥作用状况调研报告》被内蒙古自治区党委组织部评为"2012年度全区组织工作重点调研课题一等奖"。

7月22日 内蒙古自治区教育厅公布普通高等学校实践教学改革研究项目立项评审结果,内蒙古农业大学李红负责的项目《适应现代教育的"植物分类学"实践教学模式的探索》获得立项,项目自2013年7月31日开题,2015年7月15日前结题,项目周期为3年,项目经费1万元。(内教高函〔2013〕49号)

7月26日 在第十八届全国大学生网球锦标赛暨全国高校"校长杯"网球比赛中,由内蒙古农业大学闫月迪、康丽娜组合的女子双打获得大学生女子双打第三名,夺得一枚铜牌;由菅梦圆、康丽娜、闫月迪组成的团体获得大学生女子团体第四名;菅梦圆获得女子单打第八名。

八月

8月2日 内蒙古农业大学校长李畅游教授被聘为2013－2017年教育部高等学校水利类专业教学指导委员会副主任委员。

8月16日 内蒙古农业大学申请2013年度国家自然科学基金项目新立项72项,总经费3627万元,获准率达到22.15%,位居内蒙古自治区高校首位,全国农林院校第六位。获得2013年度国家自然科学基金项目的教师名单如下：

安珍、包秋华、曹贵方、曹金山、陈霞、陈智、段立清、段利民、额尔敦木图、樊明寿、付学良、高翠萍、格日勒图(食品学院)、格日勒图(兽医学院)、郝拉柱、贺银凤、霍秀文、吉日木图、冀鸿兰、贾玉山、靳烨、景岚、句芳、李畅游、李大彪、李斐、李凤敏、李国婧、李国龙、李海军、李瑞平、李仙岳、李小雷、李云章、刘惠荣、刘景辉、刘静、刘美英、刘淑英、刘文俊、刘志红、马太玲、马艳红、芒来、牟献友、娜仁花、庞保平、斯日古楞、孙继颖、塔娜、铁牛、王海龙、王静、王克冰、王瑞刚、王志刚、魏杰、宣传忠、闫祖威、杨海峰、杨金丽、杨树青、杨晓野、姚凤桐、郁志宏、张润厚、张胜、赵鸿彬、赵满全、赵元凤、周欢敏、左合君

8月23日 内蒙古农业大学制定《内蒙古农业大学"教学质量管理年"实施方案》。

8月30日 内蒙古农业大学完成2013年度招生工作,共招收录取新生16798人。其中,招收博士研究生109人,硕士研究生775人,在职研究生423人;招收普通本科生7009人,专科生1066人;招收成人本科生3919人,专科生3461人;招收外国留学生36人。

九月

9月1日 由内蒙古农业大学计算机与信息工程学院2010级张同砚洋、2012级计科一班肖峰、2012级信管三班郭黎杰三名学生组成的代表队,荣获第六届中国大学生计算机设计大赛三等奖。

9月3—30日 由商务部主办、内蒙古农业大学承办的第三期援外培训项目"2013年发展中国家乳品与食品加工技术培训班",在内蒙古农业大学举行。来自古巴、阿根廷、埃及、加纳、乌干达、南苏丹、津巴布韦、格林纳达的15名学员参加学习。

9月7日 内蒙古农业大学学生军训工作领导小组办公室对2013级生命科学学院等8个学生军训工作先进单位,外国语言学院等8个内务单项评比优胜单位,计算机与信息工程学院等8个歌咏单项比赛优胜单位,人文社会科学学院等8个会操单项比赛优胜单位,王玉芬等29名优秀指导员,王兆琛等133名军训标兵进行表彰。

9月10日 2013年共青团内蒙古希望工程圆梦大学行动——"泽信树"助学金发放仪式在内蒙古农业大学举行。内蒙古农业大学15名品学兼优的家庭经济困难学生获得每人10000元的"泽信树"助学金。

9月10日 内蒙古农业大学工会举办首届"爱岗敬业"劳动者表彰暨座谈会,那仁巴图等85名"爱岗敬业"劳动者受到表彰。(内农大工字〔2013〕7号)

9月10－11日 在全国关工委基层工作年总结表彰大会上,内蒙古农业大学关工委被中国关工委授予"五好基层关工委先进集体"荣誉称号。

9月13日 内蒙古农业大学学报编辑部获得"全国高等农业院校学报优秀团队奖",学报编辑部苏德毕力格与续维国分别荣获"全国高等农业院校学报优秀编辑奖"和"全国高等农业院校学报突出贡献

奖"。另外，苏德毕力格还当选全国高等农业院校学报研究会民族类期刊专业委员会主任。

9月15日—10月18日 在第八届"挑战杯"全区大学生课外学术科技作品竞赛和第十三届"挑战杯"全国大学生课外学术科技作品竞赛中，内蒙古农业大学本科组获国家级三等奖作品1件，自治区级金奖作品2件，自治区级银奖作品7件，自治区级铜奖作品6件，自治区级优秀奖作品8件。另外，内蒙古农业大学职业技术学院获得自治区级银奖作品2件，自治区级铜奖作品1件，自治区级优秀奖作品2件。

9月20—22日 在俄罗斯莫斯科召开的"莫斯科国际双峰驼产业发展高峰论坛"及第二届国际双峰驼学术会议上，内蒙古农业大学食品科学与工程学院吉日木图教授带头的"双峰驼基因组研究团队"，荣获俄罗斯农业部自然科学奖。

9月22日 内蒙古自治区教育厅公布2013年高等教育质量工程系列项目评审结果（内教高函〔2013〕59号），批准内蒙古农业大学苏金梅、李平、许辉3位教授为内蒙古自治区级教学名师，郭艳光副教授为内蒙古自治区级教坛新秀，王春光负责的本科课程《汽车构造》、朱仲元负责的本科课程《工程水文学》、白英负责的本科课程《工程力学》、梁鸿负责的本科课程《道路工程》、孙景琦负责的本科课程《有机化学》、史彬林负责的本科课程《家畜环境卫生学》、厚福祥负责的本科课程《汽车电子技术》、胡敏负责的高职课程《材料力学》为内蒙古自治区级精品课程，王耀强负责的本科专业"测绘工程"、乔光华负责的本科专业"工商管理"、戚春华负责的本科专业"交通运输"为内蒙古自治区级品牌专业，高永带头的本科"水土保持与荒漠化防治教学团队"、申向东带头的本科"力学系列课程教学团队"、葛茂悦带头的高职"园艺技术专业教学团队"为内蒙古自治区级教学团队。

9月24日 内蒙古农业大学继续教育学院副院长张玉教授受聘为第二届全国农产品地理标志登记专家评审委员会第二届委员。

9月27日 内蒙古农业大学表彰2012—2013年度"优秀心理护航员"，授予兽医学院宝力格等26名学生"优秀心理护航员"荣誉称号。

十 月

10月8—12日 内蒙古自治区第四届哲学社会科学优秀成果政府奖巡回展在内蒙古农业大学展出。内蒙古农业大学参展的获奖成果有：1项一等奖成果《新牧区建设与牧区政策调整——以内蒙古为例》（盖志毅），5项二等奖成果《内蒙古农牧交错带农村发展路径研究——以和林格尔为例》（修长百）、《中国乳业产业安全研究——基于产业经济学视角》（郝晓燕 乔光华）、《政府责任契约制及其演进路径》（王利清）、《内蒙古地区大学生心理健康观研究成果》（侯振虎、张文、许晓芳、芦文波）、《内蒙古自治区2009年农业保险保费补贴绩效评价》（刘义胜、赵元凤）。

10月10日 内蒙古农业大学（包括校属小学、幼儿园教师继续教育）被内蒙古自治区人力资源和社会保障厅认定为自治区专业技术人员继续教育基地。（人社办发〔2013〕301号）

10月12日 内蒙古农业大学首次聘请美国夏威夷大学张世光教授和美国国家林务局西南研究站张剑伟教授为"内蒙古农业大学教学管理顾问"。

10月13日 在第十七届"外研社·当当网杯"全国大学生英语辩论赛东北赛区总决赛中，内蒙古农业大学外国语言学院马彩云和赵香田两名学生组成的代表队，荣获东北赛区总决赛三等奖。同时，外国语言学院被授予第十七届"外研社·当当网杯"全国大学生英语辩论赛"全国优秀组织奖"。

10月16—18日 中共内蒙古农业大学第二次代表大会召开。大会选举产生新一届校党委委员和校纪委委员。邬建刚、李畅游、郑俊宝、侯晨曦、任强、李金泉、刘淑芬、芒来、王春光、乔彪、王效亮、葛茂悦、李秀良当选为中国共产党内蒙古农业大学第二届委员会委员；刘淑芬、郑培亮、樊文斌、靳小平、史晴、张文、包庆丰、铁牛、闫祖威当选为中国共产党内蒙古农业大学第二届纪律检查委员会委员。

10月18日 内蒙古农业大学理学院2011级统计1班学生、校新闻中心记者团学生记者程志强获得中国青年报社颁发的"未来汽车记者"荣誉证书。

10月18日 中共内蒙古农业大学第二届纪律检查委员会举行第一次全体会议，刘淑芬当选内蒙古农业大学纪委书记，郑培亮当选内蒙古农业大学纪委副书记。

10月18日 内蒙古农业大学23名教师获得2013年国家留学基金西部地区人才培养特别项目资助出国留学，获资助人员名单如下：计算机与信息工程学院：刘江平、马莉莉，理学院：贺艳飞、李月鲜、马莉莉、左娅，教务处：张旭，食品科学与工程学院：刘汉涛、高爱武、杨晓清，兽医学院：希尼尼根、王瑞，人文社会科学学院：张美英，农学院：盛晋华、李国龙、张凤兰、李晓静、张笑宇、李海平、陈贵华，机电工程学院：毕玉革，生命科学学院：孟建宇，生态环境学院：赵杏花。

10月19日 内蒙古农业大学郭连生教授获得2013年度海峡两岸林业敬业奖励基金。

10月20日 由中国草学会主办、内蒙古农业大学承办的全国高校"草学学科建设研讨会"在内蒙古农业大学召开。中国工程院院士南志标、中国草学会名誉理事长云锦凤教授和国内30多所高校40多位草学学科负责人参加会议。

10月22—24日 加拿大曼尼托巴大学农业与食品科学学院院长Michael Trevanhe访问内蒙古农业大学。

10月23日 共青团内蒙古农业大学委员会对开展2013年大学生志愿者暑期文化科技卫生"三下乡"社会实践活动的林学院等6个优秀组织单位、水利与土木建筑工程学院赴清水河县北堡乡大阳村社会实践队等14支优秀社会实践分队、王静等17优秀指导教师、史俊祥等33名优秀组织者、史晓娜等210名优秀志愿服务队员、陈圣阳等193名优秀挂职副村长、苏日嘎等214名优秀论文作者、王宏磊等32名优秀宣传报道员进行表彰。（内农大团发〔2013〕14号）

10月23日 内蒙古农业大学校长李畅游与Michael Trevanhe院长共同签署两校大学生交换项目补充协议——"中国内蒙古农业大学与加拿大曼尼托巴大学'学生转读课程'补充协议"，就学生转读的具体要求、细则等内容达成一致意见。

10月24日 内蒙古农业大学爱心社以"朝阳携手夕阳"项目获得"圆梦中国 公益我先行"第一届全国大学生微公益大赛先进团队奖。

10月25日 在"天翼华为杯"2013年华北五省（市、自治区）及港澳台大学生计算机应用大赛内蒙古分赛比赛中，由内蒙古农业大学计算机学院2010级软件工程1班学生张同砚洋、2010级网络1班学生刘洋和2011级软件工程1班学生甘雨川、宋仕斌共同合作完成的"高危环境实时探测机器人的设计与实现"的学生作品荣获一等奖；由2010级软件工程2班学生张超和2011级信息管理1班学生刘畅合作完成的学生作品"翻翻看"荣获优胜奖。

10月27—31日 在第十七次全国动物遗传育种学术讨论会上，内蒙古农业大学副校长芒来教授主持完成的"竞技马新品系培育及马奶马文化产业化示范与推广应用"成果，获得"中国农业大学教育基金会吴常信动物遗传育种奖励专项基金"第三届吴常信动物遗传育种生产与推广成果奖。生命科学学院张东副教授的墙报论文获得优秀墙报论文奖，芒来教授团队的在读博士生黄金龙的论文"Normalized cDNA Library Construction and RNA – seq for Genome Annotation in Horse"获得大会吴常信动物遗传育种优秀论文奖。

10月28日 内蒙古农业大学再次聘请国际著名灌溉专家、葡萄牙里斯本科技大学路易斯·佩雷拉教授为内蒙古农业大学特聘教授。

10月30日 在内蒙古自治区红十字会、内蒙古自治区教育厅主办的"老牛生命学堂"——驻呼高校红十字应急救护技能比赛中,内蒙古农业大学代表队获得第二名。

10月30日 加拿大农业与农业食品部副部长吉勒斯·圣东(GILLES SAINDON)博士、加拿大农业与农业食品部国际科技合作局副局长周坚强、加拿大驻华使馆教育参赞莫瑞·盖勒(MURRY GWYER)、加拿大农业环境保护公司(AERC)总裁欧姆·丹格(OM DANGI)一行四人访问内蒙古农业大学。

10月31日 内蒙古自治区副主席王玉明与政府副秘书长任茂、农牧业厅副厅长贾跃峰、水利厅副厅长冯国华一行四人,以及加拿大农业环境保护公司(AERC)总裁欧姆·丹格(OM DANGI)视察内蒙古农业大学海流现代农牧业科技园区。

十一月

11月1日 内蒙古农业大学职业技术学院被内蒙古自治区教育厅确定为"内蒙古自治区级示范性高等职业院校立项建设单位"。

11月2日 在2013年华北五省(市、自治区)及港澳台大学生计算机应用大赛总决赛中,内蒙古农业大学计算机与信息工程学院学生组成的代表队以设计作品"高危环境实时探测机器人的设计与实现"荣获一等奖。

11月3日 蒙古国国立农业大学经济管理学院院长额尔敦巴亚尔率代表团访问内蒙古农业大学经济管理学院,额尔敦巴亚尔院长为经济管理学院师生作了关于ACBSP国际认证的专题报告。

11月5日 在"呼和浩特市·内蒙古农业大学科技合作签约暨成果发布会"上,呼和浩特市政府副市长王恒俊与内蒙古农业大学副校长芒来共同签署"呼和浩特市·内蒙古农业大学全面科技合作协议"。签约会上,内蒙古农业大学专家围绕燕麦高产高效栽培与保护性种植模式,马铃薯高产高效理论与技术,优质、耐旱、耐寒草品种,内保温智能日光温室,乳酸菌菌种资源库建设及发酵剂产业化关键技术开发应用,节水灌溉成果应用,奶牛围产期中药保健技术和发酵工程等八个方面进行了成果发布。在校市全面科技合作基础上,内蒙古农业大学有关学院和团队与呼和浩特市企业在9个研究方面签署了具体的科技合作协议。合作单位分别是马属动物种质资源创新与遗传改良创新团队与内蒙古蒙骏畜牧业有限责任公司;燕麦产业研究中心与内蒙古三主粮天然燕麦产业股份有限公司;食品科学与工程学院与内蒙古伊利实业集团股份有限公司技术中心;生命科学学院与呼和浩特市伯奥维生物科技有限公司;生命科学学院与呼和浩特市宝丰农牧林开发有限公司;生命科学学院与内蒙古武川县塞丰马铃薯种业有限责任公司;机电工程学院与内蒙古华德新技术公司;动物科学学院与蒙古斯隆生物技术有限责任公司;农学院设施农业教研组与内蒙古宝坤农业科技发展有限责任公司。

11月7日 在2013梅赛德斯—奔驰"青春网球校园行"全国总决赛中,内蒙古农业大学2011级市场营销专业的白梓园、2012级市场营销专业的营梦圆分别获得男子单打亚军和女子单打亚军。同时,营梦圆与白梓园夺得混合双打亚军、团体亚军,并获得全国总决赛优秀球员称号。

11月8日 内蒙古农业大学消防志愿者服务大队荣获内蒙古自治区"草原119"消防志愿者宣讲竞赛优秀志愿者服务组织奖。

11月8日 内蒙古农业大学对2012—2013学年度乌拉等88优秀辅导员进行表彰。

11月9日 由内蒙古自治区团委和内蒙古农业大学团委主办、能源与交通工程学院承办的第四届全区大学生交通科技大赛在内蒙古农业大学举行。内蒙古农业大学的设计作品《基于TRIZ理论对雨雪天气桥梁路面防滑系统的创新》获得一等奖,《具有草原旅游特色的路置标牌》获得二等奖,《机动车交叉口无停滞设计》获得三等奖。

11月11日 教育部公布首届全国高校微课教学比赛决赛结果。内蒙古农业大学教师宗哲英、赵君、屈冉分别获得内蒙古自治区理工组一、二、三等奖;钱萍和张美英、许黎莉和句芳分别获得内蒙古自治区文史组二、三等奖。同时,宗哲英获得全国决赛理工组三等奖。

11月13日 内蒙古农业大学教授、博士生研究生导师张和平入选2013年国家百千万人才工程人选名单,并被授予"有突出贡献中青年专家"荣誉称号。(内人社办发〔2013〕342号)

11月13日 内蒙古自治区人民政府将自治区学位委员会更名为内蒙古自治区人民政府学位委员会,内蒙古农业大学校长、教授李畅游,副校长、教授李金泉,国务院学位委员会学科评议组成员、教授韩国栋被选为委员会组成人员。(内政办字〔2013〕11号)

11月13日 内蒙古农业大学推荐的平安校园建设优秀成果"构建立体防控体系,创建平安校园"被内蒙古自治区教育厅评选为"内蒙古自治区首届平安校园建设优秀成果一等奖"。(内教学工函〔2013〕33号)

11月15日 内蒙古农业大学举行优秀校友报告会暨首期校友奖学金颁奖仪式。计划从2013年开始每年奖励100名学生,每人奖励3000元。乔贤、齐敖雪等100名学生获得首期校友奖学金。(内农大学字〔2013〕37号)

11月17日 内蒙古农业大学团委与社会实践队在"2013年'圆梦中国'专项社会实践活动研讨暨总结表彰会"上,分别获得"圆梦中国"优秀组织奖和先进团队奖。

11月23日 内蒙古农业大学第二届计算机科技文化节组委会举办内蒙古农业大学首届学生办公自动化应用技能竞赛。

11月25日 在第二届内蒙古自治区大学生安全知识竞赛和心理健康知识竞赛活动中,内蒙古农业大学马彩云、闫际名、刘璐荣获"2013年全区大学生安全知识竞赛活动"二等奖,孙玉伟获"优秀指导教师";内蒙古农业大学职业技术学院罗美桐、史浩帅、王丽红荣获"2013年全区高校大学生心理健康知识竞赛"优秀奖。内蒙古农业大学、内蒙古农业大学职业技术学院分别获优秀组织单位。(内教学工函〔2013〕35号)

11月25日 内蒙古农业大学计算机与信息工程学院王永江、外国语言学院孙玉伟、水利与土木建筑工程学院叶德成被内蒙古自治区教育厅授予2013年全区普通高校"优秀辅导员"荣誉称号。(内教学工函〔2013〕34号)

11月25日 根据已经签订的校际协议及国家留学基金委的批复意见,内蒙古农业大学2014年将从农学、生态、食品、生科、经管、国教等6个学院中选派6名2011级、2012级优秀本科生赴加拿大阿尔伯塔大学农业、生命与环境科学学院留学一学年。

11月25日 内蒙古农业大学聘任周欢敏等同志担任学科负责人。(内农大研发〔2013〕7号)

11月26日 内蒙古农业大学举办首届学生办公系统自动化应用技能竞赛,水利与土木建筑工程学院2013级水利双语一班玄成功、生命科学学院2013级生物科学双语班王皆恒并列获得一等奖。水利与土木建筑工程学院、生命科学学院、人文社会科学学院、计算机与信息工程学院获得了优秀组织单位奖。

11月27日 在第五届全国大学生数学竞赛中,内蒙古农业大学19名参赛学生荣获内蒙古自治区分赛区(非数学专业)奖项:3 名学生获得一等奖,9 名学生获得二等奖,7 名学生获得三等奖。其中,理学院 2010 级电子科学与技术专业的曾庆怡和刘亚瑞同学分别获得全区第一名、第二名的好成绩,并获得参加 2014 年 3 月举行的全国大学生数学竞赛决赛的名额。

11 月 29 日 在 2013 年教社杯全国大学生数学建模竞赛中,内蒙古农业大学理学院学生 2011 级统计专业冉梦飞、马晓敏、薛雨组成的代表队获得全国二等奖。

11 月 30 日 内蒙古农业大学表彰 2012—2013 学年度优秀宿舍干部,授予布鲁根等 178 名学生"优秀宿舍干部"荣誉称号。

十二月

12 月 2 日 内蒙古农业大学保卫处的舒金平、曹玉军、乔红梅、巩灵霞被内蒙古自治区教育厅、公安厅、国家安全厅评选为"内蒙古自治区普通高等学校优秀保卫干部",受到表彰。(内教学工字〔2013〕36 号)

12 月 2 日 内蒙古农业大学表彰 2012—2013 学年度优良学风班集体创建先进班级、先进个人,动物科学学院 2011 级动物科学汉授一班等 29 个班级被评为 2012—2013 学年度优良学风班集体"标兵班",兽医学院 2010 级动物医学蒙授二班等 72 个班级被评为 2012—2013 学年度优良学风班集体"优秀班",农学院 2011 就设施农业科学与工程二班等 21 个班级被评为 2012—2013 学年度优良学风班集体创建"进步班",林学院冯晓朦等 93 名学生被评为 2012—2013 学年度优良学风班集体创建"帮学贡献个人"。

12 月 3 日 瑞士圣加伦马利克管理中心主席马利克一行四人访问内蒙古农业大学,双方签署了"内蒙古农业大学与瑞士圣加伦马利克中心合作协议",内容包括成立"内蒙古农业大学马利克管理中心"、与马利克中心合作开展管理学硕士项目、在内蒙古农业大学开设马利克管理学课程、共同在内蒙古自治区开展管理培训项目等。

12 月 3—10 日 共青团内蒙古农业大学委员会举办以"我以我心爱中国,我以我行报中华"为活动主题的内蒙古农业大学首届 PPT 制作与解说大赛。

12 月 5—8 日 在全国三维数字化创新设计大赛(简称"全国 3D 大赛")第六届现场总决赛中,由内蒙古农业大学机电工程学院 2010 级机制 X1 班学生覃敬、张帅两位同学组成的"草原创意之星"团队荣获工业与工程设计组全国三等奖。

12 月 6 日 内蒙古骆驼保护学会第二次会员代表大会暨第五次学术研讨会在呼和浩特市召开,内蒙古农业大学兽医学院哈斯苏荣教授当选为内蒙古骆驼保护学会第二届理事会理事长,玉斯日古楞博士当选为秘书长,包福祥博士任命为副秘书长。

12 月 6 日 在"北美枫情杯"2014 届全国林科十佳毕业生评选活动中,内蒙古农业大学林学院 2010 级园林蒙 1 班阿拉腾齐木克·苏克巴特同学荣获本科组 2014 届全国林科十佳毕业生荣誉称号,2011 级研究生班王雎同学荣获研究生组 2014 届全国林科优秀毕业生荣誉称号,2010 级城市规划 1 本班何志中同学荣获本科组 2014 届全国林科优秀毕业生荣誉称号。林学院教师王志强被评为全国林科毕业生评选优秀组织个人。

12 月 6 日 内蒙古农业大学校史馆被呼和浩特市赛罕区区委、政府任命为赛罕区级爱国主义教育示范基地。

12 月 8 日 由内蒙古自治区团委学校部、内蒙古自治区学联秘书处共同主办的内蒙古自治区 2013

年大学生营销挑战赛决赛暨颁奖典礼在内蒙古农业大学举行。内蒙古农业大学代表队"梦之队"荣获比赛的团队冠军,并荣获优秀组织奖。

12月13日 在内蒙古自治区第七届"英语周报杯"英语作文大赛大学组比赛中,内蒙古农业大学李佳乙、孙永梅等7名学生获得一等奖,王成、孟祥雨等15名学生获得二等奖,白昊琳、张靖然等32学生获得三等奖,任聚洋、郝红叶等65名学生获得优秀奖。

12月16日 内蒙古农业大学对2012—2013学年度罗旭光等242名优秀班主任进行表彰。

12月18日 内蒙古自治区人民政府授予内蒙古农业大学樊明寿、张子义、郑红丽完成的"燕麦吸收利用磷的潜力与磷肥利用效率的提高"成果自治区自然科学二等奖,授予于卓等9人完成的"高丹草系列新品种培育及推广应用"、张和平等9人完成的"双歧杆菌V9的创新研究级产业化开发"2项成果自治区科技进步一等奖,授予刘大成、胡红莲、郭园、吴太平、王锋完成的"瘤胃慢性酸中毒发病机制及调空技术"成果自治区科技进步二等奖。(内政发〔2013〕118号)

12月19日 内蒙古农业大学表彰2013年教学成果获奖项目,"以引进国外优质教育资源为动力,促进本科教育质量的提高"等27项教学成果获得一等奖,奖金为2000元;"开设《草原畜牧学概论》新上课程及其教材建设和教学实践(教材)"等35项教学成果获得二等奖,奖金为1000元。(内农大校发〔2013〕17号)

12月20日 教育部公布第三批国家级精品资源共享课立项项目名单,由内蒙古农业大学教务处组织申报、米福贵教授主持的《牧草及饲料作物育种学》课程入选第三批国家级精品资源共享课立项项目,获得10万元经费补贴。

12月23日 内蒙古农业大学教务处公布2012/2013学年优秀试卷评选结果,共评选出18套优秀试卷,其中蒙文试卷5套,英汉双语试卷1套。(内农大教字〔2013〕47号)

12月23日 内蒙古农业大学授予职业技术学院等9个单位科技推广与社会服务工作先进集体称号,授予兽医学院祁生旺等44名同志科技推广与社会服务工作先进个人称号,奖励人民币叁仟元。(内农大校发〔2013〕20号)

12月25日 在第三届全国大学生毽球锦标赛,内蒙古农业大学毽球队获得女子三人赛第三名、混合双人平推赛第三名、推球三人赛第四名、男子三人赛的第五名、女子单人赛第七名、女子双人赛第八名和混合双人赛第八名。另外,韩滨阳和孟繁旭荣获"体育道德风尚奖"。

12月30日 内蒙古农业大学召开科技推广与社会服务工作会议,会上表彰9个科技推广与社会服务工作先进集体,44名科技推广与社会服务工作先进个人。

12月30日 共青团内蒙古农业大学委员会开展"内蒙古农业大学校园建筑命名活动",评选出材料科学与艺术设计学院等8个"优秀组织单位"、刘萌琪等15名"一等奖"、王曙光等30名"二等奖"、王檬檬等60名"三等奖"。(内农大团发〔2013〕14号)

附　　录

内蒙古农业大学 2013 年党政工作总结

2013 年,是学校强化内涵建设、提高办学质量、转变工作作风的重要一年。一年来,学校以邓小平理论、"三个代表"重要思想、科学发展观为指导,继续推进"1134"行动计划,实施教学质量管理年,规范教学行为,提高教学质量,深入开展党的群众路线教育实践活动,加强改进党的建设和思想政治工作,各项事业稳步推进,实现了又好又快发展。

一、党的群众路线教育实践活动

根据中央和自治区党委安排部署,学校从 7 月中旬至 12 月底,深入开展了党的群众路线教育实践活动。活动着力聚焦作风建设,着力解决突出问题,着力加强制度建设,取得了扎实成效。

1. 学习教育、听取意见。学校领导班子依托理论学习中心组,先后举办专题报告、专题辅导、集中学习交流等活动 13 次,认真学习习近平总书记等中央领导同志一系列重要讲话精神和指定必读书目。广泛征求意见,通过校领导带队深入师生调研等多种方式,收集各类意见建议 195 条,其中涉及领导班子及成员"四风"方面的问题 24 条,涉及学科建设、教学科研、人事后勤等方面的具体问题 171 条。

2. 查找问题、开展批评。校院两级领导班子,紧紧围绕为民务实清廉要求,通过师生提、自己找、上级点、互相帮,认真查摆"四风"以师德师风、校风教风学风等方面存在的突出问题,深刻剖析原因,严格按要求撰写对照检查材料,认真开展批评和自我批评。11 月 25 日至 26 日,学校领导班子利用两天时间,召开专题民主生活会,达到了统一思想、增进团结、洗澡除尘、醒脑治病的目的。分党委、党总支和其他处级单位利用 2 周时间,分别召开了民主生活会。

3. 整改落实、建章立制。按照务实管用要求,学校领导班子有针对性地制定了整改方案(30 个方面 66 项整改措施)和 2 项专项整改方案(本科教学工作、科技服务工作)。坚持立行立改,研究制定了关于改进文风会风、精简会议文件的实施细则,完善了校领导听课、联系基层和接待日制度,修订了校、处级领导干部请销假制度,实施了机关处级干部深入学生公寓值班制度,出台了《关于教代会提案办理规程》等。

活动期间,内蒙古电视台、内蒙古人民广播电台等媒体对我校教育实践活动相继进行了报道。《内蒙古日报》以"把论文写在大地上"为题,整版报道了我校科研成果推广转化和服务自治区经济社会发展的情况。

二、党建和思想政治工作

1. 领导班子建设。成功召开第二次党代会,全面回顾总结过去九年工作,确定了未来五年学校发展的总体思路和主要任务,选举产生了新一届党委委员和纪委委员。认真贯彻党的民主集中制原则,严格执行党委会、校长办公会和"三重一大"等议事规则,在机构设置、干部任免、财务预算等重大问题方面,严格执行集体决定。加强学习型领导班子建设,继续坚持中心组学习制度和党员领导干部学习考核制度,以党的群众路线教育实践活动为契机,组织学习了中国特色社会主义理论体系、党的十八大和十八届三中全会精神以及党风廉政建设等内容。

2. 干部队伍建设。自12月下旬至2014年1月中旬，组织完成了新一轮处级干部聘任工作，共聘任处级干部233人（职院52人），新提拔83人（职院18人），轮岗交流72人（职院12人），调整后干部队伍结构进一步优化，一批年富力强、充满活力和朝气的年轻干部走上领导岗位。加强处级干部培训，全年共选派82名处级以上干部参加各级各类培训班，推荐4名自治区"西部之光"访问学者和3名"草原之光"硕士行动计划人选。协助自治区党委组织部完成了2012年度学校领导班子和领导干部实绩考核工作、1名校级领导的推荐和考察工作以及14名校级领导个人重大事项报告工作。

3. 基层党组织建设。认真贯彻落实中央《关于加强新形势下发展党员和党员管理工作的意见》精神，严格控制党员发展数量，保证发展质量，做实做细发展指标分配工作，全年共发展教工党员4名、学生党员911名、延长预备期党员22名，取消预备党员资格11名，完成3000多名党员的党组织关系转出和转入工作。加强党员教育管理，出台了《关于做好新生党员组织关系转接及教育管理工作的意见》，制定了《关于建立党支部晋位升级和党员承诺践诺长效机制实施意见》。加强分党校规范化建设，全年举办各类培训1.2万余人次。

4. 党风廉政建设。认真贯彻落实中央和自治区关于党风廉政建设部署，加大监督检查力度，研究制定了《关于贯彻落实中央"八项规定"的具体措施》《关于认真贯彻执行〈违规发放津贴补贴行为处分规定〉的通知》等有关文件。加强反腐倡廉教育，努力构筑廉洁从政的思想道德防线，召开了2013年党风廉政建设会议。建立健全反腐倡廉规章制度和廉政风险防控机制，加强对人事招聘、招生考试、职称评定、科研评审、工程建设、物资采购等重要风险点的监督检查。深入开展内部审计工作，组织开展科研项目审计54项，审计金额1377万元；校庆捐赠专项审计金额4282万元；实施基本建设、维修工程决算审计87项，报审总金额10634万元，审计后确认金额8868万元，核减金额1776万元，共节约资金1766万元。

5. 统一战线工作。认真学习贯彻中央4号文件，制定了《我校贯彻落实〈中共中央关于进一步加强新形势下党外代表人士队伍建设的意见〉的实施办法》《宗教工作例会制度》等文件。加强党外知识分子工作，特别是党外代表人士队伍建设、民主党派、宗教以及归国留学人员和海外统战等工作，组织举办了全校党外人士学习贯彻十八届三中全会精神报告会。加强归国留学人员联系，举办了归国留学人员迎新年座谈会。

6. 宣传教育活动。牢牢把握正确舆论导向，围绕党的群众路线教育实践活动、教学质量管理年和学校第二次党代会等重大活动，充分发挥"校园网、报纸、广播、橱窗、电子显示屏"五位一体的宣传网络作用，营造了良好的舆论氛围。深化中国梦宣传教育，开展"中国梦、农大梦、我的梦"主题图文征集活动。推动校园文化建设，研究制定了《关于进一步加强校园文化的意见》。

7. 思想政治教育。坚持把师德建设作为教师思想政治工作的核心内容，着手制定了学校《关于进一步加强和改进青年教师思想政治工作的实施方案》。认真贯彻落实《高等学校教师职业道德规范》，努力营造"爱岗敬业、立德树人"的育人氛围，开展了以"为人、为学、为师"为主题的工作创优活动。坚持"立德树人"，深入推进社会主义核心价值体系教育，积极选树在人格塑造和精神文明创建活动中涌现出的先进典型，充分挖掘师生中的先进事迹，用身边的事教育身边的人，形成了学校有榜样、院（部）有标兵、身边有先进的思想政治教育新局面。学校荣获国家首个"雷锋大学"荣誉称号。

三、人才培养工作

1. 教学管理质量年。制定学校《教学质量管理年实施方案》，实施《教师教学能力提升计划》和《抓学风促学业工作方案》，开展"严肃上课纪律""杜绝上课使用手机"和"规范多媒体使用"等专项治理工作，学校教风学风状况明显好转。完善"因材施教"多样化的人才培养模式，组织修订了本科人才培养方案和教学大纲。

2. 教学基本建设。积极组织教学质量工程项目的申报和建设工作,《家畜育种学》入选首批"国家级精品资源共享课立项项目",《牧草及饲料作物育种学》入选第三批"国家级精品资源共享课立项项目",《动物医学》专业获批地方高校第一批本科专业综合改革试点项目,全年获批自治区级精品课程8门、自治区级教学团队3个、自治区品牌专业4个。开展公共课教学改革科学研究,获内蒙古自治区高等学校公共课教改立项8项。

3. 实践教学。全年获批中央财政支持地方高校发展专项资金本科教学建设项目2项(实验教学中心),共1340万元。加强实践教学基地建设,首次遴选确定校外重点(示范)实习基地17个,"内蒙古农业大学—内蒙古正大有限公司人才培养基地"入选"国家级大学生校外实践教学基地"。启动了虚拟仿真实验教学中心建设。

4. 研究生教育。加强研究生教育内涵建设,起草了《修订研究生培养方案的指导意见》及相关配套文件,研究制定了《研究生教育改革实施方案》。积极参选自治区优秀学位论文,入选博士学位论文3篇、硕士学位论文16篇。有7名研究生导师入选自治区优秀研究生导师行列。

5. 职业教育。进一步深化教学改革,研究制定了学分制学籍管理细则、学分奖励制度、导师制度和选课方案,组织制订了各专业学分制教学计划,校企合作、工学结合的人才培养模式改革不断深化。继续实施专任教师实践技能达标制,"双师型"教师队伍建设得到进一步加强。职业技术学院被评为"自治区级示范性高等职业院校立项建设单位"。

6. 继续教育与援外培训。修订教学计划,更新教学内容,教育培训能力不断提高,全年举办国家和省级职教师资培训、内蒙古党委组织部干部自主选学、内蒙古农牧业厅基层农技推广人员培训班等各类培训11期27个班次,培训学员880人。作为自治区唯一的商务部援外培训单位,承办了来自9个发展中国家学员参加的"2013年发展中国家乳品与食品加工技术培训班"。

四、学科和人才队伍建设

1. 学科建设。继续加大学科建设投入,不断改善学科研究条件,全年投入学科建设经费2000万元,建设项目9个。获得中央财政支持地方高校发展专项资金(2013—2015)项目13项,建设经费6450万元。根据学科建设需要,遴选硕士研究生指导教师14名。完成了3个专业学位点的申报工作。

2. 人才队伍建设。继续实施学校《高层次人才引进与管理办法(试行)》,组织完成了各级人才工程项目的选拔推荐工作,全年新上教育部科技创新团队1个,入选自治区"草原英才"工程产业创新人才团队11个、高层次人才创新创业基地1个、高层次人才14人,入选国家级"百千万人才工程"1人。加大人才引进力度,完成了2012年公开招聘的51人的备案、列编工作,组织开展了2013年教师公开招聘工作。完成了2013年度专业技术职务评审工作,核准正高12人、副高40人、中级18人。

五、科技工作

1. 科研项目申报。组织申报国家有关部委及自治区各类重大重点项目896项,新上国家863、科技支撑、国家自然科学基金重点项目、公益性行业专项以及自治区重大科技专项等在内的各级各类项目298项,总经费1.31亿元。国家自然科学基金项目取得新进展,新上项目72项,总经费3627万元,列自治区高校首位、全国农林院校第六位。

2. 创新团队与平台建设。加强科技创新团队建设,对学校首批立项建设的13个创新团队和10个培育团队进行结题验收,组织开展了新一轮创新团队的遴选工作,有6个培育团队提升为创新团队、7个团队列入培育团队支持计划。加强基地与平台建设,全年新上自治区级工程实验室2个,获建设经费1000万元;新上自治区重点实验室(工程中心)2个。学校内蒙古农村牧区发展研究所被列入自治区高等学校人文与社会科学重点研究基地提升计划,获资助经费60万元。完成了内蒙古杭锦旗荒漠生态系统定位研究站的申报工作。

3. 项目质量和成果水平。积极推进各类在研课题项目的实施,共结题、验收、鉴定项目 176 个。全年获得自治区科技进步一等奖 2 项、三等奖 1 项,自然科学二等奖 1 项;获得教育部高等学校科学研究优秀成果奖科技进步类二等奖 1 项;获得自治区农牧渔业丰收奖一等奖 1 项;获得第三届吴常信动物遗传育种生产与推广成果奖 1 项;"双驼峰基因组研究团队"荣获俄罗斯农业部自然科学奖。世界首例蜘蛛牵丝细毛羊和绒山羊在我校诞生。2013 年英国著名杂志《Nature》(《自然》)评选出 2012 年度自然出版指数中国前 100 强单位,我校名列全国高校第 52 位、农业高校第 5 位。组织完成了蒙古文版学报申请国家刊号的申报工作。

4. 成果推广和社会服务。召开科技推广和社会服务工作大会,总结经验、交流成果、表彰先进,设立首批科技成果转化基金 100 万元。与呼和浩特市政府、亿利资源集团、蒙草抗旱公司等 12 家政府和企业签署科技合作协议并开展科技合作。与广东省农科院、华南农业大学签署框架合作协议。

六、开放办学

1. 引进国外优质教育资源。继续加大国外高水平大学先进管理经验、师资和人才培养模式的引进力度,与国外合作院校进行课程对接,制定了教学计划与评估体系。设立马利克管理中心分中心,引进了国际著名管理咨询机构最先进的教育理念和领导方法。全年聘请外籍教师 60 余人次,接待国外专家学者 200 余人次。聘请美国夏威夷大学张世光教授、美国国家林务局张剑伟教授为"内蒙古农业大学教学管理顾问"。

2. 国际合作与海外师资培养。积极拓展合作领域,与澳大利亚莫道克大学、爱尔兰考克大学、加拿大阿尔伯塔大学、加拿大曼尼托巴大学等高校签订了校际合作交流协议或补充协议。承办了第九届国际有毒植物大会。继续实施海外研修计划,与西安外国语言大学合作举办了出国研修教师语言培训班,有 2 位教师和 3 名博士生得到国家留学基金委的海外研修全额资助,23 位教师获得西部项目资助;由学校自筹经费选派 29 位教师赴海外学习,通过科研合作选派 24 人赴海外进行学术交流。

3. 中外合作办学项目。继续深化合作办学人才培养模式,在"2+2"模式的基础上,逐步开展"3+1"和"4+0"等模式。狠抓英语教学质量,学生托福考试成绩显著提高,2011 级 23 名学生中,有 5 名学生在托福考试中成绩突破 90 分,其中 11 名同学赴加拿大阿尔伯塔大学留学,8 名同学赴加拿大曼尼托巴大学学习,4 名同学赴新西兰梅西大学学习。顺利完成教育部中外合作办学项目评估,获得教育部领导和专家的一致好评。

七、内部管理

1. 内设机构调整。优化机构设置,明确职责范围,合理配置职数,完成了学校 2014—2016 年内设机构及处级干部职数设置方案。成立了基建处、基础教育中心、基础教育中心党总支,马克思主义教学研究部更名为马克思主义学院,发展规划处更名为发展研究室(处)(高等教育研究所),撤销了资产经营公司党总支。

2. 人事分配制度管理。建立健全人事管理运行机制,完成了 2013 年度全校普通管理岗位的聘任工作,聘任二级科员 9 人、三级科员(辅导员、教学秘书)以下 46 人,首次聘用专业技术二级岗位 41 人。积极稳妥开展绩效工资改革,努力提高教职工收入水平,在职职工月增资 113.30 万元,人均增资 500.88 元/月。

3. 科研管理。制定并出台《关于深入实施"科技兴校"工程的若干措施》,提出了建立重大成果和国家级科技项目奖励机制、设立院士后备人才培养基金、为国家级基础研究类项目提供仪器设备配套费、设立优秀青年科学基金等政策措施,制定了《关于进一步加强我校社会服务工作的实施意见》等 5 个文件,科技创新和服务体系逐步形成。

4. 财务管理。严格学校有关财经纪律和财务管理审批规程,重新修订了学校《经费支出审批制度》

《科研经费管理办法》等相关制度。积极筹措资金,从财政部门争取教育事业追加经费2亿余元。加强教育事业经费、专项资金的核算与管理,2013年学校本级经费收入总量达10.50亿元,其中:教育事业经费收入8.27亿元,科研经费收入1.40亿元。严格执行政府收支预算管理和国库直接支付制度,学校财务风险大幅下降,财务工作继续稳健、高效运行。

5. 国有资产管理。健全采购体系,规范采购行为,严格贯彻落实学校《政府采购管理办法》,全年获批采购项目38个,总预算1.72亿余元,开标项目32个,采购金额(预算)1.24亿余元。加强固定资产管理,严格验收处置程序,资产登记、报损、报废、转让等管理手续进一步规范。

6. 后勤服务保障。积极推进饮食运行模式改革,引入竞争机制,改善伙食结构,经营效益略有好转,学生满意度不断提高。完善"单车全成本核算"管理运行制度,全年运输教学实习师生4.3万余人,较好地完成教学、实习及其他公务用车任务。严格执行学生公寓门禁系统,完善住宿管理数据库,学生住宿服务质量不断提高。加强师生疾病预防、健康教育和医疗服务水平,校医院被评为内蒙医保A级定点医院"优秀"单位。强化物业管理,全年完成水、电、暖维修改造及各类修建任务65项,养护树木2.1万株、绿地26万m^2,培育各类花苗9万余株,办学环境明显改善,学校荣获"全国绿化模范单位"。

八、办学条件

1. 基础设施建设。完成综合教学楼A栋、综合教学楼B栋、工科实验楼和生命科学实验楼的部分内外装修1.57万平方米;完成在建项目配套外网、供电系统等附属工程设计、招标及大部分施工任务;完成后续建设项目水利力学实验楼、兽医实验楼的初步设计、施工图设计及项目立项审批等前期手续和开工准备工作。完成新校区校园园林景观、运动场及附属球场初步方案设计。加快推进教工住宅楼建设,引进合作建设单位,着手办理相关审批手续。

2. 节约型校园建设。完善节约型校园建筑节能监管体系,接入教务标准考试监控系统,节约了重建资金。利用国家节能补贴资金和自筹资金,完成了新校区学生浴室太阳能热水系统工程的可再生能源应用示范项目。编制学校《节约型公共机构示范单位创建实施方案》《节水型单位建设情况及工作方案》,完成了能源利用情况等统计上报和节能补助资金申报工作。

3. 图书馆建设。注重馆藏质量,加强文献资料建设,全年现采中文图书1.8万种、5.4万余册,验收中文图书0.9万余种、2.71万余册;采集、加工、编目蒙文图书1000余种、2600余册;验收、加工期刊1.17万余册,新增、续订中外文数据库14个。馆藏资源有效利用不断提高,书刊借阅室全年接待读者73.7万余人次,电子阅览室接待读者2.5万余人次。

4. 校园网建设。继续推进数字化校园建设,制定了学校数字化校园建设方案。建成网上电子支付平台,实现了网上缴纳学费和校园卡支付网费功能。优化网络资源配置,调整数据中心网络架构,保证了选课、招生、考试等工作的正常运行。实施校园网万兆改造升级项目,完成核心万兆设备部署,学校信息化基础工作再上新台阶。

5. 科技园区建设。解决了土右旗现代农业科技示范园区土地遗留问题,完成了一期土地证的变更手续。加强土左旗海流图科技园区规划与建设,完成了总体建设规划方案的编制和教学科研实验用房等建设项目的立项工作。完成了呼塔公路两侧5400米的铁艺围栏建设和4000平方米停车场硬化工程。继续实施海流图科技园区土壤改良,实施数项种植养殖项目,移种植云杉、油松、国槐等树种近10万余株。

九、学生工作

1. 教育管理。实施"抓学风促学业计划",深入开展"优良学风班集体"创建和"不让一名学生掉队"帮学活动。继续在全校范围内开展诚信考试,万余名学生签订诚信协议,考试违纪学生比例大幅下降,考风考纪明显好转。加强大学生心理健康教育,成功举办第九届大学生心理文化活动月。加强公寓管理,推行机关处级干部学生公寓夜间值班制度。加强辅导员队伍建设,继续做好学生专兼职辅导员的选拔、配备、培训及考核工作,学校荣获全区首届辅导员职业技能大赛优秀组织单位。

2. 贫困助学。不断完善各项资助政策,健全"奖、贷、助、补、减、免、勤、偿"及"绿色通道"资助体系,积极做好家庭经济困难学生资助和国家奖学金及助学金的评定工作。全年设有固定勤工助学岗位1727个,临时岗位约4863人次;减免学费13人,享受特殊困难补助7000余人,发放勤工助学补助、特殊困难补助、减免学费共644万元。

3. 文体活动。学生文体活动取得佳绩,学校荣获全区第八届大学生"挑战杯"竞赛"优秀组织奖"和"优胜杯",荣获全国高校社会实践活动先进单位和自治区优秀组织单位。在新浪微博发起的"圆梦中国 公益我先行"第一届全国大学生微公益大赛中,学校获得"圆梦中国"优秀组织奖。积极推进"文化荣校"工程,开展"十大校园文化品牌"和"一院一品"评选活动,校园文化品位不断提升。

在自治区大学生田径运动会中,学校获得超级甲组团体总分第一名、女子团体总分第一名和男子团体总分第二名的骄人成绩,打破自治区大学生田径运动会最高纪录2项;在第十八届全国大学生网球锦标赛中,获得女子团体第四名,女子双打第三名,女子单打第八名的优异成绩;在第十三届全国大学生田径锦标赛中,获男子乙组团体总分第二名,乙组团体总分第七名的好成绩;在2013梅赛德斯—奔驰"青春网球校园行"全国总决赛中,分别获得男子单打亚军、女子单打亚军、混合双打亚军和团体亚军,并获得全国总决赛优秀球员称号。

十、招生就业工作

1. 招生工作。超额完成2013年学校本专科生和研究生招生任务,录取本专科(含蒙语授课、中外合作办学、高职高专、中职、少数民族预科)生8310人、全日制硕士研究生775人、博士研究生109名;招收外国留学生32人,其中博士研究生9人。目前在校攻读硕士、博士学位外国留学生110人。

2. 学生就业。截至9月1日,学校本专科毕业生7658人,就业人数6594人,一次就业率达86.11%。全年完成了98名博士研究生、553名硕士研究生和237名在职专业学位硕士研究生的学位授予工作。加强职业生涯规划和就业指导课程建设,组织开展了"'招生—培养—就业'联动机制研究""基层就业拓展计划""少数民族学生就业能力提升工程"等项目。全年举办校院两级就业洽谈会及小型专场招聘会300余场,到会单位310余家,累计提供就业岗位6000余个。

十一、和谐校园建设

1. 民主建设。坚持完善教职工代表大会制度,制定了《教职工代表大提案工作规程》;推进基层民主管理,修订了《学校二级教代会章程》,不断推进二级教代会的制度化、规范化。年初召开了四届二次教代会和职代会,征集提案54件,立案办理24件。

2. 校务公开。不断完善政务、校务公开及院务公开制度,全年公开党务校务14期,受理群众上访9件。切实加强民主监督,凡是涉及教职工、学生切身利益的事项,如干部聘任、职称评聘、免试研究生的推荐、招生录取等,分别进行定期公开、及时公开,尊重和保障了广大教职工的知情权和监督权。

3. 稳定维护。不断健全各项规章制度,制定了学校《预防和处置突发事件预案》等有关文件。加强校园技防系统建设,投入360万元,更新了安防监控设备。加强校园管理,实现全年无政治事件、群体性事件、重大安全责任事故发生的维稳工作目标,有力地维护了校园和谐稳定。学校被自治区评为"2012年度维护稳定工作实绩突出单位"。

4. 离退休人员服务。落实"四个待遇",全年走访慰问离休老干部、困难老党员及家庭困难且患病的退休教职工等500余人次,为离休干部和70岁以上正教授及享受保健待遇的106名离、退休教职工进行健康体检。完善离退休人员活动中心新址的软、硬件配套建设,翻新维修了东区活动中心。协助内蒙古老教授协会成功举办第五届理事会会议、成立20周年庆祝大会等活动。

5. 在职教职工服务。推广"教职工安康保障计划",组织全校教工进行专项体检,为970名女教职工办理了"大病保险"。开办网上《教工健康生活指导》栏目和《健康生活月讲坛》。继续开展"深入基层,关心群众"走访活动,慰问困难职工60户,安抚关照困难遗属40户,探望生病住院教职工和慰问教职工遗属35人,共发放慰问金累计8.3万余元。加强基层"教职工之家"阵地建设,改造东区教工活动室,为各分会教职工之家增添了设备。

十二、存在问题

1. 人才培养的理念和思路日益清晰,但以培养具有创新精神和实践能力的人才为目标的教育教学改革任务还十分艰巨,教风和学风建设还有待进一步加强。

2. 学科建设的经费投入不断增加,但学科的顶层设计还不够合理,学科的整体实力还不够强,原有传统优势学科地位面临挑战,新兴学科建设任务繁重。

3. 科技创新体系和机制正在形成,但原创成果、标志性成果偏少,协同创新能力不强,服务国家和区域经济社会发展的能力还有待进一步提升。

4. 党建和思想政治工作不断加强,但基层党组织建设工作发展还不平衡,党员先锋模范带头作用发挥得还不够好,干部队伍作风建设需进一步加强。

内蒙古农业大学
深入开展党的群众路线教育实践活动实施方案

(2013年7月14日)

根据《中共中央关于在全党深入开展党的群众路线教育实践活动的意见》(中发〔2013〕4号)精神，按照自治区党委党的群众路线教育实践活动工作部署和高校工委工作要求，结合学校实际，现就我校深入开展以为民务实清廉为主要内容的党的群众路线教育实践活动(以下简称教育实践活动)安排如下。

一、指导思想

高举中国特色社会主义伟大旗帜，坚持以马克思主义、毛泽东思想、邓小平理论、"三个代表"重要思想、科学发展观为指导，紧紧围绕保持党的先进性和纯洁性，以校、处级领导班子和领导干部为重点，切实加强全校党员马克思主义群众观点和党的群众路线教育，把贯彻落实中央八项规定精神、自治区党委、政府《关于改进工作作风，密切联系群众的规定》和校党委的七项具体措施作为切入点，坚决反对形式主义、官僚主义、享乐主义和奢靡之风，紧密结合学校实际，抓住内涵发展、质量提升不放松，推进教学质量管理年各项工作，提升学校服务社会的能力，着力解决广大师生员工反映强烈的突出问题，进一步提升服务师生员工的能力，充分发挥师生员工在学校改革发展建设中的主人翁作用，努力办好人民满意的内蒙古农业大学。

二、总体要求

要认真学习领会习近平总书记"三个必然"要求的深刻内涵，进一步突出作风建设，使党员、干部思想进一步提高、作风进一步转变、党群干群关系进一步密切。要紧紧围绕立德树人这一根本任务，以作风建设的新成效，凝聚起推动学校科学发展的强大力量，为实现建设西部高水平大学奋斗目标提供坚强保证。

教育实践活动要始终贯穿"照镜子、正衣冠、洗洗澡、治治病"的总要求。"照镜子"，主要是通过学习和对照党章，对照廉政准则，对照改进作风要求，对照师生员工期盼，对照先进典型，查找宗旨意识、工作作风、廉洁自律方面的差距。"正衣冠"，主要是按照为民务实清廉的要求，严明党的纪律特别是政治纪律，敢于触及思想，正视矛盾和问题，从自己做起，从现在改起，端正行为，维护良好形象。"洗洗澡"，主要是以整风精神开展批评与自我批评，坚持自我净化、自我完善、自我革新、自我提高，既要解决实际问题，更要解决思想问题。"治治病"，主要是坚持惩前毖后、治病救人方针，区别情况、对症下药，对作风方面存在问题的党员、干部进行教育提醒，对问题严重的进行查处，对存在的不正之风和突出问题进行专项治理。

三、方法步骤

按照上级有关部门的要求，利用7月上、中旬这段时间，认真做好教育实践活动的准备工作。主要是：传达学习中央和自治区关于开展教育实践活动的有关精神；组建教育实践活动领导机构及工作机构；采取走访调研等形式，广泛征求党员群众对开展教育实践活动的意见；研究制定教育实践活动实施方案；召开工作会议，搞好思想发动，营造良好氛围，充分调动广大党员干部参加教育实践活动的积极性。

(一)学习教育、听取意见

要重点搞好学习宣传和思想教育、深入开展调查研究、广泛听取师生员工意见。这项工作从7月上旬开始。

1. 召开工作会议。2013年7月15日召开学校教育实践活动工作会议，印发教育实践活动工作方案，提出工作要求。工作会议结束后，在参会人员范围内开展民主评议，对校领导班子和成员干部作风方面情况进行民主测评，了解"四风"方面存在的突出问题，征求搞好教育实践活动的意见建议。7月22日前，各分党委（党总支）召开工作会议，传达学校工作会议精神，进行广泛深入的思想发动，并制定本单位教育实践活动方案，报学校教育实践活动领导小组办公室（组织部）。

2. 抓好集中学习。学校决定7月中旬组织副处级以上干部集中学习一周，集中学习重点围绕"六个一"活动，结合自治区党委要求的6个专题学习内容开展。"六个一"活动，即党委（分党委、党总支）书记讲一次党课；党员、干部写一篇心得体会文章；邀请专家学者作一次辅导讲座；听劳动模范、先进人物作一次报告；看一部党风廉政建设警示教育片；开展一次党的光辉历史和优良传统教育。6个专题学习内容即中央4号文件，习近平总书记、刘云山同志、赵乐际同志在中央教育实践活动工作会议上的讲话和习近平总书记在中央政治局专门会议上的讲话精神；全区第一批教育实践活动《工作方案》和工作会议精神；《党章》、中央八项规定精神、自治区党委28项具体规定及我校相关规定；《论群众路线——重要论述摘编》《党的群众路线教育实践活动学习文件选编》《厉行节约、反对浪费——重要论述摘编》《各地联系服务群众经验做法选编》《损害群众利益——典型案例剖析》等5本书目和自治区编印的相关资料；马克思主义民族理论和党的民族政策。具体学习安排见《内蒙古农业大学党的群众路线教育实践活动学习日程安排》。

3. 开展"为了谁、依靠谁、我是谁——我的群众观"大讨论活动。在深入学习的基础上，9月下旬至10月上旬在全校校、处级干部中开展"为了谁、依靠谁、我是谁——我的群众观"大讨论活动。大讨论活动由校党委、各分党委（党总支）分别组织实施，其中机关党总支和资产经营公司、后勤党总支可按其工作方案组织开展。大讨论活动要紧密结合学校和各部门实际开展，聚焦"四风"。重点围绕如何宣传引导、动员激励师生员工，如何反映他们心声、为其谋利，如何满足师生员工需求、不断改善工作和生活条件展开讨论，明确"为了谁"的问题；围绕如何尊重师生员工首创精神，如何汲取他们智慧营养，如何坚持由师生员工评判展开讨论，明确"依靠谁"的问题；围绕如何心系师生员工、感恩师生员工、敬畏师生员工展开讨论，明确"我是谁"的问题。

4. 搞好调查研究。从7月上旬开始到专题民主生活会召开前，要有计划、有组织深入师生员工中开展调研。校、处级领导要通过实地走访交谈、发放调查问卷和征求意见函、召开座谈会等方式广泛开展调查研究工作。校领导要深入分管单位和联系单位开展全面调查研究；职能处室、教辅单位处级干部要深入本部门及管理和服务对象单位开展调查研究；教学单位处级干部要结合分管工作深入教研室、实验室、实习基地、学生班级、宿舍、食堂开展调研。调研过程中，广大干部要沉到基层、贴近师生，要敢于面对面听取意见，要结合业务工作，围绕为民务实清廉广泛收集意见建议，为对照检查、开展批评和解决问题打好基础。

（二）查摆问题、开展批评

要重点围绕为民务实清廉要求，通过群众提、自己找、上级点、互相帮，认真查摆形式主义、官僚主义、享乐主义和奢靡之风方面存在的问题，进行党性分析和自我剖析，开展批评和自我批评。这项工作从10月上旬开始。

1. 查摆"四风"问题。根据学校实际和社会舆论反映突出的行业问题，校、处级领导班子和干部在深入调查研究、广泛听取意见和深刻自我剖析的基础上,认真查摆班子和自身"四风"方面存在的问题。按照中央和自治区要求,结合学校实际,重点查摆的问题是:在形式主义方面,重点查摆是否存在知行不一、不求实效,贪图虚名、弄虚作假等问题;在官僚主义方面,重点查摆是否存在脱离实际、脱离师生,高高在上、漠视现实等问题;在享乐主义方面,重点查摆是否存在精神懈怠、不思进取,追名逐利、贪图享受,讲究排场等问题;在奢靡之风方面,重点查摆是否存在铺张浪费、大肆挥霍,生活奢华等问题。校、处级领导班子和干部查摆问题时,要把班子和个人在"四风"方面存在的问题进一步明确,要细化具体表现,确保问题找得准、整改有方向。

2. 开展谈心谈话。自治区督导组向校党委书记和班子成员通报掌握的班子作风建设情况和存在的突出问题后,校党委书记根据上级点出的问题和查摆梳理出的问题,分别对校领导班子成员、分党委(党总支)书记集中进行反馈和谈话提醒;校党委书记与校领导班子成员逐一谈话,班子成员之间相互谈心;分党委(党总支)书记(机关党总支和资产经营公司、后勤党总支可按其工作方案组织开展)与处级班子成员逐一谈话,班子成员之间相互谈心。

3. 召开专题民主生活会。校领导班子11月中旬围绕为民务实清廉召开专题民主生活会暨2013年校领导班子民主生活会,各处级单位11月下旬召开,时间不少于两天。专题民主生活会要适当扩大列席人员范围。会前,校、处级领导班子成员要自己动手撰写对照检查材料,总结个人作风方面的基本情况,查摆存在的主要问题,分析问题产生的根源,提出努力方向和改进措施。对照检查材料要紧扣主题、开门见山、突出重点,正视矛盾和问题,讲真话、讲实话、讲心里话。校党委书记、分党委(党总支)书记和有关职能处室主要负责人要率先发言,班子成员要深刻剖析和检查自己,开展深刻的自我批评,进行诚恳的相互批评,触及思想和灵魂,既要红红脸、出出汗,又要明确整改方向。一般党员干部参加党支部专题组织生活会,交流思想,查摆问题,明确方向。校、处级党委班子成员还要以普通党员身份参加所在党支部的专题民主生活会。学校领导班子专题民主生活会要邀请自治区督导组和自治区纪委、自治区党委组织部有关同志参加,处级单位领导班子专题民主生活会要邀请分管或联系校领导、学校督查指导组同志参加。

校领导班子成员的对照检查材料要交校党委书记和自治区督导组审阅,处级领导班子成员的对照检查材料要交分管或联系校领导和学校督查指导组审阅。

民主生活会要按照"严肃认真、实事求是、民主团结"的要求进行。"严肃认真"主要是端正态度,认真听取意见,认真开展交流谈心,认真进行自我剖析;"实事求是"主要是坚持讲真话,有一说一、有二说二,相互提醒、相互警醒,是什么问题就摆什么问题,有什么问题就提什么问题,不避重就轻,不回避矛盾,触及思想深处、触及问题实质;"民主团结"主要是坚持党内人人平等,坦诚相见、推心置腹,历史地、客观的讲问题,出于公心、与人为善,不马虎敷衍、不文过饰非、不发泄私愤、不搞无原则的纷争,真正达到"团结—批评—团结"的目的。

4. 通报民主生活会情况。校党委领导班子专题民主生活会情况要由自治区督导组评价并反馈。处级领导班子专题民主生活会情况要由分管或联系校领导或督查指导组评价并反馈。没有按照中央和自治区党委要求认真对照检查、民主生活会没有达到预期效果的,要再次准备后重开。民主生活会后,校党委书记要主持召开通报会,在副处级以上干部、正高级以上职称人员、离退休代表、党外人士代表、人大代表、政协委员、教师学生代表范围内通报校领导班子民主生活会情况,并形成民主生活会情况专题报告,经自治区督导组审阅后报自治区教育实践活动领导小组办公室、自治区纪委和自治区党委组织部。各处级单位在一定范围内召开通报会,通报领导班子民主生活会情况,并形成民主生活会情况专题报告,报学校教育实践活动领导小组办公室(组织部)。

(三)整改落实、建章立制

要一手抓整改、促落实,一手立规矩、定制度,用严明的制度、严格的执行、严密的监督,使贯彻党的群众路线成为党员、干部的长期自觉行动。

1. 研究制定整改方案。校、处级领导班子要针对"四风"方面存在的问题,提出解决对策,研究制定整改方案,学校整改方案报自治区督导组审阅把关,各分党委(党总支)整改方案报学校教育实践活动领导小组办公室审阅。对一些突出问题要进行集中治理,制定整改任务书和时间表,实行一把手负责制,并在一定范围内公示。校、处级领导班子成员都要针对个人作风方面存在的问题制定整改任务书,限时整改销项。整改工作将与单位、个人年度考核挂钩。

2. 着力解决突出问题。在着力解决突出问题方面,要严格按照中央强化正风肃纪的规定,紧扣为民务实清廉要求,在反对形式主义方面,推行"短实新"文风会风,避免空话、套话、虚话,力戒以会议落实会议、以文件落实文件。强化师德师风建设,坚决落实师德一票否决制,以教风促学风,解决育人意识淡薄、治学不严、弄虚作假、心浮气躁、学用脱节、不求实效等问题。在反对官僚主义方面,进一步强化服务理念,着重解决脱离师生、脱离实际、不负责任,对师生利益不关心、不维护、不作为,敷衍塞责、推诿扯皮、效率低下等问题。在反对享乐主义方面,进一步规范公务接待,严禁超标准用餐住宿;坚持办公用房向教学、科研倾斜,严禁违规占用公房;坚决堵塞漏洞,管好用好科研经费。在反对奢靡之风方面,坚决制止铺张浪费、贪图享受、大手大脚行为;加强办公经费管理,节水、节电、节约使用办公用品等。同时,要加强领导班子建设和严格教育管理干部,对群众意见大、不能认真查摆问题、没有明显改进的班子和干部,要进行组织调整。

3. 加强制度建设。学校及各分党委(党总支)、有关处级单位要从活动一开始就重视建章立制工作,认真梳理有关贯彻党的群众路线的已有制度,切实做好废、改、立工作。学校及职能处室要围绕反对"四风",在会议、文件、节庆和评比表彰;干部实绩考核评价;校处级领导班子科学民主议事决策、来访接待、调查研究;职称评聘、收入分配、学习提高;公务接待、公务用车;处级干部日常工作;勤俭办学等方面,制定完善规章制度。其他处级单位要根据实际,突出重点,抓好建章立制工作。

制度建设要突出科学性和可行性,制定出台制度要经过相关人员论证、服务对象听证。要坚决纠正有令不行、有禁不止、无视制度的问题,以制度建设推动突出问题的解决,用制度巩固和扩大活动成果。

教育实践活动结束后,学校将及时召开由副处级以上干部、党代会代表、人大代表、政协委员和党员群众代表参加的总结大会,对领导班子和成员开展教育实践活动情况进行民主评议。各分党委(党总支)、有关处级单位也要在全体教职工和学生代表中对领导班子和成员开展教育实践活动情况进行民主评议。根据自治区督导组反馈的评议情况和提出的意见建议,开展"回头看",进一步巩固和扩大教育实践活动成果。

四、组织领导

开展教育实践活动,是全党政治生活中的一件大事。各分党委(党总支)要高度重视,精心组织,妥善安排教育实践活动和中心工作,做到两手抓、两不误、两促进,以好的作风确保教育实践活动取得实效。

1. 落实领导责任。学校成立教育实践活动领导小组,校党委书记担任组长,其他校领导任副组长,党委职能部门主要负责人和各分党委(党总支)书记为成员。各分党委(党总支)也要成立教育实践活动领导机构及工作机构,形成一级抓一级、层层抓落实的工作格局。校党委书记是学校教育实践活动第一责任人,分党委(党总支)书记是所在单位教育实践活动第一责任人。

2. 加强督查指导。学校教育实践活动领导小组办公室下设督查指导组,全程督促检查指导各分党委(党总支)的教育实践活动。各分党委(党总支)、各单位要积极配合自治区督导组和我校督查指导组的工作,有问题及时沟通,共同研究解决。

3. 注重舆论宣传。要充分运用学校网站、校报、宣传橱窗、工作简报等各种宣传媒体和载体,集中宣传教育实践活动重要意义、目标任务、有关要求和做法成效,引导党员干部把思想统一到中央精神、自治区党委部署和学校活动安排上来,把行动引导到解决"四风"问题上来,把成效体现到推进学校实现建设西部高水平大学的目标上来。

在内蒙古农业大学
党的群众路线教育实践活动工作会议上的讲话

内蒙古农业大学党委书记 邬建刚

(2013年7月15日)

尊敬的刘锦组长、杜子洲副组长,督导组各位领导、同志们:

在全党深入开展党的群众路线教育实践活动,是党的十八大作出的一项重大部署,党中央和自治区党委对此高度重视。5月9日,中央下发了《关于在全党深入开展党的群众路线教育实践活动的意见》,6月18日,中央召开专门工作会议,习近平总书记发表重要讲话,刘云山同志、赵乐际同志分别进行了总体部署,提出了工作要求。6月28日,自治区党委印发《关于深入开展党的群众路线教育实践活动的实施意见》。7月1日,自治区党委召开党的群众路线教育实践活动工作会议,王君书记作了重要讲话,正式启动自治区教育实践活动。7月8日,自治区高校工委召开会议,对全区高教系统教育实践活动进行了动员部署。校党委高度重视,6月29日,召开会议专题研究教育实践活动,成立了学校教育实践活动领导小组,组织制定了《实施方案》,编印了学习材料,7月3日,党委中心组组织专门学习,7月10日至12日,校党委成员又进行了为期3天的集中学习,保证校党委成员先学一步,并为全校开展教育实践活动做好前期准备工作。

按照自治区党委部署,我校是全区第一批开展党的群众路线教育实践活动单位。今天我们在这里召开工作大会,主要任务是,贯彻落实中央和自治区党委精神,安排部署学校教育实践活动。一会儿,自治区第十督导组组长刘锦同志还要作重要讲话,传达中央和自治区党委有关精神,对我校教育实践活动作出指导、提出要求,我们要认真学习贯彻。下面,我就开展好党的群众路线教育实践活动讲三点意见。

一、统一思想,提高认识,切实增强搞好教育实践活动的责任感使命感紧迫感

群众路线是党的生命线和根本工作路线。习近平总书记在党的群众路线教育实践活动工作会议上深刻指出,开展党的群众路线教育实践活动,是实现党的十八大确定的奋斗目标的必然要求,是保持党的先进性和纯洁性、巩固党的执政基础和执政地位的必然要求,是解决群众反映强烈的突出问题的必然要求。我们一定要认真学习领会这"三个必然要求"的深刻内涵,切实把思想和行动统一到习近平总书记的重要讲话精神上来,统一到中央和自治区党委关于教育实践活动的部署和要求上来,把实现好、维护好、发展好广大师生员工的根本利益作为活动的出发点和落脚点,着力贯彻为民务实清廉要求,着力聚焦作风建设,着力服务"8337"发展思路,着力推进学校科学发展,切实增强搞好教育实践活动的紧迫感和自觉性。

第一,开展党的群众路线教育活动,是实现党的十八大确定的奋斗目标的必然要求,也是推动学校改革建设和发展的迫切需要。

党的十八大提出了两个"一百年"的奋斗目标,寄托和凝聚了实现中华民族伟大复兴的中国梦。开展党的群众路线教育实践活动,就是要使全党同志牢记并恪守全心全意为人民服务的根本宗旨,切实改进工作作风,始终赢得人民群众的信任和拥护,以优良作风把人民紧紧凝聚在一起,为实现党的十八大确定的目标任务和中华民族伟大复兴的中国梦而努力奋斗。开展党的群众路线教育实践活动,正是推动学校改革建设和发展,实现新时期学校奋斗目标的重大机遇。学校在"十二五"发展规划中,绘制了学校发展蓝图,即将召开的第二次党代会,将进一步明确学校未来发展方向。完成任务,实现目标,推动发展,必须坚持走群众路线,充分相信师生员工,紧紧依靠师生员工,要把师生员工的积极性主动性创造性充分调动起来,把蕴藏在师生员工中的智慧和力量充分发挥出来,凝聚起强化内涵建设、提高办学质量、推动科学发展的正能量，为促进学校改革建设和发展提供保证。

第二，开展党的群众路线教育活动，是保持党的先进性和纯洁性、巩固党的执政基础、执政地位的必然要求，也是提高学校党的建设科学化水平的迫切需要。

开展党的群众路线教育实践活动，就是要把为民务实清廉的价值追求深深植根于党员干部的思想和行动中，夯实党的执政基础，巩固党的执政地位，增强党的创造力凝聚力战斗力，保持党的先进性和纯洁性。全面推进党的建设是促进学校科学发展的坚强保证。学校和谐稳定健康发展离不开校、院两级领导班子和广大党员干部和师生员工的共同努力。通过开展教育实践活动，进一步完善党委领导下的校长负责制，健全领导班子议事规则和决策机制，不断提高学校领导班子把握大局、谋划发展、治校理教、促进和谐的能力。充分发挥基层党组织直接联系、引导、组织、团结师生的战斗堡垒作用和广大党员的先锋模范作用。探索建立现代大学制度的有效途径，推进教授治学与民主管理，保证师生在学校发展中的知情权、参与权和话语权。着力解决党员干部在"群众观点、群众立场、群众感情、群众方法"等方面存在的突出问题，促使广大党员干部自觉弘扬党的优良作风，争作为民务实清廉的表率，不断增强党的凝聚力创造力战斗力，进一步提高党的建设科学化水平。

第三，开展党的群众路线教育活动，是解决群众反映强烈的突出问题的必然要求，也是学校党员干部强化宗旨意识、转变工作作风的迫切需要。

党中央指出，新形势下，党的自身建设在取得成绩的同时，部分党员干部出现了作风不正、不实、不廉的现象，特别是有的领导班子、领导干部形式主义、官僚主义、享乐主义、奢靡之风严重，在党内开展群众路线教育实践活动，就是要对党风之弊、行为之垢来一次大排查、大检查、大扫除，切实净化党的肌体、净化党的队伍。近年来，学校抢抓机遇、深化改革，教育事业发展呈现出良好态势，各项工作取得了显著成绩，党员干部的主流是好的，但我们也应清醒地看到，干部作风一直是师生群众反映的突出问题。教师和学生是学校办学和教育的主体，通过教育实践活动，要逐步解决学校在工作重点、政策措施、方法手段等方面与群众路线内涵要求不适应的问题，牢固树立宗旨意识、责任意识、服务意识，想问题、做决策、抓落实，要真正体现"教育以学生为本、办学以教师为本、管理以服务为本"的思想观念，使教育实践活动的开展立足于促进"教师发展和学生成才"，着眼于和谐校园的建设。只有如此，我们才能更好地把广大师生的信心凝聚起来，提振精气神、拧成一股劲，同心同德，攻坚克难，以优良作风推动事业的发展。

二、把握要点，结合实际，扎实推进我校党的群众路线教育实践活动深入开展

根据中央和自治区党委的部署和要求，我校教育实践活动，要紧密结合实际，以保持和发展党的先进性和纯洁性为主线，以为民务实清廉为主要内容，以"照镜子、正衣冠、洗洗澡、治治病"为总要求，把贯彻落实中央八项规定、自治区28项规定和学校的7项具体举措作为切入点，进一步突出作风建设，坚决反对形式主义、官僚主义、享乐主义和奢靡之风，着力解决师生员工反映强烈的突出问题，以优良的作风推动学校发展建设。在《实施方案》中，校党委对教育实践活动的指导思想、基本要求、目标任务、程序步骤作出了明确规定和要求，请大家按此执行。下面，我就我校开展教育实践活动着重强调"五个方面"。

第一，把握活动总要求

这次教育实践活动，是以"照镜子、正衣冠、洗洗澡、治治病"为总要求。照镜子，主要是对照党章，对照廉政准则、对照改进作风要求、对照师生员工期盼找差距。正衣冠，主要是按照为民务实清廉的要求，正视矛盾和问题，改正缺点。洗洗澡，主要是以整风的精神开展批评和自我批评，深入分析出现形式主义、官僚主义、享乐主义和奢靡之风的原因，解决思想和实际问题。治治病，主要是坚持惩前毖后，治病救人方针，对作风方面存在问题的党员、干部进行教育提醒，对损害师生利益的不正之风和突出问题进行整治。这四个方面相互联系、有机统一，是开展活动必须把握好的重要遵循。我们一定要深刻领

会、准确把握,切实把这一总要求贯穿到教育活动的全过程、各环节,并随着活动的深入而不断深化,努力实现自我净化、自我完善、自我革新、自我提高。

第二,做到"五个坚持"

一是坚持正面教育为主。引导师生党员坚定理想信念,讲党性、重品行、做表率,做社会主义核心价值观的模范践行者和学校改革发展事业的积极推动者。

二是坚持批评和自我批评。开展积极健康的思想斗争,敢于揭短亮丑、改正缺点、修正错误,不马虎敷衍、不文过饰非,真正让自己思想受到教育、作风得到改进,真正做到红红脸、出出汗、排排毒。

三是坚持讲求实效。开门搞活动,一开始就扎下去听师生意见和建议,虚心接受师生的意见和批评,自觉接受师生监督,注意听取师生评价,在解决作风不实、不正及行为不廉上取得实效。

四是坚持分类指导。学校包括职能部门、教辅和学院等不同类型的单位,有党员领导干部、教职工党员、学生党员、离退休党员等不同群体,区分不同类型党组织和党员的特点,不搞一刀切,在遵循基本方法步骤、完成规定动作的同时,鼓励各党组织结合实际,做一些自选动作。

五是坚持领导带头。校、院处级领导干部既是活动的组织者、推动者、监督者,更是活动的参与者,每一位领导干部要以普通党员身份把自己摆进去,带头学、带头听取意见、带头谈心、带头开展批评和自我批评、带头进行整改,要为全校开展活动做出行动示范,切实做到"认识高一层、学习深一步、实践先一着、解决突出问题好一筹"。

第三,聚焦"四风"方面存在的突出问题

这次教育实践活动,聚焦的突出问题是形式主义、官僚主义、享乐主义和奢靡之风。习近平总书记在讲话中对"四风"及党内脱离群众现象做了详尽列举、生动刻画和深刻剖析,让人深受触动、深感警醒。学校是基层事业单位,各级领导干部与师生接触比较多,干群关系总体情况是好的,但严格的讲,习近平总书记列举的"四风"问题的种种表现,在我校都不同程度地存在。比如,有的就事论事,对工作深入研究不够,缺乏认真负责的态度;有的管理上不规范,不讲制度、不讲规矩、不讲原则;有的工作不积极主动,作风浮躁、松垮散漫;有的宗旨意识淡薄,官本位思想严重,为师生服务的意识较差;有的不思进取,贪图安逸,遇到困难回避妥协;有的骄傲自满,缺乏危机感和紧迫感;有的铺张浪费,丢失了农大人艰苦奋斗的优良传统,甚至利用职务之便谋取不正当利益等。这些问题尽管发生在少数党员干部身上,但挫伤了师生的积极性,阻碍了学校的健康发展。

由于教育实践活动刚刚开始,我们在"四风"方面只是初步查找了这些问题,随着教育实践活动的开展,查找的"四风"问题会更加全面,更加深入。对此,一定要保持清醒认识,静下心来,紧密联系实际,认真查摆个人、领导班子和本单位在"四风"方面存在的突出问题,要把师生利益作为第一选择,把师生满意作为第一标准,坚持边学边改、边查边改、边整边改。本次活动能否取得成效,关键取决于对"四风"问题的查找和整改。从我们了解和掌握的情况看,我校绝大多数党员干部对这项活动的认识是到位的,态度是端正的,但也有少数党员、干部存在一些思想认识问题,对作风问题的严重性、危害性认识不够,认为"四风"问题在我们高校不存在或不严重,缺乏解决问题的紧迫性、自觉性;有的认为作风问题积习难改,解决问题的信心不足,存在为难情绪;还有的担心影响工作,认为搞活动牵扯精力、增加负担、影响教学、科研等工作。所有这些,都要引起我们的高度重视,必须首先从思想深处解决这些认识上的模糊和缺失。

第四,抓住三个环节

这次教育实践活动,在方法步骤上主要有三个环节,一是学习教育、听取意见,二是查摆问题、开展批评,三是整改落实、建章立制,三个环节是相互联系、相互促进的有机整体,其中学习教育、听取意见是基础,查摆问题、开展批评是关键,整改落实、建章立制是根本。

学习教育、听取意见。学校层面,从今天开始全面启动,各单位要尽快跟进并启动这一环节,扎实做好三项工作：一是抓紧制定实施方案，各分党委、党总支于7月22日之前召开动员会，尽快把活动精神和要求传达覆盖到每一位党员；二是启动学习教育，今天之后，全校党员都要集中三天进行专项学习，集中学习之后要布置自学学习内容，开展自学；校党委成员及处级党员领导干部要带头学习，提高认识。把加强理论武装摆在第一位，突出抓好马克思主义群众观点和党的群众路线教育，抓好理想信念和宗旨意识教育。各单位要根据各自实际，创新学习方式、保证学习时间、增强学习效果。三是广泛听取意见，走进教室、走进实验室、走进学生宿舍、走进工作一线，广泛听取师生员工、离退休老同志及党外人士对党员干部及领导班子和成员的意见，并进行汇总梳理。

查找问题、开展批评。本环节重点是查摆"四风"问题，进行党性分析和自我剖析，开展批评和自我批评。要紧紧围绕为民务实清廉要求，通过师生提、自己找、上级点、互相帮，认真查摆形式主义、官僚主义、享乐主义、奢靡之风以及师德师风、校风教风学风等方面存在的突出问题，深刻剖析问题症结和原因，开展好谈心活动，撰写好对照检查材料。校院两级党组织要于11月召开一次高质量的专题民主生活会，对照为民务实清廉撰写检查材料，主要领导要带头查摆问题，带头开展批评和自我批评，达到团结—批评—团结的目的。

整改落实、建章立制。本环节重点是制定、公布和落实整改方案，解决突出问题，健全制度体系，建立长效机制。一是制定整改方案，集中进行整改。各级党组织要抓住需要解决的突出问题，制定整改任务书和时间表，及时整改、逐项落实。要把正风肃纪、构建长效机制作为主要任务，紧扣为民务实清廉要求，对"四风"方面存在的突出问题，进行认真清理、集中整治和监督检查；二是加强领导班子建设。要完善干部政绩考核体系，建立和完善长效机制，对软、懒、散的领导班子进行整顿，对存在一般性作风问题的干部促其改进，对师生意见大、不能认真查摆问题、没有明显改进的干部进行组织调整；三是加强制度建设。进一步建立、健全和完善各项制度，对贯彻党的群众路线已有的制度进行梳理，经实践检验行之有效、师生认可的，长期坚持、抓好落实，对不适应新形势新任务要求的，及时修订完善，着力形成实践成果、制度成果、理论成果，确保改进作风、联系师生的常态化长效化。

中央明确提出，这次教育实践活动不分阶段、不搞转段，并且要求把学习教育贯穿始终，把查摆问题贯穿始终，把整改落实和建章立制贯穿始终。我们一定要严格按照中央和自治区党委部署，把这三个环节的要求贯穿于教育实践活动全过程，确保其教育实践活动"不虚、不空、不偏"，扎实有效有序推进。

第五，突出学校教育实践活动的特色

自治区党委要求各单位要在保质保量完成好"规定动作"的基础上，根据自身实际，创造性地做好"自选动作"，确保规定动作到位、"自选动作"有特色。经学校教育实践活动领导小组研究，我们初步提出，学校"自选动作"要从学校基本职能出发，从学校学科专业的特色和优势出发，从与服务自治区经济社会发展的契合度出发，重点在理清思路、明确定位，为自治区"8337"发展思路做贡献这方面进行研究和思考，以确定我们的"自选动作"。这方面，要请科技处先行研究，认真思考，提出意见。

三、加强领导，精心组织，确保教育实践活动取得显著成效

开展教育实践活动，是全党政治生活中的一件大事，也是学校今年的首要政治任务。学校各级党组织一定要把教育实践活动摆在重要日程，加强组织领导，周密安排部署，狠抓工作落实，务求取得实效。

第一，强化组织领导。抓好教育实践活动，关键在领导，重点在班子。学校层面，已经成立了教育实践活动领导小组，同时成立了领导小组办公室及具体工作组。学校各分党委、党总支也要成立领导机构及工作机构，加强调查研究，抓紧制定方案，迅速把教育实践活动开展起来。各分党委、党总支主要领导同志要切实担负起第一责任人的责任，吃透政策原则，把握进度节奏，保证活动有序开展，努力形成良好的组织指导和工作推进格局。这次教育实践活动范围，要求在全体党员中开展，重点是副处级以上党员、干部,各单位一定要明确要求,传达到位。

第二,强化督促检查。学校设立督查指导组,要严格按照自治区党委和学校党委关于深入开展教育实践活动实施意见的要求,全程督促检查指导各分党委、党总支的教育实践活动,扎实开展各项工作,及时发现和解决苗头性、倾向性、潜在性问题,确保活动方向不偏移、每个环节不漏项。同时,学校也自觉接受自治区督导组的督促检查指导。全校各级党组织要积极配合自治区督导组和我校督查指导组的工作,有问题及时沟通,共同研究解决。

第三,坚持统筹兼顾。教育实践活动的根本目的是为推进学校健康持续发展提供保障。目前,学校教学、科研、管理、服务任务十分繁重,需要做的工作很多。因此,在教育实践活动期间,各单位一定要坚持统筹兼顾,摆布好时间和精力,使教育实践活动与落实学校年度工作要点、推进教学质量管理紧密结合起来,与解决存在的突出问题、做好当前各项工作紧密结合起来,还要与正在筹备的党代会紧密结合起来,真正做到"两手抓、两不误、两促进"。要通过教育实践活动促进各项工作,用各项工作的实际成果来衡量和检验教育实践活动的成效。

第四,加强宣传引导。要充分运用学校网站、校报、宣传橱窗、工作简报等各种宣传媒体和载体,集中宣传教育实践活动重要意义、目标任务、有关要求和做法成效,形成舆论强势,引导党员干部把思想统一到中央精神、自治区党委部署和学校活动安排上来,把行动引导到解决"四风"问题上来,把成效体现到推进学校建设发展上来。

这次教育实践活动时间紧、任务重、要求高,广大师生广泛关注。全校各级党组织和党员干部要按照中央和自治区党委的决策部署,按照学校党委的安排,以高度的政治责任感、良好的精神状态、扎实的工作作风,把教育实践活动组织好、开展好,进一步转变作风、凝聚力量、振奋精神,推动学校实现又好又快发展,努力办好人民满意的教育。

谢谢!

内蒙古农业大学
党的群众路线教育实践活动总结

内蒙古农业大学党委书记　邬建刚

（2013年12月26日）

　　按照自治区党委的工作部署，我校于今年7月25日在全校组织开展了以为民务实清廉为主要内容的党的群众路线教育实践活动，以"照镜子、正衣冠、洗洗澡、治治病"为总要求，把贯彻落实中央八项规定、自治区28项规定作为切入点，进一步突出作风建设，着力解决师生员工反映的突出问题，以优良的作风推动学校发展建设，努力提高人才培养质量，为自治区经济社会发展做出新的贡献。

　　为了加强对活动的组织领导，学校党委成立了党的群众路线教育实践活动领导小组，下设办公室和工作机构，具体负责组织落实，保证活动有序开展。每个环节都制定了具体工作安排，并在实际工作中全面贯彻落实。

　　一、认真抓好学习教育，增强党员、干部对开展教育实践活动重要性的认识

　　抓好学习教育是开展好活动的基础。我校7月15日召开党的群众路线教育实践活动工作会。在此之前，学校按照对领导干部带头学习，先学一步、学深一步的要求，于7月10日至12日集中学习三天。认真学习了习近平总书记等中央领导的重要讲话，交流了学习体会，初步查摆了在"四风"方面存在的问题。

　　7月16日—17日，学校副处级以上干部集中学习了《从群众中来，到群众中去》《认真开展新形势下群众路线教育活动》和《执政条件下的党群关系》等视频讲座和教育片。之后，各单位也组织本部门的干部进行了集中学习。在假期以自学的方式进行了学习，主要学习习近平总书记等中央领导的重要讲话、《论群众路线——重要论述摘编》《厉行节约 反对浪费——重要论述摘编》等六个专题学习内容。全校各级党组织围绕"六个一"活动的要求，各级党委书记普遍为党员上党课，全校党员和干部都结合实际撰写了心得体会并在在党支部范围内进行了交流，邀请了全国劳模邢旗和全区劳模武汉鼎等来校做报告，组织党员到乌兰夫纪念馆、大青山抗日革命根据地纪念馆等进行革命传统教育，组织观看了《笑脸背后的罪恶——徐国元受贿案警示片》，集中观看了影片《周恩来的四个昼夜》。认真开展"为了谁、依靠谁、我是谁——我的群众观"大讨论活动，党员和干部紧紧结合学校的实际，围绕"培养什么人、怎样培养人""努力办人民满意的高等教育"和加强学校内涵建设，提高人才培养质量等内容开展了深入的讨论。"一切为了师生、一切依靠师生""育人以学生为本、办学以教师为本"的理念更加牢固，抓学校内涵建设，推动学校科学发展，提高人才培养质量的思想观念在干部师生中得到进一步强化。

　　二、开展调查研究，着力聚焦"四风"，认真查摆问题

　　查摆问题是抓好活动的关键。学校坚持开门搞活动，全面查摆各级领导班子和领导干部在"四风"方面存在的问题以及影响和制约学校发展的问题，校领导分别带队深入师生中开展调研，"面对面"征求意见，还通过网上征集、设立征求意见箱等形式，"背靠背"征求意见；综合自治区巡视工作、高校年度考核工作、督导组等方面的意见；同时各学院深入到毕业生较为集中的用人单位，就专业设置与社会需求的契合度、适应度、毕业生作用发挥情况等问题征求意见和建议，为学校人才培养模式、专业设置、课程体系改革提供参考依据。

　　学校党委对各方面征求的意见本着实事求是、不回避、不遮丑的原则进行了汇总和梳理。先后召开了四次党委会和四次领导小组办公室成员会议，对汇总的意见进行梳理，重点聚焦了领导班子及成员在"四风"方面存在的问题，期间还召开了各单位负责人的座谈会听取意见，反复聚焦在"四风"方面存在的问题，使聚焦的问题更加准确、到位。领导班子成员在"四风"方面存在的问题，通过群众提、自己找、上级点、互相帮和在师生员工反映的具体问题来折射等方式查摆。

学校共梳理意见和建议195条。其中,领导班子及成员在"四风"方面的问题24条,包括形式主义方面11条、官僚主义方面9条、享乐主义方面2条、奢靡之风方面2条。涉及学校办学理念和定位、学科建设、教学、科研、人事、后勤、学生、党建和思想政治工作等14个方面的问题171条。

学校领导班子对查摆出来的在"四风"方面存在的问题,党委召开三次专题会议、两次领导小组办公室成员会议,专题进行研究,逐项进行分析,从政治纪律、理想信念、宗旨意识、党性修养、作风建设等方面进行了深刻的剖析,提出了今后努力方向和具体整改措施,反复修改对照检查材料,力求做到查摆问题准、原因剖析深、整改措施实,并按照领导班子成员的分工逐项明确具体责任领导,与相关部门研究制定了具体整改措施。11月6日,学校组织召开了有干部、教师、党外人士代表等150多人参加的领导班子对照检查材料通报会,根据大家的意见对对照检查材料再次进行了修改。在学校领导班子对照检查材料确定后,学校领导班子成员按照分工,主动承担任务,认真撰写并反复修改完善了个人对照检查材料,经学校主要领导审核签字后,上报到第十督导组。按照督导组反馈的意见进行了修改和完善。处级领导班子和处级干部的对照检查材料由校督导组严格按照规定负责把关和审阅。对材料结构不符合要求、联系实际不够紧密、查摆问题不够到位、剖析原因不够深刻、整改措施不够管用的材料退回单位和本人进行了修改完善,退回率达90%以上。

三、着眼解决"四风"方面存在的问题,以整风精神开展批评和自我批评

学校按照召开民主生活的十项措施、十四个步骤和李鹏新部长在全区第二次工作调度会上的讲话精神,按照"三个回合"和"六个一"的要求,认真做好民主生活会前期的各项准备工作,把功夫下在会前。学校领导班子成员认真开展了谈心谈话活动,在谈心谈话之前,每位班子成员主动将自己查摆的问题介绍给谈心谈话对象,请谈心谈话对象帮助继续查找存在的不足,领导班子成员相互之间推心置腹地交换了意见。处级领导班子成员之间也开展了谈心谈话活动。大家普遍感到这次谈心谈话是多年来没有开展的,确实起到了相互批评、相互促进、相互团结、相互提高的目的。学校将督导组反馈的意见及时与领导班子成员进行了沟通,领导班子成员也与分管部门和联系单位的主要负责人进行了沟通提醒,领导班子成员对领导班子和其他成员在民主生活会上的批评意见经过汇总上报到第十督导组。

经过督导组同意,我校于11月25日至26日召开了领导班子专题民主生活会。自治区人大常委会副主任赵忠、自治区第十督导组组长刘锦、副组长杜子洲同志和督导组成员到会指导,赵忠主任、刘锦组长作了点评讲话。自治区党委组织部、党委第三巡视组的同志参加了会议,学校教育实践活动领导小组办公室各组组长、副组长列席了会议。

会上,班子成员牢牢把握为民务实清廉的主题,聚焦"四风"问题,不散光、不跑偏,内容集中,主题突出,针对性强。坚持以整风精神开展批评和自我批评,会议气氛和谐融洽,既红脸出汗,又鼓劲加油,做到了知无不言、言无不尽,有则改之、无则加勉,达到了统一思想、增进团结、洗澡除尘、醒脑治病的目的。在开展自我批评时,班子成员开门见山、直奔主题,不回避遮掩、不避重就轻,触及问题实质和思想灵魂,既结合分管工作,又联系成长进步经历谈问题、谈认识,从理想信念、宗旨意识、党性党风等方面找差距、剖根源,对领导班子存在的问题大家主动承担责任,表现出了敢于揭短亮丑的勇气和识大体、顾大局的担当,达到了自我检查、自我教育、自我提高的目的。在开展相互批评时,班子成员实事求是,出于公心,开诚布公、胸怀坦荡,既真心诚意提出批评意见,也虚心接受同志们的批评,体现了班子成员之间政治上的关心和爱护,达到了团结—批评—团结的效果。对查摆出来的问题,领导班子和成员结合分管工作逐一做了回应,明确了努力方向和整改措施,表明了态度和决心。

学校领导班子专题民主生活会召开后,学校党委及时组织各分党委、党总支和其他处级单位召开了专题民主生活会,学校领导按照分管部门和联系单位参加了处级领导班子的民主生活会,并进行了点评。12月13日,学校通报了领导班子专题民主生活会情况,自治区第十督导组在通报会上进行了民主测评。从民主测评结果看,参会 199 人中,满意的 168 人、基本满意的 29 人,满意和基本满意占 99%。学校各分党委、党总支也向教职工和学生代表通报了专题民主生活会情况,并由学校督导组组织开展了满意度测评。12 月中旬,学校组织教工党支部围绕"在教学质量管理工作中当先锋"主题,召开了专题组织生活会。

四、发挥优势,突出特色,将落实自治区"8337"发展思路作为教育实践活动的特色项目

在活动之初,学校党委就确定了发挥科技和人才优势,为贯彻落实自治区"8337"发展思路提供科技服务和技术支撑的自选项目,采取了一些具体措施,推动自选项目的深入实施。举办了自治区"8337"发展思路专题辅导报告。组织有关科技人员,根据自治区重大专项指南精神,认真编写《可行性研究报告》,申报自治区科技重大专项 21 项。制定了"关于深入实施'科技兴校'工程的若干措施"以及"关于进一步加强学校社会服务工作的实施意见",正在修订学校"科学技术成果及其推广转化工作管理办法"。11 月 5 日,学校与呼和浩特市签署了科技合作协议,有关学院和创新团队与呼和浩特市企业在 9 个研究方面签署了科技合作协议。学校将在近日召开科技服务工作会议,启动校级科技成果推广计划和组建校级科技成果推广团队,进一步促进科技成果的推广转化,努力提升科技成果转化和社会服务能力。

五、按照务实管用的要求,明确整改任务,制定整改方案

学校党委经过多次研究,制定了领导班子整改方案和整改任务书,明确了各项整改任务的责任领导、责任部门和完成时限。学校领导班子整改任务有 30 个方面的 66 项具体工作,在 2014 年 3 月完成的有 23 项、在 6 月完成的有 20 项、在年底完成的有 6 项,其他项目因为整改时间较长等原因,学校明确了启动时间和完成的时限;确定了"本科教学工作"和"科技服务工作"两个专项整改方案;制定了制度建设计划。其中,新建的党的建设方面的制度 20 项,新建学校管理方面的制度 7 项、修订 8 项、废除了 3 项。每位领导班子成员按照要求,制定了具体整改措施和整改任务书,做到了每项整改工作有具体措施、有完成时限。12 月 17 日下午,学校召开各分党委(党总支)书记会议,安排部署处级单位抓好整改落实工作。领导小组办公室成员逐一到职能部门,安排整改工作。截至 12 月 25 日,各单位均已制定整改方案。学校将汇总梳理的另外 171 条意见,也责成相关单位进行逐项整改,做到师生员工所反映的问题件件有回应。

认真组织了"回头看"。学校按照"六看"的要求,在召开领导班子专题民主生活会后,及时组织了"回头看",学校领导班子新查找出 2 个问题,并责成相关部门进行整改。

六、坚持边查边改,努力解决师生反映强烈的问题

学校在教育实践活动过程中,按照常规问题的解决要加大力度、遗留问题的解决要集中攻坚、新发现问题的解决要及时跟进的整改工作的要求,将边查边改、立行立改贯彻始终,切实让师生员工看到教育实践活动带来的实实在在的效果。

在制度建设方面,为加强领导干部的日常管理,学校党委修订并下发了《关于学校领导请销假的有关规定》《关于处级干部请销假的有关规定》;实施了机关处级干部到学生公寓值班制度;针对教师反映对教代会提案落实率和答复率较低的问题,学校党委制定了《内蒙古农业大学关于教代会提案落实规程》。

在学科建设和研究生培养方面,重新任命全校学科负责人,进一步明确学科建设的管理职责。建立研究生督导员制度,加大对研究生培养过程的监督。

在教学工作方面,学校实施了提高教师课堂教学和实践教学能力的教师教学能力提升计划。材料科学与艺术设计学院制定青年教师提高计划,45 岁以下的教师针对自己的实际制定切实可行的方案,学院给予政策支持;马克思主义教学研究部建立了青年教师导师制,为青年教师一对一地配备了教学经验丰富的老教师进行指导;食品科学与工程学院开设了"教学工作坊"。学校组织了教学质量管理年工作经验交流研讨会,学院和部门就如何加强教学质量管理进行了交流研讨。为了尽快改善学生实习基地条件,校党委专门召开会议,讨论研究了科技园区建设规划,并就具体建设项目做出了安排。

对教师普遍反映学校教学基本条件较差的问题,学校党委先后两次专题研究了新校区建设的有关问题,从资金等方面给予支持,在保证质量的前提下,加快新校区建设速度,尽快改善办学的基础条件。教务处简化了毕业论文(设计)和考试表格,减小了教师的工作量。

在改进基本实验条件方面,经济管理学院针对学院教师登录成绩困难的问题,及时为5个系增设电脑和打印机;人文与社会科学学院近期投入70万元,购买行政管理和法学教学软件。目前,法学专业购买的4个软件已安装并开始使用。

在学生工作方面,为了加强学生的精细化管理,学校正在制定关于班主任工作、辅导员工作及本科生导师制的相关制度,年底出台;推进了管理重心下移,近期已将国家助学金评选工作下放到学院;在认真分析学生消费情况的基础上,确定了二本C学生的资助比例。有的学院采取多种措施为学生学习成才服务,如,计算机学院成立本科生创新团队,引导学生参与科技创新项目。机电工程学院积极推进班主任、任课老师、班级干部保持沟通联系的"三联动"制度,及时掌握学生在学习中存在的问题;等等。

在联系师生员工,改进服务方面,生态环境学院和兽医学院等单位设立党政一把手接待日,开通班子成员电子邮箱。教务处等单位在教学楼安装了18台320升的热水器,解决了师生的饮水问题;体育教学部的领导带头腾出在体育馆的办公室,作为教师的备课室。财务处根据教师反映报账手续烦琐和有关流程不清楚的问题,在网上向全校师生公布了各类经费管理和支付流程。学校筹措资金,对学生食堂室内进行维修改造,更新部分厨房设备;对东区供开水蒸气管道进行更换;对住宅区部分排水管道进行了维修;对部分供热、供水管道进行更新改造。离退休人员工作处建设"信息平台",解决了老同志们查阅工资、阅读新闻的诉求。职业技术学院根据教师反映幼儿园条件差的问题,努力争取到244万元用于幼儿园建设,现进入选址阶段;附中针对教职工反映子女上学学费高的问题,及时降低了教职工子女的学费标准。在查摆问题过程中,教职工反映最强烈的问题就是青年教师住房问题。学校正在借助社会力量解决。

在整个活动过程中,自治区领导对我校的教育实践活动给予了高度重视和具体指导,自治区党委常委、组织部长李鹏新同志来校进行调研指导,自治区人大副主任赵忠同志参加和指导了学校领导班子专题民主生活会。自治区第十督导组在整个活动过程中给予了悉心指导和监督,保证了活动的顺利开展。

教育实践活动已经到了收尾阶段,今后的主要任务就是全面做好整改落实工作。我们要认真学习贯彻党的十八届三中全会精神,深刻把握全面深化改革对作风建设的新任务新要求,全力做好整改落实工作,坚持领导干部带头,形成一级做给一级看、一级带着一级干的良好氛围。以"钉钉子"的精神,对照任务书和时间表,一项一项去整改、去落实,要加强各项整改落实工作的督查,确保整改工作落到实处,见到实效。要认真总结经验,边总结边完善边提高,巩固教育实践活动的成果,着力深化规律性认识,形成有利于作风建设常态化的理论成果和制度成果。将为民务实清廉的价值取向转化为各级领导干部的外在行动。

注重内涵发展 提高办学质量 增强服务能力
为建设特色鲜明的西部高水平大学而奋斗
——在中国共产党内蒙古农业大学委员会第二次代表大会上的报告

(2013年10月17日)

党委书记 邬建刚

各位代表,同志们:

现在,我代表中国共产党内蒙古农业大学第一届委员会向大会作报告,请予审议。

这次大会的主题是:高举中国特色社会主义伟大旗帜,以邓小平理论、"三个代表"重要思想、科学发展观为指导,深入贯彻落实党的十八大和自治区第九次党代会精神,扎实开展以为民务实清廉为主要内容的党的群众路线教育实践活动,强化内涵建设,注重质量提升,坚持改革创新,推进特色发展,不断增强服务区域经济建设和社会发展的能力,团结和动员全校共产党员和师生员工,凝心聚力,攻坚克难,为建设特色鲜明的西部高水平大学而努力奋斗!

一、过去九年工作的回顾

2004年第一次党代会以来,在自治区党委和政府的正确领导下,全校上下深入贯彻落实科学发展观,紧紧抓住国家实施西部大开发战略和自治区经济社会快速发展等重大历史机遇,全面实施"1134"行动计划,不断加强和改进党的建设和思想政治工作,解放思想,深化改革,真抓实干,锐意进取,圆满完成第一次党代会确定的目标任务,学校实现了又好又快发展。

(一)办学规模稳步扩大

在国家和自治区大力发展高等教育的政策指导下,学校全日制在校生从2004年的20697人,发展到目前的34056人,其中,研究生从1113人增加到2256人,普通本科生从14662人增加到24656人,高职高专生从4075人增加到6532人,留学生增加到133人。继续教育在籍学员从4460人增加到18320人。专业领域不断扩大,本科专业从49个增加到76个。重视民族教育发展,目前,有31个专业招收少数民族预科生,"蒙汉"双语授课专业14个,蒙语授课本科招生人数占自治区蒙授招生总数的1/7。九年来,学校共为国家和地方培养各类人才61215人。

(二)教学质量不断提高

全面实施"教学质量工程",不断推进教育教学改革,进一步巩固本科教学的基础地位,形成了"以人为本、因材施教"的多层次人才培养体系。推进学分制改革,健全教学质量保障监控体系,人才培养质量不断提高。九年来,建成国家级特色专业7个、自治区级品牌专业40个、国家级精品课程5门、自治区级精品课程72门。建成国家级教学团队1个、自治区级教学团队14个,有国家级教学名师1人、自治区级教学名师19人。创建国家级人才培养模式创新实验区1个、实验教学示范中心1个、农科教合作人才培养基地3个,新增国家专业综合改革试点项目1项。主编教材167部,其中蒙文教材87部。获得国家级教学成果二等奖2项,自治区教学成果一等奖4项。学校在教育部本科教学和高职高专人才培养工作水平评估中,均获优秀。

(三)学科建设成效明显

坚持以学科建设为龙头,学科水平明显提升。九年来,学校共投入2.5亿元用于学科建设,新增国家重点培育学科3个、国家林业局重点学科3个、自治区重点学科14个、自治区重点培育学科4个。新增一级学科博士点8个、一级学科硕士点20个、专业学位3种。一级学科博士点达到11个、二级学科博士点 49 个，一级学科硕士点达到 23 个、二级学科硕士点 99 个。博士后科研流动站从 2 个增加到 6 个。基本形成了布局完整、结构合理、特色鲜明的学科体系。

（四）师资队伍建设不断加强

始终把人才作为最宝贵的战略资源，重点抓好高层次人才队伍建设，出台高层次人才引进与管理办法，安排引进人才科研启动经费近 3000 万元。2004 年以来，校本部具有硕士以上学位的专任教师比例由 30% 提高到 69%。目前，专任教师中，具有博士学位教师占 32%、高级专业技术职称教师占 53%、外校学缘教师占 62%、海外学习经历的中青年教师占 34%。有特聘院士 10 人、"长江学者奖励计划"特聘教授 1 人。有国家和自治区"突出贡献的中青年专家"42 人，享受国务院特殊津贴 69 人，入选国家"百千万人才工程"5 人，获教育部新世纪优秀人才支持计划 6 人，入选自治区"草原英才"工程 38 人。形成了一支素质优良、结构优化的师资队伍。

（五）科学研究取得进展

积极争取重点项目，打造高水平创新团队和平台，科技创新能力显著提升。2004 年以来，在研项目数由 360 项增加到 768 项，在研经费由 4694 万元增加到 3.9 亿元，其中，国家有关部委项目经费占总经费的 68%。获得国家自然科学基金项目 445 项、总经费 1.59 亿元，居全国农林院校第 6 位。取得科技成果 656 项，获得省部级科技奖 96 项，作为主要完成单位获得国家科技进步二等奖 4 项。获得国家杰出青年基金资助 1 人、自治区科学技术特别贡献奖 2 人，有 9 个团队列入教育部和自治区创新团队发展计划。建成国家和省部级重点实验室、工程研究中心和野外台站以及哲学社会科学基地等 31 个。学校被科技部认定为"国际科技合作基地"，获得"十一五"国家科技计划执行优秀团队奖。

（六）社会服务能力进一步增强

主动为区域经济建设和社会发展服务，在农业产业结构调整、生态环境建设和农业可持续发展等方面，提供了智力支持和科技支撑。先后与地方和企业签订科技合作协议 30 余项，签署产业技术创新战略联盟协议 4 项，承担企业和地方委托的横向课题和招标课题 80 余项，组织完成项目规划和可行性研究报告 500 余份。有 10 位专家入选国家现代农业产业技术体系、4 位专家被聘为自治区产业技术体系首席科学家、15 位专家被评为自治区深入生产一线做出突出贡献的科技人员。通过承担农业成果转化等项目，推广了一大批实用技术成果，创造了较好的经济、社会和生态效益。

（七）开放办学步伐加快

坚持把"引进国外优质教育资源"作为优先发展战略，大力拓展对外交流与合作，开放办学的规模和层次不断提高。推进"英汉"双语教学，"英汉"双语授课专业达到 20 个，聘请外籍教师 200 余人次，引进英文原版教材 166 种。学校先后与 11 个国家的 35 所大学签署合作协议，共选派 223 名教师和管理干部赴国外学习考察。招收留学生 167 人，其中研究生占 75%。落实对口支援协议，选派 152 名青年教师和处级干部到中国农业大学学习锻炼。承担中外政府间大型国际合作项目 5 项、科技部国际合作项目 6 项，累计经费近亿元。经自治区政府批复，同意我校建立"中国—加拿大可持续农业科技创新示范基地"。

（八）学生工作与招生就业工作进一步加强

实施《大学生日常教育管理工作实施大纲》，开展优良学风班创建等活动，大学生教育、管理和服务工作进一步加强。重视辅导员队伍建设，共选拔 149 名免推研究生担任"2+2"辅导员。努力提高资助工作水平，完善资助体系，累计发放各类奖助学金 3.2 亿元，7000 余名困难学生在勤工助学岗位上获得资助。学生教育管理和资助工作连续多年被评为"自治区先进达标单位"。

积极推进招生"阳光工程"，招生省份由 16 个增加到 30 个，区外生源达到 20%，生源结构不断改善。加强就业指导工作,一次就业率保持在 85% 以上,毕业生考取研究生、自主创业和到区外就业的比例逐年提高,就业质量稳步提升,学校连续九年被评为"自治区高校毕业生就业工作先进集体"。

(九)办学条件显著改善

注重基础设施建设,努力改善办学条件。2012 年成为"中西部高校基础能力建设工程"支持院校,获得国家建设资金 1 亿元,自治区配套资金 2500 万元。制定校园建设规划,实施校区改扩建工程,累计投入 9.8 亿元,新建教学实验用房及学生公寓 38 万平方米。获赛罕区政府支持资金 8000 余万元、住建部节能改造资金 5200 余万元及自筹资金 1.2 亿元用于校舍修缮和校园环境建设,完成校舍和住宅节能改造工程 45 万平方米,建立了节约型校园建筑节能监管体系,学校被评为"2010 年度全国高校节能管理先进院校",被授予"全国绿化模范单位"荣誉称号。

积极争取中央财政和地方支持,教学科研条件不断改善,教学仪器设备值达到 4.2 亿元,生均 12500 元。投入 8000 余万元,建设校内实践教学和科研基地。学校财力不断增强,2012 年总运行经费比 2004 年翻了两番,被评为"全区依法行政依法理财先进单位"。完善信息基础设施建设,校园数字信息息化水平明显提升。国有资产管理不断规范,后勤服务保障能力进一步增强,附属中学和幼儿园成为呼和浩特市优质基础教育资源。

(十)文化传承创新能力不断提高

坚持以草原畜牧业为重点的办学特色和"教学、科研、社会实践"三结合的办学道路,形成了农大人特有的"朴实、踏实、诚实、务实、求实"的优良传统和作风。深入推进社会主义核心价值体系"三进"工作,弘扬科学、诚信和人文精神,努力培养大学生的奉献精神和责任意识,先后涌现出"光明使者"李莹、"全区道德模范"杜威等先进人物和事迹。总结传承优良办学传统,成功举办了内蒙古农业大学合并组建 10 周年和建校 60 周年纪念活动。加强校园文化建设,校园人文环境明显改善,校园文化氛围更加浓郁,校园文化品位不断提升。

(十一)思想政治工作取得实效

认真贯彻落实《中共中央国务院关于进一步加强和改进大学生思想政治教育的意见》精神,坚持"育人为本,德育为先",积极探索新形势下加强和改进大学生思想政治教育的新思路、新途径、新方法。积极推进思想政治理论课改革,充分发挥思想政治理论课的主阵地、主渠道作用。坚持把师德建设作为教师思想政治工作的核心内容,倡导"厚德重教、敬业育人、为人师表、务实创新"的师德师风。

注重发挥教代会、学术委员会、学位委员会在学校民主管理、教授治学中的重要作用,充分发挥统一战线成员和离退休老同志在学校各项工作中的积极作用,开创了工会、共青团、学生会工作的新局面,学校被授予"全区五一劳动奖状"和"全国关心下一代工作先进集体"。在全国和全区大学生科技创新、社会实践和课外文体活动中多次取得佳绩,校团委被授予"全国五四红旗团委"。

高度重视维护稳定、校园治安综合治理、平安和谐校园创建工作,不断完善并严格落实各项规章制度和责任制,维护了安全、文明、和谐的校园环境,学校被评为全国"五五普法中期先进单位"、自治区"维护稳定工作实绩突出单位"。

(十二)党建工作成效显著

校党委始终坚持"围绕中心抓党建,抓好党建促发展"的工作思路,不断创新党建工作方法和机制。加强学习型党组织建设,坚持校院两级中心组学习制度、党员干部理论学习培训制度,把理论学习同学校改革发展稳定中的重大问题和具体工作结合起来,做到武装头脑、指导实践、推动工作。

坚持党委领导下的校长负责制和民主集中制,不断完善党委会、校长办公会议事规则和"三重一大"制度,充分发挥了校党委在谋全局、抓大事、管方向上的领导核心作用。先后组织开展了保持共产党员先进性教育、学习实践科学发展观和创先争优等主题教育实践活动。完成了三轮处级班子和干部的聘任工作,探索以量化考核为主的处级领导班子和处级干部年度考核办法。制定实施学院党政联席会议制度,学院决策程序进一步规范。

创新基层党组织的设置方式,下放发展学生党员审批权,九年来,在大学生和青年教师中发展党员17825名。修订了加强基层党建和党员教育管理等方面的规章制度,不断完善党建工作科学化的长效机制。坚持在全校基层党组织和党员中选树典型,有44个党组织、86名党员受到上级党组织表彰。学校党委被授予"全国先进基层党组织"荣誉称号。

切实加强党风廉政建设,认真贯彻落实中央八项规定和自治区党委实施意见,扎实开展严肃工作纪律整顿工作作风专项活动,积极推行党务、校务公开,党员干部遵纪守法、拒腐防变的意识不断增强。学校被评为全区"纪检监察系统先进集体"和"内部审计工作先进单位"。

各位代表、同志们,过去的九年,是内蒙古农业大学始终牢记历史使命,肩负社会责任,抢抓机遇,实现快速发展的九年。我们取得的每一点成绩,都离不开自治区党委、政府和上级主管部门的正确领导,离不开社会各界的大力支持,离不开全校各级党组织、全体共产党员和广大师生员工的无私奉献。在此,我代表学校党委,向所有为学校建设发展作出贡献的同志们、朋友们,表示衷心的感谢,致以崇高的敬意!

九年来的办学实践带给我们宝贵经验和重要启示,值得倍加珍惜。

——**必须坚持解放思想,抢抓发展机遇**。发展是办好学校的第一要务。一次党代会以来,学校跻身中西部高等教育振兴计划支持院校,成为自治区政府与国家林业局"省部共建"院校,率先实施"引进国外优质教育资源"发展战略,抓住了新的机遇,赢得了发展主动权。

——**必须坚持深化改革,以改革推动发展**。改革是发展的动力。学校坚持以求真务实的精神抓好各项改革,通过深化改革创新体制和机制,逐步解决了制约学校发展的诸多矛盾和难题,实现了教育事业持续健康快速发展。

——**必须坚持以教学为中心,提高人才培养质量**。教学质量是人才培养工作的永恒主题。学校始终坚持把学生成长成才全面发展作为一切工作的出发点和落脚点,满怀激情、充满感情地做好人才培养工作,全面构建高素质应用型人才培养体系,形成了人才培养的整体合力。

——**必须坚持突出特色,带动整体工作上水平**。强化特色意识,坚持特色发展,通过加强优势学科、支持特色学科、发展新兴学科、提升基础学科,逐步建立起以草原畜牧业重点学科为主体的学科专业体系,带动了学校整体办学水平的提升。

——**必须坚持以人为本,全心全意依靠师生员工办学兴校**。学校始终把人才作为事业发展的第一资源,统筹抓好各类人才队伍建设。充分尊重师生在办学中的主体地位,积极营造想干事、能干事、干成事的环境和氛围,紧紧依靠广大师生员工推动了学校教育事业科学发展。

——**必须坚持抓好党的建设,提供坚强的政治保证**。不断加强和改进党的建设,是发挥党的创造力、凝聚力和战斗力的重要前提。只有充分发挥校党委的领导核心作用,基层党组织的战斗堡垒作用和广大党员的先锋模范作用,才能为学校改革发展提供坚强的政治保证。

在肯定成绩、总结经验的同时,我们也清醒认识到,在学校工作中还存在一些困难和问题,主要表现在:教育思想和教育观念还不能完全适应科学发展的要求,教育教学质量还需不断提高;中青年人才脱颖而出的机制尚未形成,拔尖领军人才不足,人才梯队建设还需加快;原有传统优势学科地位面临挑战,新兴学科建设任务繁重,学科的核心竞争力需要进一步增强;原创成果、标志性成果偏少,协同创新能力不强,服务国家和区域经济社会发展的能力有待进一步提升;对"引进国外优质教育资源战略"的重要性认识不足、实施力度还需进一步加大;党建和思想政治工作仍需不断加强和改进,干部队伍素质适应学校改革发展的要求还有一定差距,党员的先锋模范作用还需进一步发挥。面对这些困难和问题,我们必须下更大的决心、采取更加切实有效的措施,认真加以解决。

二、发展的目标与任务

经过六十年的办学积淀,九年的快速发展,学校已站在了新的历史起点。未来五年,是学校从夯实基础向重点突破,从外延扩展向内涵提升,实现新时期奋斗目标的关键阶段。学校面临着难得的发展机遇,党的十八大提出了全面建成小康社会的奋斗目标,明确要求高等教育要实现内涵式发展,提出到2020年教育现代化基本实现,为高等教育事业发展指明了新的方向。国家颁布实施教育规划纲要,启动实施中西部高等教育振兴计划,第一次将中西部地区有特色、高水平大学纳入到国家政策支持体系,为中西部高校教育事业发展,提供了更加有力的项目支持和政策保障。自治区党委"8337"发展思路,明确要把自治区建成我国北方重要的生态安全屏障和绿色农畜产品生产加工输出基地,大力发展高产、优质、高效、生态、安全的现代农牧业,为我校建设和发展提出了更加明确的任务和要求。这些新的机遇和形势,迫切要求我们不断提高人才培养质量,加快科技成果转化,切实增强社会服务能力。

未来五年的总体思路是: 深入学习贯彻党的十八大精神,全面贯彻党的教育方针,牢固树立科学的高等教育发展观,认真落实教育规划纲要和中西部高等教育振兴计划,以立德树人为根本,以改革创新为动力,以"1134"行动计划为主线,坚定不移地走以质量提升为核心的内涵式发展道路,立足内蒙古,面向西部,服务"三农(牧)",不断提高教育质量和办学水平。

未来五年的奋斗目标是: 经过五年的建设和发展,学校整体水平跨入全国同类院校和西部高校的先进行列,为建设特色鲜明的西部高水平大学奠定坚实基础。

建设西部高水平大学,是"十二五"规划确定的奋斗目标,是"农大梦",是"中国梦"在我校建设中的集中体现,是内涵发展、特色发展和区域发展的要求。建成西部高水平大学,要经过夯实基础、重点突破和全面提升三个阶段,力争在建校80周年,使我校综合办学实力和整体水平进入西部大学前列。

围绕以上工作思路和奋斗目标,今后五年的主要任务是:

(一)深化教育教学改革,提高人才培养质量 要进一步强化本科教学的基础地位,将提高本科教学质量摆在更加突出的位置,着力落实好提高教学质量管理的各项具体措施,努力形成保障本科教学质量的长效机制。要以学分制改革为突破口,进一步完善人才培养模式,注重学生的分类指导与培养。全面推进教学改革,强化学生专业能力、实践能力和创新能力培养。加强专业课程体系建设,重点推进学科基础课程改革。积极探索启发式、参与式和探究式教学,调动学生学习的积极性和主动性。及时将最新研究成果转化为教学内容,将学科和科研优势转化为人才培养优势。创新实践教学模式,构建"全方位、全员、全程"的实践育人体系。狠抓教学环节质量监控,建立科学、规范、高效的教学运行机制。强化教研室的组织功能,切实发挥其在教学改革、教学评价和教学组织管理等方面的作用。深入推进教学质量工程,将现有的5门国家精品课程建设成为国家精品资源共享课程,力争新增国家专业综合改革试点项目2项、国家级教学团队2个,培养国家级教学名师1—2名、自治区级教学名师10—15名,主编省部级规划教材50—60部,其中蒙文教材15—20部。

紧密结合自治区经济发展方式转变和产业结构调整需求,优化专业结构,完善专业设置和动态调整机制,进一步凝练专业特色和方向,建立"适应需求、结构合理、特色鲜明"的本科专业体系。落实"卓越农林人才培养计划",形成包括学士、硕士、博士三个层次紧密衔接的卓越农林人才培养体系。加强民族教育专业、师资和教材建设,推进"蒙汉"双语教学,切实提高民族教育教学质量。加强职业教育,继续完善以就业为导向的人才培养模式,建设适应区域产业发展需求的高素质技术人才培养基地。发展继续教育,充分利用优质教育资源,提高面向行业和区域举办高水平教育和培训的能力。

(二)坚持人才优先发展,建设高水平人才队伍

加强高层次人才队伍建设,充分利用中西部高等教育振兴计划对人才项目的政策支持,做好学科带头人、学术带头人、青年骨干教师三个层次的人才梯队建设。力争培养国家杰出青年科学基金获得者和长江学者1—2名,实现院士"零"的突破。继续推动以高层次人才为核心的科研和教学团队建设。

实施"教师教学能力提升计划",以提高教师专业理论水平、实践教学能力和课堂教学技能为重点,加强中青年教师培养,着力提高教师队伍的整体水平。以"西部之光""草原英才"等国家和自治区人才培养项目为契机,培养一批具有扎实基础和发展潜能的青年学术后备人才。未来五年,年均新进专任教师50人左右,专任教师中具有硕士以上学位教师达到85%、博士学位教师达到45%,努力建成一支潜心育人、业务精湛、结构合理、充满活力的高水平教师队伍。

进一步完善有关职能部门与学院、学科的人才选用协同机制,发挥好学院在人才队伍建设中的主体作用,特别是在人才评价和引进中的主要作用。统筹教学科研队伍、管理队伍、辅导员队伍和教辅队伍等的协调发展,进一步完善资源配置、岗位聘用、评价激励和管理服务机制,努力营造有利于各类人才倾心育人、潜心研究的工作和生活环境。

(三)加强学科建设,提升核心竞争力

按照"适应需求、突出特色、强化优势"的建设思路,完善学科布局,加强学科内涵建设,进一步提升服务经济社会发展的能力。巩固和提高传统优势特色学科的学术地位,加强国家重点学科草业科学建设,将现有的3个国家重点培育学科建成国家重点学科。按照国家学科评估指标体系,制定一级学科中长期发展规划,促进优势特色学科科学持续发展。发挥好中央财政支持地方高校发展专项资金和学校支持资金的使用效益,力争在下一轮学科评估中,使重点建设学科提升2—3个位次。

发挥现有博士点的带动辐射作用,大力发展新兴交叉学科,重点在农业信息化、可再生能源开发利用、生态环境保护等领域加强学科交叉融合。大力扶持基础学科和人文社会科学学科。优先发展与区域经济社会发展契合度高的应用学科,建设好以草原畜牧业为优势和特色的学科群2—3个。

积极发展专业学位研究生教育,专业学位研究生比例达到60%。建立以科学研究为主导的研究生培养机制,逐步建立跨学科和与科研院所、企业联合培养研究生模式。提高研究生培养质量,进一步提升博士研究生对学校科技发展的贡献度,力争有论文入选全国百篇优秀博士论文。加强学科带头人和学术骨干梯队建设,建立与学科发展相适应的研究生导师遴选、考核、退出机制。

(四)以协同创新为重点,提升科技创新能力

充分利用国家实施"2011计划"的有利时机,全力推进协同创新,提升创新引领能力,着力服务区域发展重大需求。做好"蒙古高原牧草种质资源开发与草原可持续利用"等协同创新中心的前期培育工作,积极争取教育部和自治区协同创新中心。分类制定以创新和质量为导向的科研激励政策和考核评价机制。

实施高水平创新项目研究计划,立足区域特色和资源优势,积极组织申报和争取服务区域发展的基础研究和特色研究项目,力争在研项目经费突破5亿元。在保持科研项目数量和经费稳步提升的同时,加大已立项的国家863、973、科技支撑等重大重点项目的组织实施力度,在国际公认的高水平学术刊物发表优秀论文3—5篇,作为第一完成单位获得国家科技进步二等奖1—2项。实施高水平创新团队支持计划,力争培育出在国内同行业中处于领先水平的科技创新团队3—5个。实施高水平创新平台建设计划,按照"开放、流动、联合、竞争"的运行机制,做好现有科技创新平台的建设与管理工作,对具备"省部共建"国家重点实验室条件的创新平台,加强前期培育和组织申报工作,努力建成"省部共建"

国家重点实验室培育基地。

（五）贯彻落实"8337"发展思路,增强社会服务能力

发挥学科优势和专业特色,以服务自治区创建绿色农畜产品生产加工输出基地和我国北方重要的生态安全屏障为切入点,大力推进实用技术成果推广转化,组织开展形式多样的社会服务,努力为自治区"8337"发展思路提供科技支撑和智力支持。

积极推进集成示范类项目和现代农业产业技术体系项目的组织实施,加大对国家粮丰科技工程和节水农业以及草原绿色肉业、牧区家庭牧场和传统乳制品现代化生产等项目的支持。集成与整合现有技术,积极争取国家和地方的成果推广转化、农业综合开发项目以及企业的横向课题。

加强校地、校企合作,拓展产学研合作途径,启动校级科技成果推广计划,重点支持在相关旗县、企业进行推广转化或产业化的成果立项。组建校级科技成果推广团队,着力提升科技人员的成果推广转化和社会服务能力。依托科技园区和校外科研基地,积极创建具备试验、示范和孵化功能的产业化基地。加大对哲学社会科学和软科学研究的支持力度,积极参与新一轮高校哲学社会科学繁荣计划,深入开展涉农领域战略研究和决策咨询,增强学校在区域战略层面的影响力和贡献度。

（六）坚持开放办学,扩大对外交流与合作

继续以培养具有国际视野的专业人才为目标,积极借鉴和吸收国外高水平大学先进的办学理念、教学模式和管理机制,认真研究引进国外优质教育资源工作的特点和规律,落实相关保障措施,使学校的师资队伍、人才培养、科学研究和教育管理的国际化水平明显提高。

进一步加强国际交流与合作。全面落实学校与国外合作机构达成的合作协议,围绕学校重点科研领域,力争新上国际科技合作项目10项以上,合作发表学术论文30篇以上,出版专著10部以上。努力建设好"中国—加拿大可持续农业科技创新示范基地"。建立与国内外知名大学、科研院所更加紧密的联系和合作机制,进一步扩大国际学术交流,积极承办或参与高水平国际学术会议。继续选派教学和管理人员出国学习,具有海外学习经历专任教师达到50%以上。继续开展与国外高水平大学联合培养学生项目,通过学生交流、学分互认、联合培养等方式为学生发展提供更多的机会和途径。继续推进对口支援工作,落实好"内蒙古·广东经济社会发展合作框架协议"的有关内容。

（七）坚持立德树人,做好学生工作和招生就业工作

实施"学生学业促进计划",把促进学生学业进步和全面成长作为工作的切入点和落脚点,全面加强学生教育、管理和服务工作。坚持正面教育和引导,实施精细化管理,推进学生工作管理重心下移,增强工作的针对性和实效性。做好学生辅导员的选拔、配备和考核,改进班主任工作。完善资助体系,做好家庭经济困难学生的资助工作。改革学生评价体系,完善各类奖学金的评定工作。加强学生心理健康教育。

稳定现有办学规模,扩大研究生教育规模,全日制研究生达到3000人。建立"招生—培养—就业"联动机制,改善生源结构,提高生源质量。落实好"基层就业拓展计划""少数民族学生就业能力提升工程"和"家庭困难学生援助项目",加强就业指导和创业教育,拓展就业渠道,促进毕业生充分就业,努力提高就业质量,使就业率保持在85%以上。

（八）深化管理体制改革,增强办学活力

结合现代大学制度的建立,积极探索教授治学的有效途径,充分发挥教授在教学、学术研究和学校管理中的作用,成立校院两级教授委员会。制定《内蒙古农业大学章程》,推进学校管理科学化、制度化、规范化建设。赋予学院作为办学主体更多的办学自主权。

深化后勤管理体制改革。推进后勤各中心的科学规范运行,增强后勤服务保障能力和发展能力。

加强和改进国有资产管理,探索国有资产保值增值的有效机制。修订学校《财务管理办法》,调整会计核算及预算管理模式,建立健全适应"校院两级管理"的财务管理体系和经济责任制。提升审计监督的技术水平,提高国有资产和资金的使用效益。加大资金筹集力度,努力实现学校办学资金来源多元化。

深化人事制度改革。逐步建立教师岗位分类管理体系,引导教师正确处理教学和科研的关系。完善分类评价制度,激励教师在教育教学、科学研究、社会服务和文化建设等各领域做出贡献。推进分配制度改革,积极探索以工作质量为导向的分配办法和灵活多样的分配形式。严格岗位考核、评价制度,完善教师流转退出机制,增强教师队伍的生机和活力。

(九)加强基础建设,改善办学条件

着力改善教学、科研和生活条件,高标准、高质量地完成综合教学楼、工科实验楼、生命科学实验楼、学生食堂等在建工程17.3万平方米,完成水利力学实验楼、兽医实验楼、风洞实验室、图书馆及学生活动中心等规划建设项目11.6万平方米。积极争取政府有关部门支持,着力解决教职工住房困难问题。

加快科技示范园区和实践基地建设。统筹规划和建设校内外各类教学和科研示范基地,以土右旗科技园区和土左旗海流图科技园区为重点,建设和打造"学校实践教学与科研基地"、"自治区农牧业科技示范基地"和"中加可持续农业科技创新示范基地"三位一体的综合科技园区。

全面推进数字校园建设,建成高水平的数字化硬件环境和各业务系统的集成平台,提高教职工运用信息化手段进行教学、科研和服务能力。做好图书馆文献资源建设,提高文献采购质量。加强档案工作,逐步推进档案信息化建设。不断提高学报办刊质量和学术影响力。

(十)坚持文化传承创新,提升学校影响力

始终坚持把优秀文化传承与创新作为光荣使命,进一步发扬办学传统、提升办学理念、凝练学校精神。准确把握传统文化时代内涵,用优秀文化引领青年学生,构建独具特色的校园文化体系。加强精神文明建设,积极发挥社会主义核心价值体系的引领作用,着力培养学生敢于拼搏、奋发向上、奉献社会的优秀品格。加强文化素质教育,调整人文类必修课和选修课比重,充分体现文理结合、专业融通的育人理念。努力提升校园文化品位。

加强校园环境建设,结合校区改扩建,统筹抓好自然与人文相融合的景观设计,建设文化长廊,打造书香校园、文化校园,创造优雅怡人、文明美观、内涵丰富的文化环境。加强学校品牌形象识别系统建设,通过校训、校歌、品牌文化活动等载体,诠释学校的办学理念、办学成果和办学特色。加强文化传播平台建设,办好校园媒体,增强对外传播能力,全面提升学校影响力。

三、以党的群众路线教育实践活动推动党建与思想政治工作

在全党深入开展以为民务实清廉为主要内容的党的群众路线教育实践活动,是党的十八大做出的重大部署。我们要以教育实践活动推动党的建设和思想政治工作,不断提高党的建设科学化水平,进一步增强党的凝聚力创造力战斗力,为建设特色鲜明的西部高水平大学提供坚强政治保证。

(一)扎实推进党的群众路线教育实践活动

认真贯彻落实中央和自治区关于深入开展党的群众路线教育实践活动的精神,严格按照规定和要求,精心组织开展各项活动,在认真做好动员部署和学习教育、听取意见的基础上,深入查摆领导班子及成员在"四风"方面存在的问题,坚持立行立改,将边学边查边改贯彻活动全过程,以解决问题的实效取信于广大师生。随着教育实践活动的不断深入,要紧紧抓住整改落实和建章立制两个关键,切实有效地抓好整改方案的落实,着力寻求解决问题的科学方法和有效手段,办实事、求实效、解难题。要持之以恒地推动体制机制创新,健全制度体系,建立长效机制,巩固活动成果,确保改进作风、联系师生常态化长效化。要真正把教育实践活动成果转化为推进学校建设发展的动力,切实凝聚起强化内涵建设、

提高办学质量、增强服务能力的正能量，推动教育事业科学发展。

（二）以理想信念教育为核心，坚持不懈地抓好理论武装

认真学习贯彻全国宣传思想工作会议精神，高度重视意识形态工作，切实加强理论武装，坚持把理想信念教育作为学校理论武装工作的核心内容，不断增强广大党员干部的政治定力，增强对中国特色社会主义的道路自信、理论自信、制度自信。加强对中国特色社会主义理论体系的学习，深刻领会党的十八大和习近平总书记一系列重要讲话的精神，切实提高广大党员干部运用科学理论指导实际工作的能力。要持续深入地加强马克思主义群众观点教育，引导广大党员践行党的群众路线，牢固树立全心全意为师生员工服务的宗旨意识，进一步提高党性修养和思想道德素质，树立正确的世界观、人生观、价值观。积极推进学习型党组织建设，坚持和完善校院两级中心组学习制度，创新理论学习的途径和方法，重点在抓落实、起作用上下功夫。充分发挥校院两级党校在理论武装、干部培养、党员教育、入党积极分子培训中的重要作用。

（三）着力转变干部工作作风，切实加强领导班子和干部队伍建设

贯彻落实《内蒙古自治区党委关于进一步加强组织工作的意见》精神，按照中央"信念坚定、为民服务、勤政务实、敢于担当、清正廉洁"的好干部标准，教育和引导各级领导干部牢固树立宗旨意识，不断改进工作作风，解决领导干部精神懈怠、能力不足、脱离群众的问题，切实把主要精力放到履行岗位职责上来，提升推动工作的执行力和落实力。全面落实《中国共产党普通高等学校基层组织工作条例》，坚持党委领导下的校长负责制，健全领导班子议事规则和决策机制，发挥党委领导核心作用，不断提高学校领导班子把握大局、谋划发展、治校理教、促进和谐的能力。坚持和完善学院党政联席会议制度，发挥基层党组织的政治核心作用。坚持党管干部原则，进一步完善干部选拔任用机制，提高选人用人公信度。完善干部考核评价机制，重视后备干部的选拔培养，大力推进干部队伍年轻化。

（四）加强服务型党组织建设，不断增强基层党组织的创造力、凝聚力和战斗力

紧紧围绕"保持党的先进性和纯洁性"这条主线，把服务师生作为基层党组织的首要任务和开展工作的切入点。本着有利于服务师生、有利于党员发挥作用、有利于党员教育管理的原则，完善支部的建制形式和考核评价制度，进一步发挥基层党组织的战斗堡垒作用和党员先锋模范作用。选好配强党支部书记，促进党务工作与中心工作有机结合。以开展"精品党日活动"为抓手，提高党支部活动质量。坚持把政治标准放在首位，做好在大学生和青年教师中发展党员工作。进一步完善党内制度建设，落实党建工作责任制，建立健全创先争优长效机制，扩大党内民主，推进党务公开，实行党代表任期制，建立党代表提案制度。

（五）注重建立长效机制，扎实推进党风廉政建设

认真贯彻落实中央和自治区关于改进作风、密切联系群众的有关规定和学校的具体措施，狠抓领导班子和干部队伍的作风建设与党风廉政建设。建立促进党员干部坚持为民务实清廉的长效机制，坚持标本兼治、综合治理、惩防并举、注重预防的方针，以廉政风险防控机制建设为重点，以党风廉政建设责任制为抓手，制定实施《关于贯彻落实〈建立健全惩治和预防腐败体系2013—2017年工作规划〉的实施办法》。加强重点部位和关键环节监督，健全反腐倡廉各项规章制度。深化党性党风党纪教育，加强廉政文化建设，促使全体党员干部严格执行廉洁自律规定，讲党性、重品行、做表率，始终保持清白、清正、清廉的良好形象，以优良的党风带校风促学风，营造风清气正的良好氛围。

（六）坚持以人为本，不断加强和改进思想政治工作

牢固树立"一切为了师生、一切依靠师生"的群众观点，着眼于教师发展和学生成才，不断提高思想政治工作水平。坚持把师德建设作为教师思想政治工作的核心内容，引导教师把自觉提高教学能力作

为师德风范的首要任务。深入贯彻落实《关于加强和改进青年教师思想政治工作的实施意见》,坚持政治培养和业务提高相结合,严格管理与关心服务相结合,切实加强青年教师的思想政治工作。坚持"立德树人",深入推进社会主义核心价值体系教育,创新方式方法,拓展工作载体,贴近学生实际,不断增强大学生思想政治教育的针对性实效性和亲和力感染力。发挥思想政治理论课、形势政策教育等课堂教学的主渠道、主阵地作用,真正让学生入脑入心、真心喜欢、终身受益。注重典型引路,充分挖掘师生中的先进事迹,用身边的事教育身边的人。深入开展民族团结进步教育和马克思主义宗教观教育活动,积极开展红色励志教育,深化"我的中国梦"主题宣传教育活动。

（七）坚持依法治校,深入推进和谐校园建设

牢记党的宗旨,增强服务意识,改进群众工作方法,创建群众工作载体,进一步增强建设和谐校园的政治责任感。健全和完善"党委领导、校长负责、教授治学、民主管理"的现代大学制度,不断营造高效管理与学术自由的生动局面。深入贯彻《学校教职工代表大会规定》,加强教职工代表大会制度建设,维护教职工合法权益,畅通群众诉求表达渠道。加强统一战线和对群团组织的领导,充分发挥人大代表、政协委员、民主党派及无党派人士参与学校民主管理、民主监督的作用,发挥工会、共青团、学生会和学生社团等组织的桥梁纽带作用。把握正确的校园舆论导向,深入开展法制宣传,推进依法治教、依法治校,继续开展以"五个工程"为重点的精神文明创建活动。认真做好老同志、老教授和关工委工作,为他们"老有所养、老有所依、老有所乐、老有所为"创造条件。以深化平安校园建设和创新校园安全管理为重点,进一步加强治安防控体系建设,营造和谐稳定的校园环境。

同志们,目标鼓舞人心,形势催人奋进。建设特色鲜明的西部高水平大学,是全体农大人的共同愿景,更是全校各级党组织、全体共产党员义不容辞的历史责任。蓝图已经绘就,使命更加光荣,让我们携手并进,以党的十八大精神为指引,解放思想,坚定信心,团结一致,奋发有为,为开创内蒙古农业大学更加辉煌灿烂的明天而努力奋斗!

强化教育管理 注重质量提升
全面提高教育教学水平和人才培养质量
——在内蒙古农业大学第四届第二次教职工代表大会暨工会会员代表大会上的工作报告

(2013年4月19日)

校长 李畅游

各位代表、同志们：

现在，我代表学校向大会做工作报告，请予审议，并请各位特邀代表和列席代表提出意见和建议。

一、2012年工作回顾

2012年是学校举行60周年校庆的喜庆之年，也是学校加快发展、取得显著成绩的重要一年。一年来，在自治区党委、政府的正确领导下，学校坚持以邓小平理论、"三个代表"重要思想、科学发展观为指导，不断加强改进党的建设和思想政治工作，继续实施"1134"行动计划，学校各项事业稳步推进，整体办学实力不断增强，实现了又好又快发展。

一年来，我们主要做了以下几方面的工作：

（一）60周年校庆

60周年校庆是学校发展史上的一个重要里程碑，从筹备到举行历时一年半时间。校庆期间，学校编纂了校史、出版了《铸就辉煌的瞬间》等系列图书，承办了全国农林高校校长论坛、院士论坛等80多场各类学术交流会和报告会，60位两院院士题词寄语我校60华诞，成立了校友会办公室、校友总会和18个校友分会，建起了近10万名校友的信息平台等。隆重召开庆典大会，胡春华、任亚平等17位现任或原自治区领导出席大会，教育部副部长杜玉波、国家林业局副局长张建龙参加会议并讲话。国家部委有关司局、自治区委办厅局、盟市旗县以及有关企事业单位，60所区外高校、43所自治区高校和科研院所，加拿大、美国等8个国家友好院校和合作院校，都派代表参加了校庆。活动得到了各级领导、广大校友和社会各界的充分肯定，成为学校总结办学经验，展示发展成就，凝聚全校人心，鼓舞师生干劲，推动未来发展的新动力。

（二）国家重点支持工作

抓住国家实施"中西部高等教育振兴计划"的机遇，跻身"中西部高校基础能力建设工程"行列，学校获基础建设经费资助1亿元、自治区配套经费2500万元，2012年首批拨款到位5000万元。经过积极争取，自治区政府与国家林业局正式签订了共建内蒙古农业大学协议。

（三）教育教学工作

推进新一轮学分制改革，对相应的教学运行、学籍管理和收费办法等进行了探索，制定了新的人才培养方案。召开本科教学工作会议，制定出台了《本科教育新一轮学分制改革方案》等6个文件。加强实践教学，严格按照教育部25%的实践教学标准，增加了实践教学比重。完成了首批"英汉"双语教师的评审认定工作。

一年来，学校获国家首批农科教合作人才培养基地3个，国家级"专业综合改革试点"项目1个，自治区级精品课程7门，自治区级教学团队3个，自治区级品牌专业3个、高职品牌专业1个。国家级"植物学实验教学示范中心"通过了教育部验收。

（四）学科和人才队伍建设

加大学科建设力度，开展了一级学科下自设二级学科工作，新增设二级学科博士点5个，二级学科硕士点 2 个,新增博士后科研流动站 2 个。获自治区财政拨付学科建设经费 2500 万元。

加强高层次人才的培养与引进,全年特聘院士 2 人,享受政府特殊津贴 2 人,获自治区有突出贡献中青年专家 3 人,自治区杰出人才奖获得者 2 人。入选自治区"草原英才"工程高层次人才 13 人。入选自治区"新世纪 321 人才工程"第一层次人选 7 人,第二层次人选 10 人,全国、自治区优秀科技工作者各 1 人,自治区优秀教师、优秀教育工作者等共 7 人。张和平教授入选"长江学者奖励计划"特聘教授,云锦凤教授获得自治区科学技术特别贡献奖,刘廷玺教授获得中青年科学技术创新奖。

(五)科技工作

提升科研项目的层次和水平,全年新上各级各类科技项目 262 项,总经费 1.51 亿元。其中,国家自然科学基金新上 72 项,总经费 3428 万元。学校首次争取到"中国·内蒙古运动马驯养技术集成与人才培养项目"和"高产奶马新品系培育及酸马奶的基础应用合作研究"等科技部国际合作重大项目。创新团队建设取得新进展,"草地资源可持续利用基础研究创新团队"列入 2012 年度教育部科技创新团队支持计划,有 3 个团队列入自治区"草原英才工程"创新团队支持计划。

不断提高项目完成质量与成果水平,对 168 项课题进行了结题、验收和鉴定工作,部分研究成果达到了国际先进水平。全年获得自治区科技和社科奖 20 项,作为第一完成单位获得自治区科技进步一等奖 1 项、二等奖 1 项,自然科学奖三等奖 1 项。获自治区第四届哲学社会科学优秀成果一等奖 1 项,二等奖 3 项,三等奖 7 项。

(六)学生工作和招生就业工作

加强学生的教育、管理和服务工作,深入开展学生调研,对 20 项思想政治教育工作课题进行了立项研究。狠抓学风建设,开展诚信考试,有力地促进了优良学风的形成。加强辅导员队伍建设,不断推进学生工作队伍整体素质的提高。加强大学生心理健康教育,注重危机干预。加大贫困生助学力度,为学生发放各类奖助学金 5000 多万元,为大病学生捐款 80 多万元。加强公寓管理,校学生公寓管理服务中心被授予"全国高校学生公寓管理服务先进单位"称号。召开学校第一次团代会,校团委获得全区"五四红旗团委"。我校庄宏泉、庄汇泉同学入围"2011 中国大学生年度人物"评选活动。

进一步推进招生"阳光工程",全年招收本专科学生 8254 人,录取全日制硕士研究生 749 人、博士研究生 105 人,非全日制专业学位研究生 371 人,招收外国留学生 38 人。加强就业工作,全年共举办校院两级就业洽谈会及小型专场招聘会 300 余次,累计提供就业岗位 17000 余个。本专科就业人数 6652 人,一次就业率为 89.7%。学校荣获"2011 年度全区普通高校毕业生就业工作先进集体"称号。

一年来,学校在全国和全区各类文体活动中也取得了优异成绩。获得全区第六届大学生"挑战杯"竞赛"优胜杯"奖,被评为"全国高校社会实践活动先进单位"。荣获全国大学生第二届动物医学专业技能大赛二等奖、全国第十六届大学生英语辩论赛华北赛区总决赛"全国优秀组织奖"。在第九届大学生运动会田径大赛、第十七届全国大学生网球锦标赛、全国青少年和大学生藤球锦标赛等全国体育竞赛中,均取得较好成绩。

(七)对外交流与合作

继续加大国外优质教育资源的引进力度,全年聘请外籍教师 63 人次,引进专业核心课程 2 门,接待国外专家学者 200 余人次。进一步拓展国际合作空间,派出 4 个代表团 22 人出访了加拿大、美国等 7 个国家,与加拿大农业部和澳大利亚西奥大学等 5 所大学续签了合作备忘录或协议。继续实施海外研修计划,选派 47 名教师赴国外进行了学习进修。

(八)后勤、财务、资产管理和园区建设

全面推进新校区建设,完成项目建设 21.82 万平方米,两栋学生公寓、附中教学楼和综合服务楼交付使用。进行了 3.25 万平方米水利力学实验楼、兽医实验楼和风洞实验室的前期设计工作。投入

1100余万元,完成了节约型校园建筑节能监管体系建设项目。完成了赛罕区人民政府资助的西区网球场、排球场、校园全部路灯更换等改造建设项目。积极争取教工住宅楼项目,完成了住宅楼的前期规划。

加强财务和固定资产管理。全年总运行经费12.17亿元,比上年增长30.8%。借助"校园一卡通"平台开通了学生缴费网络支付系统。规范管理程序,出台了《关于科研项目仪器设备管理的有关规定》,重新修订了学校《政府采购实施管理办法》。财务处被自治区财政厅授予"全区依法行政依法理财先进集体"。

加快科技园区建设,基本解决了土地纠纷,办理了土右旗科技园区二期土地使用证。加强园区规划与建设,完善了交通、供电、供水、管网铺设、机井配电、明渠修筑等设施的建设,提高了综合配套功能,园区面貌焕然一新。

(九)和谐校园建设

坚持和完善教职工代表大会制度,制定了《教职工代表大会提案工作规程》。不断完善学校政务、校务公开以及院务公开制度,切实加强了民主管理、民主监督。加强维护稳定和综合治理,全年组织召开校园安全稳定、综合治理、平安创建等方面工作会议16次,实现了全年无政治事件、群体性事件、重大安全责任事故发生的维稳工作目标,有力地维护了校园和谐稳定。

除上述工作之外,学校在党建和精神文明建设,图书、档案、学报和高教研究工作,工会、关工委和离退休人员工作,对口支援和校办产业工作,以及在基础教育、继续教育和职业技术教育等各个方面,都取得了可喜的成绩,为学校的发展做出了应有的贡献。

各位代表,过去一年成绩来之不易,凝聚着全校师生员工的心血和汗水。在此,我代表学校向无私奉献的广大教职员工,向所有关心和支持农大发展的各级领导和同志们表示衷心的感谢!

在看到成绩的同时,我们也清醒地认识到存在的主要困难和问题。

一是教学中心地位不够突出,教育观念还不能适应大众化教育的要求;部分教师责任心不强,教学能力偏低,课堂效果较差;部分学生学习目标不明确、动力不足,厌学、到课率不高、考试作弊等现象仍然存在,教风和学风建设有待进一步加强。

二是学科发展不平衡,部分学科队伍没有形成梯队。学校主持的国家级重大研究项目不多,有重大影响的标志性成果较少。科技成果转化率不高,社会服务能力还不够强。

三是现代大学制度还不够健全,教授治学的主导地位不突出,内部管理体制还不能适应学校快速发展的需要;部分干部安于现状,精神懈怠,干部队伍的作风建设需进一步加强等。

对于这些问题,我们将高度重视,采取切实有效措施,认真加以解决。

二、2013年主要工作

今年是学校实施"十二五"规划承上启下的重要一年,是学校教学质量管理年。学校工作的总体要求是:深入学习贯彻党的十八大精神,坚定不移地推进"1134"行动计划,坚持走"内涵建设、质量提高、特色发展、开放办学、创新求进"的道路,继续解放思想、深化改革、凝心聚力、扎实工作,进一步提高学校的综合实力和办学水平,努力向建设西部高水平大学的目标迈进。

(一)启动"教学质量管理年",全面提高教育教学水平和人才培养质量

继续落实学校2012年教学工作会议精神。以学分制改革为突破口,以教学过程管理为基础,以课堂教学为基本环节,以提高教师教学能力和提升学生学习动力为重点,以提高教育教学水平和人才培养质量为目标,全面推进"教学管理质量年"。

加强教学质量保障监控体系建设,年内向社会公布学校本科教学质量年度报告。推进教学质量工程,力争在国家级特色专业、精品课程、教学团队和教学名师等方面取得新成果。组织申报"国家级优秀教学成果奖"。加大实验室、大学生创新创业基地、社会实践和校内外实习基地建设投入,进一步改善实践教学条件。

启动研究生培养方案修订工作,做好收费工作的前期调研和制度制定。学习宣传第六次全国民族教育工作会议精神,研究制定学校贯彻落实意见,切实提高民族教育教学质量。加强职业教育和继续教育,进一步调整专业结构,继续完善以就业为导向的人才培养模式。充分发挥自身优势,重点做好城市下岗职工再就业培训和城镇化进程中的农民工转移培训工作。

加强教风学风和师德建设,认真研究制定考核、监督与奖惩相结合的师德建设长效机制,引导教师践行职业道德规范,提高业务能力,切实增强教书育人的荣誉感和责任感。充分发挥教师在教学环节中的主导作用和引领示范作用,严谨治学,严格管理,言传身教,引导学生明确学习目标,提高育人质量。

(二)加强学科和师资队伍建设,提升学校的综合实力

以"突出特色、强化优势、保证重点、兼顾一般"为原则,统筹学科规划与顶层设计。认真分析2012年全国学科评估结果,明确位置、查找差距,加大重点学科薄弱环节整改力度。加快重点培育学科建设,力争使3个国家重点培育学科进入国家级重点学科行列。建设好现有的自治区重点学科和重点培育学科,力争6-8个学科进入自治区优势特色学科行列。加强导师队伍建设,年内增补一批45岁以下博士、硕士研究生指导教师。

着力引进高层次人才尤其是领军人才,力争在创新人才引进方面有新的突破。落实好公开招聘人才及各类突出人才的遴选与推荐工作,解决好现有人才和引进人才的学习环境、工作条件和生活待遇等问题。研究制定学校《关于进一步加强党管人才工作的实施办法》,启动学校《中青年骨干教师支持计划》。

(三)增强科技创新能力,提高科研和社会服务水平

积极组织申报国家及自治区各类科技项目,保持新上项目230项,总经费1亿元以上的良好势头。对学校首批立项建设的13个科技创新团队进行结题验收。启动新一轮校级科技创新团队支持计划,组织申报和争取教育部科技创新团队。做好我校申报教育部的"蒙古高原牧草种质资源开发与草原可持续利用协同创新中心"前期培育工作,加大新上农业部重点实验室和自治区发改委工程实验室的建设工作。

组织结题、验收和鉴定150项以上,力争取得原创和集成创新成果。积极组织推荐优秀成果,申报国家和省部级科技与社科奖励。继续实施"高校哲学社会科学繁荣计划"。建立重大成果作者和课题组的奖励机制,设立院士后备人才培养基金和优秀青年科学基金。上半年召开科技推广与社会服务工作会议。

(四)深化管理体制改革

坚持和完善党委领导下的校长负责制。充分发挥学术委员会的重要作用,积极探索教授治学的有效途径。着手研制《内蒙古农业大学章程》。梳理校院两级管理运行情况,实施目标责任制,权责内赋予学院更多的办学自主权。完成绩效工资改革。结合新修订的专业技术职务评审条件,做好本年度职称评审工作。进一步理顺后勤管理体制,提高后勤服务水平和质量。

重新修订学校《财务管理办法》《科技经费管理及核算办法》等相关制度,调整学校教育事业经费核算会计科目及报表模式。加强和改进国有资产管理,严格贯彻落实学校《政府采购管理办法》。加强监察审计,注重科研课题结题经费审计、干部经济责任审计、基建维修工程审计等方面工作,努力提高资金使用效率和管理效益。强化管理,提高质量,办好附属中学和幼儿园。

(五)坚持开放办学,扩大对外交流与合作

把引进国外优质教育资源工作作为相关部门和各教学单位的重点工作,早做准备,力争从国外引进更多的优质教材和优秀专家。做好外籍专家教师的聘任和管理。继续拓展国际交流与合作,签订并

落实与加拿大农业和农业食品部的合作协议,争取建成"中加内蒙古可持续农业科技与产业化示范基地"。加强与国外大学、科研机构的密切联系,探讨成立学校"马利克管理中心"。开展与国外高水平大学联合培养学生项目。

(六)坚持立德树人,切实做好学生工作和招生就业工作

把促进学生学业进步和全面成长作为工作的切入点和落脚点,研究制定严明纪律、转变学风的教育措施和管理办法。加强学生管理队伍建设,制定出台辅导员培训规划,继续开展辅导员职业技能竞赛活动。做好家庭经济困难学生的资助工作和各类奖助学金的评定工作。设立学生大病救助金。加强学生心理辅导与服务中心软硬件建设,做好心理健康教育和危机干预工作。

科学合理制定招生计划,进一步改善生源结构,提高生源质量。着力做好"招生—培养—就业"联动机制研究,认真落实"基层就业拓展计划""少数民族学生就业能力提升工程"和"家庭困难学生援助项目"。

(七)重点项目争取和对外联络工作

认真落实"中西部高等教育振兴计划",充分把握和利用好给予的政策和资金支持,抓好专项对接工作。继续推进自治区政府和农业部省部共建我校事宜。继续争取"中西部高校基础能力建设工程"二期、三期经费资助。与国家林业局在项目申报、重点实验室和重点学科等方面深入对接,全力争取省部共建重点实验室、农业部、国家林业局重点实验室和自治区重点实验室与工程研究中心,做好荒漠生态定位站建站申报工作。加强项目管理,制定学校《重点项目管理办法》。继续落实与中国农业大学《关于加快推进对口支援工作的实施方案》。

(八)加强校园基础建设,不断改善办学条件

完成综合教学楼(A、B)、工科实验楼、生命科学实验楼等在建工程,确保9月交付使用。开工建设水利力学实验楼、兽医实验楼和风洞实验室;启动新校区图书馆、学生活动中心、科学会堂等后续建设项目施工图设计及前期准备工作。进一步改善基础设施,加大校园环境、校舍、水电暖及其他土建项目的维修和改造。认真落实国家发改委推出的"万家企业节能低碳行动"方案,完成我校"十二五"期间每年15%的节能目标。加快办理教职工住宅楼工程前期立项审批、施工图设计和工程报建等工作。

加快网络教学资源建设,提高教师运用信息化手段进行教学、科研和服务能力。做好图书馆文献资源建设,提高文献采购质量。加强档案工作,逐步推进档案信息化建设。不断提高学报办刊质量和学术影响力。

(九)改进工作作风,推进和谐校园建设

认真贯彻落实中央《关于改进工作作风、密切联系群众》的八项规定和学校党委制定的七项具体措施。建立长效机制,做好监督检查,把落实情况纳入作风评议、干部考评、廉政建设等各环节。切实解决部分干部精神状态和能力不足问题。各级干部要以敢担当、能负重、有作为、肯奉献为标准,在求实、务实、落实上下功夫。

加强和完善教代会制度,落实和保障好教职工的知情权、参与权和监督权。深化党务公开、校务公开和院务公开,推进学校"阳光治校"。制定《进一步加强党外代表人士队伍建设实施办法》,建立学校党外后备干部队伍。发挥工会、共青团和学生会等群众组织参与学校管理,加强自身建设的积极性。发挥关工委和离退休老同志传、帮、带的作用,继续做好离退休老同志"四个待遇"的落实工作,完善老干部活动中心的各项服务功能。坚持综合治理一票否决制,制定学校安全管理和深化平安学校建设意见,全面开展平安和谐校园创建活动。

三、重点推进"教学质量管理年"

启动和实施"教学质量管理年",是学校贯彻落实教育规划纲要和全国教育工作会议精神的重要体

现,是落实"中西部高等教育振兴计划"的客观要求,是学校站在高等教育发展的新阶段,客观分析、冷静研判学校教学质量面临的突出问题而做出的重大部署,是学校实现西部高水平大学的重要基础和可靠保证。

全力推进"教学质量管理年",就是要进一步牢固确立学校"人才培养的根本地位、本科教育的基础地位、教学工作的中心地位和教学质量的核心地位",就是要进一步以改革创新精神,把更多精力和资源配置更加有效地集中到教育教学工作上来,把各项工作重点更加有力地集中到全面提高教育教学水平和人才培养质量上来,深化改革、强化管理、制定举措,使教师的教学能力有明显提高,学生的学习和动手能力有明显增强,学校整体的管理水平有新的提高。

1. 人才培养模式改革。根据社会需求和学校实际,进一步完善七类不同层次人才培养的目标、规格和培养模式。实施"农林卓越人才培养计划",选择特色优势专业开展卓越人才培养试点,推进项目生结构调整和预科教育教学模式改革。

2. 教学内容改革。根据人才培养目标和培养模式,精选教学内容,及时将体现学科专业前沿和现代科技最新成果引入课程教学,激发学生的求知欲、拓宽学生的知识面,为学生探索新事物、培养创新能力奠定基础。

3. 课程体系改革。按照学分制改革的要求,重新梳理课程与课程体系间内在逻辑和结构,修订课程教学大纲,加强专业核心课程体系建设,合理设定拓展课程。重点推进公共基础课改革,开展大学公共英语分级教学,提高教学的针对性和实效性。

4. 教学方法改革。积极实践参与式、互动式、启发式、研究创新式等生动活泼的教学方法,教育学生学会学习、学会探究、学会合作、学会实践。引导教师正确使用多媒体辅助教学手段。

5. 考试方式改革。将教学过程考核与期末考核相结合,将学习评价贯穿到课程教学过程。根据课程特点,采取灵活多样的考试形式,除传统笔试外,可采取开卷、半开卷、撰写课程论文、调研报告、实验操作等形式,或多种形式相结合,对学生学习全过程进行评价考核。

6. 实践教学体系改革。按照专业培养目标要求和新的培养方案,进一步完善实践教学体系和考核办法。加快推进校内外实践教学基地建设,制定海流图科技园区功能和区域分配方案,尽快发挥园区的教学实习基地作用。加大经费投入,建设好园区后勤保障设施,保证实验实习场地和实验设备、用具等实践条件。

7. 完善教学管理制度。健全校、院和教研室三级教学管理体系和制度建设。特别要强化并激活教研室的组织功能,切实发挥其在教法教改研究、课程设计、教学过程管理和监督管理等方面的作用。开展好听课、评课活动,以研究课、观摩课、示范课等多种形式,引导广大教师投身课堂教学实践和研究。

8. 实施教师能力提升计划,加大经费投入,切实加强教师专业技能和实践技能培训,进一步提高教师驾驭课堂的能力和感染力。采取以老带新、结对子、技能大赛、观摩教学、动手实践和岗前培训等方式,加强对青年教师的培养,使青年教师在较短时间内掌握教学规律、提高教学能力。

9. 加强教师队伍管理。做好师资力量调配,选用教学经验丰富、责任心强的教师担任一年级新生的教学工作,巩固新生专业思想,增强学生学习信心和自觉性。对公共基础课和大学公共英语课教师,要相对固定到相关学科专业。坚持教授为本科生授课这一基本制度,不承担本科教学任务的教师不得聘任教授岗位。对"双肩挑"领导干部,要明确授课学时上限。对一些师德失范、素质较差、不适合教学工作岗位的教师,要调离岗位直至离职。加强外聘教师的筛选和管理,对教学能力差、责任心不强的外聘教师予以解聘。

10. 加强学生教育管理。在学分制体制下,分项研究制定学生教育管理办法。坚持正面引导,加强社会公德和诚信教育,激发学生学习兴趣,引导学生把主要精力投入到学习上来。严肃课堂纪律,确保学生出勤率，杜绝学生逃课、课堂玩手机、上网及其他违反课堂纪律行为，建设"绿色课堂"。充分发挥好研究生教育对本科生教育的支撑和导向作用。

11. 建立学风建设责任制。抓好教学管理和学生管理两支队伍建设，明确书记、院长是学院学风建设第一责任人，副书记、副院长具体负责学风建设的组织实施，切实增强辅导员、班主任的责任意识，着力推进优良学风班集体创建活动。

12. 完善人事分配制度。改革收入分配制度，使教师的工资、津贴等收入与教学效果、教学水平和贡献直接挂钩，真正实现按劳分配，优劳优酬。制定导向性政策，把教师教学成果和教学业绩等作为教师职务晋升、职称评定的重要指标和评选条件，保证教师主要精力投入教学。

13. 建立干部激励和约束机制。采取措施，切实解决好干部"能力不足、精神懈怠、脱离群众"的问题，树立起"真抓实干、干事创业"的风气导向。围绕"教学质量管理年"，根据岗位职责，加强干部的考核和管理，并把工作业绩作为干部考核评优的主要依据。

同志们，十八大报告明确提出"推动高等教育内涵式发展"，突出强调提高高等教育质量。学校认真研究、准确判断，适时提出并确立实施"教学质量管理年"，就是要通过汇集全校师生员工的共同智慧和力量，理清思路、找准问题、提出对策、形成机制，出实招、见实效，切实提高学校教育教学水平和人才培养质量。

各位代表、同志们：

今年的工作目标、任务和重点已经确定，让我们在校党委的领导下，进一步解放思想，深化改革，以更加坚定的信心、更加昂扬的斗志、更加顽强的拼搏，凝心聚力，攻坚克难，扎实工作，锐意进取，努力推动学校教育事业再上新台阶！

谢谢大家！

内蒙古农业大学"教学质量管理年"实施方案

(2013年8月23日)

为强化教学工作的中心地位,贯彻落实学校2012年教学工作会议精神,进一步加强内涵建设,全面提高人才培养质量,学校决定2013年为我校"教学质量管理年",具体实施方案如下。

一、指导思想

以科学发展观为指导,落实《国家中长期教育改革和发展规划纲要(2010—2020)》和《教育部、财政部关于"十二五"期间实施"高等学校本科教学质量与教学改革工程"的意见》。加强内涵建设,以学分制改革为突破口,以教学过程管理为基础,以课堂教学为基本环节,以提高教师教学能力和提升学生学习动力为重点,以提高教育教学水平和人才培养质量为目标,努力提升学校人才培养质量和教学管理水平。

二、工作目标

1. 全校师生要牢固树立人才培养是学校的根本任务,进一步强化教学工作的中心地位,在全校形成领导重视教学、教师投入教学、行政支持教学、后勤服务教学、学生努力学习的良好育人氛围。

2. 进一步增强教师的质量意识,树立教学质量是学校生命线的教育理念,引导教师潜心育人,全面提高教师的综合素质和教育教学能力,督促和激励广大教师改进教学方法,优化课堂教学内容,改革教学模式,提高课堂教学和实践教学效果。

3. 教育和培养学生树立勤奋好学和善于学习的观念,引导学生把主要精力投入到学习上来。帮助学生养成自主学习、诚信学习和自觉遵守学校规章制度的良好习惯,增强学生自我约束能力。

4. 进一步加强和改进实践育人工作。各教学单位要努力创造条件,保证实践教学学时和质量,通过开展实践创新及各类竞赛、社会实践活动,发挥学生自我教育、自我管理、自我服务的主体作用,提高学生适应社会能力和就业竞争能力。

三、具体措施

(一)统一思想,提高意识

1. 开展"我为提高教学质量献计献策"活动。组织全校师生认真学习有关文件和教学质量管理年实施方案,以及学校的相关规章制度,使每一位教师领会学校启动教学质量管理年的意义,牢固确立人才培养是高等学校的根本任务,明确我校的"教育观、质量关、人才观",明确工作目标,提高全体师生的质量意识。在此基础上开展"我为提高教学质量献计献策"活动,调动全校师生主动提高教学质量的积极性。

(二)进一步深化教育教学改革

2. 以修订教学大纲为载体,深化教学内容改革。配合我校《人才培养方案》(2012年版)的实施,年内完成教学计划各课程教学大纲的修订工作。大纲编写过程中开课院(部)要与设课院(部)进行对接,研讨优化课程内容。通过教学大纲的修订,理顺课程体系,删减重复内容,更新教学内容,实现各专业的人才培养目标。

3. 以提高课堂教学效果为目标,深化教学方法改革。课堂是提高教育教学质量的主阵地,构建高效的课堂教学模式是提高教学质量的关键。强化向课堂教学要质量的意识,通过开展"有效课堂"活动,全面优化课堂教学,努力提高课堂教学的有效性。注重学思结合,倡导启发式、探究式、参与式教学,帮助学生学会学习、学会探究、学会合作。引导广大教师主动研究课堂教学中出现的困难和问题,在解决问题中提高自身的教学能力。

年内对我校教师的课堂教学效果进行一次全面的普查,根据我校课堂教学的规程,重点检查教师教学准备情况和教学方法运用情况,坚决杜绝完全依赖多媒体教学的情况。探讨制订按专业课程组的PPT制作和使用框架方案。

4. 继续深化考试方式改革。继续实施好《内蒙古农业大学关于考试方式改革的实施方案》,分门别类制定实施细则和办法。在此基础上,实施一年级学生公共基础课类期中考试制度,加强对学生学习过程的管理。

5. 深化公共基础课程改革。结合专业教育,进一步凝练不同专业公共基础课的核心内容,由教务处牵头组织公共基础课开课院部与各设课学院进行对接,研讨确定教学内容,提高教学的针对性。从2013级开始,实施《内蒙古农业大学大学英语教学改革方案》,开展大学公共英语的分级教学,提高教学的针对性和实效性。

6. 深化实践教学体系的改革。配合新人才培养方案的实施、新校区建成后实验教学条件的改善和科技园区建设,按照专业培养目标的要求,进一步改革和完善实践教学体系,组织落实各实践教学环节,编写实习大纲,并以此为基础,推进我校本科教育的实验平台建设和实习基地建设。

7. 修订民族教育预科生预科阶段《人才培养方案》。突出"因材施教"的教育理念,进一步完善预科阶段的课程体系与教学内容。制定《内蒙古农业大学预科学生管理办法》,改革预科教育的教学模式与管理模式。从2013级学生开始实施。一是改革预科阶段的教学内容,使得教学更加有针对性;二是改革预科阶段的考试形式,所有课程增加期中考试,加大平时成绩的比例;三是改革预科阶段的学籍管理模式,在预科阶段实施留降级制度,对于预科阶段未修满预科教育阶段学分的预科学生,不能进入大学本科学习,在预科阶段多学一年;四是预科阶段实施退回制度,对于不努力学习,无法完成预科学习任务的学生退回报考原地;五是加强预科阶段的教学管理。稳定预科阶段的教师队伍,为预科班配备责任心强的班主任。

8. 实施学校本科教育"卓越计划"和创新计划。制定《内蒙古农业大学农林卓越人才培养实施方案》,深化"产学研、国际化、做中学"的卓越人才培养改革,创新卓越人才培养模式,有计划地选择特色优势专业开展卓越人才培养,在本科大众化教育的基础上,有选择地进行精英教育。

9. 加快"英汉"双语授课专业的改革和建设力度。开展"英汉"双语教学的调查与评价工作,对各学院不同专业双语授课进行全面总结(培养方案、教学运行、外教聘请、学生学习、就业考研等)调研,分析教学效果,查找存在的问题,做出客观准确的评价。在此基础上,探索具有国际视野人才的培养规律,形成完整的实现培养目标的措施体系,进一步改革完善课程体系,在此基础上完成双语授课专业的课程描述,并中英文印刷,形成我校第一套完整的双语授课专业教学管理文件。加快双语授课专业教学基本建设,继续加大原版教材的建设力度,加快中青年教师双语教学能力的培养,逐步实施双语教师的岗位管理。

(三)完善制度,狠抓落实

10. 修订《内蒙古农业大学课堂教学管理规定》《内蒙古农业大学教学事故认定办法》等与教学相关的规章制度,修订《教师手册》和《学生手册》,在全校范围内开展一次校纪校规教育。

11. 修订《内蒙古农业大学教学单位教学工作质量考核办法》,进一步明确学校、学院(部)和教研室(系)的工作职责。适应学校管理重心下移改革需要,学校的教学管理从直接过程管理向注重政策引导、过程监督、结果评估方向转变,引导各教学单位注重量化管理、科学管理,充分调动各教学单位在教学管理工作中的积极性和主动性。加强教研室一级的管理和建设,明确责、权、利,充分发挥教研室在教学运行中的积极作用。稳定和充实学院教学管理队伍,以适应教学管理重心下移的需要。

修订完善实践教学工作量计算和考核办法。一是调整野外实习等实践教学活动的工作量;二是加强对实习过程和实习效果的检查和评价,并作为教师实践技能水平考核和津贴发放的依据。

(四)加强教学常规管理

12. 严格听评课制度。各级领导干部要严格执行《关于进一步落实学校各级领导干部听课制度的有关规定》(内农大校发〔2006〕15号),加强课堂教学检查、巡视与管理。《规定》要求校级领导干部每人每学期听课不少于4学时,教务处、高教所、人事处等职能部门领导每人每学期听课不少于5学时,各教学单位领导干部每人每学期听课不少于6学时。其他有关职能部门的领导干部应根据自己的工作职责和特点,围绕教学这一中心工作,深入教学一线,了解教学情况,有针对性地开展工作,更好地为教学服务。

13. 开展"杜绝上课使用手机现象"的专项治理。本学期制定我校关于《严肃课堂纪律,杜绝上课使用手机现象的措施》,明确对教师和学生课堂教学过程中的纪律要求,以及课堂使用手机的相关处罚措施。教学管理部门和学生管理部门齐抓共管,采取多种形式宣传教育,教学管理部门和学生管理部门齐抓共管做出成效。

14. 不间断地进行课堂教学和考试过程检查。学校行政职能部门、校(院)教学督导组要对教学环节不间断地进行检查,重点检查教师和学生课堂纪律的执行情况、上课和考试使用手机情况、教师教学方法运用等内容。

15. 加强对学生课堂教学纪律(秩序)的管理。严格学生上课请假制度和出勤情况的检查,严格杜绝因各种活动和学生管理等部门工作让学生请假现象,从教学管理和学生管理两方面进行考核和督察,将学生上课情况检查结果与学生个人、班级、院部评估、奖励挂钩;将此项作为学生工作考核的一项重要内容。

16. 制定教师课堂理论教学效果评价考核办法。研讨出台教师课堂教学考核的量化方案,将学生上课出勤情况、课堂表现和教师调停课次数、课堂教学情况(如板书、PPT使用、与学生互动等)以客观量化的方式进行打分评价,减少主观打分内容,结合现有学生评教结果,作为评价教师课堂教学的量化依据,并与教师评职、评优和津贴挂钩(可由学校制定大的框架,由各学院制定具体的实施方案)。

17. 严格调停课管理办法。在严格执行学校调停课制度的基础上,对特殊因病因事需调停课的申批权限,确定为调停课一次(2学时)由院(部)分管领导批准,报教务处备案;调停课二次(4学时),学院分管院长签字后,报教务处分管处长批准;调停课三次以上(6学时)由学院分管院长、教务处分管处长签字后,报分管校长批准,确保足额完成教学任务。

(五)实施教师教学能力提升工程

18. 开展师德教育。教师是教育的第一资源,决定着教育质量。教师的天职是教书育人,强教必先强师,强师必先强德。学校师资队伍建设的原则是"师德为先、教学为要、科研为基"。要落实《高等学校教师职业道德规范》,增强广大教师教书育人的责任感和使命感,在全校范围内弘扬"学为人师、行为世范、默默耕耘、无私奉献"的优良师德风范;要不断深入挖掘师德典型,做好我校教学名师和教坛新秀的评选工作,并与职称评定和评估挂钩,充分发挥政策的导向和激励作用。

进一步深化教师聘任制度改革,引导教师潜心育人、打造高水平师资队伍。建立教师岗位交流和退出机制。实行师德一票否决制,对师德失范、学术不端,不能履行岗位职责的教师要给予批评教育,无悔改表现的,要调离教学岗位直至离职。

19. 落实《内蒙古农业大学教研室工作条例》。强化教研室在教学改革研究、教学过程管理和保障教学质量中的作用。积极开展全员听课、说课、评课和上观摩课活动,不断促进教师专业化成长,以研究课、观摩课、示范课等多种形式的公开课为载体,引导广大教师投身课堂教学实践和研究,并将具有先进理念的课堂教学模式进行推广。加强教研室主任的岗位管理,落实教研室主任的相关待遇。年内开展一次教研室工作检查评估。

20.开展"内蒙古农业大学示范课程"评选工作。制定《内蒙古农业大学示范课程评选办法》,组织中青年教师观摩示范课程,发挥示范课程的示范和引领作用,给予示范课程主讲教师一定的课时奖励津贴。

21.做好新进教师的岗前培训工作。结合继续教育,学校举办青年教师培训班,对近三年入编的教师进行职业道德、教学技能等方面的培训,尽快提高教师教书育人能力。各学院要落实青年教师导师制,跟踪指导首次开课教师的授课情况。

22.加强对外聘教师的管理。制定我校《外聘教师的管理规范》,与外聘教学签订课程聘任协议,明确外聘教师的义务和职责,告知学校对教学工作的要求。实行外聘教师讲课费的浮动,对于讲课效果好、认真负责的教师课时费向上浮动,对于违反规定的教师扣除一定比例的课时费。今后我校外聘教师不得承担一年级的教学任务。

23.严肃教授为本科学生授课的要求。坚持教授为本科生授课制度,不承担本科教学任务的教师不得聘任教授岗位。检查教授为本科学生授课的执行情况,杜绝教授授课的顶替现象。

(六)丰富第二课堂教育

24.开展丰富多彩的大学生课外知识技能竞赛,加强技能竞赛的组织领导。各学院都要结合专业特点举办校内实践技能大赛。国家和行业组织的大学生课外竞赛正在从一个侧面反应这所学校的教学水平,学校要加强对参赛的指导,要建立固定的指导团队,给予经费支持,要加强平时的训练,以此带动大学生的创新教育。对在实践创新活动和各类技能比赛中成绩突出的学生及优秀指导教师学校给予表彰奖励。

25.开展"绿色课堂"活动。制定学校《绿色课堂》活动方案,对学生进行诚信教育,继续做好"诚信考试"活动,将学生的教育和管理延伸到课外。

26.加强已受"学业警告"学生的教育和管理。班主任要特别关注本班级学业警告学生,了解学生产生学业问题的原因,监控学生的学习状况,并及时与任课教师和家长沟通,形成协助学生完成学业的合力。

(七)调整结构,提高教学监控的技术手段

27.调整本科二批C学生在各学院的分布。2013级招生时,对该类学生的专业选择加以限制,减轻经济管理学院、水利与土木建筑工程学院的教学压力,使学校学生人数和专业教育资源趋于合理,结构更加优化。在此基础上,推进按类招生,可先行实施各学院内按类招生,一年或一年半(二年)后,本科(一本、二本)学生的专业选择工作。

28.完善网上教学监控的技术手段。补充相应的设备,完善网络配置。实现课堂教学的网上监控和纪录,实现网上教学观摩、网上监考巡考等功能。

四、工作要求

29.各教学单位要将落实"教学质量管理年"各项措施纳入2013年工作日程,并按照本实施方案的内容和要求,结合本单位的实际,制定具体的工作计划。除高质量地落实和完成本方案规定的各项任务外。要根据本单位实际和特点创造性地开展工作。学校将及时总结各教学单位的典型做法和经验、树立的典型人物和事例在全校范围内推广和表彰。

30.各教学单位要做好"教学质量管理年"的宣传、组织动员工作,通过网络、宣传栏等多种方式加大宣传力度,在广大师生中努力营造"教学质量管理年"的良好氛围。

31."教学质量管理年"各项措施的落实要讲求实际,不拘形式,不走过场,扎扎实实做好各项工作。各教学单位要认真总结活动经验、取得的成果及存在的问题,形成书面总结。

32.学校将对相关职能处室和各教学单位"教学质量管理年"实施情况进行考核与评估,考评结果作为领导班子工作业绩的主要重要依据之一。

五、组织领导

为确保"教学质量管理年"各项措施的落实,学校成立"教学质量管理年"领导小组,负责全校"教学质量管理年"组织领导。

领导小组成员名单:

组　　长:邬建刚　李畅游

副组长:郑俊宝　侯晨曦　任　强　李金泉　刘淑芬　芒　来　王春光　乔　彪　王效亮
　　　　葛茂悦

成　　员:李秀良　张　诚　修长百　汪建平　郑培亮　包革命　杜健民　周欢敏　丁雪华
　　　　王永康　赵柏峰　冀兆荣　张　文　那　森　靳小平　武晓东　张　生　王忠东
　　　　额尔敦　敖长金　包国荣　曹金山　于　卓　高聚林　秦富仓　铁　牛　汪　季
　　　　王明玖　陈　智　杨利田　刘廷玺　厚福祥　王喜明　高　潮　张星杰　靳　烨
　　　　关绥安　薛河儒　李俊霞　韩国栋　席锁柱　盖志毅　曹渊清　包庆丰　孟　和
　　　　付建军　赵树林　闫祖威　朱守林　塔　娜　赵萌莉　云荣义　潘海波　郝锁柱
　　　　王小智　王　耀

领导小组办公室设在教务处,办公室主任由王春光同志兼任,办公室副主任由杜健民、张文同志担任。

内蒙古农业大学教师教学能力提升计划(试行)

(2013年8月23日)

《中华人民共和国教师法》指出:"教师是履行教育教学职责的专业人员,承担教书育人,培养社会主义事业建设者和接班人、提高民族素质的使命。"教书育人是教师职业的本质特征,是教师的职责。高校教师的教学能力是教师综合素养中最基本也是最重要的部分,是影响教学质量的各种因素中最直接、最明显、最具效力的因素。为配合学校教学质量管理年各项工作的实施,全面提高我校教师的教学能力和育人能力,特制定此计划。

一、意义与目标

人才培养是高等学校的首要职责,教师教学能力的培养是提高教师自身和学校核心竞争力的基础、是学校内涵建设的需要,也是保障和提高教学质量的迫切需要。通过教师教学能力提升计划的实施,把教学能力建设作为教师核心能力来抓,从根本上提高教师的能力素质,以教师课堂教学和实践教学能力的提高为切入点,通过各项措施的实施,促进学校教师教学能力的整体提高。

二、进一步明确教师教学能力的内涵

教师教学能力包括教书能力和育人能力。教书能力包括准备教学活动的能力、实施教学活动的能力、评价教学活动的能力和总结教学活动的能力四部分;育人能力是教师应具备的培养学生严谨的求学作风和勇于探索的学习精神、培养学生的学习与自学能力、培养学生初步的科研创新能力、培养学生学以致用的实践能力。

三、具体措施

(一)加强教师教学能力理论学习

1. 加强教师教学能力的理论指导。配合教师继续教育,为中青年教师购置《教师能力学》教材,通过讲座和自学等形式,帮助教师明确教师职业应具备的素质和能力要求,以及教师提高自身能力的途径。对45岁以下非师范院校的青年教师,进行30学时以上的教育学管理培训。举办专门的知识竞赛和测试,使得教师的教学能力知识普遍提高。通过教师的继续教育,围绕师德师风、教育教学规律、教学过程、教学技能等内容加强教师(特别是中青年教师)岗位培训,并将教师参加培训的结果作为职称评聘的必要条件之一。

(二)进行教师教学能力状况摸底

2. 进行教师教学能力状况摸底。以院(部)为单位,以课堂教学能力和实践教学能力为重点,对全校中青年教师的教学能力分门别类进行一次摸底,找准目前存在的薄弱环节和薄弱群体,以便有针对性地开展工作。

(三)教师课堂教学能力提升措施

3. 开展师德教育。一是要进一步提高教师的思想政治素质,引导教师树立正确的人生观、价值观和荣誉观,提高思想政治素质,以良好的思想政治素质影响和引领学生;二是进一步强化教师的爱岗敬业精神,增强职业意识和社会责任感,使其热爱职业教育,敬业乐业,甘于奉献,认真履行教书育人的职责;三是进一步提高教师的职业道德意识,提高教师的职业道德水平,增强教师主人翁责任感,关爱学生,教书育人,廉洁从教,依法执教。

4. 进一步完善青年教师助教制和导师制。为教龄低于两年(也可以是学院根据专业建设需要及实

际情况,认为需要接受导师指导以提高教学科研水平和教学效果)的专任教师配备专门的指导教师,由导师在师德、教学、科研诸方面对青年教师进行指导和培养,强化青年教师的教学能力、实践能力、创新能力、育人能力,更好地履行岗位职责,胜任本职工作。青年教师导师制实行定培养目标、定培养时间的原则,培养目标由各学院及教研室按照教学和科研要求确定,培养时间一般为一年,视情况终止或延期。岗位职责中规定培养青年教师是教授的重要岗位职责之一,对承担导师任务的教师,要进行考核,达到考核要求的为其记教学工作量,并发放津贴。

5. 开展教师课堂教学能力的自测自评。从教师的基本素养、教师的学科知识背景、教师对所教知识结构的认知、教师对学生认知发展的认知和教师的学科教学能力五个方面组织教师自评自测(教师课堂教学能力自测表见附件)。通过自测自评,促使教师发现自己在课堂教学中的不足,明确改进的方向。

6. 开展课堂教学实效的评议活动。由教研室(系)组织,为每一位中青年教师进行课堂教学录像,由教师本人从为人师表的能力、组织教学的能力、驾驭课堂的能力、知识更新的能力、运用现代教学手段的能力等方面评议自己的课堂实效,并写出评语。在此基础上,教研室(系)结合课堂录像和日常听课等情况,对该教师的课堂实效进行评议,帮助该教师改进课堂教学。

7. 组织评选"示范课程"。充分发挥我校优秀教师课堂教学的示范作用。按照不同的学科门类,评选出我校的示范课程,组织教师观摩示范课程、点评示范课程。示范课程的评选采取个人申报、专家评审,并参考学生评教结果,示范课程的教课津贴在原有基础上增加30%,并实行动态管理,连续承担示范课程三年以上的主讲教师,在职称晋升时同等条件下优先晋升。

8. 改进中青年教师课堂教学技能竞赛管理办法。一是要求各教学单位每年必需举办一次中青年教师教学技能竞赛,增加教师参加教学技能竞赛的普遍性;二是要求所有的中青年教师均需参加教学技能竞赛,并将其作为职称晋升的基本要求;三是调整参赛的内容,增加说课内容和课程分析内容,同时参考平时课堂教学效果。

9. 论证成立学校"教师教学发展中心"。组织在职教师教学发展培训、新教师培训和大学教师专题项目培训;建设教师教学发展中心网络示范平台,收集与提升教学教法相关理论与模式,搭建名师视频教学平台;定期组织教学名师、示范课程主讲教师开展教学专题研讨和咨询,组织教学观摩研讨活动;教师教学效果测评,组织开展教学发展需求调研。

10. 充分发挥教研室(系)在提高教师教学能力方面的作用。教研室(系)要将提高教师教学能力作为重要工作,结合课程的教学特点,通过集体备课、听课、评课以及教学研讨等形式,规范课程要求,推进教学方法改革,教研室教学研讨活动要制度化,有计划地开展。

11. 加快双语授课教师教学能力的培养。加快我校"英汉"双语授课教师队伍的培养,强化青年教师的英语培训,加快教师海外学习的派出力度。加强双语授课教师的岗前培训和资格认定,逐步实施双语教师的岗位管理。加强派出教师在国外学习期间的管理,明确具体的学习纪律和考核标准,学习结束后要进行考核,考核合格后报销出国费用,考核结果记入教师业务档案。

12. 加强教师课程进修管理。对于非本专业毕业,从事本专业课程教学的教师,或承担新上专业课程教学的教师,原则上要进行课程进修。课程进修的教师以到国内知名高校进修2—3门课程为主要形式,以达到能胜任相应课程的教学为目的,课程进修学习时间一般为半年。

13. 加快教学团队建设。以学科为依托,以本科生基础课和专业主干课为主线建成若干个教学团队。通过建立教学团队的合作机制,进一步加强教学基层组织建设,不断深化教学改革,开发优质教学资源,促进教学研讨和教学经验交流,推进教学队伍的老中青结合,加强青年教师培养,建设师德高尚、业务精湛、结构优化、充满活力的优秀教学团队,提高教师队伍的整体教学水平,最终提高教育教学质量。

(四)教师实践教学能力提升措施

14. 制定教师实践教学能力标准。应用型学科的教师不仅要具有坚实的理论基础,更要具备较强的实践教学能力,实践教学能力的提升是教师职业生涯的必须环节。各学院要根据学科特点和专业教学需要,制定相关教师的教师教学"应知应会"标准和具体内容,原则上应用学科的教师要熟悉本专业所有的实验教学过程、熟悉本专业实习环节的过程和内容,在此基础上熟练掌握本教研室(课程群)各课程的实验准备、实验操作,独立完成实习指导。

15. 开展教师实践教学能力的培训与考核。各学院要有计划地开展中青年教师的实践教学能力培训,引导教师进入实验室、到实习基地提高自身的实践教学能力。要求各专业教师必须参与指导各类专业实习,并作为年度考核的重要依据。在此基础上成立学院实践能力考核小组,对全院中青年教师进行一次能力考核,对于不达标的教师不得承担实践教学任务,并限期提高,实践教学能力考核结果要记入教师业务档案,并与年度考核和津贴挂钩。

16. 充分发挥校内实习基地在提高教师实践教学能力中的作用。各学院要制定相应的激励机制,引导和激励中青年教师积极参与学校科技园区及其他校内实习基地的建设,通过校内实习基地的建设锻炼队伍、提高实践教学水平,使教师能力提高与校内实习更加紧密地结合。

17. 引导教师到生产科研一线提高实践能力。结合教师所教学科和专业的特点,组织教师到生产、科研一线提高。有条件的专业应派教师到科研院所、高新技术企业挂职锻炼,从事产学研合作等;文管类专业的教师可参与社会实践,包括参与重大管理决策的社会调研、科研调查、指导学生实习和其他社会实践活动等。

18. 建立教师实践能力提升基金。学校设立教师实践能力提升专项基金,学院(部)以项目形式申报,学校根据教师实践能力提升方案中确定的目标和内容给予经费资助。

附件: **教师课堂教学能力自测**

基本素养	学科知识背景
(1)语言表达能力 (2)分析与推理能力 (3)概括和综合能力 (4)教师的兴趣爱好 (5)阅读理解的能力 (6)控制自身情感的能力(与教学实践经历也有一定关系)	(1)所教学科知识的深、广度 (2)教具演示、实验操作能力 (3)与所教学科相关的学科发展
对所教知识结构的认知	对学生认知发展的认知
(1)确定教学目标的能力 (2)对例题价值与功能的认知能力 (3)对习题进行合理配置的能力 (4)板书能力	(1)启发学生思维的能力 (2)洞察学生心理变化的能力 (3)及时发现、纠正学生错误的能力
学科教学能力		
(1)分析处理教材的能力 (2)设计教学过程的能力 (3)设计问题的能力	(4)组织教学能力 (5)调动学习兴趣的能力 (6)教学诊断、反馈能力	(7)因材施教的能力 (8)教学研究能力 (9)应变能力

学校制发的管理文件索引

2013 年党发文件

序号	发文日期	文号	文件标题
1	2013 年 1 月 10 日	内农大党发〔2013〕1 号	关于贯彻落实中央"八项规定"的具体措施
2	2013 年 3 月 1 日	内农大党发〔2013〕2 号	内蒙古农业大学 2012 年党政工作总结
3	2013 年 3 月 8 日	内农大党发〔2013〕3 号	内蒙古农业大学 2013 年党政工作要点
4	2013 年 4 月 1 日	内农大党发〔2013〕4 号	内蒙古农业大学关于自治区党委巡视三组反馈意见的整改方案
5	2013 年 4 月 10 日	内农大党发〔2013〕5 号	关于张文等同志任职的通知
6	2013 年 5 月 22 日	内农大党发〔2013〕6 号	关于印发《内蒙古农业大学集中开展严肃工作纪律整顿工作作风专项活动实施方案》的通知
7	2013 年 5 月 28 日	内农大党发〔2013〕7 号	关于做好中共内蒙古农业大学第二次代表大会筹备工作的通知
8	2013 年 5 月 29 日	内农大党发〔2013〕8 号	关于做好中共内蒙古农业大学第二次代表大会代表选举工作的通知
9	2013 年 6 月 5 日	内农大党发〔2013〕9 号	关于秦富仓同志任职的通知
10	2013 年 7 月 1 日	内农大党发〔2013〕10 号	关于樊文斌等同志任免职的通知
11	2013 年 7 月 14 日	内农大党发〔2013〕11 号	内蒙古农业大学深入开展党的群众路线教育实践活动实施方案
12	2013 年 7 月 14 日	内农大党发〔2013〕12 号	关于成立中共内蒙古农业大学委员会党的群众路线教育实践活动领导小组的通知
13	2013 年 7 月 24 日	内农大党发〔2013〕13 号	关于调整学校领导班子成员分工和联系单位的通知
14	2013 年 9 月 22 日	内农大党发〔2013〕14 号	关于学校领导请销假的有关规定
15	2013 年 12 月 23 日	内农大党发〔2013〕15 号	内蒙古农业大学党委关于贯彻落实《中共中央关于加强新形势下党外代表人士队伍建设的意见》的实施办法
16	2013 年 12 月 23 日	内农大党发〔2013〕16 号	关于印发《内蒙古农业大学党委关于建立党员领导干部联系党外代表人士制度的意见》的通知
17	2013 年 12 月 29 日	内农大党发〔2013〕17 号	关于印发《内蒙古农业大学新一轮处级干部聘任工作实施方案》的通知

2013年校发文件

序号	发文日期	文号	文件标题
1	2013年1月8日	内农大校发〔2013〕1号	关于增列杨银凤等同志为研究生指导教师的决定
2	2013年2月5日	内农大校发〔2013〕2号	关于李立峰同志任免职的通知
3	2013年4月10日	内农大校发〔2013〕3号	关于张文等同志任职的通知
4	2013年4月10日	内农大校发〔2013〕4号	关于进一步加强学校土地和房屋建设管理的通知
5	2013年4月11日	内农大校发〔2013〕5号	关于印发《内蒙古农业大学困难学生大病救助金管理办法(试行)》的通知
6	2013年4月16日	内农大校发〔2013〕6号	关于印发《内蒙古农业大学家庭经济困难学生就业援助项目实施方案》的通知
7	2013年5月28日	内农大校发〔2013〕7号	关于印发《内蒙古农业大学普通管理岗位职级聘任办法》的通知
8	2013年6月5日	内农大校发〔2013〕8号	关于铁牛等同志任职的通知
9	2013年8月12日	内农大校发〔2013〕9号	关于印发《内蒙古农业大学实施"教育经费管理年"活动工作计划》的通知
10	2013年8月23日	内农大校发〔2013〕10号	关于印发《内蒙古农业大学"教学质量管理年"实施方案》的通知
11	2013年8月23日	内农大校发〔2013〕11号	关于印发《内蒙古农业大学教师教学能力提升计划(试行)》的通知
12	2013年9月16日	内农大校发〔2013〕12号	关于聘请李义禄同志为校级教学督导员的决定
13	2013年10月16日	内农大校发〔2013〕13号	关于聘请王耀强等2位同志为教学督导员的决定
14	2013年11月1日	内农大校发〔2013〕14号	关于聘请马学恩等6位同志为研究生教育教学督导员的决定
15	2013年11月8日	内农大校发〔2013〕15号	关于对杨江等56名学生学籍处理的决定
16	2013年12月2日	内农大校发〔2013〕16号	关于印发《内蒙古农业大学编制外聘用人员管理办法(试行)》的通知
17	2013年12月19日	内农大校发〔2013〕17号	关于表彰2013年内蒙古农业大学教学成果奖获奖项目的决定
18	2013年12月23日	内农大校发〔2013〕18号	关于印发《内蒙古农业大学关于深入实施"科技兴校"工程的若干措施》的通知
19	2013年12月23日	内农大校发〔2013〕19号	关于新上校级科技创新团队和培育团队的决定
20	2013年12月23日	内农大校发〔2013〕20号	关于表彰科技推广与社会服务工作先进集体和先进个人的决定

2013 年党办发文件

序号	发文日期	文号	文件名
1	2013 年 1 月 18 日	内农大党办发〔2013〕1 号	会议纪要 专题研究思想政治理论课建设
2	2013 年 4 月 7 日	内农大党办发〔2013〕2 号	关于召开内蒙古农业大学四届二次教职工代表大会暨工会会员代表大会的通知
3	2013 年 7 月 8 日	内农大党办发〔2013〕3 号	关于规范文件材料销毁的通知
4	2013 年 8 月 13 日	内农大党办发〔2013〕4 号	关于成立内蒙古农业大学章程建设领导小组的通知
5	2013 年 9 月 22 日	内农大党办发〔2013〕5 号	关于实行机关处级干部深入学生公寓值班制度的通知
6	2013 年 9 月 29 日	内农大党办发〔2013〕6 号	关于印发《内蒙古农业大学教职工代表大会提案办理规程》的通知
7	2013 年 10 月 14 日	内农大党办发〔2013〕7 号	关于召开中国共产党内蒙古农业大学第二次代表大会的通知
8	2013 年 11 月 4 日	内农大党办发〔2013〕8 号	关于成立内蒙古农业大学海流图科技园区养殖项目区遗留问题处理工作小组的通知
9	2013 年 11 月 7 日	内农大党办发〔2013〕9 号	关于调整学校民主评议行风工作领导小组的通知

2013 年校办发文件

序号	发文日期	文号	文件名
1	2013 年 1 月 7 日	内农大校办发〔2013〕1 号	关于 2012/2013 学年度寒假放假有关事宜的通知
2	2013 年 3 月 6 日	内农大校办发〔2013〕2 号	关于成立学校高等教育质量年度报告编制工作领导小组的通知
3	2013 年 3 月 6 日	内农大校办发〔2013〕3 号	关于转发《内蒙古农业大学〈国家学生体质健康标准〉的实施细则》的通知
4	2013 年 3 月 18 日	内农大校办发〔2013〕4 号	关于成立内蒙古农业大学招收高水平运动员专业测试领导小组的通知
5	2013 年 3 月 18 日	内农大校办发〔2013〕5 号	关于做好 2013 年各类档案资料立卷归档工作的通知
6	2013 年 4 月 11 日	内农大校办发〔2013〕6 号	关于为"困难学生大病救助金"捐款的通知
7	2013 年 4 月 23 日	内农大校办发〔2013〕7 号	关于成立资产核实工作小组的通知

续表

序号	发文日期	文号	文件名
8	2013年6月14日	内农大校办发〔2013〕8号	关于转发招生就业处学生工作处教务处关于做好2013届毕业生教育及离校工作等有关事宜的通知
9	2013年7月8日	内农大校办发〔2013〕9号	关于2013年暑期放假等有关事宜的通知
10	2013年8月26日	内农大校办发〔2013〕10号	会议纪要 专题研究外聘工管理有关事宜
11	2013年9月12日	内农大校办发〔2013〕11号	关于转发监察审计处、人事处、财务处《关于认真贯彻执行〈违规发放津贴补贴行为处分规定〉的通知》的通知
12	2013年10月28日	内农大校办发〔2013〕12号	会议纪要 专题研究推进教学质量管理年有关事宜
13	2013年11月15日	内农大校办发〔2013〕13号	关于转发后勤管理处《关于实行校园树木养管责任制的通知》的通知
14	2013年11月22日	内农大校办发〔2013〕14号	关于转发财务处《关于全面落实2013年财务收支预算和做好年终决算工作的通知》的通知
15	2013年11月22日	内农大校办发〔2013〕15号	关于转发财务处《关于编制2014年度学校教育事业费收支预算有关事宜的通知》的通知
16	2013年11月27日	内农大校办发〔2013〕16号	关于转发国资处《关于做好新增资产配置计划工作的通知》的通知
17	2013年11月29日	内农大校办发〔2013〕17号	关于严禁元旦春节期间用公款相互宴请大吃大喝和进行高消费娱乐健身等活动的通知
18	2013年12月4日	内农大校办发〔2013〕18号	关于报送2013年工作总结及2014年工作安排的通知
19	2013年12月4日	内农大校办发〔2013〕19号	会议纪要 专题研究外聘工管理有关事宜
20	2013年12月10日	内农大校办发〔2013〕20号	关于转发国有资产管理处《关于调整固定资产标准的通知》的通知
21	2013年12月13日	内农大校办发〔2013〕21号	内蒙古农业大学关于专业技术二级岗位首次聘用工作有关事项的通知
22	2013年12月17日	内农大校办发〔2013〕22号	关于2014年部分节假日安排的通知
23	2013年12月23日	内农大校办发〔2013〕23号	关于成立学校后勤服务中心原负责人离任审计问题整改小组的通知